형형색색 화려한 도심부터
아기자기한 골목까지!

싱가포르
여행백서

형형색색 화려한 도심부터 아기자기한 골목까지!
싱가포르 여행백서

초판 1쇄 인쇄 2015년 10월 1일
초판 1쇄 펴냄 2015년 10월 10일

지은이 김선녀
펴낸이 유정식

책임편집 박수현
편집/표지디자인 유재헌

펴낸곳 나무자전거
출판등록 2009년 8월 4일 제 25100-2009-000024호
주소 서울 노원구 덕릉로 789, 2층
전화 02-6326-8574
팩스 02-6499-2499
전자우편 namucycle@gmail.com

ISBN : 978-89-98417-14-7(14980)
978-89-964441-7-6(세트)
정가 : 16,000원

파본이나 잘못 인쇄된 책은 구입하신 서점에서 교환해드립니다.

이 도서의 국립중앙도서관 출판예정도서목록(CIP)은 서지정보유통지원시스템 홈페이지(http://seoji.nl.go.kr)와 국가자료공동목록시스템(http://www.nl.go.kr/kolisnet)에서 이용하실 수 있습니다.(CIP제어번호: CIP2015024507)

형형색색 화려한 도심부터
아기자기한 골목까지!

싱가포르 여행백서

김선녀 지음

나무자전거

PROLOGUE

볼수록 괜찮은 나라

싱가포르에 도착하던 날, 비행기에서 내리니 이미 자정이 훌쩍 넘은 시간이었습니다. 탈 수 있는 교통수단이라고는 택시뿐이었고, 낯선 도시의 밤공기를 맡으면서 숙소로 달렸습니다. 거리는 사람 하나 없이 조용하고, 한밤중이라 숙소의 문도 닫혀있었죠. 그런데 무거운 짐을 내려주고 그대로 가버릴 것 같았던 택시 기사 아저씨가 숙소 문 앞으로 가더니 굳게 닫힌 철문을 쾅쾅 두드리면서 주인을 깨워주었습니다. 큰 소리로 '손님이 왔다'고 말하면서요.

싱가포르의 첫인상은 '젠틀함'이었습니다. 기사 아저씨는 늦은 새벽 홀로 타국에 온 외국 손님을 안심시켜 주려고 공항에서 시내의 숙소로 가는 내내 '싱가포르에서는 밤에도 전혀 걱정할 것 없다'고 말해주셨습니다. 아닌 척했지만 낯선 나라에서 불안해하는 제 얼굴이 걱정되셨던 가봅니다. 한 번은 오래된 교회 앞을 서성이다 근처 금융회사에서 일하는 회사원을 만났습니다. 사진기를 들고 길을 묻는 외국인을 위해 올드타운을 돌며 몇 시간이 넘게 가이드를 해주었죠. 바쁜 시간을 내어 아무런 대가 없이 베풀어준 호의가 정말로 놀랍고 고마웠습니다. 언제나 무턱대고 찾아갔던 가게 주인들도 귀찮게 이것저것을 묻는 여행객에게 얼굴 한 번 찌푸리지 않고 많은 얘기를 해주었지요. 왜인지 차가운 도시남 같은 줄 알았던 싱가포르는 알고 보니 그렇게 푸근하고 정겨운 곳이었습니다.

싱가포르에서 긴 여행을 하기 이전에도 일을 목적으로 종종 들르곤 했습니다. 짧은 일정으로 급하게 만났던 싱가포르는 '먹고 놀기 좋은 곳'이었습니다. 눈을 어지럽힐 정도로 많은 음식들이 산처럼 쌓여있고, 반짝이는 야경과 놀이기구가 마치 거대한 인공의 도시 같았지요. 몇 년이 지나 '머무는 사람'으로 다시 만난 싱가포르는 많은 것이 달라 보였습니다. 저를 늘 놀라게 했던 것도 화려한 건물과 마천루가 아닌 커다란 나무였지요. 거리를 걸을 때마다 정글에서나 볼 것 같은 키 큰 열대나무들이 거리마다 무심하게 서 있었습니다. 횡당보도를 건너다, 버스를 타고 밖을 바라보다 가만히 가로수를 쳐다보고 있던 적이 한두 번이 아니었지요. 공원에 가면 사람만 한 도마뱀들이 태연하게 기어 다니고, 태어나 처음 보는 새들이 방 창문 앞에 나뭇가지를 모아놓곤 했습니다. 그렇게 한 걸음 가까이 들여다본 싱가포르는 인공이 아닌 자연에 가장 가까운 나라였습니다.

싱가포르를 떠올리면 거대한 호텔 건물과 화려한 쇼핑 거리가 가장 먼저 생각납니다. 하지만 모든 도시가 그렇듯 그 안에는 평범하고 소소한 일상이 담겨있습니다. 이른 아침 국수 한 그릇과 커피를 시켜 오랫동안 담소를 나누는 할아버지, 점심시간이면 호커센터의 가장 맛있는 치킨라이스를 먹기 위해 매일 같이 줄을 서는 사람들 그리고 밤낮으로 사원에 들러 온몸을 굽혀 신에게 기도를 올리는 힌두교와 무슬림 신자들. 그렇게 싱가포르 곳곳에서 만난 평범한 일상과 사람들이 저에게는 가장 좋은 여행지였고, 즐거운 추억이었습니다. 그러고 보면 여행도 사람을 알아가는 것과 비슷하다는 생각이 듭니다. 몰랐던 누군가를 새롭게 알게 되는 것이 가슴 설레고 감동적인 일인 것처럼 잘 알지 못했던 도시를 만나는 것도 사실은 비슷한 경험이 아닐까요.

이 책에서는 싱가포르의 화려한 외모와 함께 도시의 속살을 담았습니다. 싱가포르가 한껏 자랑하는 곳들도 빠짐없이 찾아갔지만, 여행자의 발길이 잘 닿지 않는 골목골목을 열심히 걸었습니다. 그곳에는 수십 년 전 용감하게 새로운 땅을 찾아온 이민자들의 모험담이 있고, 영어와 로컬 문화를 배우며 자란 사람들이 만든 흥미로운 문화가 숨겨져 있습니다. 50년이 넘은 낡은 식당과 생각지도 못했던 구석구석의 작은 상점들, 눈이 번쩍 뜨이는 수백 가지의 음식들, 젊은 싱가포르 예술인들이 여는 벼룩시장 그리고 이 모든 것들을 더욱 아름답게 만드는 열대 자연이 거리거리마다 펼쳐져 있지요.

싱가포르 여행을 시작하기 전 가장 먼저 자신이 좋아하는 것들을 생각해봤으면 좋겠습니다. 화려한 여배우의 휴가처럼 보내고 싶은지, 발바닥이 닳도록 하루 종일 곳곳을 쏘다니고 싶은지, 아무것도 하지 않고 맛있는 것만 실컷 먹고 싶은지를요. 그 어떤 것이 되었든 싱가포르는 좋은 답을 가지고 있답니다. 사실 모두가 아는 유명한 곳을 빠뜨렸다고 해서, 아무도 가지 않는 숨겨진 장소 하나 모른다고 해서 문제가 될 건 없답니다. 여행에 기술 따위는 없습니다. 먹고 싶은 것을 먹고, 보고 싶은 것들을 실컷 보고, 하고 싶은 것들을 마음껏 하세요. 혹시 아무것도 하기 싫다면 더욱 격렬하게 아무것도 하지 않는 그런 자유로운 여행이 되었으면 좋겠습니다. 이 책이 싱가포르의 숨겨진 매력을 찾아내고, 자신만의 진짜 여행을 하는 데 작은 도움이 되었으면 하는 바람입니다.

마지막으로 싱가포르에서 만난 고마운 친구들에게 감사의 인사를 전합니다. 세계여행을 떠난 용기 있는 부부 레반과 티안, 많은 곳을 함께 해준 룸메이트 맨디, 세상에 아직도 설레고 새로운 것들이 많다는 사실을 알려준 네티, 그 밖에 낯선 여행자를 따뜻하게 보살펴줬던 마음 착한 싱가포르 사람들 덕분에 그곳에서의 매일이 행복했습니다. 그리고 좋은 책을 만들기 위해 오랜 시간 애써주신 나무자전거 관계자 여러분과 원하는 삶을 살 수 있도록 늘 힘이 돼주시는 부모님, 그리고 책이 나올 때까지 응원해주신 곁의 모든 분들께 감사의 인사를 전합니다.

2015년 김선녀

PREVIEW

이 책은 총 5개 파트에 싱가포르 여행계획부터 현지에서 꼭 필요한 정보까지 바로 파악할 수 있도록 구성하였습니다. 1파트에서는 싱가포르를 이해할 수 있는 전반적인 내용과 여행준비 과정을 소개하였습니다. 또한 2~4파트에서는 싱가포르의 대표 여행지를 지역별로 구분하여 볼거리, 먹거리, 쇼핑거리 등의 섹션으로 나눠 세세한 정보를 담았습니다.

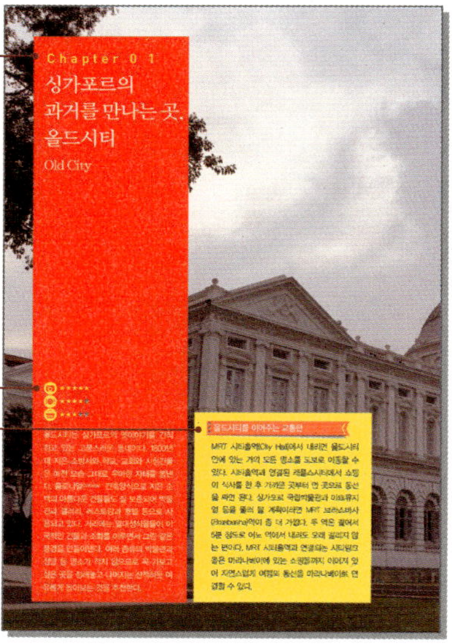

쳅터별 구성

인접한 지역을 하나의 챕터로 묶어서 동선을 짜기 쉽도록 하였습니다.

추천도

지역별 볼거리, 먹거리, 쇼핑거리를 별점으로 표시하여 중요도를 한눈에 파악할 수 있도록 하였습니다.

한눈에 보는 교통편

해당 지역을 여행하는 데 필요한 교통정보를 확인할 수 있습니다.

반드시 해봐야 할 것들

해당 지역에서 꼭 해봐야 할 것들을 추천하였습니다.

사진으로 미리 살펴보는 베스트코스

여행지의 스팟들을 효율적으로 둘러보기 위한 동선을 제시합니다. 어디를 가야 할지, 무엇을 먹어야 할지 등이 고민된다면 베스트코스를 참고하세요.

베스트코스 이동방법 아이콘

도보 택시 MRT
모노레일/케이블카/비치트램

마지막 5파트에서는 싱가포르의 다양한 숙박시설을 다루었습니다. 책 중간중간에는 독립적인 볼거리가 있는 뎀시힐과 홀랜드빌리지, 빈탄, 타옹바루 등의 지역을 스페셜페이지로 구분하여 담았습니다. 또한 챕터별로 나눈 모든 지역은 상세 지도를 첨부하여 여행자가 가고자 하는 곳을 한눈에 파악할 수 있도록 하였습니다.

섹션별 구성

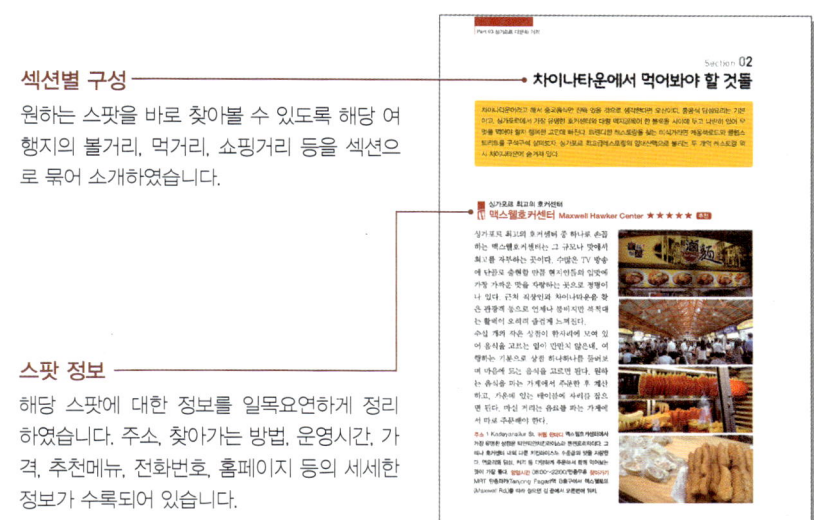

원하는 스팟을 바로 찾아볼 수 있도록 해당 여행지의 볼거리, 먹거리, 쇼핑거리 등을 섹션으로 묶어 소개하였습니다.

스팟 정보

해당 스팟에 대한 정보를 일목요연하게 정리하였습니다. 주소, 찾아가는 방법, 운영시간, 가격, 추천메뉴, 전화번호, 홈페이지 등의 세세한 정보가 수록되어 있습니다.

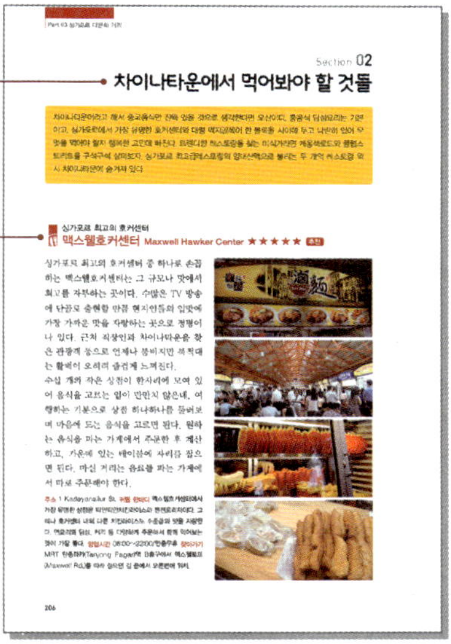

Section 02
차이나타운에서 먹어봐야 할 것들
싱가포르 최고의 호커센터
맥스웰호커센터 Maxwell Hawker Center ★★★★★ 추천
206

TIP

본문에서 미처 다루지 못한 정보를 팁으로 정리하였습니다.

제목

해당 스팟을 큰제목으로, 그에 대한 간략한 설명을 부제목으로 정리하여 제목만 봐도 어떤 곳인지 미루어 짐작할 수 있습니다.

1. 티안티안치킨라이스(Tian Tian Chicken Rice)
2. 진후아슬라이스피시비훈(Jin Hua Sliced Fish Bee Hoon)
3. 젠젠포리지(Zhen Zhen Porridge)
동양의 멋을 살린 다이닝 아케이드
파이스트스퀘어 Far East Square ★★★★☆
207

PREVIEW

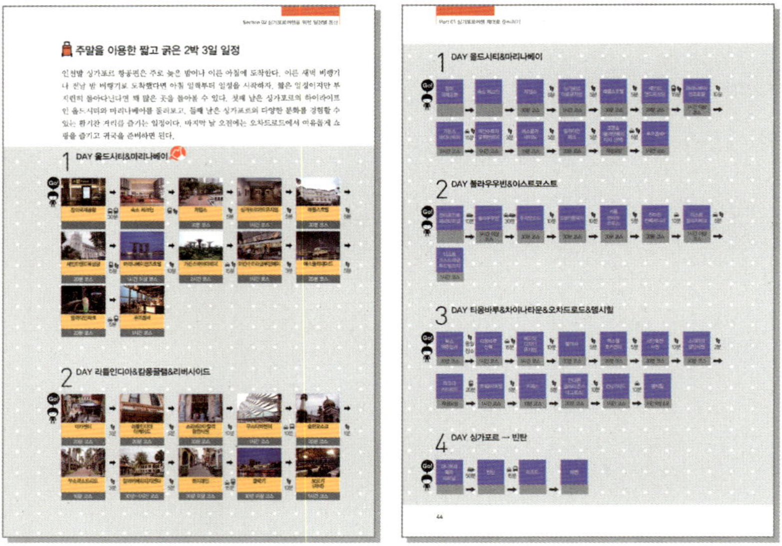

저자 강력추천 일정 및 일정별 동선

여행자의 일정과 예산, 동행 등에 따라 여행일정은 천차만별로 짤 수 있습니다. 먼저 1파트에서 제시한 동선을 참고하여 굵직한 동선을 짜고, 세부 동선은 지역별 베스트코스를 참고하여 짠다면 여행자에게 가장 효율적인 동선을 쉽고 빠르게 짤 수 있습니다.

스페셜페이지

박물관&미술관 투어, 루프톱바, 숨겨진 카페 거리, 인도네시아 빈탄 등 특징적인 스팟을 모아 소개하거나 본문에서 다루기 힘든 특별한 여행지를 스페셜페이지로 구성하였습니다.

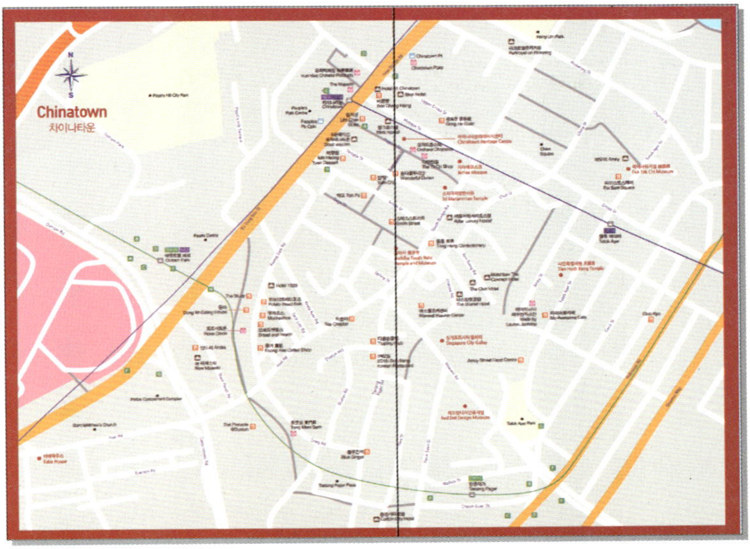

지도

인접한 지역을 소개하는 챕터마다 해당 지역의 지도를 배치하였습니다. 지도에는 교통편과 섹션에서 소개한 스팟의 정보를 담아 이동경로를 한눈에 파악할 수 있습니다.

지도 아이콘

쇼핑	식당	MRT	버스정류장	커피숍
편의점	숙소	바	클럽	해변
공항	페리터미널	박물관		

볼거리, 즐길거리로 넘쳐나는 싱가포르 여행백서

1파트에서는 싱가포르 정보와 전반적인 여행 준비에 대한 모든 것을 다루었습니다. 2~4파트에서는 대표 여행지를 지역별로 구분하여 볼거리, 먹거리, 쇼핑거리 등의 섹션으로 나눠 세세한 정보를 담았습니다. 5파트에서는 다양한 숙박시설을 다루었습니다.

CONTENTS

Part01
싱가포르여행 제대로 준비하기

Section01 싱가포르여행 계획하기 26

한눈에 살펴보는 싱가포르여행정보 · **26** | 싱가포르여행정보 수집하기 · **28** | 싱가포르여행에 유용한 애플리케이션 · **29** | 여권과 비자 준비하기 · **31** | 싱가포르 항공권 구입하기 · **32** | 싱가포르달러로 환전하기 · **34** | 신용카드와 직불카드 사용하기 · **35** | 급할 때 사용하는 생존 영어 · **36** | 여행 중 사건 · 사고에 대처하는 방법 · **37** |

Section02 싱가포르여행을 위한 일정별 동선 39

알차고 실속 있는 3박 4일 일정 · **39** | 주말을 이용한 짧고 굵은 2박 3일 일정 · **41** | 싱가포르 구석구석까지 둘러보는 4박 5일 일정 · **42** | 도심 근교와 주변국까지 섭렵하는 5박 6일 일정 · **43** | 12시간 이상 싱가포르를 경유할 경우 즐길 수 있는 일정 · **45** | 싱가포르여행 예산 짜기 · **46** |

Section03 인천공항 출국부터 싱가포르창이국제공항 도착까지 48

한눈에 살펴보는 출국과정 · **48** | 집에서 인천국제공항까지 이동하기 · **48** | 발권과 탑승수속하기 · **50** | 출국심사과정 · **52** | 인천공항 제대로 이용하기 · **53** | 항공기 탑승하기 · **55** |

Section04 싱가포르창이국제공항 입국하기 56

한눈에 살펴보는 싱가포르 입국과정 · **56** | 싱가포르 출입국카드 작성과 입국심사 · **56** | 수하물 찾기와 세관검사 · **57** |

Section05 공항에서 싱가포르 시내로 이동하기 58

빠르고 편리한 싱가포르 지하철 MRT · **58** | 공항과 시내 곳곳을 이어주는 저렴한 공항버스 · **58** | 센토사에 있는 호텔까지 간다면 공항셔틀버스 · **59** | 편리하고 안전한 택시 · **60** | 싱가포르여행을 위한 교통카드 · **60** |

Section06 싱가포르 시내를 이동할 수 있는 대중교통 62

MAP 싱가포르 MRT&LRT 노선도 · 63

편리한 싱가포르 시민들의 발, 지하철 MRT&LRT · 62 | 알고 보면 편리한 이동수단, 버스 · 62 | 안전하고 편안한 싱가포르의 택시 · 65 | 색다르게 싱가포르를 즐기는 방법, 투어버스와 리버크루즈 · 65 |

Section07 알아두면 유용한 싱가포르 정보 68

싱가포르가 만든 독특한 언어, 싱글리쉬 · 68 | 싱가포르를 구성하는 다양한 민족 · 68 | 싱가포르의 혼합문화 페라나칸 · 70 | 한눈에 보는 살펴보는 싱가포르 생활물가 · 70 | 싱가포르에서 하지 말아야 할 것 · 71 |

Section08 미식의 나라 싱가포르의 먹거리 72

저렴하고 맛있는 현지식을 마음껏 즐길 수 있는, 호커센터 · 72 | 싱가포르의 든든한 아침식사 · 73 | 싱가포르에서 가장 유명한 칵테일, 싱가포르슬링 · 75 | 전통 커피숍 코피티암에서 마시는 코피 · 75 | 싱가포르에서 꼭 먹어 봐야 할 현지 음식 베스트 10 · 77 | 잊지 못할 한 끼 식사를 만들어줄 싱가포르의 파인다이닝 · 79 |

Section09 싱가포르에서 쇼핑 제대로 즐기기 81

싱가포르에서 쇼핑을 하기 전 알아둬야 할 것 · 81 | 한눈에 보는 싱가포르 쇼핑거리 · 84 | 눈여겨 볼만한 싱가포르 로컬숍 · 85 | 싱가포르여행에서 후회하지 않을 만한 기념품 · 86 |

Special01 싱가포르에서 딱 10가지만 해야 한다면 87

CONTENTS

Part02

싱가포르 센트럴

Chapter01 싱가포르의 과거를 만나는 곳, 올드시티

올드시티를 이어주는 교통편 · 92 | 올드시티에서 이것만은 꼭 해보자 · 93 | 사진으로 미리 살펴보는 올드시티 베스트코스 · 93 |

MAP 올드시티 · 94

Section01 올드시티에서 반드시 둘러봐야 할 명소 95

래플스호텔 · 95 | 차임스 · 97 | 세인트앤드류성당 · 97 | 아르메니안교회 · 98 | 국립도서관 · 98 | 포트캐닝파크 · 99 | 파당 · 100 | 서브스테이션 · 100 |

Special02 올드시티 박물관&미술관투어 101

싱가포르국립박물관 · 101 | 싱가포르국립갤러리 · 101 | 싱가포르아트뮤지엄&SAM@8Q · 102 | 페라나칸뮤지엄 · 102 | 아시아문명박물관 · 103 | 민트토이박물관 · 103 | 싱가포르우표박물관 · 104 | 중앙소방서, 시빌디펜스 헤리티지갤러리 · 104 |

Section02 올드시티에서 먹어봐야 할 것들 105

차임스 · 105 | 래플스시티 마켓플레이스 · 107 | 르비스트로 뒤소믈리에 · 107 와록캔토니즈 · 108 | 르윈테라스 · 108 | 솔트타파스&바 · 109 | 잔 · 109 | 가리발디 · 110 | 트루블루 · 110 | 1983 커피&토스트 · 111 | 퍼스트타이 · 112 | 친친이팅하우스 · 112 | 옛콘 · 113 | 킬리니코피티암 · 113 |

Section03 올드시티에서 즐기는 쇼핑 114

래플스시티 · 114 | 시티링크몰 · 115 | 브라스바사 콤플렉스 · 115 |

Chapter02 싱가포르 랜드마크 컬렉션, 마리나베이

마리나베이를 이어주는 교통편 · 116 | 마리나베이에서 이것만은 꼭 해보자 · 117 | 사진으로 미리 살펴보는 마리나베이 베스트코스 · 117 |

MAP 마리나베이 · 118

Section04 마리나베이에서 반드시 둘러봐야 할 명소 120

가든스바이더베이 · 120 | 마리나베이샌즈 · 122 | 멀라이언파크 · 125 | 마리나바라지 · 125 | 에스플러네이드 · 126 | 싱가포르플라이어 · 126 | 풀러턴헤리티지 · 127 | 래플스플레이스 · 127 |

Section05 마리나베이에서 먹어봐야 할 것들 128

마칸수트라글루턴베이 · 128 | 라우파삿 페스티벌마켓&사테스트리트 · 129 | 마리나베이샌즈 다이닝 · 130 | 클리포드 피어1933 · 132 | 마제스틱베이 시푸드레스토랑 · 132 | 사바이파인타이 온더베이 · 133 | 체리가든 · 133 | 푸드트레일@플라이어 · 134 |

Section06 마리나베이에서 즐기는 쇼핑 135

더숍스 앳마리나베이샌즈 · 135 | 밀레니아워크 · 136 | 선텍시티 · 136 | 마리나스퀘어 · 137 |

Chapter03 강변에서 즐기는 싱가포르의 낭만, 리버사이드

리버사이드를 이어주는 교통편 · 138 | 리버사이드에서 이것만은 꼭 해보자 · 139 | 사진으로 미리 살펴보는 리버사이드 베스트코스 · 139 |

MAP 리버사이드 · 140

Section07 리버사이드의 명소와 쇼핑 141

리버크루즈 · 141 | 지맥스리버스번지&GX-5익스트림스윙 · 141 | 센트럴 · 142 | 에디트라이프 · 142 |

Section08 리버사이드에서 먹어봐야 할 것들 144

01 시끌벅적, 에너지가 넘치는 클락키 144

프리맨틀 · 144 | 점보시푸드 · 145 | 하이랜더 · 145 | 펀앤키위 · 146 | 카페이구아나 · 146 | 비어마켓 · 147 | 크레이지엘리펀트 · 147 |

CONTENTS

02 운치 있는 강변이 아름다운 보트키 148

송파바쿠테 · 148 | 똠양쿵푸 · 148 | 홈브레칸티나 · 149 | 르꽁뜨와 · 149 | 더스피피 대퍼 · 150 | BK이팅하우스 · 150 |

03 강변의 여유와 낭만이 있는 로버슨키 151

코피소사이어티 · 151 | 슈퍼로코 · 151 | 레드하우스 · 152 | 와인커넥션 · 153 | 바바블랙십 · 153 |

Special03 싱가포르의 환상적인 밤을 보낼 루프톱바 154

레벨33 · 154 | 쿠데타 · 154 | 킨키 · 155 | 사우스브리지 · 155 | 루프 · 155 | 미@오유이 · 156 | 올고 · 156 | 원엘티듀드 · 156 | 랜턴 · 157 | 하이소 · 157 |

Chapter04 먹고 걷고 쇼핑하라, 오차드로드

오차드로드를 이어주는 교통편 · 158 | 오차드로드에서 이것만은 꼭 해보자 · 159 | 사진으로 미리 살펴보는 오차드로드 베스트코스 · 159 |

MAP 오차드로드 · 160

Section09 오차드로드에서 반드시 둘러봐야 할 명소 162

보타닉가든 · 162 | 에메랄드힐 · 163 |

Section10 오차드로드에서 먹어봐야 할 것들 164

솔트그릴&스카이바 · 164 | &메이드 · 165 | 와일드로켓 · 165 | 스트레이츠키친 · 166 | 크리스탈제이드 골든팰리스@파라곤 · 166 | 와일드허니@만다린갤러리 · 167 | 이푸도@만다린갤러리 · 167 | 팀호완 · 168 | 쥬킷 · 168 | 하우스오브라이스롤&포리지 · 169 | 아시안푸드몰@럭키플라자 · 169 | 뉴턴푸드센터 · 170 | 탕스마켓 · 170 | 페라나칸플레이스 · 171 |

Section11 오차드로드에서 즐기는 쇼핑 172

ION오차드 · 172 | 탕스 · 174 | 오차드센트럴 · 175 | 오차드게이트웨이 · 176 | 만다린갤러리 · 176 | 로빈슨 · 177 | 313@서머셋 · 177 | 스콧스퀘어 · 178 | 니안시티 · 179 | 플라자싱가푸라 · 179 | 키퍼스 · 180 | 파라곤 · 180 |

Special04 근사한 레스토랑 산책, 뎀시힐&홀랜드빌리지 181

01 뎀시힐 MAP 뎀시힐 · 181
더디스그런틀드셰프 · 182 | 피에스카페 · 182 | 존스더그로서 · 183 | 화이트래빗 · 183 | 레드닷브루하우스 · 184 | 파사르디나 파인리빙 · 184 | 이엠갤러리 · 185 |

02 홀랜드빌리지 MAP 홀랜드빌리지 · 186
게스트로노미아 · 187 | 선데이폴크 · 187 | 디굿카페 · 188 | 탱고스레스토랑&와인바 · 188 | 왈라왈라 · 189 | 크러스트 · 189 | 에브리씽 위드프라이 · 190 | 모노클숍&카페 · 190 | 홀랜드로드쇼핑센터 · 191 | 레몬제스트 · 191 |

Part03
싱가포르 다문화 거리

Chapter01 활기 넘치는 골목여행, 차이나타운
차이나타운을 이어주는 교통편 · 194 | 차이나타운에서 이것만은 꼭 해보자 · 195 | 사진으로 미리 살펴보는 차이나타운 베스트코스 · 195 |
MAP 차이나타운 · 196

Section01 차이나타운에서 반드시 둘러봐야 할 명소 198
불아사 · 198 | 스리마리암만사원 · 198 | 시안혹켕사원 · 199 | 자마에모스크 · 200 | 복덕사뮤지엄 · 200 | 레드닷디자인뮤지엄 · 201 | 차이나타운헤리티지센터 · 202 | 싱가포르시티갤러리 · 202 | 바바하우스 · 203 | 피나클전망대 · 203 |

Section02 차이나타운에서 먹어봐야 할 것들 204
맥스웰호커센터 · 204 | 파이스트스퀘어 · 205 | 탁포 · 206 | 스미스스트리트 · 206 | 공화관 · 208 | 얌차 · 208 | 원더풀두리안 · 209 | 림지관 · 209 | 포테이토헤드포크 · 210 | 동흥 · 210 | 마이어썸카페 · 211 | 무차초스 · 211 | 브레드&헐스 · 212 | 티챕터 · 212 | 풍기커피숍 · 213 | 블루진저 · 214 | 안드레 · 214 | 티플링클럽 · 215 |

CONTENTS

Special05 싱가포르의 화려한 다이닝 거리, 안시앙로드&클럽스트리트 216

MAP 안시앙로드&클럽스트리트 · 216

옥스웰&코 · 217 | 플럭 · 217 | 스크리닝룸 · 218 | 딩동 · 218 | 라까리용드안젤뤼스 · 219 | 드링크&코 · 219 |

Section03 차이나타운에서 즐기는 쇼핑 220

메이드바이 라우런자스민 · 220 | 유화백화점 · 221 | 오차드촙스틱 · 221 | 더틴틴숍 · 222 | 동문승 · 222 | 로즈시트론 · 223 |

Special06 아주 오래된 동네, 티옹바루 224

MAP 티옹바루 · 224

01. 티옹바루에서 쇼핑하기

북스액추얼리 · 225 | 나나&버드 · 225 | 블로썸 · 226 | 우즈인더북스 · 226 |

02. 티옹바루의 먹거리

티옹바루클럽 · 227 | 플레인바닐라베이커리 · 227 | 오픈도어폴리시 · 228 | 갈리시어패스츄리 · 228 | 투페이스 · 229 | 빈초 · 229 | 티옹바루베이커리 · 230 | P.S카페쁘띠 · 230 | 티옹바루푸드마켓 · 231 |

Chapter02 아랍과 로컬문화의 기분 좋은 만남, 부기스&캄퐁글램

부기스&캄퐁글램을 이어주는 교통편 · 232 | 부기스&캄퐁글램에서 이것만은 꼭 해보자 · 233 | 사진으로 미리 살펴보는 부기스&캄퐁글램 베스트코스 · 233 |

MAP 부기스&캄퐁글램 · 234

Section04 부기스&캄퐁글램에서 반드시 둘러봐야 할 명소 235

술탄모스크 · 235 | 말레이헤리티지센터 · 236 | 관임사원 · 236 | 하자파티마모스크 · 237 |

Section05 부기스&캄퐁글램에서 먹어봐야 할 것들 238

잠잠 · 238 | 신원기 · 239 | 캄퐁글램카페 · 239 | 메종이코쿠 · 240 | 오고포고 · 240 | 동포 · 241 | 골든마일콤플렉스 · 241 | 에이포알바이트 · 242 | 팻버드 · 242 | 아츄디저트 · 243 | 시미트리 · 243 |

Section06 부기스&캄퐁글램에서 즐기는 쇼핑 244

부기스정션 · 244 | 부기스스트리트 · 245 | 부기스플러스 · 245 | 와다북스 · 246 | 마케스프로젝트 · 246 |

Special07 로컬디자이너의 놀이터, 하지래인 247

순리 · 247 | 그랜마 · 248 | 먼데이오프 · 248 | 스리드배어&스퀘럴 · 249 | 칙피버 · 249 | 스카이룸 · 250 | 원더랜드 · 250 | 아이엠 · 251 | 샐러드숍 · 251 |

Chapter03 이국적인 인도를 만나는 시간, 리틀인디아

리틀인디아를 이어주는 교통편 · 252 | 리틀인디아에서 이것만은 꼭 해보자 · 253 | 사진으로 미리 살펴보는 리틀인디아 베스트코스 · 253 |

MAP 리틀인디아 · 254

Section07 리틀인디아에서 반드시 둘러봐야 할 명소 255

스리비라마칼리암만사원 · 255 | 스리스리니바사 페루말사원 · 256 | 룽산시사원 · 256 | 사카무니부다가야사원 · 257 | 압둘가푸르사원 · 257 |

Section08 리틀인디아에서 먹어봐야 할 것들 258

시저컷커리라이스 · 258 | 테카센터푸드센터 · 259 | 코말라빌라스 · 259 | 로우즈 · 260 | 가네산빌라스 · 260 | 아즈미 · 261 | 코코떼 · 261 |

Section09 리틀인디아에서 즐기는 쇼핑 262

무스타파센터 · 262 | 리틀인디아아케이드 · 263 | 테카센터 · 263 | 선게이로드도둑시장 · 264 |

Special08 숨은 카페 거리, 라벤더스트리트&랑군로드 265

MAP 라벤더스트리트&랑군로드 · 265

체생핫하드웨어 · 266 | 더브래이버리 · 266 | 윈도우실파이 · 266 | 주엘카페&바 · 267 | 탬퍼&코 · 267 | 올드헨커피바 · 267 |

CONTENTS

Part04
싱가포르 주변지역

Chapter01 **아시아 최고의 테마파크 센토사&하버프런트**

센토사&하버프런트를 이어주는 교통편 · 270 | 센토사&하버프런트에서 이것만은 꼭 해보자 · 271 | 사진으로 미리 살펴보는 센토사&하버프런트 베스트코스 · 271 |

MAP 센토사 · 272 | MAP 하버프런트 · 273

Section01 **센토사 들어가기&돌아다니기** 273

센토사로 들어가기 · 273 | 센토사 돌아다니기 · 275 |

Section02 **센토사&하버프런트의 명소와 쇼핑** 276

실로소비치&팔라완비치&탄종비치 · 276 | 웨이브하우스 · 278 | 센토사코브 · 278 | 센토사멀라이언 · 279 | 어드벤처코브워터파크 · 279 | S.E.A.아쿠아리움 · 280 | 돌핀아일랜드 · 280 | 이미지오브싱가포르 · 281 | 크레인댄스 · 281 | 윙스오브타임 · 282 | 유니버설스튜디오 · 282 | 페이버피크 · 283 | 길먼배락스 · 284 | 핸더슨웨이브 · 284 | 비보시티 · 285 |

Special09 **유니버설스튜디오&센토사 놀거리 BEST** 286

01. 유니버설스튜디오 놀이기구 BEST 3

트랜스포머더라이드 · 286 | 미라의 복수 · 286 | 배틀스타갤럭티카 · 286 |

02. 유니버설스튜디오 볼거리 BEST 3

할리우드드림퍼레이드 · 287 | 레이크할리우드스펙타큘라 · 287 | 할리우드스트리트쇼 · 287 |

03. 센토사 놀이기구 BEST 4

아이플라이싱가포르 · 287 | 루지&스카이라이드 · 288 | 메가집어드벤처파크 · 288 | 고그린세그웨이 에코어드벤처 · 288 |

Section03 센토사&하버프런트에서 먹어봐야 할 것들 289

페이버비스트로 · 289 | 스푸드&에이프런 · 290 | 테이스트오브아시아 · 290 | 말레이시안푸드스트리트 · 291 | 코스티즈 · 291 | 플래임&샌드바 · 292 | 조엘로부숑레스토랑 · 292 | 더춥하우스 · 293 | 제이미스이탈리안 · 293 |

Chapter02 자연과 전통을 만나는 싱가포르 동부지역

동부지역을 이어주는 교통편 · 294 | 동부지역에서 이것만은 꼭 해보자 · 295 | 사진으로 미리 살펴보는 동부지역 베스트코스 · 295 |

MAP 카통 · 296 | MAP 창이 · 296

Section04 동부지역의 명소와 쇼핑 297

창이예배당&박물관 · 297 | 이스트코스트파크 · 298 | 카통앤티크하우스 · 298 킴추스키친 · 299 | 루마베베 · 299 |

Special10 싱가포르의 가장 오래된 마을, 풀라우우빈 300

Special11 싱가포르 야생테마공원 301

MAP 야생테마공원 302

부킷티마자연보호구역 · 301 | 싱가포르동물원 · 303 | 나이트사파리 · 304 | 리버사파리 · 304 | 주롱새공원 · 305 |

Section05 동부지역에서 먹어봐야 할 것들 306

328카통락사 · 306 | 친미친컨펙셔너리 · 307 | 이미그랜츠게스트로바 · 307 | 래빗캐럿건 · 308 | 이스트코스트시푸드센터 · 308 | 이스트코스트라군푸드빌리지 · 309 | G7신마라이브 시푸드레스토랑 · 309

Special12 인도네시아에서 즐기는 한 조각의 휴식, 빈탄 310

MAP 빈탄 310

01. 싱가포르에서 빈탄으로 들어가기

타나메라페리터미널로 이동하기 · 311 | 싱가포르에서 빈탄으로 출국하기 · 311 | 빈탄으로 입국하기 · 312 |

CONTENTS

02. 빈탄 리조트 BEST 3

니르와나가든빈탄리조트 · 313 | 반얀트리빈탄 · 314 | 빈탄라군리조트 · 314 |

03. 둘러볼 만한 곳

파사르올레올레 · 315 | 탄중피낭 · 315 | 사와라당 빈탄 · 315 |

Part05 싱가포르 숙소 선택하기

Chapter01 **숙소를 선택하기 전에 알아둬야 할 것들**

Section01 **나에게 맞는 스타일의 숙소 예약하기** 319

싱가포르의 다양한 숙소 · 319 | 호텔 예약하기 · 321 |

Section02 **호텔과 게스트하우스 제대로 이용하기** 322

호텔 이용하기 · 322 | 게스트하우스 이용하기 · 324 |

Chapter02 **싱가포르 추천 숙소**

Section03 **싱가포르에서 근사한 하룻밤, 럭셔리호텔** 327

풀러턴호텔 · 327 | 래플스호텔 · 328 | 마리나베이샌즈호텔 · 328 | 만다린오리엔탈 · 329 | 스위소텔 더스탬퍼드 · 330 | 풀러턴베이호텔 · 330 | 세인트레지스 싱가포르 · 331 | 굿우드파크호텔 · 331 | 호텔포트캐닝 · 332 | 팬퍼시픽 · 332 |

Section04 평범한 숙소를 거부하는 사람을 위한 부티크호텔 333

원더러스트 · 333 | 왕즈호텔 · 334 | 뉴마제스틱 · 334 | 호텔1929 · 335 | 더퀸시호텔 · 335 | 로이드인 · 336 | 나우미호텔 · 336 | 클랩슨 · 337 | 아모이 · 338 | 더스칼렛호텔 · 338 |

Section05 실용적인 여행객을 위한 비즈니스&레지던스호텔 339

이비스@벤쿨렌 · 339 | 오아시아 호텔 · 340 | 스튜디오엠호텔 · 340 | 카프리 바이 프레이저 · 341 | 애스코트 래플스플레이스 · 341 | 그랜드파크시티홀 · 342 | 파크로얄온피커링 · 342 | 콘래드센테니얼 싱가포르호텔 · 343 | 아마라호텔 · 343 |

Section06 주머니 가벼운 여행객을 위한 호스텔&인 344

블랑인 · 344 | 더플롯호스텔 · 345 | 더팟 · 345 | 윙크호스텔 · 346 | 행아웃호스텔 · 346 | 파이브스톤즈호스텔 · 347 | 5풋웨이인@차이나타운 · 348 | 번크@래디우스 · 348 | 애들러럭셔리호스텔 · 349 | 리버시티인 · 349 |

Special09 센토사에서 숙박하기 350

센토사W싱가포르@센토사코브 · 350 | 카펠라싱가포르 · 351 | 모벤픽헤리티지호텔센토사 · 351 | 샹그릴라라사 센토사리조트&스파 · 352 | 하드록호텔 · 352 |

Index 353

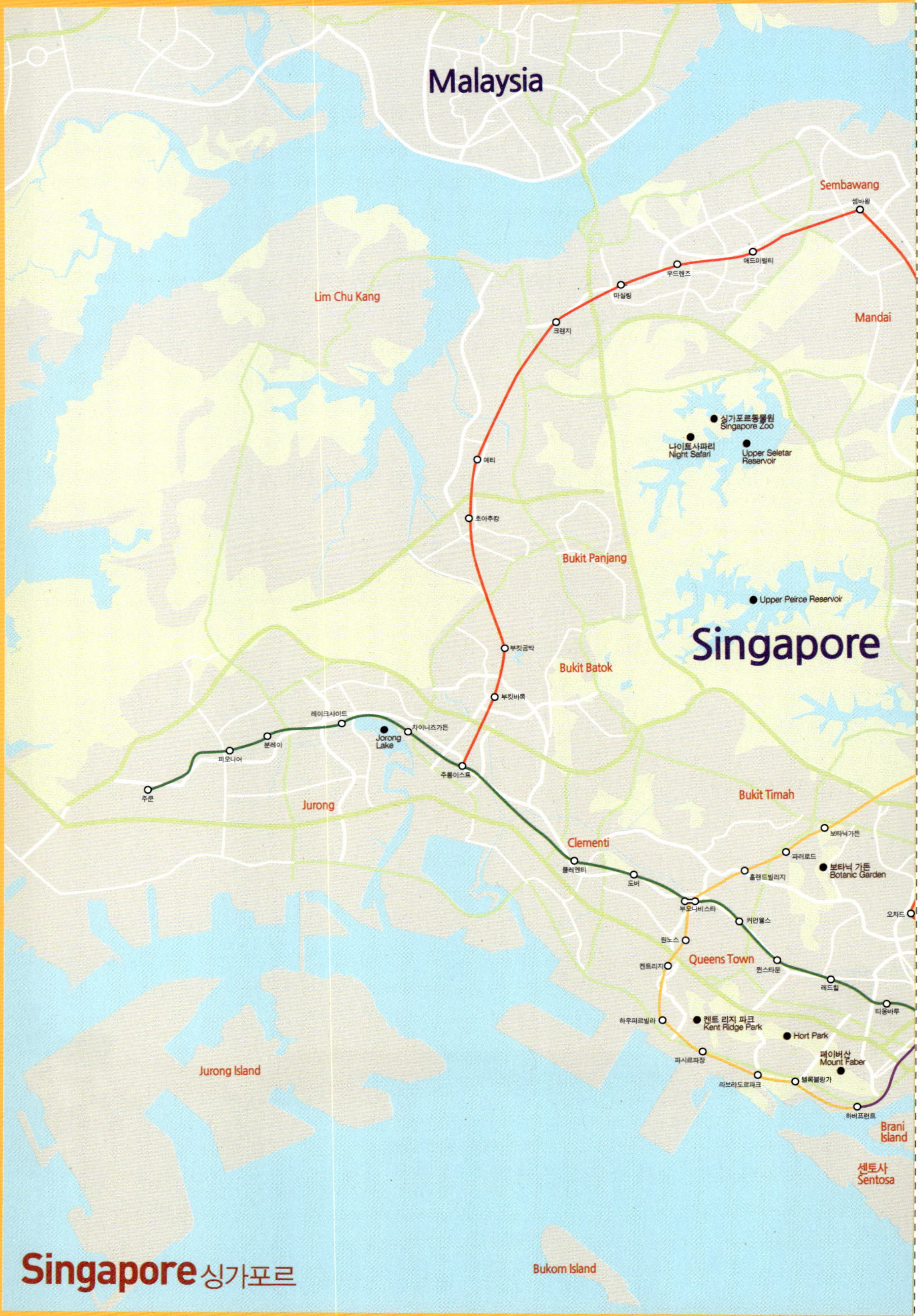

Malaysia
Sembawang
셈바왕
애드미럴티
우드랜즈
마실링
크랜지
Mandai
Lim Chu Kang
싱가포르동물원
Singapore Zoo
나이트사파리
Night Safari
Upper Seletar
Reservoir
예티
초아추캉
Bukit Panjang
Upper Peirce Reservoir
Singapore
부킷곰박
Bukit Batok
부킷바톡
레이크사이드
차이니즈가든
Jorong
Lake
분레이
피오니어
주룽이스트
주쿤
Jurong
Bukit Timah
보타닉가든
파러로드
보타닉 가든
Botanic Garden
Clementi
홀랜드빌리지
클레멘티
도버
부오나비스타
오차드
커먼웰스
원노스
Queens Town
켄트리지
퀸스타운
레드힐
티옹바루
하우파르빌라
켄트 리지 파크
Kent Ridge Park
Hort Park
페이버산
Mount Faber
파시르파장
텔록블랑가
라브라도르파크
하버프런트
Brani
Island
센토사
Sentosa
Jurong Island
Singapore 싱가포르
Bukom Island

Malaysia
Punggol Barat Island
셀레타공항
Seletar Airport
Serangoon Island
풀라우 우빈 Pulau Ubin
이슌
카티브
이오추캉
Ang Mo Kio
앙모키오
펑골
셍캉
부앙콕
호우강
코반
Serangoon
매리마운트
비샨
로롱추안
세랑군
브라델
칼데콧
토아파요
우드레이
바틀리
타이셍
포통파시르
맥퍼슨
노베나
분켕
Geylang
파야레바
유노스
켐방간
Bedok
베독
타나메라
Tampines
템핀스
시메이
파시르리스
엑스포
Singapore Expo
창이공항
창이국제공항
Changi Airport
Bedok Reservoir
알주니에드
칼랑
다코타
마운트바튼
스타디움
뉴턴
파러파크
리틀인디아
라벤더
부기스
니콜하이웨이
서머셋
도비갓
브라스바사
프로메네이드
에스플러네이드
시티홀
클락키
차이나타운
텔록에이어
래플스플레이스
베이프런트
아웃트램파크
다운타운
탄종파가
미리나베이
마리나사우스피어
가든스바이더베이 Gardens by the Bay
이스트코스트파크
East Coast Park
타나메리페리터미널
Tanah Merah Ferry Terminal
Brani Island
센토사
Sentosa
N
S

Part 01

싱가포르여행 제대로 준비하기

Section01 싱가포르여행 계획하기
Section02 싱가포르여행을 위한 일정별 동선
Section03 인천공항 출국부터 싱가포르창이국제공항 도착까지
Section04 싱가포르창이국제공항 입국하기
Section05 공항에서 싱가포르 시내로 이동하기
Section06 싱가포르 시내를 이동할 수 있는 대중교통
Section07 알아두면 유용한 싱가포르 정보
Section08 미식의 나라 싱가포르의 먹거리
Section09 싱가포르에서 쇼핑 제대로 즐기기
Special01 싱가포르에서 딱 10가지만 해야 한다면

Section 01

싱가포르여행 계획하기

여행에서 가장 설레는 일 중 하나가 여행을 계획하고 준비하는 일이다. 여행을 떠나기 전 즐거운 마음으로 여행지에 대한 기본정보와 여행에 필요한 준비사항들을 꼼꼼히 체크하고 챙기자. 더 많이 알고, 미리 준비할수록 즐겁고 후회 없는 여행을 즐길 수 있다.

한눈에 살펴보는 싱가포르여행정보

아는 만큼 싱가포르를 더욱 알차고 즐겁게 즐길 수 있다. 출국하기 전 알아둬야 할 싱가포르에 대한 가장 기초적인 정보들부터 체크해 보자.

역사	동남아시아 말레이반도 끝자락에 위치한 도시국가 싱가포르는 서울보다 조금 더 큰 영토에 500만 명의 인구가 살고 있는 다민족국가이다. 19세기 이전까지는 포르투갈, 네덜란드 등에 지배와 영향을 받다가 1819년 영국이 아시아지역의 무역거점으로 이곳을 개발하면서 국제적인 무역항으로 떠올랐고, 1867년 영국식민지로 전락하였다. 2차 세계대전을 거치면서 싱가포르 역시 다른 동남아시아국가들처럼 일본에 점령되었다가 다시 영국직할 식민지가 되는 등 혼돈의 시기가 이어진다. 1963년 말레이시아연방에 포함되었지만, 1965년 8월 9일 진정한 독립국가로서의 체제를 갖추기 시작한다. 이후 자치정부시대부터 31년 동안 장기 집권한 리콴유총리의 강력한 원리원칙주의정책과 정치를 통해 아무도 알아주지 않던 신생독립국 싱가포르는 아시아 최고의 도시국가로 빠르게 성장하였다.
언어	다민족 이민국가 싱가포르는 중국, 말레이, 인도 그리고 기타 민족으로 구성되어 있으며, 민족통합을 위해 영어를 공용어로 사용한다. 공공장소의 표지판이나 관공서 등에서는 영어와 함께 중국어와 말레이어, 타밀어를 모두 표기한다.
통화	싱가포르달러(S$)로 S$1는 한화로 약 845원(2015년 9월 기준)이다.
전기	전압은 우리나라와 같은 220~240v이지만 플러그는 삼발식이라 변환어댑터가 필요하다.
도로	영국문화의 영향으로 싱가포르 도로는 좌측통행이며, 자동차 운전석도 우리와 달리 오른쪽이다. 택시를 탈 때 운전석 문을 여는 실수를 하지 말자!
시차	우리나라보다 1시간 느리다. 한국이 오전 9시이면, 싱가포르는 오전 8시이다.
날씨	적도 근처에 자리한 싱가포르는 연평균 24~32도를 넘나드는 고온다습한 전형적인 열대성기후를 보인다. 기후는 크게 우기와 건기로 나뉘는데, 우기는 10월부터 2~3월까지 건기는 4~9월이 포함된다. 우기에는 비가 자주 내리지만 열대성스콜이라 1~2시간 정도면 그친다. 오히려 비가 온 뒤에는 바람이 불어 선선하다. 기온이 높은 건기와 비가 많은 우기로 나뉘어 있지만 관광객들이 느끼기에는 큰 차이가 없는 편이다. 싱가포르 날씨는 앱이나 기상청홈페이지를 통해 알 수 있는데 예보와 달리 갑작스럽게 비가 오는 경우가 많으므로 크게 믿지 않는 편이 좋다. **싱가포르 실시간 날씨 정보** weather.nea.gov.sg/ForecastToday.aspx **싱가포르 기상청** www.nea.gov.sg
팁문화	싱가포르는 공식적인 팁문화가 없으므로 팁을 따로 챙길 필요는 없다. 특히 일부 레스토랑의 가격에는 '++'가 표시되는데, 이는 봉사료와 부가세가 포함됨을 의미하므로 이미 팁을 내는 것과 같다. 다만 레스토랑이나 호텔 등에서 좋은 서비스를 받아 팁을 주고 싶다면 총 금액의 10% 정도를 주면 된다.

변환어댑터

싱가포르축제

싱가포르는 음식, 종교, 문화 등 다양한 주제로 매달 도시 곳곳에서 축제가 열리는데, 내용과 프로그램이 알찬 편이다. 여행 기간에 진행되는 축제가 있다면 확인해보고 각종 행사나 이벤트 등에 적극 참여해 색다른 추억을 만들어보자.

나이트레이싱 그랑프리 프릭스

힌두교 축제 디파발리

차이니즈 뉴이어 (Chinese New Year)	중국의 음력설로 싱가포르 인구 대부분을 중국인이 차지하는 만큼 차이나타운을 비롯하여 곳곳에서 거대한 규모로 열린다. 이 기간에는 차이나타운에 홍등이 화려하게 장식되고, 거리마다 중국 전통음식과 간식 등을 판매한다. 또한 홍바오강축제와 칭게이퍼레이드 등 다양한 봄 축제도 함께 진행된다.
싱가포르 아트페스티벌 (Singapore Art Festival)	1977년 시작된 오래된 예술행사로 싱가포르는 물론 아시아의 유명 작가들과 신진아티스트들이 다양한 작품을 싱가포르 전역의 갤러리와 박물관 등에서 선보인다. 그 밖에 연극, 음악, 무용 등 100여 가지의 다양한 공연도 볼 수 있다.
싱가포르 푸드페스티벌 (Singapore Food Festival)	매년 7월 열흘간 열리는 최대의 음식축제로 페라나칸부터 중국, 인도, 말레이 등 싱가포르의 다채로운 음식문화를 다양한 방식으로 체험할 수 있다. 세계요리대회, 시식회, 푸드트럭, 쿠킹클래스 등 음식과 관련된 여러 행사가 싱가포르 전역의 호커센터와 관광명소, 쇼핑몰 등에서 진행된다.
독립기념일 (National Day)	1965년 8월 9일 독립 이후 매년 개최되며 다민족국가인 만큼 화합을 주제로 하는 행사가 많다. 이 축제의 하이라이트는 마리나베이에서 열리는 군인들의 행진을 비롯해 다민족 특성을 살린 퍼레이드이다. 이날 싱가포르인들은 국기 색인 빨간색과 흰색으로 치장하고 거리를 나선다. 밤에는 최대 규모의 불꽃놀이를 볼 수 있다.
하리라야 아이딜피트리 (Hari Raya Aidilfitri)	모슬렘들의 단식월인 라마단의 끝을 기념하는 축제로 라마단 기간이 끝나는 저녁시간에 캄퐁글램(Kampong Glam)에 가면 야시장이 문을 연다. 등불과 전통장식으로 꾸민 거리마다 수공예품이나 옷 그리고 다양한 모슬렘 전통음식을 판매하는 노점들로 불야성을 이룬다.
그랑프리 프릭스 (Grand Prix)	매년 9월에 열리는 자동차레이싱대회로 세계 최초로 나이트레이싱을 개최했다. 도시 한복판을 달리는 서킷으로도 유명한데 F1이 열리는 동안에는 마리나베이 일대의 전망 좋은 객실은 이미 몇 달 전에 예약이 끝날 정도로 인기가 좋다. 세계적 축제인 만큼 유명 해외스타들의 공연도 함께 열려 도시 전체가 들썩인다.
디파발리 (Deepavali)	싱가포르에서 열리는 가장 큰 규모의 힌두교축제로 10~12월 사이에 열린다. 디파발리는 '빛이 어둠을 물리친 날'이라는 뜻으로 아름다운 등불이 리틀인디아 거리 곳곳을 화려하게 장식한다. 힌두교인들은 이 기간 동안 새옷을 입고 다양한 음식을 나눠먹는다. 거리마다 공연과 화려한 퍼레이드가 펼쳐져 활력 넘치는 리틀인디아의 모습을 볼 수 있다.
크리스마스 (Christmas)	비록 눈은 오지 않지만 싱가포르 사람들은 전 세계 어느 나라 못지않게 화려한 크리스마스를 즐긴다. 특히 11월 말부터 오차드로드를 따라 모든 쇼핑몰이 저마다 콘셉트를 살려 화려한 크리스마스장식으로 치장한다. 쇼핑몰에서는 먹음직스러운 초콜릿부터 크리스마스 에디션상품들을 판매하며 세일과 프로모션 등도 진행한다.

싱가포르여행정보 수집하기

여행을 떠나기 전 여행책자 외에도 관련 홈페이지나 블로그를 통해 알짜배기 정보를 많이 얻을 수 있다. 특히 맛집에 관심이 많은 사람이라면 싱가포르 현지 잡지나 블로그등을 통해 믿을 만한 맛집 정보와 핫한 레스토랑 등의 최신 정보를 얻을 수 있다. 회원 수가 많은 인터넷카페에서는 현지 사정에 대한 궁금한 점을 물으면 빠르게 도움을 받을 수 있어 좋다.

싱가포르 백과사전, 싱가포르관광청 홈페이지

싱가포르관광청 홈페이지

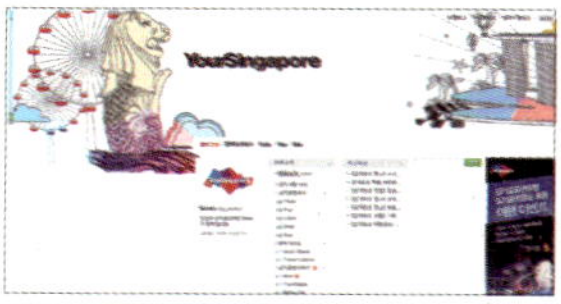

싱가포르관광청 블로그

싱가포르에 관한 크고 작은 정보들을 얻을 수 있는 곳으로 도시에 대한 역사와 기본정보부터 주요 관광지, 숙박정보까지 광범위한 내용을 다루고 있다. 자연, 레스토랑, 엔터테인먼트 등에 따라 관광지가 나뉘어 있어 찾아보기 쉬우며 여행 전 체크해야 할 기본사항들도 확인할 수 있다. 또한 싱가포르관광청에서 자체적으로 만든 가이드북도 다운받을 수 있다. 공식홈페이지 외에도 관광청에서 운영하는 블로그와 카페에서는 최신 정보와 맛집, 관광명소에 대한 다양한 정보를 추가로 얻을 수 있다.

문의 02-734-5570 운영시간 10:00~18:00(월~금요일)/주말, 공휴일 휴무 찾아가기 지하철 5호선 광화문역 5번 출구 교보생명 9층 귀띔 한마디 여행 전 싱가포르관광청 사무실에 들러 무료가이드북과 지도, 쿠폰 등을 챙겨가자. 홈페이지 www.yoursingapore.com 블로그 yoursingaporeblog.com

싱가포르 스트리트 문화매거진, 「SG I-S」

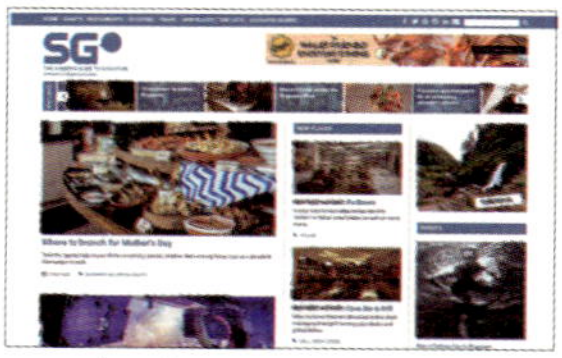

sg.asia-city.com

싱가포르문화 및 관광매거진인 「I-S」에서 운영하는 홈페이지로 레스토랑, 쇼핑스팟, 여행팁 등의 알짜배기 자료를 얻을 수 있다. 특히 레스토랑과 펍, 바 등의 맛집 정보가 특화되어 있는데 '가장 맛있는 프렌치레스토랑 TOP 10', '오차드로드에서 가볼 만한 레스토랑 베스트 7' 등 지역과 테마에 따라 잘 정리되어 있다. 새롭게 오픈한 숍에 대한 기사가 자주 업데이트되며, 그 달에 진행되는 현지행사들도 메인 기사로 정리해두니 여행을 떠나기 직전이나 여행 중 종종 들러 참고하기에 좋다.

싱가포르에서 가장 유명한 맛집 블로거, 레이디아이론셰프

www.ladyironchef.com

싱가포르에서 제일 잘 나가는 맛집 블로거로 시작해 지금은 자체적으로 여행 및 레스토랑 관련 콘텐츠 회사까지 운영하는 브레드라우Brad Lau의 홈페이지이다. 음식평론가 브레드라우는 맛집 블로거로 시작했지만 현재는 싱가포르 미식계 전반에 미치는 영향이 적지 않다. 맛집을 검색해도 좋지만 관심 있는 레스토랑이나 싱가포르에서 하루쯤 고급 파인다이닝을 즐기려 할 때 참고하면 좋다. 애피타이저부터 디저트까지 코스 과정 하나하나를 꼼꼼하게 적어 놓아 레스토랑을 결정할 때 큰 도움이 된다.

네이버 대표카페, 싱가폴사랑

20만 명의 회원수를 자랑하는 네이버 대표 싱가포르여행커뮤니티이다. 여행준비부터 환전, 경비, 교통과 쇼핑, 숙박, 먹거리까지 회원들의 생생한 리뷰와 여행기를 공유할 수 있으며, 회원수가 많은 만큼 현지 정보에 대한 업데이트가 빠르다. 궁금한 점이 있으면 회원들 간에 실시간 피드백도 받을 수 있으며 혼자 여행을 떠난다면 동행할 사람도 이곳에서 찾아볼 수 있다.

www.ladyironchef.com

스마트 컨슈머들이 알려주는 여행의 기술, 스사사

저렴한 항공편과 숙박 등 알뜰한 여행을 위한 빠르고 전문적인 정보를 얻을 수 있는 여행정보 전문커뮤니티이다. 국내는 물론 해외항공사, 호텔 관련 에이전시 등에서 선보이는 프로모션, 할인행사에 대한 정보가 수시로 업데이트된다. 저렴하고 합리적으로 여행할 수 있는 스마트한 방법들을 공유하고 있어 여행의 신세계를 경험할 수 있다. 자주 드나들며 적극적으로 공부한다면 싱가포르는 물론 이후 해외여행에 관련한 다양한 정보를 얻을 수 있다.

cafe.naver.com/hotellife

싱가포르여행에 유용한 애플리케이션

여행에 필요한 앱을 잘 이용한다면 좀 더 알찬 여행을 즐길 수 있다. 최근에는 한번 받아놓으면 와이파이 없이도 이용할 수 있는 오프라인용 앱도 늘어났다. 교통과 숙박, 맛집 찾기와 관련해 도움이 될 만한 앱을 살펴보자.

길 찾을 때 최고, 구글맵(Google Map)

싱가포르를 여행할 때 가장 좋은 길잡이가 되어 줄 앱이다. 현재 위치 확인은 물론 출발지와 도착지를 설정하면 대중교통, 자동차, 도보 등을 이용해 도착지까지 가는 방법과 거리, 시간 등이 비교적 정확하게 표시된다. 위성을 통해 목적지 주변 사진을 살펴보거나 스트리트뷰로 확인할 수 있으며, 상점 관련 정보도 기재되어 있다. PC를 통해 지도를 저장해 놓으면 와이파이를 사용하지 못하는 곳에서도 저장해둔 지도를 확인할 수 있다.

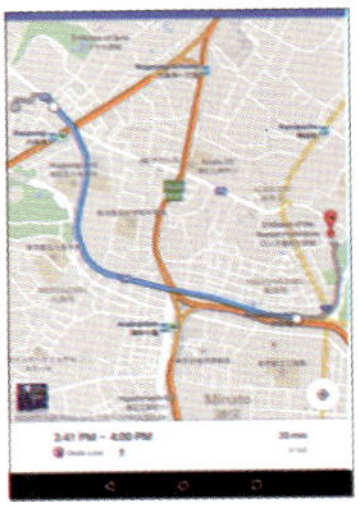

저렴한 현지인의 집을 찾을 때, 에어비앤비(airbnb)

전 세계 숙박공유서비스로, 저렴한 비용으로 묵을 수 있는 현지인의 집을 소개한다. 국가를 싱가포르로 지정한 후 가격대, 지역 등을 골라 검색하면 해당 기간 동안 사용할 수 있는 방 목록이 보기 편하게 정렬된다. 사진은 물론 숙박객의 리뷰도 있으므로 꼼꼼하게 읽어보고 선택하면 된다. 단, 전문 숙박업소가 아닌 만큼 위험할 수 있으므로 리뷰 수가 많은 곳을 고르거나 시간이 있다면 직접 방문해서 방을 살펴본 후 결정하는 것이 좋다.

편리하고 심플한 MRT 노선도, SG엠알티(SG MRT)

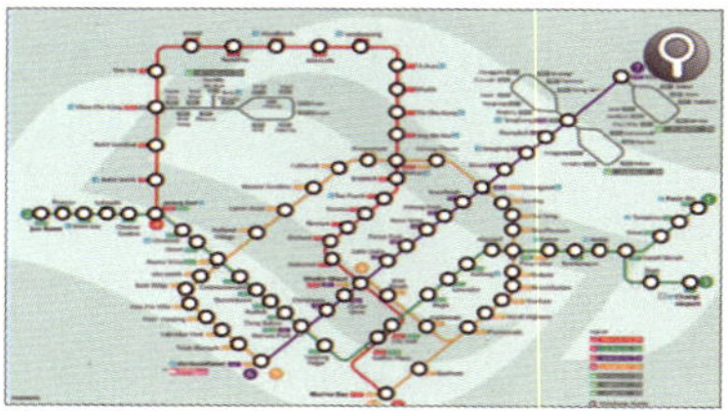

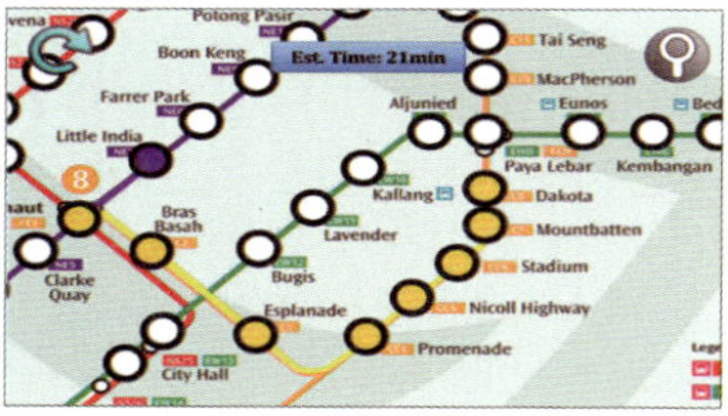

싱가포르의 지하철 MRT를 이용할 때 유용한 앱으로 노선도는 물론 원하는 역을 터치해서 출발역과 도착역을 설정하면 최단거리와 환승역, 소요시간까지 표시해준다. 와이파이 없이도 언제든 이용할 수 있어 MRT를 탈 때 편리하게 사용할 수 있다.

확실한 대중교통 이용정보, SMRT커넥트(SMRT Connect)

MRT와 버스를 포함한 싱가포르의 모든 대중교통을 이용할 때 유용하게 사용할 수 있는 앱으로 현재 위치에서 가장 가까운 MRT역이나 버스정류장을 알려준다. 또한 지하철과 버스의 출발 및 도착시간까지 알 수 있어 대기시간을 정확하게 계산할 수 있다.

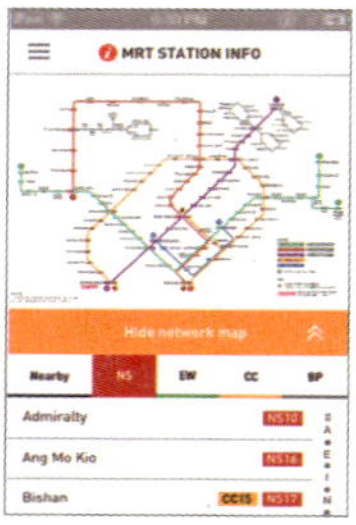

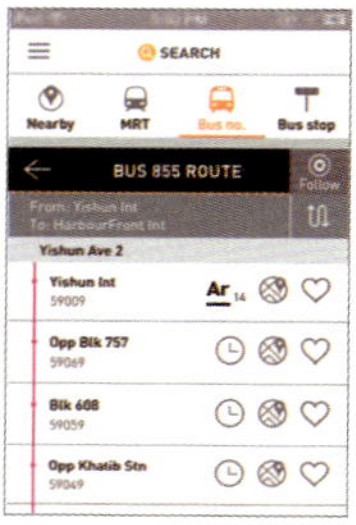

택시를 예약하는 가장 쉬운 방법, 다이얼어캡 앳 싱가포르(Dial a CAB@SG)

편리하게 택시를 예약할 수 있는 앱으로 싱가포르의 8개 택시회사와 연계되어 있다. 현재 위치 주소와 택시를 탈 장소만 입력하면 8개의 택시회사에 소속된 택시 중 이용가능한 택시정보를 보여준다. 그 밖에 택시와 관련한 수수료, 요금표 등의 다양한 정보도 제공한다.

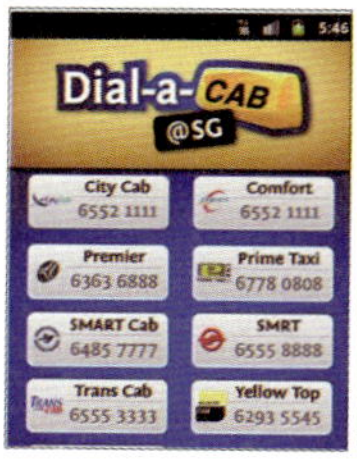

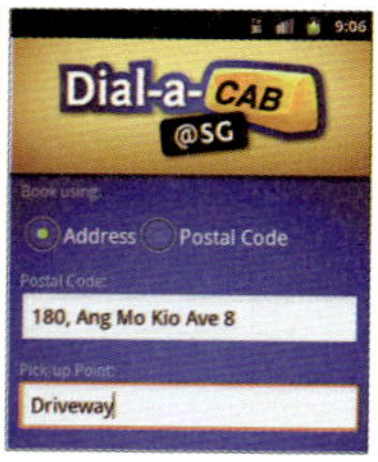

싱가포르문화매거진, SG 나우(SG NOW)

싱가포르여행매거진 「I-S」의 앱 버전으로 맛있는 레스토랑이나 술집, 또는 원하는 쇼핑아이템을 파는 특정 상점을 찾을 때 유용하다. 또한 검색 시기에 진행되는 다양한 행사나 공연, 이벤트에 대한 정보도 풍성하므로 눈여겨 봐두면 좋다.

싱가포르 시티가이드, 웨어싱가포르(Where Singapore)

「Where Singapore」라는 싱가포르 시티가이드 매거진의 앱 버전으로 맛집과 쇼핑플레이스, 밤에 가면 좋을 펍, 그 밖의 이벤트, 행사, 공연 등 여행에 관련된 다양한 정보를 망라한다. 매달 잡지가 발행될 때마다 정보가 업데이트되어 최신 스팟 정보와 새로운 소식이 풍부하다.

여권과 비자 준비하기

모든 해외여행 준비는 여권과 비자 준비부터 시작된다. 싱가포르는 90일까지 무비자로 체류할 수 있으므로 일반 여행자는 따로 비자를 발급받지 않아도 된다. 여권이 없다면 새로 만들고 여권이 있다면 만료기간이 6개월 이상 남았는지를 체크해봐야 한다. 간혹 여권만료일을 체크하지 않아 공항에서 되돌아가는 황당한 일도 적지 않으므로 반드시 확인하자.

일반적인 전자여권(ePassport)은 유효기간 만료일까지 횟수에 제한 없이 사용할 수 있는 복수여권과 1년에 1회 사용가능한 단수여권 2가지가 있다. 2014년부터는 사증(비자)란을 기존 48쪽에서 24쪽으로 줄이고 발급수수료를 3,000원 낮춘 알뜰여권도 발급되므로 여행을 자주 가지 않는다면 경제적인 알뜰여권을 발급받는 것도 좋은 방법이다(단, 복수여권만 가능).

구분			발급 수수료 + 국제교류기여금	
			국내	재외공관
복수여권	5년 초과, 10년 이내		53,000원	53달러
	5년	만 8세 이상~18세 미만	45,000원	45달러
		만 8세 미만	33,000원	33달러
	5년 미만(20~24세 병역 미필자)		15,000원	15달러
단수여권	1년 이내		20,000원	20달러

※ 사증란이 24쪽으로 줄어든 알뜰여권(3,000원 인하)도 발급된다.

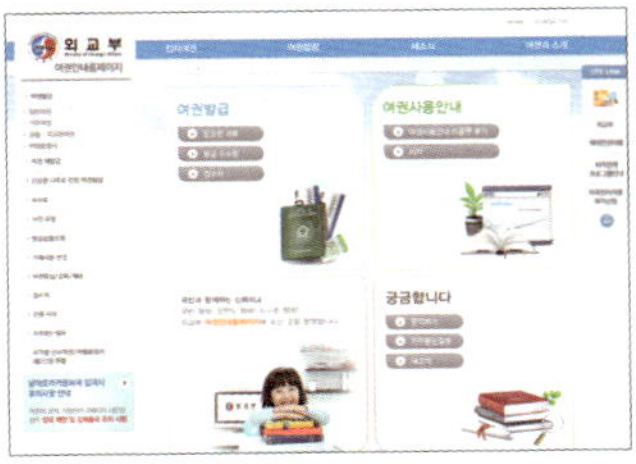

여권은 전국의 시청이나 군청, 구청 여권과에서 신청할 수 있으며, 여권상 영문이름과 서명이 해외에서 사용할 신용카드와 동일한지 꼭 확인해둬야 한다. 여권발급신청서 1부(여권과에 비치), 신분증(주민등록증, 운전면허증), 여권용 사진 2매와 수입인지대를 준비해야 하며 발급은 보통 4일 정도 걸린다. 여권 유효기간이 6개월 미만일 경우 기간연장신청을 해야 하는데 유효기간이 경과한 지 1년이 넘으면 여권을 새로 발급받아야 한다. 여권에 관한 자세한 내용은 외교통상부 여권안내 홈페이지(www.passport.go.kr)에서 알아볼 수 있다.

싱가포르 항공권 구입하기

인천에서 출발해 싱가포르로 가는 항공사는 2015년 9월 기준으로 대한항공, 아시아나항공, 싱가포르항공, 스쿠트항공 등 직항 항공편 4개와 베트남, 중국, 홍콩, 태국 등을 경유해서 가는 경유 항공편 10여 개가 있다. 직항의 경우 싱가포르까지 6시간 30분 정도 소요되며 경유 항공편은 경유지와 경유시간에 따라 조금씩 차이가 난다.

대한항공은 매일 1~3회, 아시아나는 1~2회, 싱가포르항공은 매일 3~4회로 다양한 항공편이 있어 원하는 시간대를 고를 수 있다. 대만 저가항공사인 스쿠트항공은 다른 3곳의 항공사에 비해 비교적 저렴하지만 이른 아침과 늦은 밤에만 출발한다. 항공편을 고를 때는 가격도 중요하지만 여행일정에 차질이 생기지 않도록 출발 및 도착 시간 등도 고려하여 선택하는 것이 좋다.

목적지		도착공항(코드)	출발공항(코드)	항공사(코드)	비행거리	예상 비행시간
싱가포르	직항	창이국제공항(SIN)	인천국제공항(ICN)	대한항공(KE) 아시아나(OZ) 싱가포르항공(SQ) 스쿠트항공(TZ)	4,683Km (2,910마일)	약 6시간 30분
	경유	창이국제공항(SIN)	인천국제공항(ICN)	가루다항공(GA), 말레이시아항공(MH), 베트남항공(VN), 에바항공(BR), 중국국제항공(CA), 중국남방항공(CZ), 중국동방항공(MU), 중화항공(CI), 타이항공(TG), 캐세이패시픽(CX) 등	항공편에 따라 상이	

알뜰하게 항공권 구입하기

항공권은 해당 항공사대리점이나 홈페이지 또는 여행사나 각종 티켓 예약사이트를 통해 구입할 수 있다. 항공권은 수개월 전부터 서두를수록 저렴한 티켓을 구할 확률이 높아지므로 여행일정이 정해지면 항공권부터 검색하는 것이 좋다. 특히 할인항공권을 찾는다면 더욱 서둘러야 한다. 온라인 티켓 예약사이트에서 수시로 진행하는 항공권 프로모션과 특가행사는 예고 없이 나오는 경우가 많아 수시로 사이트를 방문하는 수밖에 없다.

가격특가, 항공권과 호텔을 묶은 에어텔, 렌트, 주요 관광지와 연결한 패키지 등 상품도 다양하다. 또한 항공사 자체적으로 진행하는 행사도 있으므로 마일리지가 있거나 자주 이용하는 항공사가 있다면 해당 항공사 웹사이트도 수시로 확인하는 것이 좋다. 출발날짜에 구애를 받지 않는다면 출발 직전 취소된 표나 남는 좌석을 특가로 판매하는 땡처리티켓도 노려볼 만하다.

저렴한 티켓 비교를 위한 온라인 티켓 예약사이트

투어익스프레스

저가항공사를 포함해 다양한 항공사 스케줄과 좌석 수, 비행시간, 티켓 가격, 예상 텍스 등을 조회할 수 있다. 또한 예약과 발권이 동시에 가능하며 앱으로도 동일한 서비스가 제공된다. 호텔과 항공을 묶은 자유여행패키지, 반짝 할인티켓 등을 확인할 수 있다.

www.tourexpress.com

웹투어

몇몇 저가항공사는 스케줄 조회가 불가능하지만, 예상 텍스와 좌석대기 유무를 따로 클릭하지 않고도 바로 볼 수 있어 티켓 상황을 한눈에 파악하기 좋다.

www.webtour.com

구글플라이트

구글검색엔진으로 전 세계 항공편을 비교 검색해준다. 특히 해외항공사 정보가 많아 유용하며, 달력과 지도를 통해 다양한 지역의 최저항공권 가격을 파악하기 쉽다. 예고 없이 특가 항공권이 나오기도 하니 자주 들어가 확인하는 편이 좋다.

www.google.com/flights/

스카이스캐너

앱으로 먼저 시작한 항공 예약서비스로 해외에서 많은 사랑을 받고 있다. 자잘한 여행상품보다는 출발, 도착, 가격 등 항공편의 스케줄만 전략적으로 검색할 때 유용하다. 물론 해당 도시의 호텔과 렌터카도 함께 예약할 수 있다.

www.skyscanner.co.kr

인터파크투어

일찍부터 항공권사업을 시작한 곳인 만큼 우리나라 온라인사이트 중에서는 가장 많은 항공권을 조회할 수 있다. 국내 최저가격을 자부하는 만큼 저렴한 티켓이 많으며, 티켓 관련 프로모션과 여행이벤트도 풍성하다.

tour.interpark.com

항공권 살 때 알고 있으면 좋은 것들

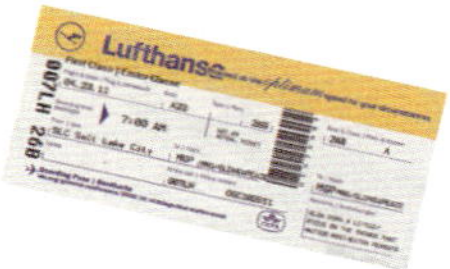

작은 실수로 여행에 차질이 생기지 않도록 항공권을 구입할 때 알고 있어야 할 정보들을 숙지해두자.

코드셰어(공동운항)

코드셰어는 2개의 항공사가 1개의 항공기를 공동으로 운항하는 것을 말한다. 아시아나와 싱가포르항공은 코드셰어를 하고 있는데 6으로 시작하는 아시아나항공의 항공편을 예약하면 싱가포르항공기를 타게 된다. 반대로 싱가포르항공에서 티켓을 구입할 때 5로 시작하는 항공편은 아시아나항공기가 운항된다. 구입한 항공편이 코드셰어인지 확인하여 비행기가 바뀌었다고 당황하는 일이 없도록 하자.

시간 여유가 있다면 경유항공편

한국에서 싱가포르로 가는 항공편은 직항만 있는 것이 아니다. 말레이시아항공, 캐세이패시픽, 베트남항공, 일본항공, 타이항공, 중국동방항공 등 다른 도시를 경유하여 싱가포르까지 운항하는 다양한 항공사가 있다. 원하는 날짜의 직항편 좌석이 없거나 시간과 일정이 여유롭다면 경유항공편을 이용할 수 있다. 경유항공편은 직항에 비해 상대적으로 가격이 저렴한 편이다.

티켓가격 비교할 때는 꼼꼼하게

티켓을 구입할 때는 반드시 텍스포함 가격인지 확인해야 한다. 텍스는 유류할증료, 출입국공항이용료, 출국세, 전쟁보험료 등이 합쳐진 가격이다. 아무리 티켓이 저렴해도 최종 가격은 텍스에 따라 결정된다. 저렴한 가격에 현혹되어 구입 버튼을 눌렀다가 2배 비싼 가격으로 티켓을 구입하는 경우가 생길 수도 있다.

결제 전 취소 및 환불정책 반드시 읽어보기

티켓은 가격에 따라 유효기간, 예약 후 바로 발권, 발권 후 날짜변경불가, 마일리지 한정적립 혹은 적립불가, 환불수수료 등 까다로운 조건이 붙어 있다. 갑작스러운 상황에 대비하여 환불규정은 반드시 체크해봐야 한다. 특히 여행사나 티켓 예약사이트를 통해 구입하면 항공사수수료뿐만 아니라 여행사수수료까지 지불해야 한다. 때문에 티켓의 가격차이가 크지 않다면 해당 항공사를 통해 직접 예약하는 편이 나을 수 있다.

예약 시 영문철자는 두 번, 세 번 확인하기

항공권을 예약할 때 예약자의 영문철자와 여권 상의 철자가 같은지 반드시 확인해야 한다. 철자가 다를 경우 티켓이 완전히 취소되기도 하며, 비행기 탑승 직전이라도 탑승이 거절될 수 있다.

싱가포르달러로 환전하기

환전하기 전 먼저 여행 전체예산부터 계산해보고 환전할 정확한 금액을 예측해보는 것이 중요하다. 돈이 부족할 경우 환전율이 좋지 않음에도 현지에서 할 수 없이 환전해야 하고, 남을 경우 한국에 돌아와 한화로 환전할 때 수수료를 또 지불해야 하기 때문이다. 예산을 정확히 뽑기 어렵다면 여유 금액을 미국달러로 환전해가거나, 현지에서 숙박비 등 비교적 액수가 큰 금액을 결제할 때 신용카드를 적절하게 사용하는 것도 방법이다. 싱가포르에서 사용가능한 결제수단은 현찰, 신용카드, 직불카드 등이 있다.

싱가포르 화폐 알아보기

싱가포르의 화폐단위는 싱가포르달러(S$)로 1S$는 2015년 9월 기준으로 한화로 약 845원이다. 지폐는 2, 5, 10, 50, 100, 1000, 10,000권의 7가지 종류가 있으며 주화는 1, 5, 10, 20, 50센트 그리고 1S$까지 총 6가지가 있다. 위조지폐를 막기 위해 새로 발행한 플라스틱 재질의 지폐와 종이지폐가 모두 통용되고 있다.

한국에서 싱가포르달러 환전하기

환율표시를 보면 '현찰 살 때(은행입장에선 매도)'와 '팔 때(매입)' 가격이 다르게 표시된다. 환전할 때는 은행홈페이지에서 환율우대쿠폰(환전수수료 우대쿠폰)을 미리 다운받아 가면 환전수수료를 할인받을 수 있으며, 주거래은행에서 환전할 경우 VIP우대환율이 적용된다. 또한 은행이 정한 일정금액 이상이면 무료로 여행자보험까지 들어주는 경우도 있으므로 미리 알아보는 것이 좋다. 바빠서 은행까지 가기 힘든 경우라면 사이버환전을 이용해도 된다. 보통 외환은행의 외환포털(FxKeb)을 많이 이용하는데, 수수료할인도 받을 수 있고 출국할 때 공항지점에서 바로 찾을 수 있어 편리하다.

싱가포르에서 싱가포르달러 환전하기

싱가포르에서 환전하는 것도 국내와 크게 다르지 않다. 은행과 사설환전소를 이용할 수 있는데, 은행보다는 사설환전소 환율이 조금 더 좋은 편이니 비교해보고 저렴한 곳에서 환전하자. 사설환전소는 주요 쇼핑몰과 오차드로드, 올드시티, 차이나타운 등 관광지 인근에서 쉽게 찾아볼 수 있으며 환전소가 몰려 있는 곳이 비교적 환율도 좋다. MRT 차이나타운역에서 가까운 피플스파크컴플렉스People's Park Complex 건물 안에 환전소가 많으며, MRT 래플스플레이스역에 있는 아케이드The Arcade 건물에도 20여 개가 넘는 환전소가 있어 환율이 꽤 좋다.

신용카드와 직불카드 사용하기

휴대가 편리한 신용카드Credit Card와 직불카드Debit Card는 고액의 현금을 따로 들고 다녀야 하는 불편함을 덜어준다. 단, 해외에서 신용카드를 사용할 계획이라면 먼저 해외에서 사용 가능한 카드인지부터 체크해보자. 또한 과거 해외에서 사용했던 신용카드가 잘 되지 않는 경우도 있으므로 다른 종류의 카드를 여분으로 챙겨가는 것이 좋다.

국제신용카드 사용하기

싱가포르는 신용카드 사용이 보편화되어 있으며 작은 상점이나 노점상을 제외한 대부분의 상점에서는 신용카드로 결제할 수 있다. 해외결제가 가능한 비자Visa, 마스터카드Master Card, 아메리칸익스프레스American Express 모두 결제가능하다. 신용카드로 결제할 때는 결제방식을 원화나 현지 싱가포르달러 중에 하나를 선택할 수 있는데, 그때그때 환율에 따라 결제금액에서 차이가 생길 수 있다. 단, 싱가포르 택시는 비자카드는 받지 않으니 유의하자.

국제직불카드 사용하기

해외에서 사용할 수 있는 국제직불카드에는 VISA, MASTER, PLUS, CIRRUS, MAESTRO 등의 제휴마크가 표시되어 있다. 국내에서처럼 본인 통장에 있는 잔고만큼 해외에서 인출이 가능하다. 직불카드는 찾을 수 있는 금액이나 횟수, 일자가 정해져 있으며, 이는 은행마다 차이가 있다. 직불카드도 수수료가 붙는데 인출 당시의 환율이 반영되고, 인출할 때마다 수수료가 붙기 때문에 현금결제보다 불리하다.

싱가포르에서 요긴하게 쓰이는 시티은행 국제체크카드

시티은행계좌가 있다면 싱가포르여행 시 유용하다. 싱가포르에는 시티은행이 많아 시내 곳곳에서 ATM을 이용할 수 있으며 인출수수료가 S$1와 이용금액의 0.2%로 타은행에 비해 무척 저렴한 편이다.

급할 때 사용하는 생존 영어

싱가포르는 중국어와 타밀어, 말레이어 등이 사용되지만 공식언어는 영어로, 모든 공식표어와 호텔, 레스토랑에서는 영어를 사용한다. 다른 아시아국가와 달리 나이가 많은 사람들이나 작은 상점, 노점에서도 모두 영어가 통하므로 간단한 영어만 잘 숙지해 두면 어려움 없이 여행할 수 있다.

공항에서	
탑승권 좀 보여주시겠어요?	Could you show me your boarding pass, please?
여권 좀 보여주시겠어요?	May I see your passport, please?
안전벨트를 매어 주십시오.	Please, fasten your seat belt.
담요 한 장 주시겠습니까?	May I have a blanket?
짐을 찾을 수 없어요.	I can’t find my baggage.
방문 목적이 무엇입니까?	What’s the purpose of the visit?
관광차 왔어요.	I'm here on sightseeing.
어디서 묵습니까?	Where are you going to stay?
힐튼호텔입니다.	At the Hilton Hotel.
호텔에서	
예약하셨습니까?	Do you have a reservation?
2일 예약했습니다.	I have a reservation for two nights.
예약하고 싶은데요.	I need to make a reservation.
오늘 저녁 묵을 방이 있나요?	Is there a room available tonight?
예약을 취소하겠습니다.	I’d like to cancel my reservation.
숙박비가 얼마죠?	What are the rates?(How much is the room?)
하룻밤 더 묵고 싶어요.	I’d like to stay another day.
펜 좀 빌릴 수 있을까요?	May I borrow your pen?
어디서 환전합니까?	Where can I change some money?
몇 번 출구입니까?	What’s the gate number?
물건을 살 때	
도와드릴까요?	May I help you?
저것 좀 보여주세요.	Please, show me that.
전부 얼마입니까?	How much is in all?
여기 사진 찍어도 돼요?	May I take pictures here?

입장료는 얼마입니까?	How much is the admission fare?
어떤 관광이 있습니까?	What kinds of tours are there?
기념품을 어디에서 살 수 있나요?	Where can I buy some souvenirs?
죄송하지만, 힐튼호텔 가는 길 좀 가르쳐주시겠습니까?	Excuse me. Can you tell me the way to the Hilton Hotel?
그곳까지 걸어갈 수 있습니까?	Can I walk to there from here?
약도를 좀 그려주시겠습니까?	Could you draw me a map?
거스름돈은 그냥 가지세요.	Keep the change.
식당에서	
오늘 저녁 7시에 4인 좌석을 예약하고 싶어요.	I'd like to book table for four at seven this evening.
메뉴를 보고 싶어요.	May I have the menu, please?
주문을 받을까요?	May I take your order, please?
아직 정하지 않았습니다.	I haven't made up my mind yet.
무엇이 좋을까요?	What do you recommend?
당신이 권하는 것을 먹어볼게요.	I'll have what you suggest.
스테이크를 어떻게 해드릴까요? 살짝(중간으로/바짝) 익혀주세요.	How do you like your steak? I'd like it rare(medium/well-done).

여행 중 사건 · 사고에 대처하는 방법

싱가포르는 치안이 좋은 편이라 강도나 소매치기 등의 사고는 거의 일어나지 않지만 사람이 많은 곳이나 관광지에서는 가방이나 지갑을 잘 챙기는 것이 좋다. 특히 여행 중에는 여권과 신용카드 등 여행에 꼭 필요한 물건을 잃어버리지 않도록 꼼꼼히 신경 쓰자.

여권을 분실했다면?

싱가포르 체류 중 여권을 분실했다면 즉시 경찰에 신고한 후 싱가포르 주재 한국대사관을 방문하여 여권을 대신할 수 있는 서류를 발급받아야 한다. 대사관에서 임시여행자 증명서류를 발급받으려면 사진 2장, 대사관에 들어갈 때 필요한 신분증을 준비해야 한다. 대사관에서 분실신고서와 임시여행자 증명발급신청서를 작성할 때는 기존의 여권번호가 필요하니 여행 전에 여권사본을 준비하거나 여권정보를 꼭 기록해두자. 수수료는 S$10이며, 보통 1~2시간 이내로 발급된다. 여행자 증명서류로 출국할 때는 공항에서 추가확인 등으로 시간이 더 걸릴 수 있으므로 공항에 여유 있게 도착하는 것이 좋다.

주싱가포르 대한민국총영사관

주소 47 Scotts Rd. #08-00 Goldbell Tower Singapore 228233 문의 (65)6256-1188 운영시간 09:00~12:30, 14:00~16:30/비자업무 09:00~11:30(월~금요일) 찾아가기 MRT 뉴턴역 A출구로 나와 걸으면 바로 앞에 보이는 골드벨타워에 위치. 홈페이지 sgp.mofa.go.kr

여권이나 물건을 분실했을 때 꼭 필요한 폴리스리포트(Police Report)!

물건을 소매치기 당했거나 여권을 잃어버리는 등의 문제가 발생했을 때는 가까운 경찰서에서 반드시 폴리스리포트를 작성해야 한다. 물건을 분실했을 경우 폴리스리포트가 있어야만 한국에서 보험처리를 받을 수 있기 때문이다. 본인과실의 경우 보상을 받지 못하지만 타인에 의한 도난일 경우 보상을 받을 수 있으니 분실(Lost)이 아닌 '도난(Theft, Stolen)'임을 분명히 표시해야 한다. 물건의 종류에 따라 보험한도가 각각 다르므로 고가의 물건일 경우 상세하게 작성하는 것이 좋다. 예를 들어 카메라를 통째로 분실한 경우라면 '디지털카메라 바디, 렌즈, 배터리, 메모리카드' 등처럼 하나하나 기입하는 것이 좋다.

여행에 있어 선택이 아닌 필수, 여행자보험

여행에는 수많은 변수와 위험이 도사리고 있다. 보통 물건을 잃어버리는 것이 대부분이지만 지진, 해일 등의 천재지변이나 항공기, 기차 같은 교통수단에 의한 사고 등 본인의 의지와 상관없이 상해를 입는 경우도 빈번하다. 아무 준비 없이 떠났다가 뒤늦게 후회하는 일이 생길 수 있으므로 여행자보험은 되도록 가입하는 것이 좋다.
1만 원 정도의 보험을 가입하면 여행 중 발생한 상해, 질병 등 신체사고와 휴대품 손해, 배상책임까지 보상받을 수 있다. 여행자의 신상정보와 여행지, 기간, 목적 등을 적어 메일이나 팩스로 가입할 수 있는데, 인터넷을 통해 가입하면 보험료를 할인받을 수도 있다. 여행 전 보험가입을 하지 못했다면 인천공항출국장에 있는 해외여행보험 데스크에서 출국 전 가입할 수 있다. 단, 가입 시 보상내용과 한도, 사고 시 챙겨야 하는 영수증이나 증빙서류 등은 꼼꼼히 살펴보는 것이 좋다.

여행 중 몸이 아플 때

간단한 병일 경우 현지 약국에서 약을 구입할 수 있지만 출발 전 꼭 필요한 여행상비약(해열제, 지사제, 소화제, 연고 등)과 평소 복용하는 약은 미리 챙겨가자. 병원에 가야하는 상황이라면 진단을 받은 후 진단서, 결제영수증 등을 챙겨 귀국 후 보험처리를 하면 된다. 심각한 상황으로 병원비가 감당할 수 없을 정도거나 입원이 필요한 경우라면 미리 보험사에 연락을 취하고, 보험에 가입하지 않았다면 대사관에 도움을 요청하는 것이 좋다.

외교통상부 영사 콜센터

전 세계 30개국에서 해외 사건 · 사고를 대비해 콜센터를 운영하고 있다.
+(65) 800 2100 0404 [무료], +(65) 822 3210 0404 [유료]

신용카드나 현금을 잃어버렸을 때

여행 중 신용카드나 현금을 잃어버렸다면 여행경비가 없어 난감해진다. 신용카드나 체크카드를 잃어버린 경우 각 신용카드사의 해외전용전화를 통해 분실신고부터 하고, 경찰서를 찾아 분실증명서를 작성하자. 분실 후 송금을 받으려면 싱가포르지점 우리나라 은행(외환/하나/신한/우리 등)을 찾아가 여권을 제시한 후 임시계좌를 개설하여 송금받으면 된다.

싱가포르에 있는 한국은행

주요은행 싱가포르 지점	주소	싱가포르 지점 전화
외환은행(래플스플레이스)	30 Cecil Street # 24-03/08, Prudential Tower	6536-1633
우리은행(마리나베이)	10 Marina Boulevard # 13-05, MBFC Tower	6422-2000
신한은행(차이나타운)	1 George Street #15-03	6536-1144
하나은행(텔록에이어)	8 Cross Street, # 23-06 PWC Building	6438-4100

카드사 해외전용 전화

카드회사	해외전용 전화	홈페이지	카드회사	해외전용 전화	홈페이지
국민카드	82-2-6300-7300	www.kbcard.com	삼성카드	82-2-2000-8100	www.samsungcard.co.kr
신한카드	82-1544-7000	www.shinhancard.com	씨티카드	82-2-2004-1004	www.citicard.co.kr
하나카드	82-2-524-8100	www.hanaskcard.com	현대카드	82-2-3015-9000	www.hyundaicard.com
BC카드	82-2-330-5701	www.bccard.com			

Section 02

싱가포르여행을 위한 일정별 동선

싱가포르는 작은 도시국가이지만 독특한 문화와 볼거리가 권역별로 나뉘어 있다. 최근 새롭게 떠오르는 거리와 센토사, 나이트사파리 등의 관광명소 그리고 가까운 주변나라들까지, 보고 즐길 것이 산처럼 쌓여 있다. 여행일정과 개인 취향에 따라 알차고 실속 있는 동선을 계획해보자.

알차고 실속 있는 3박 4일 일정

3박 4일은 싱가포르 시내 곳곳과 센토사, 나이트사파리 등의 관광지를 모두 둘러볼 수 있는 일정이다. 첫째 날과 마지막 날은 올드시티, 마리나베이, 오차드로드 등 시내를 중심으로 돌아다니고 둘째 날은 온종일 센토사에서 마음껏 시간을 보내보자. 나이트사파리는 6시 이후 개장이므로 셋째 날 오전과 낮 시간에 리틀인디아와 캄퐁글램을 구경한 후 저녁시간을 이용해 관광할 수 있어 하루를 알차게 보낼 수 있다.

1 DAY 올드시티&마리나베이

Go!

창이국제공항

→

숙소 체크인

→

차임스
30분 코스

→ 5분

싱가포르아트뮤지엄
1시간 코스

→ 5분

래플스호텔
30분 코스

→ 5분

세인트앤드류성당
20분 코스

→ 15분

마리나베이샌즈호텔
1시간 이상 코스

→ 10분

가든스바이더베이
2시간 코스

→ 15분

마칸수트라 글루턴베이
1시간 코스

→ 3분

에스플러네이드
15분 코스

→ 5분

멀라이언파크
20분 코스

→ 3분

조명쇼 (풀러턴헤리티지 산책)
30분 코스

→ 5분

루프톱바
1시간 코스

2 DAY 하버프런트&센토사

Go!

하버프런트
1시간 코스

→ 10분

유니버설스튜디오
4시간 코스

→ 10분

멀라이언상
20분 코스

→ 10분

루지&스카이라이드
1시간 코스

→ 5분

실로소비치
30분 코스

→ 5분

윙스오브타임
20분 코스

→ 15분

마운트페이버
1시간 이상 코스

3 DAY 차이나타운&리틀인디아&나이트사파리

Go!

파고다스트리트
30분 코스

→ 2분

스리마리암만사원
30분 코스

→ 2분

자마에사원
20분 코스

→ 5분

스미스스트리트
(점심)
30분 코스

→ 5분

불아사
30분 코스

→ 5분

시안혹켕사원
30분 코스

→ 7분

파이스트스퀘어
30분 코스

→ 20분

무스타파센터
1시간 코스

→ 10분

스리비라마
칼리암만사원
30분 코스

→ 3분

세랑군로드
15분 코스

→ 5분

테카센터
30분 코스

→ 5분

리틀인디아아케이드
30분 코스

→ 50분

나이트사파리
2시간 코스

4 DAY 오차드로드 → 창이국제공항

Go!

보타닉가든
1시간 코스

→ 5분

만다린갤러리
(점심)
1시간 코스

→ 5분

ION오차드
1시간 코스

→ 30분

창이국제공항

주말을 이용한 짧고 굵은 2박 3일 일정

인천발 싱가포르 항공편은 주로 늦은 밤이나 이른 아침에 도착한다. 이른 새벽 비행기나 전날 밤 비행기로 도착했다면 아침 일찍부터 일정을 시작하자. 짧은 일정이지만 부지런히 돌아다닌다면 꽤 많은 곳을 돌아볼 수 있다. 첫째 날은 싱가포르의 하이라이트인 올드시티와 마리나베이를 둘러보고, 둘째 날은 싱가포르의 다양한 문화를 경험할 수 있는 활기찬 거리를 즐기는 일정이다. 마지막 날 오전에는 오차드로드에서 여유롭게 쇼핑을 즐기고 귀국을 준비하면 된다.

1 DAY 올드시티&마리나베이

Go!

창이국제공항

→

숙소 체크인

→

차임스
30분 코스

→ 5분

싱가포르아트뮤지엄
1시간 코스

→ 5분

래플스호텔
30분 코스

→ 5분

세인트앤드류성당
20분 코스

→ 15분

마리나베이샌즈호텔
1시간 이상 코스

→ 10분

가든스바이더베이
2시간 코스

→ 15분

마칸수트라
글루턴베이
1시간 코스

→ 3분

에스플러네이드
20분 코스

→ 5분

멀라이언파크
20분 코스

→ 5분

루프톱바
1시간 코스

2 DAY 리틀인디아&캄퐁글램&리버사이드

Go!

테카센터
20분 코스

→ 3분

리틀인디아
아케이드
20분 코스

→ 5분

스리비라마칼리
암만사원
30분 코스

→ 10분

무스타파센터
1시간 코스

→ 10분

술탄모스크
20분 코스

→ 1분

부소라스트리트
10분 코스

→ 3분

말레이헤리티지센터
30분~1시간 코스

→ 5분

하지레인
30분 이상 코스

→ 15분

클락키
30분 이상 코스

→ 10분

보트키
(저녁)
1시간 코스

3 DAY 오차드로드 → 공항

Go!

보타닉가든 (1시간 코스) → 5분 →

만다린갤러리(점심) (1시간 코스) → 10분 →

ION오차드 (1시간 코스) → 30분 →

창이국제공항

싱가포르 구석구석까지 둘러보는 4박 5일 일정

4박 5일 일정이라면 싱가포르를 대표하는 관광지는 물론 동부지역과 작은 골목 구석구석까지 돌아볼 수 있다. 첫째 날이나 둘째 날은 올드시티, 마리나베이 등 위주로 싱가포르의 하이라이트를 경험해보고 다음 날에는 티옹바루, 뎀시힐 등 조용하고 분위기 있는 거리들을 찾아 여유로운 시간을 보내보자. 카통과 이스트코스트가 있는 동부지역은 접근성은 좋지 않지만 한나절 정도 시간을 낸다면 싱가포르의 한적하고 고풍스러운 또 다른 매력을 만날 수 있다.

1 DAY 센트럴지역

Go!

창이 국제공항 → 숙소 체크인 → 차임스 (30분 코스) → 5분 → 싱가포르 아트뮤지엄 (1시간 코스) → 5분 → 래플스호텔 (30분 코스) → 5분 → 세인트 앤드류성당 (20분 코스) → 15분 → 마리나베이 샌즈호텔 (1시간 이상 코스) → 10분 → 가든스바이 더베이 (1시간 코스) → 15분 → 마칸수트라 글루턴베이 (1시간 코스) → 3분 → 에스플러네이드 (15분 코스) → 5분 → 멀라이언 파크 (20분 코스) → 5분 → 루프톱바 (1시간 코스)

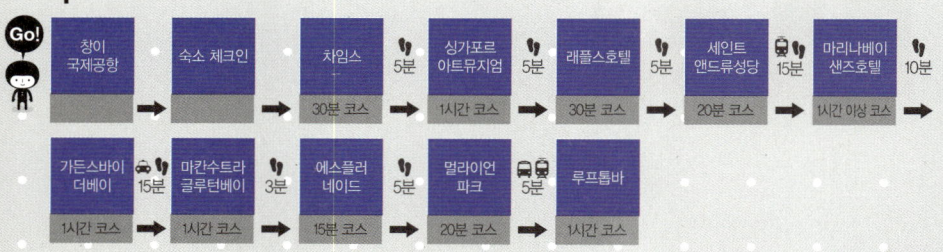

2 DAY 티옹바루&차이나타운&오차드로드&뎀시힐

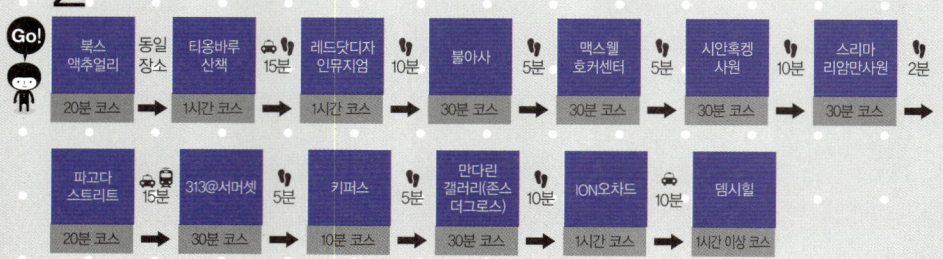

Go!

북스 액추얼리 (20분 코스) → 동일 장소 → 티옹바루 산책 (1시간 코스) → 15분 → 레드닷디자인뮤지엄 (1시간 코스) → 10분 → 불아사 (30분 코스) → 5분 → 맥스웰 호커센터 (30분 코스) → 5분 → 시안혹켕 사원 (30분 코스) → 10분 → 스리마리암만사원 (30분 코스) → 2분 → 파고다 스트리트 (20분 코스) → 15분 → 313@서머셋 (30분 코스) → 5분 → 키퍼스 (10분 코스) → 5분 → 만다린 갤러리(존스 더그로스) (30분 코스) → 10분 → ION오차드 (1시간 코스) → 10분 → 뎀시힐 (1시간 이상 코스)

3 DAY 하버프런트&센토사

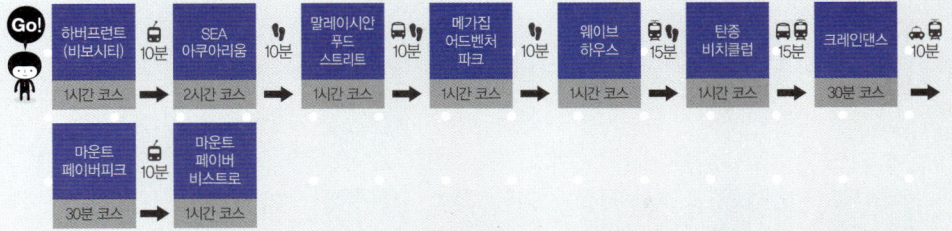

Go! 하버프런트(비보시티) 1시간 코스 → 10분 → SEA 아쿠아리움 2시간 코스 → 10분 → 말레이시안 푸드 스트리트 1시간 코스 → 10분 → 메가집 어드벤처 파크 1시간 코스 → 10분 → 웨이브 하우스 1시간 코스 → 15분 → 탄종 비치클럽 1시간 코스 → 15분 → 크레인댄스 30분 코스 → 10분 → 마운트 페이버피크 30분 코스 → 10분 → 마운트 페이버 비스트로 1시간 코스

4 DAY 리틀인디아&카통&이스트코스트

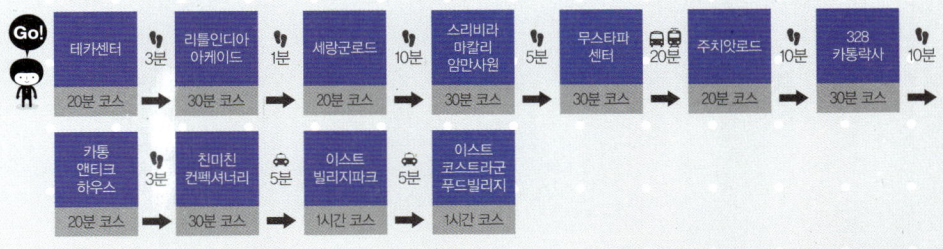

Go! 테카센터 20분 코스 → 3분 → 리틀인디아 아케이드 30분 코스 → 1분 → 세랑군로드 20분 코스 → 10분 → 스리비라 마칼리 암만사원 30분 코스 → 5분 → 무스타파 센터 30분 코스 → 20분 → 주치앗로드 20분 코스 → 10분 → 328 카통락사 30분 코스 → 10분 → 카통 앤티크 하우스 20분 코스 → 3분 → 친미친 컨펙셔너리 30분 코스 → 5분 → 이스트 빌리지파크 1시간 코스 → 5분 → 이스트 코스트라군 푸드빌리지 1시간 코스

5 DAY 아랍스트리트 → 창이국제공항

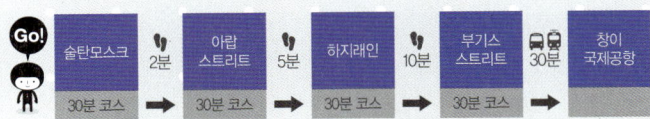

Go! 술탄모스크 30분 코스 → 2분 → 아랍 스트리트 30분 코스 → 5분 → 하지래인 30분 코스 → 10분 → 부기스 스트리트 30분 코스 → 30분 → 창이 국제공항

도심 근교와 주변국까지 섭렵하는 5박 6일 일정

5박 이상 여행한다면 싱가포르 주변지역까지 둘러볼 수 있다. 특히 페리를 타고 1시간이면 도착하는 인도네시아 빈탄섬을 추천한다. 아침 일찍 출발하면 점심 때 도착해서 한나절을 휴양지에 온 듯 한적한 바다에서 여유롭게 보낼 수 있다. 또는 작은 보트를 타고 10분이면 도착할 수 있는 싱가포르의 오래된 섬 풀라우우빈도 한나절 코스로 무척 좋다. 3일 정도는 시내를 둘러보고, 2일은 싱가포르 근교와 주변 여행지까지 알차게 둘러보자.

1 DAY 올드시티&마리나베이

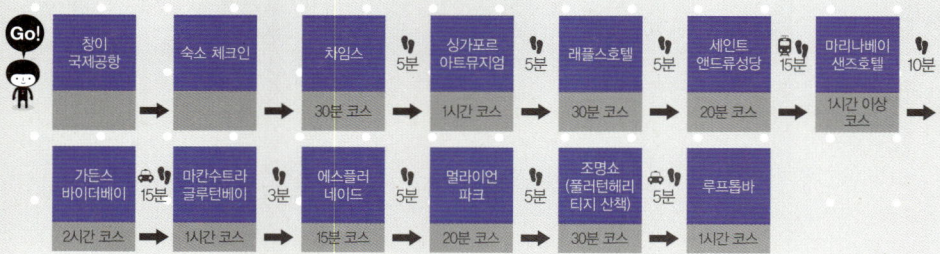

Go!

창이 국제공항 → 숙소 체크인 → 차임스 (30분 코스) → 5분 → 싱가포르 아트뮤지엄 (1시간 코스) → 5분 → 래플스호텔 (30분 코스) → 5분 → 세인트 앤드류성당 (20분 코스) → 15분 → 마리나베이 샌즈호텔 (1시간 이상 코스) → 10분 → 가든스 바이더베이 (2시간 코스) → 15분 → 마칸수트라 글루턴베이 (1시간 코스) → 3분 → 에스플러네이드 (15분 코스) → 5분 → 멀라이언 파크 (20분 코스) → 5분 → 조명쇼 (풀러턴헤리티지 산책) (30분 코스) → 5분 → 루프톱바 (1시간 코스)

2 DAY 풀라우우빈&이스트코스트

Go!

창이포인트 페리터미널 → 10분 → 풀라우우빈 (3시간 이상 코스) → 30분 → 주치앗로드 (30분 코스) → 10분 → 328카통락사 (30분 코스) → 10분 → 카통 앤티크 하우스 (30분 코스) → 5분 → 친미친 컨펙셔너리 (30분 코스) → 10분 → 이스트 빌리지파크 (1시간 이상 코스) → 5분 → 이스트 코스트라군 푸드빌리지 (1시간 코스)

3 DAY 티옹바루&차이나타운&오차드로드&뎀시힐

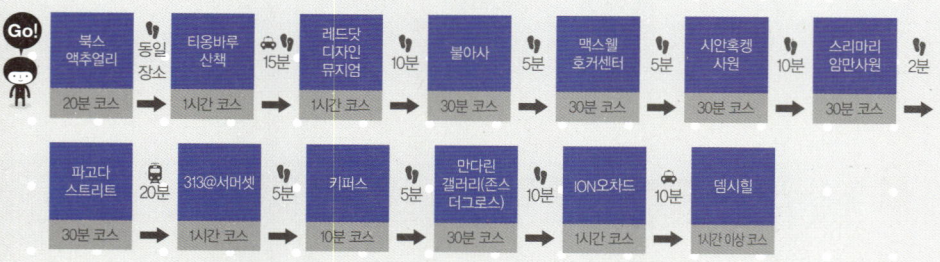

Go!

북스 액추얼리 (20분 코스) → 동일 장소 → 티옹바루 산책 (1시간 코스) → 15분 → 레드닷 디자인 뮤지엄 (1시간 코스) → 10분 → 불아사 (30분 코스) → 5분 → 맥스웰 호커센터 (30분 코스) → 5분 → 시안혹켕 사원 (30분 코스) → 10분 → 스리마리암만사원 (30분 코스) → 2분 → 파고다 스트리트 (30분 코스) → 20분 → 313@서머셋 (1시간 코스) → 5분 → 키퍼스 (10분 코스) → 5분 → 만다린 갤러리(존스 더그로스) (30분 코스) → 10분 → ION오차드 (1시간 코스) → 10분 → 뎀시힐 (1시간 이상 코스)

4 DAY 싱가포르 → 빈탄

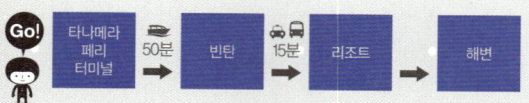

Go!

타나메라 페리 터미널 → 50분 → 빈탄 → 15분 → 리조트 → 해변

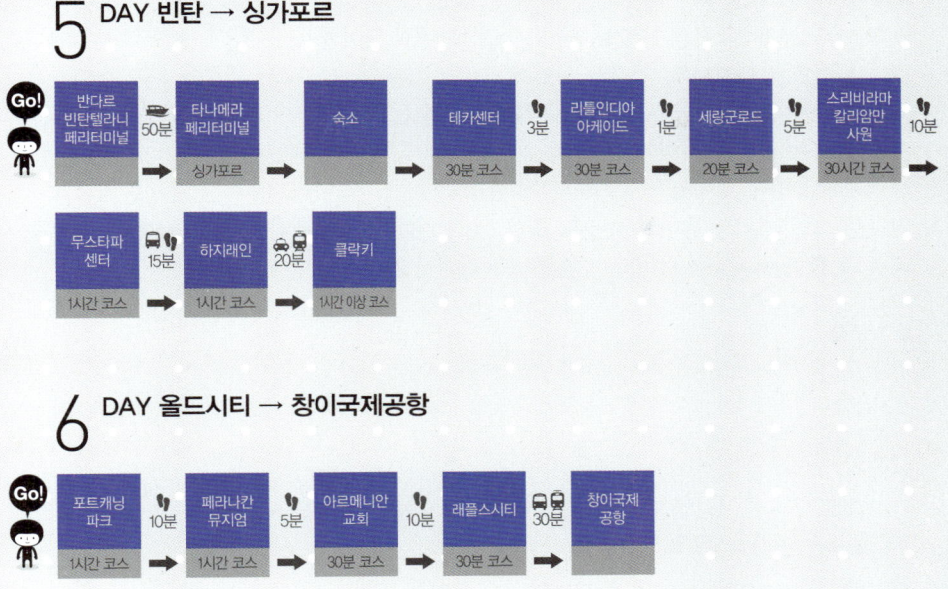

5 DAY 빈탄 → 싱가포르

Go!

반다르 빈탄텔라니 페리터미널 → (50분) → 타나메라 페리터미널 (싱가포르) → 숙소 → 테카센터 (30분 코스) → (3분) → 리틀인디아 아케이드 (30분 코스) → (1분) → 세랑군로드 (20분 코스) → (5분) → 스리비라마 칼리암만 사원 (30시간 코스) → (10분) → 무스타파 센터 (1시간 코스) → (15분) → 하지래인 (1시간 코스) → (20분) → 클락키 (1시간 이상 코스)

6 DAY 올드시티 → 창이국제공항

Go!

포트캐닝 파크 (1시간 코스) → (10분) → 페라나칸 뮤지엄 (1시간 코스) → (5분) → 아르메니안 교회 (30분 코스) → (10분) → 래플스시티 (30분 코스) → (30분) → 창이국제 공항

12시간 이상 싱가포르를 경유할 경우 즐길 수 있는 일정

싱가포르는 발리, 몰디브 등 다른 여행지로 가는 승객들이 잠시 들러갈 수 있는 경유지이다. 오전 비행기로 도착해 한나절 정도의 시간을 보낸 후 밤 비행기를 타거나 하룻밤을 묵고 다음 날 최종목적지로 출발하는 일정이 일반적인데 보통 12시간 정도가 주어진다. 짧다고 걱정하지 말고 하이라이트만 쏙쏙 골라 싱가포르의 매력을 십분 즐겨보자.

올드시티&리틀인디아&마리나베이

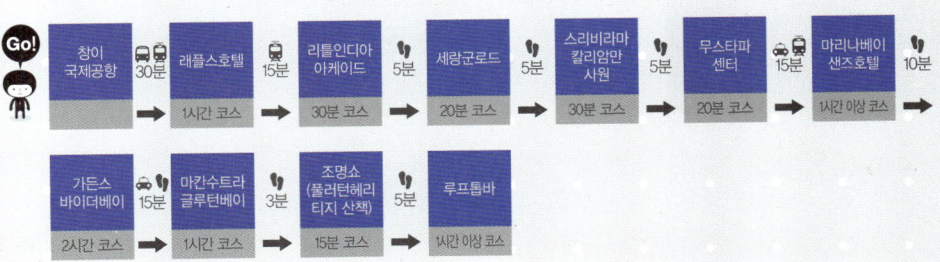

Go!

창이 국제공항 → (30분) → 래플스호텔 (1시간 코스) → (15분) → 리틀인디아 아케이드 (30분 코스) → (5분) → 세랑군로드 (20분 코스) → (5분) → 스리비라마 칼리암만 사원 (30분 코스) → (5분) → 무스타파 센터 (20분 코스) → (15분) → 마리나베이 샌즈호텔 (1시간 이상 코스) → (10분) → 가든스 바이더베이 (2시간 코스) → (15분) → 마칸수트라 글루턴베이 (1시간 코스) → (3분) → 조명쇼 (풀러턴헤리티지 산책) (15분 코스) → (5분) → 루프톱바 (1시간 이상 코스)

싱가포르여행 예산 짜기

여행 예산을 짤 때는 크게 항공, 숙박, 경비로 나눠 생각해볼 수 있다. 여행의 목적에 따라 예산이 달라지는데, 편하게 쉬면서 즐기고 싶다면 숙박 쪽에 비중을 두고 나머지 비용을 줄여야 하지만, 맛있는 현지음식을 실컷 먹는 것이 목적이라면 항공이나 숙박비용을 줄이는 것을 고려해야 한다. 다음 카테고리의 평균가격대를 참고하여 그 안에서 여행계획에 따라 경비를 산출해보자. 또한 2박 3일을 기준으로 제시한 예산을 참고해서 전체적인 경비를 뽑아보는 것도 좋다. 전체 예산을 뽑아봤다면 항공과 숙박, 경비 목록 중 줄이거나 늘릴 수 있는 부분을 조율하면서 최적의 여행 예산을 만들어보자.

항공료

항공권은 성수기와 비성수기, 저가항공이나 경유항공 또는 일반 항공사에 따라 가격이 천차만별이다. 물론 이코노미와 비즈니스 또는 일반석 등 좌석등급에 따라서도 차이가 크다. 보통 비성수기 일반 직항항공권은 50~70만 원이며, 성수기에는 최저 60~70만 원부터 다양하게 형성된다. 단, 싱가포르는 비수기와 성수기 구분이 크지 않은 편이라 직항(대한항공, 아시아나항공, 싱가포르항공)의 경우 시즌별 가격차가 크지 않은 편이다. 저가항공인 스쿠트항공Sccot이나 경유항공편 또는 특가 상품을 이용할 경우 최소 30만 원선부터 티켓을 구입할 수 있다.

숙박

럭셔리급호텔과 부티크, 3성급 비즈니스 호텔, 호스텔 등 시설에 따라 가격차가 난다. 여행에서 편한 잠자리에 비중을 둔다면 좋은 호텔에 묵는 것이 좋지만 싱가포르 대부분의 호텔 컨디션은 좋은 편이므로 큰 걱정은 하지 않아도 된다.

호텔 등급	가격대
럭셔리호텔	S$200~600
부티크호텔	S$150~250
비즈니스호텔	S$130~200
호스텔	S$30~60

식비

싱가포르에서 흥미로운 부분 중의 하나가 바로 음식값이다. 다른 나라에 비해 아주 저렴한 음식부터 럭셔리호텔의 하루 숙박비와 맞먹는 고급레스토랑까지 가격 범위가 무척 넓은 편이다. 그만큼 식비를 아끼려고 한다면 알뜰하게 끼니를 해결할 수 있고, 반대로 충분한 예산으로 좋은 레스토랑과 바 등에서 싱가포르 식도락을 제대로 즐길 수도 있다. 기본적으로 호커센터나 쇼핑몰에 있는 푸드센터는 1인당 S$5~10 정도이고, 일반적인 레스토랑은 S$20~30, 유명 셰프들이 있는 이름난 파인 레스토랑의 런치는 S$30~50, 디너는 S$50~200 정도로 무척 비싼 편이다.

관광지 입장료

싱가포르는 동물원, 놀이공원, 박물관 등 둘러 볼 관광명소가 구석구석 많은 편이다. 가족단위 여행자들처럼 관광지를 많이 돌아볼 예정이라면 티켓가격을 미리 체크하여 예산을 짤 때 반영해둬야 한다. 예산이 넉넉지 않다면 무료로 돌아볼 수 있는 곳들 위주로 동선을 짜는 것도 좋다.

주요 관광지		가격(어른/어린이)
센토사	유니버설스튜디오	하루권 S$74/54
	웨이브하우스	S$35~45
	어드벤처코브 워터파크	S$36/26
	아쿠아리움	S$38/28
	루지	S$15(1회)
가든스바이더베이(플라워돔&클라우드포레스트)		S$20/12
동물원(리버사파리, 동물원, 나이트사파리)		S$28/18, S$32/21, S$42/28
박물관		S$6~10
싱가포르플라이어		S$33/21

※ 싱가포르 주요 관광지 입장료(2015년 기준)

무료로 입장 가능한 관광명소

보타닉가든, 포트캐닝파크, 가든스바이더베이(플라워돔과 클라우드포레스트를 제외한 나머지는 모두 무료), 센토사(놀이시설을 제외한 해변 등은 무료), 크레인댄스(센토사), 복덕사뮤지엄(차이나타운), 싱가포르시티갤러리(차이나타운), 바바하우스(차이나타운/예약제), 중앙소방서 시빌디펜스 헤리티지갤러리(올드시티), 각종 종교사원

교통비

싱가포르를 돌아다닐 때 많이 이용하게 되는 것은 MRT와 버스, 택시 등의 대중교통인데, 택시만 탈 예정이 아니라면 교통비에서는 큰 차이가 나지 않는다. MRT와 버스는 1회에 약 S$1.3, 택시는 시내 안에서만 움직인다면 S$10 내외이다.

쇼핑

쇼핑은 지극히 개인적인 취향이므로 각자의 쇼핑리스트에 따라 예산이 달라진다. 다만, 쇼핑몰의 해외브랜드는 국내와 비교해 크게 저렴하지는 않다.

여행스타일별 2박 3일 싱가포르여행예산

각 예산은 2박 3일 여행, 1인 기준이며 쇼핑 비용은 제외한 예산이다. 환율 S$1=845원(2015년 9월 기준)

무조건 아껴 쓰는 알뜰한 여행
70만 원대

항공권 저가항공 및 비수기 이용 약 50만 원

숙박 호스텔 도미토리 S$50×2일=S$100

식비 저렴한 호커센터 위주의 코스 S$30×3일 S$90

교통비 포함 기타 경비 S$30×3일=S$90

총 합산금액 70~90만 원 이상

쓸 때 쓰고, 아낄 것은 아끼는 합리적인 여행
100만 원대

항공권 일반직항항공 약 60만 원

숙박 비즈니스호텔 S$150×2일=S$300

식비 로컬푸드와 가끔은 근사한 외식 S$50×3일=S$150

교통비 포함 기타 경비 S$50×3일=S$150

총 합산금액 100~120만 원 이상

럭셔리하게 마음껏 즐기는 여유로운 여행
200만 원대

항공권 일반직항항공 성수기 약 70만 원

숙박 럭셔리호텔 S$300×2일=S$600

식비 먹고 싶은 건 맘껏 먹는 일정 S$150×3일=$450

교통비 포함 기타 경비 S$120×3일=S$360

총 합산금액 180~230만 원 이상

Section 03

인천공항 출국부터 싱가포르창이국제공항 도착까지

국제공항은 비행기 출발 2시간 반 전에는 공항에 도착하는 것이 좋다. 특히 이른 아침에는 인천발 비행편이 많아 체크인은 물론 출국심사도 시간이 오래 걸릴 수 있으므로 여유 있게 도착하는 편이 좋다.

한눈에 살펴보는 출국과정

싱가포르행 항공편은 인천국제공항에서 출발한다. 안전한 출국수속을 위해서는 최소 비행기 출발 2시간 전에는 공항에 도착해야 한다.

인천공항 도착

→

해당 체크인카운터에서 발권

→

세관신고, 보안검색, 출국심사

→

시간이 넉넉하면 면세점 쇼핑

→

출발 30분 전 게이트로 이동

→

비행기 탑승

집에서 인천국제공항까지 이동하기

대중교통을 이용해 인천국제공항까지 가는 방법에는 크게 리무진버스와 공항철도 두 가지가 있다. 리무진버스는 다소 비싸지만 출국장 3층에 바로 내릴 수 있어 편리하다. 반면 공항철도는 약속된 시간 안에 저렴하게 이동할 수 있어 좋다. 또한 KTX가 인천국제공항까지 연결되면서 지방에서 가는 길도 편리해졌다.

공항버스

공항리무진 이용하기

6000~6030번의 공항리무진버스가 인천국제공항까지 운행되고 있다. 강남, 강서, 강북 방면에서 출발하며 요금은 9,000~16,000원이다. 서울뿐 아니라 용인, 수지, 분당, 성남, 일산, 안양, 안산, 수원, 안성, 의정부 등의 경기도지역과 대전, 대구, 춘천, 충주, 태안, 광주, 전주 등 각 지방에서도 인천국제공항까지 버스가 운행한다. 공항리무진을 이용할 경우 홈페이지(www.airportlimousine.co.kr)에서 버스별 정류장을 검색하여 시간을 알아볼 수 있다.

공항철도(AREX) 이용하기

서울역에서 인천국제공항역까지 운행하는 공항철도 일반열차는 서울역 – 공덕 – 홍대입구 – 디지털미디어시티 – 김포공항 – 계양 – 검암 – 청라국제도시 – 운서 – 공항화물청사 – 인천국제공항까지 총 10개 역 구간을 운행하고 있다. 서울역에서 출발하는 직통열차는 06:00~22:10까지 운행하며, 43분이 소요된다. 요금은 2015년 12월 31일까지 일반 8,000원, 어린이/경로우대 6,900원으로 할인된다. 구간마다 정차하는 일반열차는 김포공항을 경유하며 서울역에서 인천국제공항역까지 53분 정도 소요된다. 평균 10분에 1대씩 출발(05:20~23:48)하며 요금은 서울역에서 출발할 경우 3,950원이며, 타는 곳에 따라 구간별로 상이하다.

또한 서울역 – 인천국제공항역 직통열차를 이용할 경우 국적기(대한항공, 아시아나, 제주항공 등) 이용객은 공항철도 서울역 지하 2층에 있는 도심공항터미널에서 탑승수속과 수화물탁송, 출국심사를 미리 마친 후 공항에서 전용출국통로를 이용할 수 있다. 이 서비스는 당일 출국 국제선에 한하며, 출발 3시간 전까지 수속을 마쳐야 한다. 자세한 정보는 공항철도홈페이지(www.arex.or.kr)에서 미리 확인할 수 있다.

인천국제공항행 KTX 이용하기

지방에서 출발하는 경우 김포공항이나 서울역, 용산역에서 공항철도나 리무진으로 환승해야 하는 번거로움이 있었다. 하지만 수색연결선이 개통되고 신경의선(문산–용산)과 인천공항철도가 연결되면서 KTX를 타고 곧바로 인천국제공항역까지 이동할 수 있게 되었다. 부산에서 인천국제공항역까지는 3시간 정도 소요된다. KTX 승강장은 공항철도 승강장과 분리되어 있으며, 귀국 후 KTX를 타고 돌아갈 때에도 KTX 전용 승강장을 이용해야 한다.

자동차 이용하기

구분	가격대		인천대교TG
	신공항TG	북인천TG	
경차	3,800원	1,850원	3,000원
소형	7,600원	3,700원	6,000원
중형	13,000원	6,300원	10,200원
대형	16,800원	8,100원	13,200원

인천국제공항고속도로에서 공항까지는 자동차로 40분 정도 소요된다. 인천대교를 이용할 경우 출발층(3층)에 도착하여 항공사와 가까운 위치에서 승하차를 할 수 있지만 5분 이상 정차할 수 없다. 또한 주차장 이용 시 단기주차는 승용차전용 주차건물을 이용하고, 장기주차는 실외주차장을 이용하면 된다. 고속도로 통행요금은 왼쪽 표를 참고하자.

택시 이용하기

택시 이용 시 여객터미널 1층 도착층의 5C~8C번 승차장에 하차할 수 있다. 서울, 인천, 경기지역에서 인천공항으로 가는 경우에는 할증이 적용되지 않지만 인천공항에서 각 지역으로 가는 경우 할증이 적용될 수 있으므로 서울이면 서울택시, 인천이면 인천택시 등과 같이 목적지 넘버 택시를 이용하는 것이 좋다. 또한 심야시간(24:00~04:00)에는 심야할증 20%가 적용되며, 고속도로 통행료는 승객부담이다.

발권과 탑승수속하기

인천국제공항 출국장에는 A~M까지 항공사별로 체크인카운터가 있다. 국적기인 대한항공(A~C)과 아시아나항공(L~M)이 좌우측 끝에 위치하고, 외국항공사는 가운데(D~K)에 자리한다. 체크인카운터를 찾기 힘들 때는 운항정보안내 스크린에서 탑승할 항공사와 탑승수속 카운터를 확인한 후 해당 카운터에서 탑승수속을 받으면 된다. 탑승수속은 보통 출발 2시간~2시간 반 전부터 시작한다.

인천국제공항 싱가포르 취항항공사 체크인카운터						
A	B	C	E	H	L	M
대한항공			싱가포르항공	스쿠트항공	아시아나항공	

먼저, 항공사 체크인카운터에 여권과 항공권을 제시하여 좌석을 배정받고, 수화물을 탁송한 후 보딩패스(탑승권)를 받는다. 좌석은 카운터에서 임의로 지정해주는데 원하는 좌석이 있다면 카운터에 요구하여 가능한 좌석 중에 고를 수도 있다. 싱가포르에 도착해서 빠른 입국수속을 원한다면 출구와 가까운 좌석을 요구하는 것이 좋다. 탑승수속이 끝나면 비행기 탑승시간과 게이트번호를 잘 체크해두자. 삼성동이나 서울역의 도심공항터미널에서 탑승수속을 마쳤다면 출국장 측면의 전용통로를 이용해 보안검색 후 바로 출국심사대를 통과할 수 있다.

3분이면 탑승수속 완료! 셀프체크인 서비스 키오스크(Kiosk)

빠르게 탑승수속을 하려면 셀프체크인(Self Check-In) 서비스 키오스크를 이용하면 된다. 키오스크는 무비자국가로 출국할 때만 이용가능하며, 수화물은 해당 항공사카운터를 이용해야 한다. 현재 키오스크는 일부 항공사를 대상으로 운영되는데, 싱가포르의 경우 대한항공, 아시아나항공 탑승자만 이용가능하다.

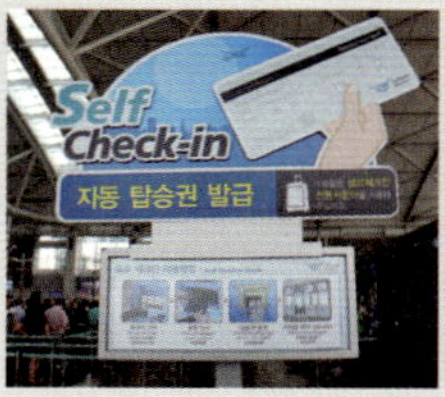

이용절차 항공사 선택 → 항공편명 입력 → 본인을 포함한 수속할 승객 수 선택 → 여권인식 → 좌석배정 → 마일리지 입력 → 탑승권 발권 → 수화물탁송

수화물 붙이기

위탁수화물

통상 이코노미석에 적용되는 수화물은 항공사별로 차이는 있지만 무게는 20~23kg, 크기는 3면 합이 158cm 이하로 허용되며, 초과 시 별도요금이 부과된다. 또한 탑승수속이나 짐을 보낼 때, 클레임태그Claim Tag를 보딩패스나 여권 뒷면에 붙여주는데 이는 수화물 증명서와도 같으므로 짐을 찾을 때까지 잘 보관해

야 한다. 수화물분실에 대비하여 가방에 이름, 주소지 등을 영문으로 작성한 네임택도 달아두는 것이 좋다. 위탁수화물 중 세관신고를 해야 하는 경우 대형수화물 전용카운터 옆 세관신고대에서 하면 된다. 공항이나 시내면세점에서 구입한 주류, 화장품 등의 액체류는 투명봉인봉투 또는 국제표준방식으로 제조된 훼손탐지가능봉투에 담아야 한다. 단, 최종 목적지행 항공기탑승 전까지 미개봉상태를 유지해야 한다.

기내 반입

항공사나 좌석등급에 따라 기내반입기준은 다르지만 통상 무게는 10~12kg, 가방크기는 55×40×20cm에 3면 합이 115cm 이하로 허용되며, 반입 자체가 되지 않는 물품도 있으므로 유의해야 한다.

항공기 반입금지 대상품목	
객실/위탁수화물 모두 금지	폭발물류, 인화성물질(단, 휴대용 라이터는 1개까지 휴대 허용), 방사성, 전염성, 독성물질, 기타 위험물질
객실/위탁수화물 허용 기준	생활도구류(포크, 손톱깎이, 우산, 감자칼, 바늘, 콤파스 등), 의료장비 및 보조도구(주사바늘, 지팡이, 휠체어 등), 액체류 위생용품, 욕실용품, 의약품류(화장품, 염색약, 소염제, 알코올, 외용연고 등, 단, 국제선 객실 반입 시 100ml 이하이며, 위탁수화물인 경우 500ml 이하로, 1인당 2L까지 반입 가능), 건전지 및 휴대 전자장비
위탁수화물로만 허용	창, 도검류(과도, 커터칼, 맥가이버칼, 다트 등), 스포츠용품류(골프채, 활, 야구배트, 스케이트 등), 무기류(전자충격기, 장난감총, 쌍절곤, 경찰봉, 호신용스프레이 등), 공구류(도끼, 망치, 톱, 드릴 등)
액체류 객실 허용 기준	물, 음료, 화장품 등은 개별용기로 100ml 이하까지 허용되며, 1인당 1,000ml까지 투명한 비닐지퍼백 1개로 넣어서 반입 가능(유아식 및 의약품 등은 필요한 용량만큼 반입이 허용되는데, 의약품의 경우에는 처방전 등 증빙서류가 필요하다.)

출국장을 들어서기 전 로밍하기

면세구역 내에는 SKT를 제외한 타 통신사의 로밍센터가 없으므로 출국장으로 들어가기 전 로밍서비스를 신청하는 편이 좋다. 물론 해외에서도 해당 통신사가 제공하는 무료번호 등을 통해 신청할 수 있다.

싱가포르에서 사용 가능한 한국 통신사 무제한 데이터로밍

① SKT T로밍데이터 무제한 OnePass

전 세계 132개국 로밍 시 데이터를 무제한으로 이용할 수 있는 가입형 할인요금제(음성, 영상, SMS 및 MMS, 데이터 정보이용료 제외)이다. 신청한 시각부터 24시간 단위로 적용되며, SKT 홈페이지나 고객상담전화 114 또는 공항 로밍센터에서 신청 가능하다.

– T로밍데이터 무제한 OnePass : 1일 9,000원(부가세별도)에 3G 데이터 무제한

② KT 데이터로밍 무제한 서비스

전 세계 117개국에서 사용 가능하며, 다양한 요금제를 선택하여 사용할 수 있다. 신청한 시각부터 24시간 단위로 적용되며, KT 홈페이지나 고객상담전화 114 또는 공항 로밍센터에서 신청 가능하다.

– 올레 데이터로밍 무제한 : 1일 10,000원(부가세별도)에 3G 데이터 무제한
– 데이터로밍 1만 원권 : 15일 동안 10,000원(부가세별도)에 데이터(LTE/3G/GPRS) 20MB까지 이용가능
– 데이터로밍 3만 원권 : 15일 동안 30,000원(부가세별도)에 데이터(LTE/3G/GPRS) 100MB까지 이용가능
– 데이터로밍 5만 원권 : 15일 동안 50,000원(부가세별도)에 데이터(LTE/3G/GPRS) 300MB 이용가능

③ LG유플러스 데이터로밍

전 세계 110개국에서 사용 가능하며, 무제한 데이터로밍 요금제가 가능한 국가에서 한 번 가입으로 데이터를 무제한 이용 가능하다. 신청한 시각부터 24시간 단위로 적용되며, 유플러스 홈페이지나 고객상담전화 1544-2996 또는 공항 로밍센터에서 신청 가능하다.

– 무제한 데이터로밍 : 1일 10,000원(부가세별도)에 데이터 무제한

싱가포르에서 유심칩으로 무제한 데이터로밍 사용하기

싱가포르 내에서 현지 통화를 자주 해야 하거나 여행기간 동안 자유롭게 데이터를 이용하고 싶다면 로밍보다는 현지 유심칩을 이용하는 것이 훨씬 경제적이다. 단 유심칩을 바꾸면 전화번호도 바뀌므로 한국에서 사용하던 번호로는 통화가 불가능하며 카카오톡 등의 SNS를 통한 연락만 가능하다. 싱가포르에서는 싱텔(Singtel)과 스타허브(Starhub) 2곳의 통신사 유심칩을 사용할 수 있으며 공항이나 시내 곳곳의 편의점에서 쉽게 구입할 수 있다. 유심칩을 구입할 때는 반드시 여권을 보여줘야 한다(여권 사본 불가). 안드로이드폰은 상관없지만 아이폰은 스타허브를 사는 편이 좋으며, 아이폰은 칩을 꺼내는 전용 도구가 없으면 유심칩을 꺼내기 쉽지 않으므로 가능한 한국에서 챙겨가는 것이 좋다. 싱텔과 스타허브 모두 S$15로, 카드를 구입하면 7일 동안 1GB 정도의 데이터를 사용할 수 있다. 데이터를 모두 사용하면 편의점에서 S$10부터 충전하여 계속 이용할 수 있다.

● 유심칩 선불카드 사용방법

스타허브(Starhub)

① *123#+통화버튼 ② 3. Buy Voice, Data ③ 1. Data ④ 1. Max mobile Prepaid Date Plan ⑤ 3. 16GB 7Days S$7

싱텔(Singtel)

① *363+통화버튼 ② 1. Prepaid Data Plans ③ 2. Subscribe to Prepaid Data Plans ④ 5. 7-Day S$7 Value 1GB Plan

(유심칩 선불카드의 데이터, 통화상품은 기간과 목적에 따라 다양하며, 위의 방법은 7일 이내 여행자 중 문자확인, 인터넷 검색 등을 하고자 할 때 유용하다.)

출국심사과정

발권과 탑승수속을 마쳤으면 출국을 위한 심사과정을 거쳐야 한다. 심사는 크게 세관신고, 보안검색, 출국심사 과정을 거친다.

세관신고

출국장에 들어서면 입구에 세관신고센터가 있으므로 신고할 물건이 있다면 이곳에서 신고하자. 특히 고가물품(고가의 카메라, 귀금속, 전자제품 등)을 휴대하여 여행지에서 사용한 후 다시 가져올 계획이라면 휴대물품 반출신고서를 꼭 작성해둬야 입국 시 엉뚱한 세금문제가 발생하지 않는다.

보안검색

세관신고할 물품이 없거나 마쳤다면 보안검색을 받는다. 여권과 탑승권을 보안요원에게 보여 주고, 휴대물품을 엑스레이 검색대 위에 올려놓는다(가방, 핸드백, 코트 등). 그 다음 소지품(휴대폰, 지갑, 열쇠, 동전 등)을 바구니에 넣고 검색대를 통과시킨다. 문형탐지기를 통과한 후 검색요원의 검색을 받으면 된다.

출국심사

출국심사대 앞 대기선에서 차례를 기다렸다가 심사를 받으면 된다. 심사 시 모자나 선글라스는 벗은 채로 여권과 탑승권을 제시하면 되는데, 여권유효기간 등에 문제가 없다면 출국확인 스탬프를 찍어준다.

신속, 편리한 자동출입국심사 서비스

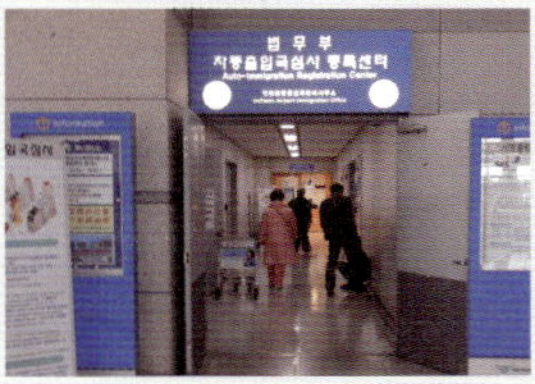

여권과 지문인식으로 무인출입국심사를 할 수 있는 자동출입국심사 서비스는 사전에 등록을 마친 경우에만 이용할 수 있다. 먼저 여권을 판독기에 교통카드처럼 벨이 울릴 때까지 살짝 대준 후 지문 등록한 손가락을 지문인식기에 올려놓는다. 심사완료 메시지가 나타나면 출구로 빠져나가면 된다. 자동출입국심사를 이용하려면 먼저 여객터미널 3층 F구역에 위치한 자동출입국심사 등록센터나 출국심사 시 가장 오른쪽에 있는 심사대를 이용하면 지문등록과 사진촬영을 한 뒤 등록할 수 있다. 한 번 등록해두면 당일부터 여권 유효기간 만료일까지 사용할 수 있어 이후 여행할 때 편리하다.

이용절차 사전등록 → 여권인식 → 지문인식 → 사진촬영 → 심사완료

인천공항 제대로 이용하기

출국심사까지 마쳤다면 이제 비행기를 탑승하는 일만 남는다. 보통 1시간 정도 여유가 생기므로 대기시간을 활용할 나름대로의 멋진 계획을 세워보자.

면세점 쇼핑하기

항공편이 확정되면 출국일 1달 전부터 출국 전날까지 국내 면세점 이용이 가능하다. 탑승할 항공사와 항공편명을 기억하여 여권을 소지한 채 구입하면 된다. 시간적 여유가 많지 않다면 온라인면세점을 이용할 수 있다. 온 · 오프라인 면세점 모두 구매일 환율이 적용되며, 출국일에 교환권(온라인은 교환권을 출력)을 제시하고 면세품인도장(28번 탑승구 옆)에서 수령하면 된다. 공항면세점보다는 온 · 오프라인면세점이 더 저렴하며, 온라인면세점은 적립금이나 할인쿠폰을 이용하여 더욱 저렴하게 구입할 수 있다.

○ 오프라인면세점

오프라인면세점을 처음 이용한다면 안내데스크에서 멤버십카드를 발급받아 추가로 5~10% 할인받을 수 있으며, 발급요건은 회사별로 조금씩 차이가 있다. 또한 오프라인면세점에서는 멤버십카드나 이벤트 할인쿠폰 등을 잘 활용하면 보통 30~40%의 할인된 가격으로 면세품을 구입할 수 있다.

○ 온라인면세점

오프라인매장을 찾아갈 시간이 없다면 온라인면세점을 이용하자. 회원가입만으로도 다양한 할인혜택을 받을 수 있으며, 다양한 이벤트로 쇼핑의 즐거움이 더해진다. 온라인으로 구매한 물건은 면세품인도장에서 찾아야 하는데, 여행객이 몰리면 보딩시간에 늦거나 물건을 받지 못하는 불상사가 생길 수 있으므로 좀 더 여유 있게 공항에 도착하는 것이 좋다.

온라인면세점	홈페이지
롯데면세점	www.lottedfs.com
파라다이스면세점	www.paradisemall.co.kr
JDC면세점	www.jdcdutyfree.com
대한항공면세점	www.cyberskyshop.com
신라면세점	www.shilladfs.com
워커힐면세점	www.skdutyfree.com
JDC면세점	www.jdcdutyfree.com

공항면세점

미리 온라인이나 오프라인 면세점을 이용하지 못했다면 마지막으로 출국 전 면세품을 구입할 수 있는 곳이다. 상품의 종류가 다양하지 않아 다소 아쉽지만 미처 준비하지 못한 상품을 구입하기에 제격이다.

구분	지점	위치	운영시간	고객센터
롯데면세점	인천공항점	인천공항 3층	07:00~21:30(연중무휴)	032- 743-7779
신라면세점	인천공항점	인천공항 3층	07:00~21:30 (일부매장 24시간)	1688-1110 (대표전화)
한국관광공사면세점	인천공항점	인천공항 3층 서편	07:00~21:30	032- 743-2000

통관 시 유의사항

출국 시 내국인 면세한도는 1인당 US$3,000이며, 입국 시에는 면세점 구입물품을 포함, 해외에서 구입하여 가져오는 물품 총액이 1인당 US$600이므로 초과하는 경우 세관에 신고 후 세금을 내야 한다. 세금은 구입 총금액의 20%를 간이세금으로 부과한다.

항공사라운지(Airline Lounge) 이용하기

탑승동 4층에는 대한항공, 아시아나, 캐세이패시픽, 중국동방, 싱가포르항공사의 라운지가 있으며, 여객터미널 4층에는 대한항공과 아시아나라운지가 있다. 대한항공 KAL라운지는 퍼스트클래스, 프레스티지클래스, 외항사라운지를, 아시아나는 퍼스트클래스, 비즈니스클래스라운지를 운영하고 있다.

다양한 휴게 및 레저시설 이용하기

IT체험관

면세구역 3층에 위치한 IT체험관에서는 최첨단 모바일서비스, 영상통화, IPTV 등 유비쿼터스를 직접 체험해볼 수 있다. 운영시간은 08:00~20:00이며, 3층 14번 게이트 부근에 자리한다.

사우나

최고급호텔 수준의 다양한 부대시설을 갖춘 스파온에어Spa on Air에서 사우나는 물론 마사지, 수면실, 미팅룸, 구두수선 등의 서비스를 이용할 수 있다. 사우나 요금은 주간(06:00~20:00)에는 15,000원, 야간(20:00~06:00)에는 20,000원이다.

샤워실

면세구역에 위치하며 출국수속을 마친 당일 탑승자들이라면 누구나 무료로 이용할 수 있다. 샤워실에는 총 10개의 샤워부스가 설치되어 있다. 여객터미널 4층 동쪽과 서쪽 허브라운지 옆 2군데와 탑승동 4층 중앙의 중국동방항공라운지 옆에 마련되어 있다. 운영시간은 07:00~22:00이며 수건, 비누, 헤어드라이기 등이 무료제공된다.

인터넷라운지(By 카페베네 공항점) 이용하기

편안하게 탑승시간까지 기다리며 휴식을 취할 수 있는 공간이다. 음료를 주문하면 무료로 인터넷을 사용할 수 있다. 모든 테이블 아래에는 전기콘센트가 마련되어 있어 각종 전자기기의 충전이 가능하다.

찾아가기 여객터미널 2층과 면세지역인 여객터미널 3층 24번, 41번 Gate 부근에 위치, 탑승동 3층의 111번, 124번 Gate 부근에 위치. 운영시간 06:00~20:00

항공기 탑승하기

여객터미널에 있는 1~50번 게이트는 출국심사를 마치고 바로 이동할 수 있지만, 탑승동 101~132번 게이트는 셔틀트레인을 이용해야 한다. 셔틀트레인은 5분 간격으로 운행되며, 20여 분 정도 소요되기 때문에 외국항공사를 이용한다면 이동시간을 감안해 움직이는 것이 좋다.

탑승은 보통 항공편 출발 30분 전부터 이뤄지는데 10분 전 탑승이 마감되므로 늦지 않도록 체크하자. 비행기에 탑승하면 보딩패스에 적힌 좌석번호를 찾아 오버헤드빈Overhead Bin에 짐을 넣고 착석한다(파손위험 물품이나 귀중품은 좌석 밑에 두는 것이 좋다).

알아두면 좋은 비행기 이용 팁

1. 기내식은 치킨과 생선(또는 비빔밥)만 제공되는 것은 아니다. 채식주의자, 당뇨환자, 어린이 등 승객의 취향과 건강상태에 따라 다양한 종류의 기내식이 준비된다. 티켓을 구입하는 시기에 각 항공사 홈페이지에서 미리 주문하면 된다. 선 주문한 기내식은 식사서비스를 시작하면 일반승객들보다 먼저 받아볼 수 있어 더욱 좋다.

2. 늘 가지고 다니던 라이터는 미리 수화물에 넣어두자. 파우치에서 100ml가 넘는 액체류도 잊지 말고 꺼내어 둬야 한다. 공항심사대에서 물건을 빼앗기면 여행 시작 전부터 기분이 상하게 된다.

3. 비행기 맨 앞줄이나 항공기 문 바로 옆 자리는 항상 경쟁이 치열하다. 그러나 이러한 좌석은 몇 가지 우선순위가 있다. 이코노미의 맨 앞줄 좌석(Bulkhead Seat)은 영아와 동행하는 엄마들에게 먼저 내어준다. 항공기 문 옆자리 비상구좌석(Emergency Seat)은 항공사고 시 승무원을 도와 승객들의 탈출을 도와야 하는 막중한 임무를 가진다. 따라서 노약자나 신체 허약자, 어린이 등은 앉을 수 없으며 건강한 사람에게 우선권을 준다.

4. 기내에서 과식과 과음은 삼가야 한다. 여행의 설렘에 먹고 싶고, 취하고 싶은 기분은 들겠지만 높은 고도에서 압력을 받는 우리 몸은 사실 알게 모르게 스트레스를 받고 있기 때문이다. 즐거운 여행은 최상의 컨디션을 유지하는 것부터 시작됨을 기억하자.

Section 04

싱가포르창이국제공항 입국하기

3개의 청사로 이루어진 창이국제공항은 아시아의 허브공항으로, 최고 수준의 서비스와 시설을 갖춘 국제공항 중 하나로 손꼽힌다. 때문에 싱가포르를 찾는 사람들과 싱가포르를 경유해 다른 나라로 이동하려는 환승객들까지 365일 활기가 넘친다. 공항 내에 안내시설과 표지판 등이 잘 되어 있어 어려움 없이 입국심사를 마칠 수 있다.

한눈에 살펴보는 싱가포르 입국과정

창이국제공항은 3개의 청사가 있어 항공사에 따라 도착터미널이 다르다. 이용하는 항공사가 출입국 시 어느 터미널을 이용하는지 미리 확인하는 것이 좋다. 대한항공과 스쿠트항공은 터미널2, 아시아나항공은 터미널3, 싱가포르항공은 터미널2와 3을 이용한다. 각 터미널에서 스카이트레인Skytrain과 셔틀버스를 이용하여 무료로 이동할 수 있다.

Arrivals의 표지판 따라 이동

➡

입국심사

➡

수화물 찾기

➡

세관통과 후 표지판 따라 이동

➡

싱가포르 도착

➡

필요 시 터미널 간 이동

싱가포르 출입국카드 작성과 입국심사

비행기에서 내려 입국심사를 받을 때는 여권과 출입국카드가 필요하다. 기내에서 받은 출입국카드는 내리기 전 미리 작성해두면 좋다. 출입국카드는 출국카드와 입국카드가 한 장에 함께 있으므로 양쪽과 앞뒤 빈칸을 꼼꼼하게 살펴보자. 입국심사는 내국인(Singaporean)과 외국인(Foreigner)으로 구분되어 있으니 외국인이라고 표시된 심사대를 찾아 줄을 선다. 입국심사 중 휴대폰사용과 사진촬영은 금지되어 있으며, 쓰고 있던 모자도 벗어야 한다. 작성한 출입국카드와 여권을 심사직원에게 제출하면 확인 후 여권과 입국카드를 떼어내고 남은 출국카드를 돌려준다. 출국카드는 출국할 때 필요하므로 여권 속에 잘 넣어두도록 하자.

환승객들을 위한 싱가포르 무료 시티투어

투어가 시작되는 시간부터 환승항공편 출발시간까지 5시간 이상 남은 환승객들에게 2시간 동안 무료로 싱가포르 시내투어를 제공해주는 프로그램이다. 매일 4회 운영하는데 시간은 09:00, 11:30, 14:30, 15:30이며 상황에 따라 조금씩 바뀔 수 있다. 투어시작 1시간 전까지 여권과 환승항공편 티켓을 보여주고 신청하면 된다.

신청장소 제2터미널 2층 트랜스퍼 라운지 E 옆, 제3터미널 2층 트랜스퍼 라운지 B 옆

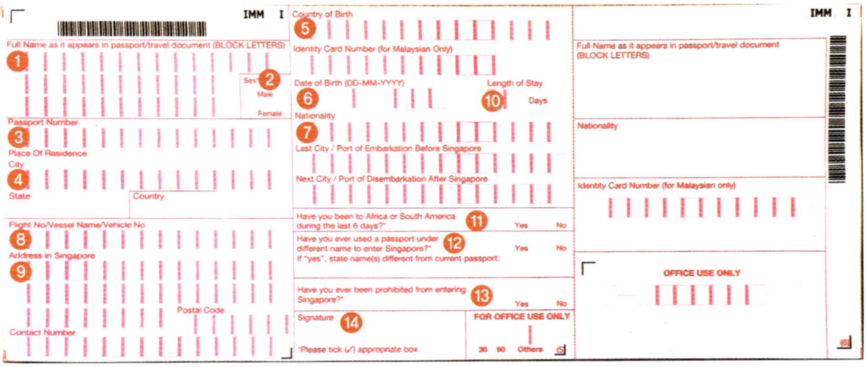

1 성명(영문으로 성, 이름을 표기) 2 성별 3 여권번호 4 한국 내 주소지(도시, 국가) 5 출생국가 6 생년월일 7 국적 8 입국항공편명 9 싱가포르 내 체류 주소(숙박할 곳의 주소) 10 체류기간 11 최근 6일 이내 아프리카, 남미 방문여부 12 다른 이름 여권으로 싱가포르 방문여부 13 입국금지 경험유무 14 서명(사인)

싱가포르 출입국카드

수화물 찾기와 세관검사

입국심사를 마치면 전광판에서 항공편명을 확인한 후 해당 번호의 수취대로 가서 짐을 찾으면 된다. 혹시 짐이 나오지 않았다면 출국수속 때 받았던 수화물보관표Baggage Claim Tag로 수화물분실신고를 해야 한다. 수화물보관표는 보통 보딩티켓의 뒤편에 붙여준다. 수화물을 찾았으면 마지막으로 세관검사를 받는다. 대부분 특별한 제지 없이 통과되지만 간혹 따로 불러 짐검사를 하기도 하는데 차분하게 응대한 후 짐을 보여주고 나오면 된다. 신고할 물건이 없다면 녹색선을 따라 밖으로 나가면 된다.

싱가포르 반입금지 물품

싱가포르에 입국할 때는 껌, 권총 모양의 라이터, 폭죽, 음란 및 불법복제 출판물과 CD, 'Singapore Duty Not Paid'라고 적힌 술과 담배, 씹는 담배 등은 가지고 들어갈 수 없다. 특히 술과 담배는 원칙적으로 면세품목이 아니며, 양주와 맥주는 1L, 담배는 한 갑까지만 통과할 수 있는데 이미 포장을 뜯은 한 갑으로 정확히는 19개비까지이다. 반입금지 품목에 대한 검사가 철저한 편이며, 위반 시 약 S$100 이상의 벌금을 내야하므로 술과 담배는 특별한 경우가 아니라면 가져가지 않는 편이 가장 좋다.

Section 05

공항에서 싱가포르 시내로 이동하기

창이국제공항은 시내에서 20km 정도 밖에 떨어져 있지 않아 어떤 대중교통수단을 이용하더라도 30~40분이면 시내 중심부에 도착한다. 안전하고 저렴한 MRT를 비롯해 버스와 택시 등 다양한 대중교통수단을 이용해 어렵지 않게 싱가포르 시내까지 갈 수 있다.

빠르고 편리한 싱가포르 지하철 MRT

공항출국장을 빠져나와 'Train to City'라고 적힌 안내표지판을 따라 에스컬레이터를 타고 내려가면 저렴하고 빠른 지하철, MRT를 탈 수 있다.

창이공항Changi Airport역은 싱가포르를 동서로 잇는 녹색선 이스트웨스트라인(EW)으로 두 번째 정차역 타나메라Tanah Merah역에서 내려 시티홀City Hall역 방면으로 가는 열차로 갈아타야 한다. 타마메라역에서 내리면 바로 맞은편에서 들어오는 열차(주쿤Jookoon행 열차인지 확인)로 갈아타면 되므로 크게 불편하지 않다. 빨간색 노스사우스라인(NS)과 만나는 환승역인 시티홀역에 내려 원하는 목적지까지 MRT로 이동하면 된다. 공항에서 시티홀역까지는 30분 정도 소요되는데, 일회용 스탠더드티켓을 사용하면 편도 S$2이며, 이지티켓은 S$1.65로 무척 저렴하다. MRT는 매일 05:30~24:30까지 운행한다.

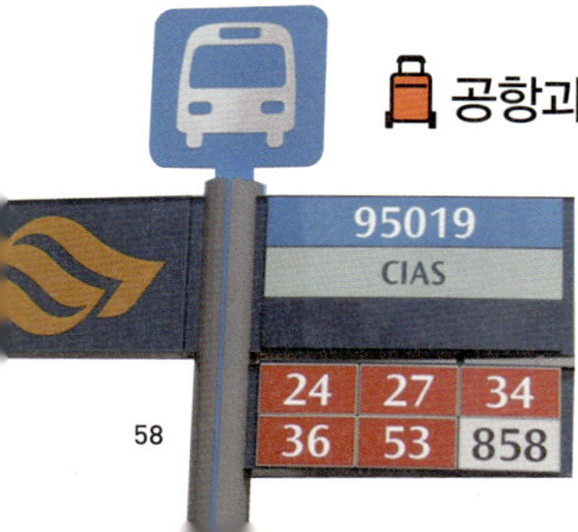

공항과 시내 곳곳을 이어주는 저렴한 공항버스

공항버스 36번을 타면 래플스호텔, 오차드로드, MRT 도비갓Dhoby Ghaut역, 팬퍼시픽호텔 등 싱가포르 시내의 주요 장소까지 한 번에 갈 수 있다. 첫차는 오

전 6시, 막차는 밤 11시에 출발하며 5~10분 간격으로 운행된다. 편도 S$2로 계단을 오르내리거나 환승의 번거로움이 없으므로 MRT보다 편리할 수 있다.
차창 밖으로 싱가포르 시내를 구경하면서 갈 수 있어 여행자 기분을 낼 수 있지만 시내까지 1시간가량 걸리므로 일정이 빡빡하다면 다른 교통수단을 이용하는 것이 좋다. 모든 터미널 지하층 버스정류장에서 탈 수 있으며 이지카드나 현금으로 요금을 지불할 수 있는데, 현금으로 지불할 경우 버스기사가 따로 거스름돈을 주지 않으므로 정확한 액수를 지불해야 한다.

36번 공항버스가 지나는 주요 정류장

창이공항 → 선텍타워(Suntec Tower) → 팬퍼시픽호텔(Pan Pacific Hotel) → 리츠칼튼(The Ritz-Carlton) → 에스플러네이드(Esplanade) → MRT 도비갓(Dhoby Ghaut) → MRT 서머셋(Somerset) → MRT 오차드로드(Orchard Road) → 포시즌호텔(Four Season Hotel) → 리젠트호텔(The Regent Singapore) → 탕플라자(Tang Plaza) → 만다린오차드(Mandarin Orchard) → 콘코드호텔(Concord Hotel) → 래플스호텔(Raffles Hotel)

※ 싱가포르 버스는 안내방송이 따로 없으므로 내리기 전 정류장에 표시된 역 이름을 확인하거나 버스기사 혹은 주변 사람들에게 물어보고 내리는 것이 안전하다.

센토사에 있는 호텔까지 간다면 공항셔틀버스

공항셔틀버스Airport Shuttle Bus는 6인용 밴으로 모든 터미널 도착장 교통안내데스크Ground Transport Desk에서 신청할 수 있으며 24시간 운영된다. 오전 6시부터 9시, 오후 5시부터 새벽 1시 사이에는 15분 간격으로 운행하며 그 외 시간에는 30분에 한 대씩 운행한다. 싱가포르 시내까지는 25분 정도 걸리며, 성인은 S$9, 12세 이하의 어린이는 S$6이다. 센토사 내 호텔을 예약했거나 인원이 많은 가족단위 여행자라면 최선의 선택이 될 수 있다. 단, 붐비는 시간대에 이용하게 되면 사람이 많아 모든 호텔에 정차하기 때문에 시간이 조금 더 걸릴 수 있다.

공항셔틀버스로 갈 수 있는 싱가포르 시내 및 센토사 주요 호텔

아마라(Amara), 카펠라호텔(Capella), 하드록호텔(Hardrock), 모벤픽(Movenpick), 샹그리라라사(Shangri-La's Rasa Sentosa Resort&Spa), W호텔 센토사코브(W Hotel Sentosa Cove), 애스코트래플스플레이스(Ascott Raffles Place Singapore), 카프리바이프레이저(Capri by Fraser)

편리하고 안전한 택시

MRT나 버스가 운행되지 않는 이른 아침이나 늦은 밤에 도착했다면 택시를 이용하자. 초행길에 자신이 없거나 짐이 많은 경우에도 택시를 이용하는 편이 합리적이다. 'Taxi'라고 쓰인 표지판을 따라 밖으로 나오면 택시승차장을 쉽게 찾을 수 있으며 대부분의 택시는 쾌적하고 깨끗하다. 기사들도 모두 친절하고 안전하며, 미터기를 켜고 가므로 바가지 쓸 걱정은 하지 않아도 된다. 영어도 잘 통해 목적지 호텔을 말하거나 주소가 적힌 종이를 보여주면 정확하게 데려다 준다.

공항에서 시내까지 택시비는 S$18~38 정도이며 30분가량 소요된다. 공항에서 출발하는 모든 택시는 오후 5시부터 자정까지는 S$5, 그 외 시간은 S$3의 추가요금이 청구된다. 또한 자정 이후부터 다음 날 새벽 6시까지는 미터 요금의 50%에 해당하는 할증료를 지불해야 한다. 신용카드로 지불하는 경우 비자카드는 받지 않으므로 다른 카드가 있는지 반드시 체크하자.

싱가포르여행을 위한 교통카드

대중교통을 자주 이용할 예정이라면 선불충전식 교통카드인 이지링크카드와 여행자를 위해 특화된 투어리스트패스 중 여행일정과 동선에 맞는 것을 골라 합리적으로 이용하자.

편리한 교통카드, 이지링크카드(EZ-Link Card)

이지링크카드는 싱가포르를 여행할 때 유용하게 사용할 수 있는 선불충전식 교통카드이다. MRT와 버스, 센토사로 들어가는 익스프레스 모노레일, 일부 택시 등 싱가포르 내 다양한 교통수단은 물론 세븐일레븐Seveneleven, 치어스Cheers, 가디언Guardian, 버거킹, 대형슈퍼마켓 자이언트Giant 등에서도 사용할 수 있다. 이지링크카드는 한 번 구입하면 5~7년 정도 사용할 수 있으므로 싱가포르를 다시 방문한다면 재사용할 수 있다. 하루 이상 싱가포르에 머문다면 일회용 스탠더드티켓보다 훨씬 경제적이며 유용하다.

대부분의 MRT역 고객서비스Passenger Service 창구나 '티켓오피스Ticket Office'라고 적힌 자동판매기를 통해 구입할 수 있다. 단, MRT 운행시간(05:00~00:30)이 끝난 후 창이공항에 도착했다면 이지카드를 구입할 수 없으므로 이점도 기억해두자. 카드를 처음 구입하는 경우에는 카드이용료 S$5와 기본충전금액 S$7를 합해 최소 S$12가 필요하다. 카드를 리더기에 대면 잔액이 표시되는데 잔액이 S$3 이하가 되면 충전하라는 메시지가 뜨고 이후부터는 최소 S$10부터 S$100까지 S$10 단위로 충전이 가능하다. 충전은 MRT역 무인충전기나 유인창구 또는 세븐일레븐 등에서 현금이나 카드로 할 수 있다(단, 세븐일레븐에서 충전할 경우 수수료 S$0.5가 붙는다.). 남은 금액은 공항을 포함한 역 충전기나 창구에서 환불받을 수 있으며, 카드이용료 S$5를 제외한 잔액을 돌려받을 수 있다.

이지링크카드 충전방법

① MRT 티켓 창구(Passenger Service/Ticket Office)에서 이지링크카드를 구입한다(카드이용료 S$5+최소충전금액 S$7 = S$12).

② 티켓 자동 충전 기계에 카드를 올려놓는다.

③ 충전 지불 방식을 '현금(Cash)'으로 선택한다(Select Mode of Payment).

④ 카드 옵션을 '금액추가(Add Value)'로 선택한다(Select Card Option). 이때 화면 상단에 남은 카드 잔액이 표시된다.

⑤ 충전금액을 지불한다. 최소 충전금액은 S$10이며 S$2, S$5, S$10, S$50권의 지폐를 사용해서 지불할 수 있다.

⑥ 현금을 넣으면 마지막으로 충전된 금액이 표시된다. 영수증이 필요하면 오른쪽 하단의 '영수증(Receipt)' 버튼을 선택한다.

일회용 교통카드 스탠더드티켓(Standard Ticket)

1회용 교통카드로 이동거리에 따라 요금이 달라진다. 자동판매기를 이용해 구입할 경우 출발역과 도착역을 선택하면 그에 해당하는 요금이 산정되고 카드보증금 S$1를 더한 가격을 지불하면 된다. 목적지에 도착해서 카드회수기에 카드를 넣으면 보증금을 돌려받을 수 있다. 구입한 날로부터 6개월 간 6회까지 사용할 수 있다.

싱가포르 투어리스트패스&투어리스트패스 플러스 (Singapore Tourist Pass&Tourist Pass Plus)

투어리스트패스 플러스

투어리스트패스

투어리스트패스는 싱가포르여행자들을 위한 카드로 정해진 기간 동안 무제한으로 버스와 MRT, LRT를 이용할 수 있어 단기간 동안 여행동선이 많은 여행자들에게 유용하다. 1일권(1Day Pass), 2일권(2Day Pass), 3일권(3Day Pass)이 있으며 가격은 각각 S$10, S$16, S$20이다. 여기에 카드보증금 S$10를 추가로 지불해야 하지만, 카드구입 후 5일 이내에 카드를 반납하면 보증금을 돌려받을 수 있다.

싱가포르 투어리스트패스 플러스는 투어리스트패스의 업그레이드버전이다. 1, 2, 3일권 패스와 동일하지만 버스와 MRT, LRT를 무제한 이용할 수 있을 뿐 아니라 투어버스인 버블제트라이드Bubble Ride Jet Ride와 펀비FunVee 투어 1일권이 추가된다. 또한 싱가포르 투어리스트패스와 달리 보증금은 따로 없다. 가격은 1일권 S$20, 2일권 S$26, 3일권 S$30이다. 참고로 싱가포르 투어리스트패스 플러스는 MRT 오차드역에서만 구입할 수 있다.

구입처 MRT 오차드, 차이나타운, 시티홀, 래플스플레이스, 앙모키오, 부기스, 라벤더, 베이프런트, 창이공항, 하버프런트, 파러파크, 서머셋, 우드랜즈, 주롱이스트 홈페이지 www.thesingaporetouristpass.com.sg

Section 06

싱가포르 시내를 이동할 수 있는 대중교통

싱가포르 시내는 그리 크지 않은데다 도시 구석구석을 연결하는 MRT와 버스, 택시 등이 잘 갖춰져 있다. 소비자물가에 비해 교통비가 상대적으로 저렴해 이용에 부담이 없고, 항상 쾌적해 기분도 좋다. 이동거리와 장소에 따라 교통수단만 잘 선택해도 싱가포르의 찌는 듯한 더위를 피해 목적지까지 편하고 안전하게 도착할 수 있다.

편리한 싱가포르 시민들의 발, 지하철 MRT&LRT

싱가포르 전 지역을 거미줄처럼 연결하는 지하철은 5개의 MRT(Mass Rapid Transit)와 3개의 경전철 LRT(Light Rail Transit) 노선으로 이루어져 있다. MRT는 연결방향에 따라 이스트웨스트라인(EW, 초록선), 노스사우스라인(NS, 빨강선), 노스이스트라인(NE, 보라선), 서클라인(CC, 노랑선), 다운타운라인(DT, 파랑선)이 있다. LRT는 MRT 노스이스트라인의 종착역에서 이어지는 회색라인으로 풍골Punggol, 셍캉Sengkang, 부킷판장Bukit Panjang 선이 운행된다. LRT 노선은 대부분 현지인 주거지역으로 관광객들은 이용할 일이 거의 없다.

승차권은 무인자동판매기에서 일회용 스탠더드티켓이나 충전식교통카드 이지링크카드EZ-Link Card를 구입하여 사용한다. 요금은 S$1.66~4.04로 노선과 구간에 따라 다르다. 혼잡한 역은 티켓을 구입하는 데 시간이 오래 걸리므로 창구를 이용하거나 한산한 역에서 미리 구입해두는 것이 좋다. 개찰구는 우리나라와 거의 비슷하며 교통카드를 리더기에 접촉한 후 통과하면 된다. 구간마다 조금씩 다르지만 오전 5시 30분쯤 첫차가 출발하며 자정까지 운행된다. 치안이 잘 되어 있어 늦은 시간에도 크게 위험하지 않은 편이다.

MRT 이용할 때 알아두세요!

- 싱가포르 에스컬레이터에서는 왼쪽으로 서고 오른쪽을 비워둔다.
- 싱가포르 에스컬레이터 속도는 한국보다 1.5배 정도 빨라 자칫 넘어질 수 있으니 조심하자.
- MRT 내에서 음식이나 음료(심지어 물까지!)를 마시는 행위는 금지되어 있다.
- 각 역 매표창구에서 무료로 배포하는 지하철노선 안내지도를 잘 챙겨두자. 역간 이동거리, 도보 이용 시 소요시간 등 알찬 정보가 많다.

알고 보면 편리한 이동수단, 버스

싱가포르 버스는 시내 전역은 물론 MRT가 닿지 않는 구석구석을 연결해준다. 목적지에 따라서는 MRT보다 훨씬 효율적이고 편리할 때도 많다. 버스는 일반형 버스 외에 2개의 버스가 이어

싱가포르 MRT & LRT 노선도

진 익스텐션버스Extension Bus나 이층버스 등 독특한 모양이 많아 새로운 교통수단을 경험하는 재미도 쏠쏠하다. 특히 이층버스의 2층 맨 앞자리에 앉아 시내를 다니다보면 따로 투어버스를 타지 않아도 싱가포르 시내를 충분히 감상할 수 있다.

버스정류장의 노선표에는 버스번호와 해당 버스노선이 자세히 나와 있어 목적지를 확인한 뒤 버스에 타면 된다. 단, 싱가포르버스는 안내방송이 없으므로 주의해야 한다. 내릴 때 버스정류장 이름을 확인하거나 기사에게 정류장 이름을 물은 후 내리는 것이 좋다. 승차 전 도착지까지의 정류장 개수를 세어두거나 휴대폰으로 노선표를 찍어두는 것도 좋은 방법이다. 요금은 버스 종류와 이동거리에 따라 조금씩 차이가 나지만 보통 S$0.7~2 정도로 이지링크카드나 현금을 이용할 수 있다. 잔돈을 따로 거슬러주지 않으므로 현금으로 낼 때는 동전을 미리 준비해두자. 이지링크카드 사용 시 버스에서 내릴 때도 카드를 리더기에 댄 후 내려야 추가요금이 발생하지 않는다.

구글맵으로 싱가포르 버스 쉽게 이용하기

유심카드나 무제한 데이터로밍을 사용한다면 구글맵을 활용해볼 수 있다. 특히 길찾기 검색결과를 보면 의외로 MRT보다는 버스를 이용해 지하철역을 오르내릴 필요 없이 한 번에 목적지와 더 인접한 곳까지 갈 수 있는 곳이 많다. 또한 인근 버스정류장 위치와 타야할 버스번호, 노선까지 확인할 수 있어 무척 편리하다.

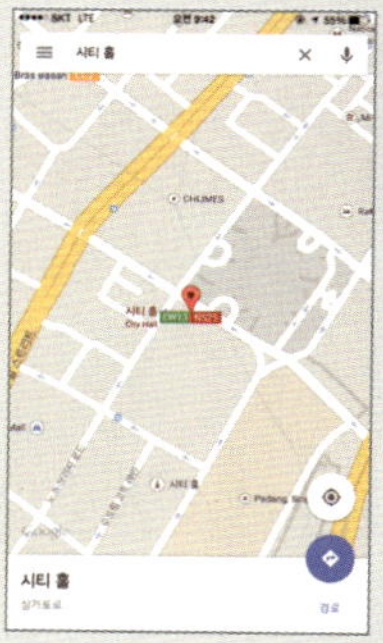
1. 구글맵을 실행한 후 현재 위치를 찾은 후 '길찾기' 버튼을 누른다.

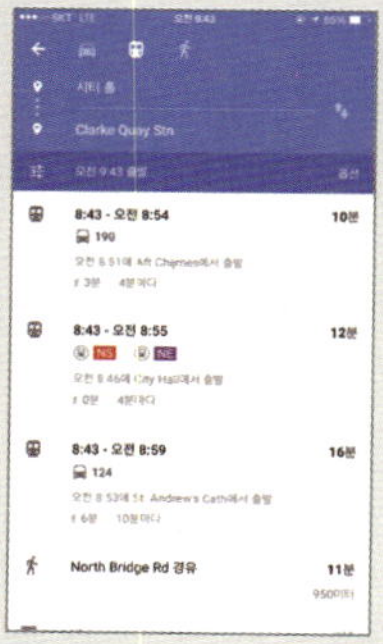
2. 목적지 이름이나 주소를 목적지 칸에 입력한다.

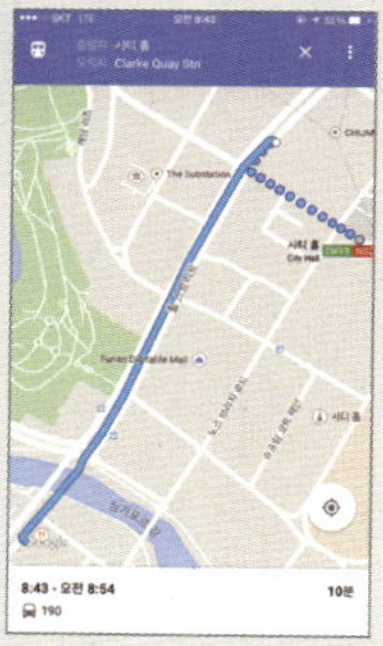
3. 검색 결과 중 환승이 없거나 적고, 최단 시간이 걸리는 방법을 선택한다.

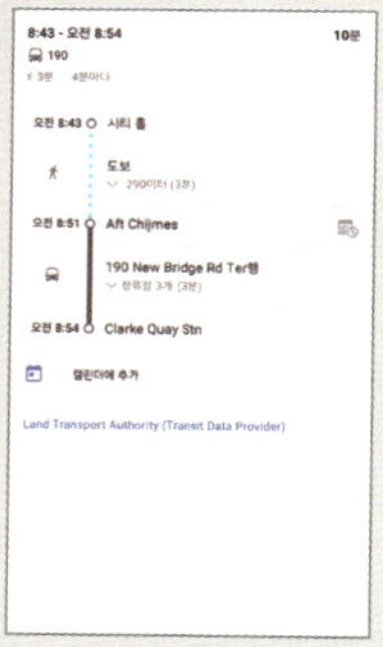
4. 버스 탑승 후 구글맵을 확인하면 내릴 곳도 미리 정확하게 알 수 있다.

싱가포르의 심야버스, NR(나이트라이더 버스)

싱가포르의 심야버스는 두 개의 버스회사에서 운영하는 나이트라이더(NR)와 나이트오울(NO)이 있다. 늦은 밤 귀가하는 사람이 많은 주말과 공휴일 전날 운영되며, 주요 관광지역을 지나가는 다양한 노선이 있다. 노선에 따라 조금씩 다르나 대부분 밤 11시 30분부터 다음 날 아침 4시 30분까지 운행한다.

나이트라이더(Night Rider)	
버스번호	NR1~7(7개 노선)
운행지역	오차드로드, 리버밸리, 클락키, 보트키, 마리나베이샌즈, 비보시티, 리조트월드센토사
운행시간	금~토요일, 공휴일 전날 23:00~04:30

나이트오울(Night Owl)	
버스번호	1N~6N(6개 노선)
운행지역	마리나센터, 보트키, 클락키, 리버밸리, 모하메드술탄로드, 오차드로드, 리틀인디아
운행시간	금~토요일, 공휴일 전날 24:00~02:00

버스노선 읽을 때 알아두면 좋은 단어

버스노선표를 보다보면 줄임말이 많아 정류장이름이 헷갈릴 때가 많다. 몇 가지 단어를 알아두면 정류장이름을 이해하기 쉽다.

Opp Opposite(맞은편), Blk Blok(블럭), Bef Before(앞), Bet Between(사이), Stn Station(역)

안전하고 편안한 싱가포르의 택시

24시간 언제 어디서나 이용할 수 있는 싱가포르택시는 안전하고 편리한 교통수단이다. 미터기에 따라 요금이 책정되는 택시는 내부도 깨끗하고 쾌적하며 기사들도 친절한 편이다. 기본요금은 S$S3~3.4로 약 400m마다 S$0.2씩 오른다. 시내가 크지 않아 센트럴지역 내에서 이동한다면 대부분의 지역을 S$10 이내로 오갈 수 있다. 요금이 크게 비싸지 않으므로 편리한 택시를 이용하는 것도 괜찮은 방법이다.

싱가포르 택시는 기본적으로 정해진 택시승강장에서만 타도록 되어 있으며, 특히 센트럴비즈니스지역(CBD)과 교통량이 많은 오차드로드 등의 특정지역은 오전 7시부터 밤 10시까지 반드시 택시승강장을 이용해야만 한다. 그 밖의 지역에서는 택시승강장이 아닌 곳에서도 일부 택시를 탈 수 있으며, 밤 10시 이후에는 어디서나 택시를 탈 수 있다.

싱가포르 택시의 다양한 할증요금

00:00~06:00에는 택시요금의 50%, 06:00~09:30의 출근시간과 18:00~24:00에는 택시요금의 25%를 추가로 내야 한다. 일요일과 공휴일 마리나베이샌즈 방향으로 가는 경우 06:00~17:00는 S$3, 리조트월드센토사로 들어갈 때나 공항을 오갈 때도 S$3를 추가로 내야 하므로 미터기의 가격이 갑자기 오른다고 해서 놀라지 말자. 정확한 택시 요금을 알고 싶다면 www.taxisingapore.com/taxi-fare-calculator에서 미리 계산해볼 수 있다.

색다르게 싱가포르를 즐기는 방법, 투어버스와 리버크루즈

싱가포르의 투어버스는 주요 관광지를 중심으로 루트가 짜여 있으므로 일부러 찾아보지 않아도 도시 전체를 돌아볼 수 있다. 시원한 바람을 가르며 이층버스를 타거나 크루즈를 타고 강물 위를 유영하며 싱가포르의 매력에 빠져보자.

시아홉온버스(SIA Hop-on Bus)

싱가포르의 23개 주요 관광지와 중심지를 편리하게 돌아볼 수 있는 투어버스이다. 1일권을 구입하면 횟수와 순서에 상관없이 정해진 정류장에서 자유롭게 타고 내릴 수 있다. 싱가포르 전체를 순환하는 '시아홉온버스'와 시내 주요지역을 거쳐 센토사까지 가는 '센토사라이더'의 2개 버스를 운영한다. 시아홉온버스 1일권을 구입하면 2가지 버스를 이용할 수 있으며 센토사라이더만 따로 구입할 수도 있다. 이층버스도 운영하는데 2층 야외에 앉아 시내를 구경하고 싶다면 이른 아침이나 저녁에 이용하는 것이 좋다. 티켓은 운전사에게 직접 구입할 수 있으며 싱가포르항공 이용승객은 탑승권을 보여주면 50% 할인된 금액으로 티켓을 구입할 수 있다.

시아홉온버스 루트 싱가포르플라이어 → 에스플러네이드 → 파당 → 푸난몰 → 보트키 → 차이나타운 → 클락키 → 그레이트월드시티 → 휠록플레이스 → 보타닉가든 → 오차드플라자 → 리틀인디아 → 래플스호텔 → 팬퍼시픽호텔 → 싱가포르플라이어 운행시간 09:00~19:40(20분 간격) 요금 1일권 성인 S$12, 어린이 S$6 홈페이지 www.siahopon.com

시티사이트싱투어(City Sightseeing Tour)

싱가포르 전역에서 볼 수 있는 빨간색 이층버스로 세계적인 투어버스 브랜드이다. 싱가포르 전역에 걸쳐 총 43개의 정류장을 거치며 티켓을 처음 사용한 이후 24시간 동안 이용할 수 있다. 보통 20분에 한 대씩 운행하는데 왔던 곳으로 되돌아가도 상관없다. 모든 버스정류장에서 투어를 시작할 수 있으며, 기사에서 직접 표를 살 수도 있는데 이 경우 현금만 가능하다. 크게 오리지널투어, 옐로우투어, 레드헤리티지투어의 3가지 루트와 센토사를 거치는 루트가 있다. 2일권을 구입하면 리버크루즈를 무료로 이용할 수 있다. 자세한 내용은 홈페이지(www.city-sightseeing.com)를 참고하자.

시티투어 종류	루트	운행시간	요금
오리지널투어 (Original Tour)	싱가포르플라이어 → 리츠칼튼호텔 → 에스플러네이드극장 → 멀라이언파크 → 차이나타운 → 아마라호텔 → 도르셋호텔 → 피플스파크센터 → 센트럴몰 → 클락키 → 리앙코트 → 로버슨키 → 미라마호텔 → 그레이트월드시티 → 세인트레지스호텔 → 오차드호텔 → 매리어트호텔 → 만다린오차드 → SVC@Orchard → 오차드플라자 → 도비갓 → SOTA → 리틀인디아 → 이비스호텔 → 칼튼호텔 → 래플스시티 → 선텍시티허브 → 싱가포르플라이어	싱가포르플라이어 기준 09:00~18:00, 20~30분 간격	1일권(24시간) 성인 S$33 어린이 S$23 2일권(48시간) 성인 S$39 어린이 S$27
옐로우시티루트 (Yellow City Route)	선텍시티허브→ 싱가포르플라이어 → 마리나베이샌즈 → 풀러턴호텔 → 아시아문명박물관 → 페닌슐라플라자 → 클락키 → 리앙코트 → 미라마호텔 → 그레이트월드시티 → 호텔젠 → 보타닉가든 → 오차드호텔 → 메리어트호텔 → 만다린오차드 → SVC@Orchard → 오차드플라자 → 도비갓 → 랑데뷰호텔 → 싱가포르아트뮤지엄 → 래플스호텔	선텍시티허브 기준 08:30~18:30, 12~15분 간격	
레드헤리티지루트 (Red Heritage Route)	선텍시티허브 → Fu Lu Shou/로커로드 → 리틀인디아 → 세라곤플라자 → 렌드마크빌리지호텔 → 캄퐁글램 → 호텔인터콘티넨탈 → 래플스호텔 → 콘너트들라이브 → 페닌슐라플라자 → 보트키 → 차이나타운 → 크레타아이어 → 피플스파크센터 → 홍림 → 올드커스텀하우스 → 마리나베이시티갤러리 → 마리나베이샌즈 → 리츠칼튼호텔 → 선텍시티허브	선텍시티허브 기준 09:40~17:20, 20~25분 간격	
가든-센토사순환버스 (Gardens-Sentosa RHiNO Feeder)	선텍시티 → 싱가포르플라이어 → 마리나베이샌즈 → 가든스바이더베이 → 리조트월드센토사 → 가든스바이더베이 → 마리나베이샌즈 → 싱가포르플라이어 → 선텍시티	선텍시티 기준 10:00~18:30, 대략 40분 간격	

펀비오픈톱버스(Funvee Open Top Bus)

이층버스를 타고 싱가포르 주요 관광지를 돌아볼 수 있는 투어버스로 상대적으로 저렴하다. 버스를 타면 오디오가이드를 들을 수 있는데 한국어를 비롯해 영어, 중국어, 러시아어, 독일어가 제공된다. 싱가포르플라이어에서 출발하며 주요 호텔에서 09:00~11:00에 싱가포르플라이어까지 무료픽업서비스를 제공한다. 그린, 레드, 오렌지의 3가지 루트가 있으며 자세한 내용은 홈페이지(www.citytours.sg)를 참고하자.

펀비호퍼 루트	루트	운행시간 (싱가포르플라이어 기준)	요금
펀비시티호퍼 (Funvee City Hopper) 그린루트	싱가포르플라이어 → 에스플러네이드 → 멀라이언파크 → 라우파삿 → 차이나타운호텔 → 아폴로센터 → MRT 클락키역 → 클락키 → 리앙코트 → 파크호텔 → 미라마호텔 → 그레이트월드시티 → 트레이더스호텔 → 보타닉가든 → 오차드호텔 → 메르터스만다린 → 미드포인트오차드 → 오차드플라자 → MRT 도비갓역 → 랑데뷰호텔 → 칼튼호텔 → 래플스시티 → 팬퍼시픽호텔 → 싱가포르플라이어	09:00~17:00, 20~30분 간격으로 출발	1일권 성인 S$22.9 어린이 S$16.90 온라인 구매 시 성인 $20.90 어린이 S$15.90
펀비센토사셔틀호퍼 (Funvee Sentosa Shuttle Hopper) 레드루트	싱가포르플라이어 → 마운트페이버피크 → 유니버설스튜디오 → 센토사아일랜드 → 선텍시티 코치베이 → 싱가포르플라이어	09:45, 11:45, 15:45, 17:45 일일 4회 운행	
펀비마리나사이트싱호퍼 (Funvee Marina Sightseeing Hopper) 오렌지루트	싱가포르플라이어 → 마리나베이샌즈 → 가든스바이더베이 → 마리나바라지 → 스리마리암만사원 → 불아사 → 아폴로센터 → 클락키 → 스탬퍼드코트 → SMU → 랑데뷰호텔 → 랜드마크빌리지호텔(아랍스트리트) → 팬퍼시픽호텔 → 싱가포르플라이어	10:45~16:45 매시 45분마다 출발	

리버크루즈(River Cruise)

싱가포르의 역사를 함께한 리버크루즈는 싱가포르강 북쪽에서 시작해 로버슨키와 클락키, 보트키를 거쳐 마리나베이 그리고 바다와 접해 있는 마리나바라지까지 이어지는 낭만적인 투어이다. 강을 따라 형성된 오래된 숍하우스와 고풍스러운 건물들을 감상하며, 센트럴비즈니스지역의 스카이라인과 멀라이언파크, 마리나베이샌즈호텔, 마리나베이 등을 한눈에 담을 수 있다. 또한 캐버나브리지Cavenagh Bridge, 클레망소브리지Clemenceau Bridge, 앤더슨브리지Anderson Bridge 등 싱가포르의 유서 깊은 다리를 지나며 멋진 사진을 찍을 수 있다. 낮 보다는 멋진 야경을 감상할 수 있는 저녁시간이 훨씬 좋다. 자세한 내용은 홈페이지(www.rivercruise.com.sg)를 참고하자.

리버크루즈 루트	운행시간	요금	표 사는 곳
리버밸리 → 로버슨키 → 클레망소브리지 → 리드브리지 → 클락키 → 사우스브리지 → 보트키 → 풀러턴 → 에스플러네이드 → 멀라이언파크 → 베이프런트 사우스 → 프로메네이드 → 마리나바라지	09:00~23:00 (마지막 크루즈 22:30, 약 40분 소요)	성인 S$24 어린이 $15	각 역에 있는 매표소에서 구입 가능 (보통 클락키에서 가장 많이 출발)

덕투어(Duck Tour)

수륙양용차를 타고 육지와 강을 오가며 도시의 명소들을 관람하는 투어이다. 선텍시티를 출발하여 마리나파크를 지나면서 강으로 뛰어 들어 마리나베이를 유람하며, 에스플러네이드와 멀라이언동상을 돌아 다시 뭍으로 올라와 올드시티 주변까지 돌아보고 출발지로 되돌아온다. 육지와 강을 넘나드는 수륙양용차를 탄다는 것만으로도 흥미로우며 투어버스와 리버크루즈로 갈 수 있는 곳들을 모두 한번에 즐길 수 있어 합리적이다. 자세한 내용은 홈페이지(www.ducktours.com.sg)를 참고하자.

덕투어 루트	운행시간	요금	표 사는 곳
선텍시티몰 → 마리나파크 → 싱가포르플라이어 → 베이프런트 사우스브리지 → 마리나베이 → 센트럴비즈니스지역 → 멀라이언파크 → 에스플러네이드 → 올드시티(파당, 세인트앤드류성당) → 선텍시티	10:00~18:00 (매시 정각에 출발, 약 60분 소요)	성인 S$37 어린이 S$27 영아(2세 이하) $2	온라인이나 선텍시티몰, 싱가포르플라이어 등 (출발지에서 구입 가능)

Section 07

알아두면 유용한 싱가포르 정보

한 나라의 문화와 일상이 녹아있는 현지인들의 생활방식과 습관 등을 이해한다면 여행이 더욱 즐겁고 흥미로워진다. 여행을 떠나기 전 다양한 민족이 모인 싱가포르만의 독특한 문화와 유용한 상식에 대해 알아보자.

싱가포르가 만든 독특한 언어, 싱글리쉬

싱가포르의 문화가 섞인 싱가포르만의 독특한 영어를 싱글리쉬Singlish라고 한다. 실제 싱가포르인들이 사용하는 영어를 듣다보면 영어인지 중국어인지 헷갈리는데 문장 중간중간에 익숙하지 않은 단어와 어미, 악센트를 사용하기 때문이다. 보통은 문장 끝에 'lah, leh, mah, ka' 등을 붙이며, 영어에 없는 새로운 단어나 문법을 사용하기도 한다. 서점이나 로컬숍, 박물관, 기념품숍 등에서 싱글리쉬를 정리한 사전이나 책을 팔기도 하니 관심이 있다면 기념품으로 구입해보자.

싱가포르 현지에서 자주 듣게 되는 싱글리쉬	
Shiok	한 마디로 '쿨'하다는 뜻으로 맛있거나 좋은 곳을 발견했을 때 자주 사용하는 단어이다.
Kiasu	경쟁적이라는 뜻으로 싱가포르 사람들의 성격을 가장 잘 표현하는 단어 중 하나이다.
Lah	어미에 습관처럼 붙여 쓰는 단어로 'I am sorry lah', 'Don't worry about it lah'처럼 문장 끝에 사용한다.
Chope	장소를 예약하다.
Taopao	테이크아웃
Bukit	언덕이라는 뜻으로 역이나 지명에 표기된 것을 자주 볼 수 있다.
Jalan	'큰 길'이라는 뜻으로 도로명에 표기된 것을 자주 볼 수 있다.
alamak	영어로는 'oh my god' 정도의 감탄사로 '어머나', '엄마야'로 해석하면 된다.

싱가포르를 구성하는 다양한 민족

싱가포르는 아시아에서 유일하게 이민자들이 만든 다민족국가이다. 싱가포르를 떠올리면 어느 나라인지 쉽게 생각나지 않는 이유도 이 때문일 것이다. 1800년 후반부터 중국 남부지방 사람들과 인도, 말레이, 유라시아인들이 희망과 꿈을 품고 고향을 떠나 말레이반도 끝 새로운 땅에 정착하여 일구어낸 땅이 바로 싱가포르이다. 작지만 그 어느 나라보다 다채로운 문화를 지닌 싱가포르는 다양한 민족이 모이면서 그들이 어우러져 만들어낸 새로운 문화를 엿볼 수 있는 국가이다.

싱가포르에 가장 많이 사는, 중국인

싱가포르 국민의 대다수를 차지하는 민족이 바로 중국계이다. 이 때문에 언어부터 음식, 문화와 축제 등 싱가포르문화 전반에 걸쳐 중국문화가 끼친 영향은 막대하다. 싱가포르에 사는 중국계 민족 대부분은 싱가포르와 가까운 중국남부 푸젠성Fujian과 관둥Guandong 지방에서 건너온 사람들이다. 중국 남부방언인 호키엔Hokkien과 차저우Teochew를 사용하는 사람이 많고, 광둥어Cantonese와 하이난어Hainanese를 사용하는 사람들도 있다.

척박한 삶에서 벗어나고자 새로운 땅을 찾아 온 이들 중 일부는 가난한 노동자로 어렵게 삶을 이어가기도 하고, 사업에 뛰어난 능력을 발휘하며 대기업으로 성장하기도 했다. 세월이 지나면서 이들이 간직한 문화는 다른 민족이나 서양문화와 뒤섞여 조금씩 변화되었지만 매년 중국 최대 명절인 차이니즈뉴이어페스티벌만큼은 이곳에서도 성대하게 치러지며, 이를 통해 그들의 고유음식과 풍습 등을 이어가고 있다.

싱가포르의 뿌리가 되는 민족, 말레이

중국인 다음으로 많은 민족이지만 전체 인구의 10% 정도 밖에 되지 않는다. 비록 인구수는 많지 않지만 싱가포르에 가장 먼저 정착한 민족으로 싱가포르문화의 뿌리를 이루는 민족이다. '말레이'를 말레이시아인으로 헷갈리기도 하는데 말레이는 말레이시아부터 인도네시아에 이르는 말레이반도의 모든 사람을 뜻한다. 싱가포르에 사는 말레이들은 주로 인도네시아의 자바Java와 바웬Baween 그리고 말레이시아Malaysia에서 건너온 사람들이며 이들이 사용하는 말레이어는 인도네시아어보다는 말레이시아어에 가깝다.

호커센터 등에서 쉽게 볼 수 있는 바나나잎에 얹은 밥에 멸치볶음, 땅콩, 삶은 달걀 등의 반찬이 함께 나오는 나시레막Nasi Lemak을 비롯해 판단Pandan 잎으로 만든 여러 전통간식 등이 바로 말레이음식이다. 말레이는 99%가 모슬렘Moslem으로 아랍스트리트에 있는 말레이헤리티지센터에서 말레이문화에 대해 좀더 자세히 배울 수 있다.

싱가포르에 화려함과 이국적인 분위기를 더해준, 인도인

싱가포르에서 세 번째로 많은 민족은 바로 인도인이다. 세계 어느 나라에서도 그들의 고유한 문화를 오롯이 지켜내며 공동체를 지켜 나가는 인도인들은 싱가포르에서도 그들만의 독특한 문화를 반영한 '리틀인디아'를 형성하였다.

대부분 인도 남부의 타밀인과 힌두교를 믿는 힌두인이며, 두뇌회전이 빠른 민족답게 상업에 능하다. 여러 직물을 비롯해 보석 등 다양한 물건을 사고팔며 경제분야에서 두각을 나타내고 정치와 전문직에 많이 종사한다. 특히 독특한 맛과 향을 지닌 인도 전통음식은 싱가포르를 미식의 나라로 만든 일등공신이다. 매년 아름다운 등불축제인 디파발리Deepavali와 타이푸삼Thaipusam 등 화려하고 이국적인 인도식 축제가 리틀인디아에서 열린다.

먼 유럽에서 넘어온 사람들, 유라시아인

1819년 영국이 싱가포르에 정착한 이후 포르투갈, 덴마크, 영국 등 유럽에서 건너온 사람들이다. 영국식민시기에는 대부분 지금의 말레이시아에 있는 페낭과 믈라카 등에 정착했고, 은행이나 관청 등에서 근무했다. 현재 싱가포르에 살고 있는 유라시안민족은 전체 인구의 1% 정도이다. 대부분 영어를 사용하지만 이들 중에는 포르투갈과 말레이문화가 혼합된 크리스탕Kristang이라는 언어를 사용하기도 한다.

싱가포르의 혼합문화 페라나칸

싱가포르를 말할 때 빼놓을 수 없는 것이 바로 페라나칸Peranakan이다. 페라나칸은 동남아지역의 중국이나 인도 남성과 결혼한 말레이 또는 인도네시아 여성 사이에 태어난 후손을 말한다. 싱가포르의 페라나칸은 주로 15세기 말레이 믈라카지역에서 말레이 여성과 결혼한 중국인 사이의 후손들이다. 페라나칸차이니즈라고 부르기도 하며 남부 인도출신의 상인과 결혼한 현지여성들의 후손인 페라나칸인디안들도 섞여 있다.

페라나칸 중 여성은 논야Nonya, 남성은 바바Baba라고 부르며, 페라나칸차이니즈는 남편 문화인 중국 전통도 지키면서 현지문화와 어우러진 페라나칸만의 독특한 문화를 만들어냈다. 특히 음식, 옷, 장신구 등에서 많이 나타나는데 향신료와 코코넛밀크를 듬뿍 넣은 논야음식, 꽃과 나비 등 아름다운 색과 패턴이 들어간 전통의상 등이 대표적이다. 페라나칸뮤지엄을 방문하면 흥미로운 페라나칸의 역사와 문화를 만날 수 있으며, 이스트코스트의 카통Katong지역에 가면 페라나칸음식점과 전통소품 등을 파는 작은 상점 등을 구경할 수 있다.

한눈에 보는 살펴보는 싱가포르 생활물가

싱가포르 물가는 비싸다는 선입견이 있다. 다른 동남아국가들에 비해 물가가 높은 편이지만 종류에 따라 다르므로 무조건 비싸다고는 할 수 없다. 일반적으로 대중교통비는 저렴한 편이며, 글로벌 프랜차이즈레스토랑이나 의류는 한국과 비슷하거나 조금 더 비싸다. 술과 담배는 비싸며, 고급레스토랑을 제외한 일반레스토랑이나 호커센터의 음식값은 매우 저렴하다.

품목	가격(한화)	품목	가격(한화)
생수 1통	S$1.5~(1,200원~)	호커센터 국수	S$3~(2,500원~)
맥도날드 빅맥	S$4.95(4,000원)	담배	S$10~(8,000원~)
스타벅스 아메리카노	S$4.5(3,800원)	택시 기본요금	S$3(2,500원)
카야토스트	S$2(1,700원)	지하철 1회권	S$1.4(1,150원)
타이거 맥주 1캔	S$4.8(4,000원)	버스 1회 사용	S$1.30

싱가포르에서 하지 말아야 할 것

싱가포르의 법률이 엄격하다는 것은 익히 알려져 있다. 그만큼 어떤 것을 하지 말아야 할지 정확히 알아두고 가는 것이 좋다. 무의식적으로 행동하다 억울하게 단속에 걸려 그에 해당하는 큰 벌금을 낼 수 있으므로 주의해야 한다.

① 무단횡단에 엄격하다. 50m 길이의 도로를 무단횡단하면 S$50의 벌금을 내야 한다.

② 길에 쓰레기를 버리거나 침 뱉으면 무려 S$1,000의 벌금이 부과된다.

③ 최근 음주에 대한 법률이 더욱 엄격해져 술은 오전 7시부터 밤 10시 30분까지만 마실 수 있으며, 그 외 시간에는 길이나 공공장소에서 술을 마실 수 없고 편의점, 슈퍼마켓 등에서 술을 살 수도 없다. 이를 위반 시 S$1,000의 벌금을 내야 한다.

④ 대중교통시설, 박물관, 도서관, 승강기, 극장, 영화관, 냉방시설이 된 레스토랑, 미용실, 슈퍼마켓, 백화점, 공공기관 등에서는 담배를 필 수 없다. 위반 시 S$1,000의 벌금이 부과된다.

⑤ 이색적인 법률 중 하나로 용변 후 물을 내리지 않다 적발당할 경우 S$150의 벌금을 내야 한다. 종종 화장실에 잠복하는 경찰이 있기도 하다.

여행 시작 전 알고가면 좋을 싱가포르 여행팁

1. 싱가포르의 날씨는 우스갯소리로 덥거나 더 덥거나 둘 중 하나라고 한다. 비가 오거나 우기가 아니라면 싱가포르는 언제나 덥다. 낮에는 가능한 쇼핑몰, 박물관 등 실내 위주로 돌아다녀 체력을 아끼고 가능하면 해가 지기 시작할 무렵부터 돌아다니자. 저녁시간의 싱가포르는 낮보다 훨씬 활기차고 아름답다.

2. 싸고 안전하다고 해서 MRT만 타고 다니지는 말자. 더운 나라에서 계단을 오르락내리락하는 것도 힘들거니와 택시와 버스를 번갈아 이용하면 오히려 더 경제적으로 원하는 목적지까지 갈 수 있다. 또한 버스 차창 밖으로 보이는 싱가포르 구석구석을 만나는 것도 여행의 큰 즐거움이 된다.

3. 싱가포르는 다양한 문화만큼이나 먹거리도 다양하다. 길거리음식부터 미슐랭 스타셰프의 고급음식까지 온갖 종류의 음식을 모두 맛볼 수 있는 곳이다. 이름 없는 낡은 호커센터라도 주저 없이 들어가 처음 보는 현지음식도 맛보고, 때로 한 끼 정도는 파인다이닝에 투자해보자.

4. 싱가포르는 인공조형물로 유명하지만 지역적으로 열대우림이 풍성한 아름다운 곳이다. 길에서 만나는 커다란 가로수나 독특한 열대식물도 관심을 가지고 보면 싱가포르의 새로운 면을 찾을 수 있다. 특히 보타닉가든이나 포트캐닝파크 등은 잠시 짬을 내어 꼭 들러보자. 누구나 무료로 들어갈 수 있으며 싱가포르 자연이 갖는 진수를 느낄 수 있다.

5. 싱가포르는 해가 지고 선선해지는 밤부터 재미있는 일들이 시작된다. 특히 거의 모든 건물 옥상은 근사한 공간으로 꾸며져 있다. 호텔 루프톱가든이든 작은 레스토랑의 꼭대기 층이든 간에 높은 곳에서 도시의 아름다운 풍경을 감상하는 낭만적인 시간을 꼭 누려보자.

Section 08

미식의 나라 싱가포르의 먹거리

싱가포르는 명실 공히 세계적인 미식의 나라이다. 중국, 인도, 말레이 그리고 서양문화까지 다양한 민족의 문화와 조리법이 어우러져 이국적이고 저렴한 현지음식이 수두룩하고, 세계적인 스타셰프들의 수준급 요리를 맛볼 수 있는 레스토랑도 많다. 싱가포르를 제대로 경험해보고 싶다면 마음을 열고 다양한 음식을 즐겨보자.

저렴하고 맛있는 현지식을 마음껏 즐길 수 있는, 호커센터

싱가포르의 음식문화와 현지음식을 제대로 경험해볼 수 있는 곳이 바로 호커센터Hawker Centre이다. 호커센터는 야외푸드센터로 적게는 10개, 많게는 100여 개의 작은 노점으로 구성되어 있다. 1960년대 리콴유총리가 깨끗한 거리와 위생을 위해 음식노점들을 한곳에 모아 푸드코트를 만든 것이 그 시작이다. 싱가포르 전역에 무려 120여 개의 호커센터가 있을 만큼 싱가포르 사람들이 일상적으로 음식을 즐기는 곳이다.

중국, 인도, 말레이 등 싱가포르의 다채로운 음식을 골고루 먹어볼 수 있는데, 대부분의 음식점들은 10㎡ 남짓한 작은 규모이다. 하지만 수십 년 이상 한 가지 음식으로 장사해온 베테랑들이라 어떤 음식을 주문해도 실패할 확률은 낮다. 그래도 의심쩍다면 매장 앞에 줄을 길게 늘어선 집에 들어가자. 물론 줄을 서지 않아도 맛있는 곳이 많으므로 한 바퀴 둘러보면서 메뉴부터 살펴보고 먹고 싶은 메뉴가 있는 가게로 들어가면 된다. 노점이 모인 곳이라고 청결상태를 걱정할 필요는 없다. 오래된 노점이지만 대부분 청결하고 깔끔하다. 호커센터에 따라 분위기나 음식 종류가 다르므로 돌아보며 다양한 음식을 섭렵하는 것도 여행의 큰 즐거움이 될 것이다.

싱가포르를 대표하는 호커센터 BEST5

1. 마칸수트라글루턴베이

싱가포르 로컬 맛집 가이드 「마칸수트라」에서 뽑은 10곳의 호커센터가 모여 있는 곳이다. 마리나베이샌즈호텔을 비롯해 센트럴비지니스(CBD)지역의 마천루가 한눈에 바라다보이는 마리나베이에 자리하고 있어 맛있는 로컬음식과 낭만적인 야경을 함께 즐길 수 있는 최고의 호커센터 중 하나이다.

2. 라우파삿 사테스트리트

센트럴비즈니스지역에 있는 곳으로 대형 호커센터와 고소한 꼬치요리 사테를 파는 노점 열 댓개가 몰려 있는 사테스트리트가 붙어 있다. 쾌적하고 거대한 규모의 호커센터도 좋지만 빌딩숲 사이에서 노릇한 사테와 시원한 맥주를 마실 수 있는 사테스트리트가 매력적이다.

3. 맥스웰호커센터

맛으로 정평이 나 있는 호커센터 중 하나로 싱가포르에서 맛있다고 손꼽히는 치킨라이스 가게도 있다. 다양한 음식을 맛볼 수 있는데, 특히 차이나타운에 있는 만큼 여러 종류의 중국음식을 맛볼 수 있다.

4. 뉴튼호커센터

MRT 뉴턴역에 있어 관광지와의 접근성은 조금 떨어지지만 노점들이 원 모양을 이루고 가운데 야외석에는 열대나무들이 있어 저녁에는 아늑하고 정겨운 분위기가 느껴진다. 특히 저렴하고 맛있기로 유명한 칠리크랩 가게가 있어 한 번쯤 시간을 내어 들려볼 만하다.

5. 티옹바루푸드마켓

티옹바루마켓 2층에 자리한 호커센터로 그 역사가 오래되어 관광객 보다는 현지인들 사이에서 맛을 인정받는 곳이다. 국수부터 디저트까지 맛집이 수두룩한데 티옹바루에 갈 일이 있다면 한 끼 식사는 꼭 이곳에서 먹어보길 추천한다.

호커센터 제대로 이용하기

1. 호커센터 내 가게들을 꼼꼼하게 둘러보며 먹고 싶은 것부터 결정한다.
2. 현지인들이 몰리는 식사시간대라면 미리 자리부터 잡아두는 것이 좋다.
3. 원하는 음식점에서 주문한 후 기다렸다 음식을 받아온다. 계산도 가게 주인에게 직접 하면 된다.
4. 음료는 앉은 자리와 가까운 가게에서 주문한다.

※ 규모가 작은 호커센터는 음료를 파는 곳이 호커센터의 주인인 경우가 많다. 싱가포르 사람들은 음식을 먹을 때 대부분 음료수를 마시는 편이라 음료 구매를 권하기도 하지만 먹고 싶지 않다면 주문하지 않아도 된다.

싱가포르의 든든한 아침식사

스크램블에그와 오트밀, 베이컨이 나오는 서양식 아침식사도 좋지만 싱가포르 현지인들의 생활습관이 고스란히 담긴 아침식사를 먹어보자. 싱가포르는 호커센터와 푸드코트가 이른 아침부터 문을 여는데, 아침식사를 하려는 사람들로 어디든 북적거린다. 여행을 시작하기 전 싱가포르의 활기찬 아침 분위기를 느끼며 배도 든든하게 채우자.

카야토스트 (Kaya Toast)

코코넛잼과 달걀, 판단(Pandan)잎으로 만든 카야잼을 노릇하게 구운 식빵에 바른 후 버터 한 조각을 올려 먹는 싱가포르 대표 아침메뉴이다. 여기에 반숙달걀과 연유가 들어간 부드러운 싱가포르 전통 커피인 코피(Kopi)를 곁들여 먹으면 최고의 궁합을 자랑한다.

로티프라타 (Roti Prata)

인도식 팬케이크로 밀가루반죽을 그릴에 구워낸 것이다. 쫄깃함과 촉촉함, 바삭거리는 식감 등을 다양하게 즐길 수 있다. 아무것도 넣지 않은 플레인프라타(Plain Prata)는 매콤한 커리소스에 찍어 먹지만 바나나, 초콜릿, 두리안 등 달콤한 재료를 넣고 만든 디저트용 프라타도 많다.

나시레막 (Nasi Lemak)

말레이시아 전통 아침메뉴로 코코넛밀크와 판단잎을 넣고 지은 밥에 여러 가지 반찬을 곁들여 먹는다. 달걀, 오이, 멸치볶음, 매운 소스로 양념한 생선 등이 기본 반찬이며, 겉보기에는 평범하지만 매콤한 소스와 코코넛밥 그리고 반찬이 어우러지면서 매력적인 맛을 낸다. 나시레막은 대부분 넓은 바나나 잎에 싸여 나온다.

미시암 (Mee Siam)

페라나칸의 전통요리 중 하나로 가는 쌀국수에 숙주, 달걀, 유부, 고수 등이 들어가 매콤하면서도 새콤달콤한 맛을 낸다. 동남아 특유의 향신료를 좋아하는 사람이라면 금세 한 그릇을 비우겠지만 고수나 향신료를 싫어하는 사람에게는 부담스러울 수 있다. 저녁식사에 꼬치요리인 사테와 곁들여 먹으면 더욱 맛있다.

미레부스 (Mee Rebus)

인도네시아와 말레이시아 그리고 싱가포르에서 즐겨먹는 면요리로 고구마, 커리파우더, 콩, 마른 새우, 땅콩 등을 넣어 만든 육수에 삶은 달걀, 양파, 샐러리, 두부 등을 넣어 푸짐하다. 커리파우더를 넣어 국물 색깔은 다소 탁하지만 진한 육수가 속을 시원하게 해준다.

치청펀 (Chee cheong Fun)

얇은 쌀반죽에 새우, 고기, 채소 등 다양한 재료를 넣고 돌돌 말아 간장소스로 양념한 부드러운 딤섬 중의 하나이다. 보통 아침식사로 먹을 때는 생선, 치킨, 달걀, 땅콩 등을 넣은 고소하고 부드러운 죽과 함께 먹으므로 한국인들에게 든든한 아침식사로 제격이다.

락사 (Laksa)

매콤한 소스와 코코넛밀크로 만든 육수에 면과 새우, 어육완자, 달걀, 꼬막, 숙주나물 등을 넣어 먹는 요리이다. 면 종류나 들어가는 재료에 따라 락사 종류도 다양해지는데 코코넛 향과 시큼한 국물 맛 때문에 호불호는 갈리지만 중독성이 있다. 바나나잎에 싼 생선어묵 오탁오탁(Otah Otah)과 곁들여 먹으면 마치 김밥과 떡볶이처럼 궁합이 잘 맞는다.

카통지역의 락사

페라나칸문화가 뿌리 깊게 남아있는 카통지역에는 이스트코스트로드를 따라 유명한 락사집이 몰려있다. 수십 년 전부터 이곳 가게주인들은 누가 원조인지 어느 집이 최고의 락사 맛을 내는지에 대한 치열한 경쟁을 이어나갔다. 카통에서 주로 파는 락사는 면이 뚝뚝 끊어지므로 젓가락 없이 숟가락으로만 먹는데 진한 코코넛맛 육수가 별미이다.

싱가포르에서 가장 유명한 칵테일, 싱가포르슬링

싱가포르에는 100년의 역사를 이어온 싱가포르슬링Singapore Sling이라는 칵테일이 있다. 싱가포르에 온 한 영국지휘관이 현지 상인의 딸에게 반해 그녀의 환심을 사기 위해 처음 만들었다는 낭만적인 이야기도 전해지는데, 공식적으로는 1915년 래플스호텔의 바텐더 니암통분Ngiam Tong Boon이 처음 만든 것으로 알려져 있다. 이후 수십 년 동안 싱가포르슬링의 레시피는 래플스호텔 금고 안에 담겨 공개되지 않았다.

싱가포르슬링은 진베이스 칵테일로 파인애플, 라임, 체리 등 여러 열대 과일주스와 만나 새콤달콤한 향이 입안 가득 퍼지는 것이 특징이다. 래플스호텔의 롱바는 원조 싱가포르슬링을 맛보려는 관광객으로 항상 붐빈다. 지금은 오리지널 슬링 외에도 다른 칵테일이 많이 만들어졌다. 싱가포르슬링은 롱바 외에도 여러 바에서 맛볼 수 있으며, 슈퍼마켓이나 몰 등에서 슬링원액을 판매하므로 집에서 직접 만들어 먹을 수도 있다.

전통 커피숍 코피티암에서 마시는 코피

코피티암Kopitiam은 커피숍이라는 뜻의 합성어로 코피Kopi는 말레이어로 '커피', 티암은 중국 호키엔지방어로 '가게'라는 뜻이다. 코피티암은 지금의 카페처럼 커피와 차, 코코아 마일로 등 같은 음료와 카야토스트, 베이커리 등 간단한 스낵까지 파는 곳을 이른다. 지금도 싱가포르에서는 커피 외에 국수, 밥 등의 음식을 파는 작은 상점을 커피숍이라고 부른다. 과거 작은 음식점이 모여 있는 호커센터의 주인들이 대부분 음료가게를 운영했기 때문에 누구누구네 커피숍이라 부르던 것이 이어진 것이다. 사람들은 이곳에서 국수로 배를 채우거나 밥을 먹고 나서 따뜻한 코피와 토스트를 시켜 담소를 나누었다. 이러한 전통방식의 커피숍이 지금도 싱가포르 곳곳에 남아있으며 야쿤카야토스트Yakun Kaya Toast, 토스트박스Toast Box 등의 프랜차이즈로 현대화된 카페도 만날 수 있다.

코피티암에서는 싱가포르 전통 커피 '코피Kopi'를 판다. 코피는 발음뿐 아니라 만드는 방식과 맛이 우리가 아는 커피와는 약간 다르다. 코피와 카야토스트문화는 영국식민시대 영국인을 위해 요리하던 현지인 요리사들에 의해 시작되었다. 이들은 영국인들이 싱가포르를 떠난 후 일반인들에게 서양요리를 소개하면서 영국인들이 먹던 값비싼 아라비카커피를 구할 여력이 되지 않자 대신 쓴 맛이 강한 로부스타Robusta 커피콩에 버터와 설탕, 옥수수를 넣고 볶아 새로운 커피를 만들었다. 덕분에 싱가포르 전통 코피는 깊고 강한 향과 함께 부드러운 맛이 특징이며, 여기에 연유와 설탕을 넣어 달달한 편이다. 코피 가격은 S$1~2 내외로 서양식 커피에 비해 무척 저렴하다.

싱가포르코피 메뉴판 읽기	
Kopi	블랙코피 + 농축우유
Kopi-O	블랙코피 + 설탕(O는 '검다'라는 뜻으로 블랙커피를 뜻한다.)
Kopi-C	블랙코피 + 연유 + 설탕(C는 'Carnation'이라는 브랜드의 커피크림이 들어간다.)
Kopi-O Kosong	블랙코피(Kosong은 '설탕을 넣지 않다'는 뜻)
Kopi-C Kosong	블랙코피 + 연유
Kopi-Siu-Dai	설탕을 적게 넣은 블랙코피
Kopi Gao	진한 블랙코피
Kopi Poh	연한 블랙코피
Kopi Bing/Peng	아이스코피

싱가포르 전통 코피가 맛있는 오래된 코피티암 베스트 3

힙성롱(Heap Seng Long)

파자마에 낡은 러닝셔츠 바람으로 전통 코피를 만들어주는 주인할아버지의 모습만으로도 이집의 분위기를 느낄 수 있는 곳으로, 싱가포르에서 가장 오래된 코피티암이다. 실제 대부분의 손님도 나이 지긋한 어르신들이지만 CNN은 싱가포르에서 꼭 가봐야 할 최고의 코피티암으로 힙성롱을 꼽았다.

주소 Blk 10 North Bridge Road, #01-5109 문의 (65)6292-2368

친미친컨펙셔너리(Chin Mee Chin Confectionery)

카통에 있는 오래된 커피숍으로 50여 년 전 개업당시의 모습 그대로이다. 코피도 맛있지만 카야토스트와 카야번이 유명하며 여러 가지 전통 베이커리도 판매한다. 가격 역시 저렴하여 단돈 S$1로 맛있는 코피를 마실 수 있다.

주소 204 E Coast Rd. 문의 (65)6345-0419

동아시푸드레스토랑(Tong Ah Seafood Restaurant)

차이나타운에서 제일 유명한 코피티암 중 하나로 연유를 듬뿍 넣은 코피와 소박한 토스트 하나로 사람들의 입맛을 사로잡은 곳이다. 여행객은 물론 근처에서 일하는 현지인들도 매일 긴 줄을 선다. 이곳은 코피뿐 아니라 다양한 요리도 판매하는데, 특히 진한 커피향이 느껴지는 커피폭립이 유명하다.

주소 35 Keong Saik Rd. 문의 (65)6223-5083

전통 밀크티 테타릭(Teh Tarik)

싱가포르의 코피만큼 유명한 연유로 만든 전통 밀크티이다. '잡아당기는 차(Pulled Tea)'라는 뜻에 걸맞게 전통방식으로 테타릭을 만드는 모습은 가히 묘기에 가깝다. 차에 연유를 넣고 두 개의 머그컵에 차를 옮겨 담으며 두툼하게 거품을 만든 후 맛있는 밀크티를 뽑아낸다. 전통 커피숍에서도 맛볼 수 있지만 최근 여러 쇼핑몰이나 테타릭 프랜차이즈카페에서도 시원한 테타릭을 맛볼 수 있다. 싱가포르에서는 매년 테타릭을 가장 잘 뽑는 사람을 선발하는 티풀러(Tea Puller) 경연대회도 열려 테타릭의 인기를 증명한다.

싱가포르에서 꼭 먹어 봐야 할 현지음식 베스트 10

싱가포르는 중국, 말레이, 인도 그리고 그 밖의 음식문화가 어우러져 수십에서 수백 가지의 요리가 존재한다. 호커센터나 푸드코트, 레스토랑 등에서 만날 수 있는 수많은 요리 가운데 싱가포르 사람들에게 사랑 받는 최고의 요리 10가지를 소개한다.

칠리크랩(chilly crab)

관광객들 사이에서 필수코스로 꼽힐 만큼 싱가포르를 대표하는 요리이다. 싱싱한 크랩이 토마토와 칠리를 섞은 특제소스에 범벅되어 큼지막한 접시에 나온다. 통통한 게살도 좋지만 중국식 튀김빵 만토우(Mantou)를 밀가루와 계란지단을 풀어 만든 걸쭉한 칠리소스에 찍어는 먹는 것이 칠리크랩의 가장 큰 매력이다. 담백한 맛을 선호하는 사람이라면 블랙페퍼크랩을 추천한다.

사테(Satay)

인도네시아에서 온 요리로 꼬치에 각종 재료를 꽂아 숯불에 노릇하게 구워낸다. 닭, 돼지, 양고기 등 다양한 종류가 있으며 땅콩을 넣어 만든 소스에 찍어 먹는다. 비즈니스센트럴지역에 있는 사테스트리트에 가면 매일 밤 뿌연 연기 속에서 마음껏 사태를 즐길 수 있다. 그 외에도 거의 모든 호커센터에서 쉽게 만날 수 있으며 맥주안주로도 그만이다.

치킨라이스 (Chicken Rice)

싱가포르를 대표하는 요리로 중국 남부 하이난성 출산의 초기 이민자들에게서 유래되었다. 닭을 삶은 육수로 밥을 짓고, 푹 삶은 치킨은 칠리와 생강 등을 넣어 만든 소스에 찍어 먹는다. 겉보기에는 밍밍한 요리처럼 보이지만 한 입 먹어보면 정성과 깊은 맛이 느껴지는 전통요리이다.

바쿠테 (Bak Kut Teh)

허브와 향신료를 섞은 육수에 돼지갈비를 넣고 푹 끓여낸 보양식으로 우리나라의 갈비탕이나 삼계탕이 떠오르는 음식이다. 레스토랑에 따라 들어가는 향신료와 맛이 조금씩 다르지만 대부분 밥이나 국수, 채소 등을 곁들여 먹는다. 더위에 지쳐 원기가 부족할 때 한 그릇 먹으면 금세 기운이 난다.

차퀘이티아우 (Cha Kway Teow)

납작한 쌀국수 면발에 간장, 달걀, 꼬막, 새우, 숙주, 부추 등을 넣고 센 불로 볶아낸 새콤달콤한 면요리이다. 들어가는 재료는 가게에 따라 조금씩 다른데 채소와 고기, 해산물이 골고루 씹히고 진한 양념맛과 어우러져 담백하고 고소하다.

캐롯 케이크 (Carrot Cake)

이름처럼 '당근을 넣은 케이크'가 아니라 중국식 볶음요리이다. 무를 사각으로 잘라 찐 다음 오므라이스처럼 계란을 입혀낸다. 양념을 덜한 것과 간장을 많이 넣어 검게 만든 진한 것 중에서 고를 수 있다. 가벼운 요리라 아침식사로 먹는 경우도 많으며 맛이 강하지 않아 다른 요리와 곁들여 먹기에 좋다.

로작 (Lojak)

로작은 '마구 섞다'라는 뜻으로 동남아스타일의 샐러드이다. 말레이와 중국식 로작은 숙주, 채소, 튀긴 두부, 파인애플, 오이 등에 새우소스와 볶은 땅콩을 넣고 버무린 것이다. 인도식 로작은 여기에 향신료와 매콤한 맛이 더해진다. 노점에서 파는 로작은 들어가는 재료를 직접 고를 수 있다. 우리가 알던 샐러드와 조금 다른 맛이지만 땅콩이 들어가 무척 고소하다.

호키엔미 (Hokkien Mee)

푸짐한 새우볶음국수로 중국 남부 호키엔 선원들이 먹던 음식이다. 국수공장에서 남은 국수를 가져와 화덕에서 볶아 먹던 유래 때문에 지금도 비훈(Bee Hoon)과 노란국수가 섞여 들어가며 마늘, 계란, 나물 그리고 오징어와 큼직한 새우를 넣어 요리한다.

나시파당 (Nasi Padang)

나시파당은 밥과 함께 다양한 반찬을 곁들여 먹는 인도네시아, 말레이식 뷔페요리이다. 혼자라도 좋지만 여럿이 나눠먹으면 더 많은 반찬을 맛볼 수 있어 좋다. 커리치킨, 각종 해산물요리, 튀긴 생선, 채소 등 수십 가지의 종류가 있으며 원하는 음식을 손으로 가리키면 접시에 담아준다.

피시헤드커리 (Fish Head Curry)

인도에서 유래했지만 말레이, 중국 요리문화가 뒤섞이면서 독특한 레시피로 탄생한 요리이다. 커다란 생선 대가리를 커리에 넣고 채소와 함께 푹 끓여낸다. 생선 대가리 때문에 모양새는 그렇지만 생선의 고소한 육수가 매콤한 커리와 섞여 진하고 깊은 맛을 낸다. 밥과 함께 비벼먹거나 빵이나 난을 찍어 바닥까지 싹싹 긁어먹는다.

잊지 못할 한 끼 식사를 만들어줄 싱가포르의 파인다이닝

미식의 나라로 알려진 싱가포르는 전 세계적으로 내로라하는 스타셰프가 넘쳐나는 파인다이닝Fine Dining의 천국이다. 미슐랭 스타셰프는 물론 해외 유명학교와 레스토랑에서 교육을 마치고 돌아온 로컬셰프까지 합세해 수준급의 요리를 선보인다. 저렴하고 맛있는 현지음식을 맛보았다면 하루쯤 세계 최고로 불리는 파인다이닝에서 잊지 못할 한 끼를 즐겨보는 것도 좋은 경험이 될 것이다.

싱가포르 전통요리와 서양요리가 만난 퓨전음식, 와일드로켓(Wild Rocket)

싱가포르인 셰프 윌린로우Wilin Low가 해외에서 배운 조리법을 싱가포르 전통레시피에 접목하여 신선하고 기발한 퓨전요리를 선보인다. 스페인 도토리를 먹고 자란 이베리코포크로 만든 차슈Char Siu와 말레이전통 국수요리 락사페스토를 이용한 파스타 등이 인기메뉴로, 2005년 오픈한 이후 현재까지도 큰 사랑을 받고 있다. P.165

과학적인 분자요리를 맛볼 수 있는 티플링클럽(Tippling Club)

싱가포르의 미식업계를 이끄는 셰프 겸 사업가 리안클리프Ryan Clift의 레스토랑이다. 티플링클럽은 분자요리를 선보이는 대표적인 파인다이닝으로 음식의 질감이나 요리과정을 과학적으로 철저하게 연구하고 분석해 새로운 음식을 창조하는 요리의 정수를 보여준다. 애피타이저부터 디저트까지 예술의 경지에 가까운 요리를 선보이는 리안클리프의 요리는 음식 좀 안다는 미식가들 사이에서는 성지순례코스로 여겨진다. P.215

싱가포르에서 믿고 먹는 프랑스요리, 안드레(Andre)

프랑스에서 유명셰프들에게 요리를 전수받은 타이완출신의 셰프 앙드레창Andre Chiang이 2010년에 오픈한 레스토랑이다. 2014년 '아시아 베스트 레스토랑 50'에서 6위를 차지했으며 싱가포르 전체에서는 단연 1등이었다. 8가지 코스로 나오는 디너요리에서 앙드레의 요리철학을 여실히 느낄 수 있다. P.214

최고 높이의 풍광에서 즐기는 프랑스요리, 잔(Jaan)

올드시티 스위소텔 70층에 위치한 프렌치레스토랑으로 근사한 풍광은 서비스이고, '음식의 미학'이라 불릴 만큼 아름다운 플레이팅으로 눈이 호사를 즐길 수 있는 곳이다. 패기 넘치는 젊은 셰프 줄리안Julian Royer이 이끄는 잔의 음식은 원재료의 질감과 향을 살린 본연의 맛을 표현한다. 다양한 코스로 구성된 런치와 디너, 그리고 10가지 코스로 구성된 줄리안 셰프의 시그니처 코스요리가 있다. P.109

싱싱한 제철재료로 만든 호주식 요리, 스카이온 57(Sky on 57)

호주의 유명셰프 루크망간Luke Mangan이 오픈한 레스토랑으로 오차드 ION 55층에 자리한다. 다문화의 상징인 호주에서 다양한 요리기법을 익힌 루크망간은 싱가포르의 싱싱한 제철재료와 접목하여 새로운 요리를 선보인다. 호주산 방어로 만든 옐로우테일 킹피시사시미Yellowtail Kingfish Sashimi, 게살로 만든 럭셔리 오믈렛 시드니크랩오믈렛Sydney Crab Omelette, 민물고기 구이인 배러먼디필레Barramundi Fillet 등 해산물을 재료로 하는 요리들이 런치와 단품메뉴를 구성한다. P.130

로맨틱한 분위기에서 즐기는 모던 유러피안요리, 디스그런틀드셰프(The Disgrntled Chef)

싱가포르의 스타셰프인 다니엘시아Daniel Sia가 선보이는 레스토랑으로 다이닝플레이스로 유명한 뎀시힐의 울창한 초목으로 둘러싸인 작은 정원 속에 자리한다. '모던 유러피안'이라는 콘셉트로 샐러드, 해산물부터 스테이크까지 다양한 메뉴를 선보이며 맛있는 칵테일과 60여 개 이상의 브랜드를 자랑하는 와인리스트를 가지고 있다. P.182

싱가포르에서 파인다이닝 즐기기

1. 파인다이닝 레스토랑은 예약이 필수다. 가고자 하는 레스토랑이 있다면 가능한 2~3일 전, 최소한 하루 전에는 미리 예약을 한 뒤에 방문하도록 하자.
2. 예산이 넉넉지 않다면 런치타임을 이용하자. 코스의 개수나 종류는 많지 않지만, 디너에 비해 훨씬 저렴한 가격으로 스타 셰프의 요리를 맛볼 수 있다.
3. 레스토랑 메뉴 구성은 레스토랑마다 조금씩 다른데 보통 여러 개의 요리로 구성된 코스 요리 또는 단품요리(La Carte) 중에 고를 수 있다. 요리의 양과 비중에 따라 빅플레이트(Big Plate)와 스몰플레이트(Small Plate)로 나누기도 한다.
4. 이왕 근사한 식사를 제대로 경험할 계획이라면 의상도 잘 갖춰 입도록 하자. 슬리퍼나 민소매 등의 복장으로는 입장하지 못하는 곳이 많다.

Section 09
싱가포르에서 쇼핑 제대로 즐기기

볼거리, 먹거리 다음으로 싱가포르에서 가장 신나게 즐길 수 있는 것이 바로 쇼핑이다. 수많은 쇼핑몰을 비롯해 숨은 골목과 거리, 대형 스트리트마켓 등 쇼핑을 즐길 수 있는 장소와 살 만한 물건이 셀 수 없이 다양하다. 싱가포르에서의 쇼핑 노하우, 꼭 가봐야 할 쇼핑장소와 숍 등을 체크한 후 쇼핑을 제대로 즐겨보자.

쇼핑에도 노하우가 필요하다. 싱가포르는 여행자들의 쇼핑을 위한 다양한 세일이벤트와 프로모션을 비롯해 투어리스트 할인혜택 등이 다양하다. 세일기간과 세금환급, 쿠폰 등을 이용해 알뜰하게 쇼핑하는 방법을 알아보자.

싱가포르에서 쇼핑을 하기 전 알아둬야 할 것

싱가포르에서 쇼핑은 언제가 좋을까?

www.greatsingaporesale.com.sg

매년 5월 말부터 7월에는 싱가포르 최대 쇼핑 축제인 '더그레이트 싱가포르세일The Great Singapore Sale'이 진행된다. 무려 8주에 걸쳐 진행되는 일명 'GSS' 기간에는 모든 숍이 최대 70%까지 할인하며, 대부분의 쇼핑몰이 자정까지 영업시간을 연장한다. 오차드로드, 마리나베이, 비보시티 등 주요 쇼핑지역을 비롯해 싱가포르 전역의 쇼핑몰은 물론 호텔 등의 숙박업소나 스파, 심지어 음식점까지도 다양한 할인행사를 선보인다.

가격할인 외에도 다채로운 프로모션이나 경품행사 등이 곳곳에서 진행되므로 열심히 발품을 판다면 대박쿠폰이나 뜻밖의 경품을 받을 수도 있다. 참고로 GSS 공식후원카드사는 마스터카드Master Card로 이 기간에 마스터카드로 구입하면 다른 신용카드보다 많은 할인혜택이 주어진다. 알뜰한 쇼핑을 원한다면 신용카드도 꼼꼼히 챙겨가자.

투어리스트할인의 기본, 여권은 항상 챙기자

1. 싱가포르의 거의 모든 쇼핑몰에서는 여행자들을 위한 할인혜택을 상시로 진행하고 있다. 쇼핑몰과 브랜드마다 할인율과 정책은 조금씩 다르므로 쇼핑 전 안내데스크에서 관련 쿠폰이나 전단지를 받아 확인해보자.
2. 투어리스트 할인을 받으려면 반드시 여권을 보여줘야 하므로 잊지 말고 여권을 챙겨야 한다.
3. 세금환급을 받으려면 여권을 제시해야 되는데, 사본은 불가능하므로 반드시 여권 원본을 챙기자.

세금환급을 받기 위한 꼼꼼한 준비

싱가포르에서는 하루 한 매장에서 S$100 이상의 물건을 구매했을 경우 구입가격의 7%에 해당하는 세금 GST(Good and Service Tax)를 환급받을 수 있다. 단, 구입한 상품 가격이 S$100가 넘어도 한 쇼핑몰의 서로 다른 매장에서 구입했다면 환급대상이 되지 않는다. 세금환급을 받으려면 구매 후 2개월 이내에 신청해야 하며, 싱가포르에 있는 동안 뜯거나 사용한 물건은 환급이 불가능하다. 또한 세금환급 대상은 '상품'으로 텍스리펀드제도를 시행하는 매장에서 구입한 물건에 한하며 숙박, 레스토랑 등의 서비스 관련 비용은 이에 해당되지 않는다.

GST 환급신청은 싱가포르 창이국제공항을 비롯해 셀레타공항Seletar Airport, 마리나베이크루즈센터, 하버프런트 국제크루즈센터에서 가능하다. 싱가포르 관세청에서는 2012년부터 GST 환급을 보다 효율적으로 운영하기 위해 전자세금환급제도(eGST)를 도입해 공항에서 키오스크Kiosk를 통해 전자식으로 간편하게 세금을 환급받을 수 있게 되었다.

텍스리펀드 절차

① 세금환급이 가능한 매장에서 S$100 이상의 물건을 구입했다면 결제할 때 여권을 보여주고 GST 환급영수증을 요청한다. 단, 여권사본은 받지 않으며 반드시 원본을 제시해야 한다(결제할 때 공항 키오스크에서 토큰으로 사용할 신용카드를 지정한 후 물건을 구매했다면 환급신청을 할 때 그동안의 구매목록을 한눈에 확인할 수 있어 편리하다. 물론 다른 카드나 체크카드, 현금으로 결제해도 상관은 없다.).

② 결제 후 구매 상점에서 신용카드영수증과 GST 환급영수증, 세금계산서를 잘 챙기자. GST 환급영수증에는 이후 받게 될 환급액이 나와 있으며 세금계산서 뒷면에는 상품구매처와 구매일, 담당자의 이름 등이 기록되어 있다.

③ 출국 시 공항에 가면 GST 환급키오스크를 이용해 환급신청을 할 수 있다. 기기에 여권을 인식한 후 eTRS 토큰으로 사용한 신용카드 또는 eTRS 영수증의 바코드를 스캔하면 구매목록이 나온다. 환급받을 구매목록을 선택한 후 신용카드, 현금, 수표 중 환급방식을 선택하면 확인서를 받을 수 있다. 한국어가 지원되므로 사용법은 걱정하지 않아도 된다. GST로 환급받은 물건을 수화물로 부칠 경우 반드시 체크인 전에 GST 환급신청을 해야 한다.

④ 신용카드로 환급받을 경우 10일 이내에 진행되며, 현금을 선택하면 출국심사장을 지나 출국환승라운지에 있는 GST 현금환급카운터에서 확인서를 보여주고 환급액을 받으면 된다.

우리나라와는 다른 사이즈 표시

싱가포르 쇼핑몰에서는 미국, 일본, 영국, 호주 등 전 세계 유명브랜드들의 상품을 판매하고 있다. 그래서 쇼핑을 하다 보면 우리나라와 사이즈 단위가 달라 고민이 되는 경우가 많다. 다음 사이즈 표를 보고 본인의 사이즈를 찾거나 선물을 구입할 때 헷갈리지 않도록 하자.

여성의류 사이즈						
	XS	S	M	L	XL	XXL
한국	44/85	55/90	66/95	77/100	88/105	110
미국/캐나다	2	4	6	8	10	12
일본	44	55	66	77	88	
영국/호주	4~6	8~10	10~12	16~18	20~22	
유럽	34	36	38	40	42	44

남성의류 사이즈						
	XS	S	M	L	XL	XXL
한국	85	90	95	100	105	110
미국	85~90/14	90~95/15	95~100/15.5~16	100~105/16.5	105~110/17.5	110~/~
일본	S/36	M/38	L/40	LL,XL/42	~/44	~/46
영국	0	1	2	3	4	5
유럽	44~46	46	48	50	52	54

아동의류 사이즈								
구분		S		M		L		XL
미국(남) 2~7세	사이즈	2T	3T	4T	4	5	6	7
	키	84~91	91~99	91~99	99~107	107~114	114~122	122~130
미국(남) 8~14세	사이즈	8	10	12	14	16	18	20
	키	123~127	128~137	138~147	149~155	156~163	164~168	169~173
미국(여) 2~7세	사이즈	2T	3T	4T	4	5	6	6x
	키	84~91	91~99	91~99	99~107	107~114	114~122	122~130
미국(여) 8~14세	사이즈	7		8	10	12	14	16
	키	91~99	124~130	131~135	136~140	141~146	147~152	154~159

여성신발 사이즈									
한국	220	225	230	235	240	245	250	255	260
미국	5	5.5	6	6.5	7	7.5	8	8.5	9
영국	2	2.5	3	3.5	4	4.5	5	5.5	6
유럽	36	36.5	37	37.5	38	38.5	39	39.5	40

남성신발 사이즈									
한국	245	250	255	260	265	270	275	280	285
미국	6.5	7	7.5	8	8.5	9	9.5	10	10.5
영국	6	6.5	7	7.5	8	8.5	9	9.5	10
유럽	40	40.5	41	41.5	42	42.5	43	43.5	44

유아용신발 사이즈									
한국	80	85	90	95	...	125	130	135	140
미국	2	2.5	3	3.5	...	6.5	7	7.5	8
영국	1.5	2	2.5	3	...	6	6.5	7	7.5
유럽	17	18	18.5	19	...	22.5	23.5	24	25

여성신발 폭					남성신발 폭				
2A	B	D	2E	4E	2A	B	D	2E	4E
N	M	W				N	M	W	
좁은	기본	넓은	X-Wide	XX-Wide	X-Narrow	기본	넓은	X-Wide	XX-Wide

한눈에 보는 싱가포르 쇼핑 거리

명품부터 중저가브랜드, 로컬디자이너의 개성 넘치는 상품과 전통기념품까지 다채로운 쇼핑을 자랑하는 싱가포르의 대표적인 쇼핑장소들을 소개한다. 단순히 물건을 사는 것뿐만 아니라 다양한 먹거리와 볼거리도 함께 있어 즐거운 시간을 보낼 수 있다.

쇼핑몰이 가득한 최대 규모의 쇼핑 거리, 오차드로드(Orchard Road)

최대 규모의 쇼핑 거리로 수십 개의 거대한 쇼핑몰과 브랜드숍이 3개의 MRT역 사이에 길게 늘어서 있다. 최고급 명품브랜드부터 중저가브랜드, 로컬브랜드숍까지 있어 모든 쇼핑이 원스톱으로 가능하다. 쇼핑몰마다 각기 다른 콘셉트와 분위기를 가지고 있으므로 오차드로드 쇼핑몰 정보를 살펴본 후 취향에 맞는 곳을 골라 쇼핑계획부터 세우고 출발하는 것이 좋다. P.172

없는 것 빼고 다 있는 무스타파센터(Mustafa Centre)

24시간 불이 꺼지지 않는 리틀인디아의 명물이자 최고의 쇼핑장소 중 한 곳이다. 오차드로드나 마리나베이 등의 현대식 쇼핑몰과는 사뭇 다른 현지 분위기가 물씬 풍겨 더욱 이국적이다. 시계, 향수, 화장품, 의류, 가방부터 먹거리까지 없는 것이 없는 거대한 규모를 자랑한다. 특히 기념품으로 살 물건이 많으므로 여행의 마지막 날에 들러 마음껏 쇼핑을 하는 것도 고려해볼 만하다. P.262

로컬디자이너의 소소한 숍들이 모여 있는 골목, 하지래인(Haji Lane)

젊은 아티스트들이 옷가게, 디자인숍을 내기 시작하면서 독특한 쇼핑 거리로 자리잡은 곳이다. 100m 남짓한 작은 골목에는 개성 넘치는 작은 숍이 옹기종기 늘어서 있는데, 이국적인 벽화와 오래된 숍하우스를 개조한 상점이 흥미롭다. 대부분의 숍은 로컬디자이너를 비롯해 홍콩, 일본, 한국, 미국, 호주 등 전 세계에서 통해 공수한 다양한 의류와 신발, 액세서리 제품을 판매한다. P.247

쇼핑과 식도락, 휴식을 한 번에 즐길 수 있는 비보시티(Vivo City)

싱가포르인들의 주말나들이장소로 사랑받는 쇼핑몰로 센토사를 마주하는 하버프런트에 위치한다. 다양한 패션브랜드는 물론, 토이저러스ToysRus, 탕스백화점Tangs, 대형슈퍼마켓 등이 입점해 있다. 지하와 꼭대기 층에는 인기 레스토랑이 입점된 푸드코트도 있다. 특히 센토사가 바라다보이는 1층과 옥상에서 여유롭게 산책을 즐기기에 좋으며, 주말에는 작은 벼룩시장도 열린다. P.285

중국제품이 가득한 백화점, 유화백화점(Yue Hwa)

차이나타운에 있는 중국상품 전문백화점으로 여행자들에게 잘 알려져 있지는 않지만 4개 층을 통째로 사용하는 꽤 큰 규모의 백화점이다. 의류, 화장품, 향수, 신발부터 중국술과 과자, 고가구 등 다양한 제품을 판매한다. 오래된 호텔이었던 건물을 복원해 밤이 되면 고풍스러운 건물이 무척 우아해 보인다.

P.221

활력 넘치는 재미있는 노점가, 부기스스트리트(Bugis Street)

우리나라의 남대문과 동대문을 합쳐 놓은 듯한 스트리트마켓이다. 주로 의류나 기념품을 파는 작은 가게가 빽빽하게 늘어서 있는데, 품질이 좋지 않거나 촌스럽지만 간간히 재미난 기념품도 만날 수 있다. 쇼핑보다는 특유의 밝고 젊은 에너지를 만끽하며 다양한 길거리음식을 맛보는 재미만으로도 충분한 가치가 있다. P.245

랜드마크에서의 럭셔리한 쇼핑, 더숍스(The Shoppes at Mrina Bay Sands)

마리나베이샌즈에 들어선 대형 럭셔리 쇼핑몰로 싱가포르 내 어떤 몰과 비교해도 뒤지지 않을 만큼 다양한 매장이 들어서 있다. 거의 모든 명품매장이 라인업되어 있으며 로렉스, 피아제, 오메가, IWC 등 쟁쟁한 쥬얼리 및 시계브랜드 역시 패션브랜드만큼 다양하므로 남성들에게도 반가운 쇼핑몰이다. 이 밖에 아동복, 스포츠용품, 뷰티, 선물숍까지 300여 개의 숍이 입점해있다. P.135

눈여겨 볼만한 싱가포르 로컬숍

싱가포르 쇼핑매장들이 글로벌 브랜드숍으로만 가득하다고 생각한다면 오산이다. 최근 몇 년 사이 싱가포르만의 감성과 철학, 디자인을 담은 재미난 물건과 상품들을 선보이고 있어 무척 흥미롭다. 하지래인, 티옹바루 등은 물론 오차드로드에 새로 새긴 쇼핑몰에서도 기발하고 아이디어가 빛나는 로컬디자인상품들을 만날 수 있다.

싱가포르의 아이콘을 담은, 슈퍼마마(Super Mama)

로컬디자이너들의 재기발랄한 소품을 만날 수 있는 곳으로 작품이라 불러도 될 만큼 세련된 디자인이 인상적이다. 싱가포르의 전통적인 문화, 독특한 아이콘을 소재로 활용한 그릇, 컵, 마그넷 등을 판매하는데 디자인어워드에서 수상했을 만큼 수준 높은 디자인을 만날 수 있다. 싱가포르 아트뮤지엄, 오차로드의 스콧스퀘어점 등에 가면 마치 작은 갤러리에 온 듯 차분한 분위기가 느껴진다. P.178

로컬문화의 집합소, 팩트(Pact)

오차드센트럴몰 2층에 자리한 팩트는 향수, 의류, 가구, 쥬얼리, 홈웨어, 네일살롱 그리고 레스토랑까지, 현지 예술가와 디자이너가 만든 다양한 브랜드를 한 곳에서 판매하는 독특한 복합편집숍이다. 공간인테리어도 세련되고 흥미로우며, 이들이 엄선해서 고른 독립디자이너들의 상품 역시 기발하고 창의적이라 탐나는 물건이 넘쳐난다. P.175

귀여운 소품이 가득한 먼데이오프(Monday off)

하지래인에 있는 수많은 로컬숍 중에 단연 눈에 띄는 매장으로 다양한 디자인소품을 판매한다. '월요일은 쉰다.'라는 단순한 가게이름처럼 심플하고 감각적인 물건이 많은데 특히 싱가포르 감성이 가득 담긴 달력이나 메모지 등이 살 만하다. P.248

싱가포르 인디문화를 이끈 독립서점, 북스액추얼리(Books Actually)

티옹바루의 인디문화를 이끈 장본인으로 독립출판물과 좋은 책을 엄선하여 판매하는 서점이다. 매스페이퍼프레스Math Paper Press라는 출판사도 직접 운영하는데 주로 싱가포르의 젊은 작가들의 이야기나 사진집을 출간하고 있다. 싱가포르 문학작품을 비롯해 다양한 인디잡지를 만날 수 있으며, 매장 뒤편에서는 다양한 빈티지 제품들도 판매한다. P.225

수공예 작품이 가득한 제너럴컴퍼니(The General Company)

최근 핫한 카페인 체생핫하드웨어Chey Seng Huat Hardward 2층에 자리한 작은 디자인숍이다. 규모는 크지 않지만 이곳에 있는 모든 물건은 싱가포르의 젊은 예술인들이 직접 손으로 만든 것으로 에코백, 액세서리, 캔들, 노트, 그림까지 소소한 물건으로 가득하다. 북바인더와 가죽제품 등의 다양한 문화공방을 운영하기도 한다. P.266

싱가포르 현지문화를 만나는 흥미로운 플리마켓

1. 더로컬피플(The Local People)

싱가포르 젊은이들이 모여 작은 벼룩시장으로 시작했지만 현재는 대규모의 문화이벤트커뮤니티로 성장하고 있다. 싱가포르의 크고 작은 독립브랜드 또는 아티스트들과의 다양한 공동작업을 통해 언제나 흥미로운 이벤트를 진행한다. 박물관, 상점, 갤러리 등 이벤트가 열리는 곳도 늘 다른데 인스타그램이나 페이스북을 통해 행사날짜를 확인할 수 있다. 음악, 음식, 타투, 사진 등 다양한 행사도 같이 진행되며, 싱가포르인들의 문화와 일상을 만날 수 있는 즐거운 경험이 될 것이다.

홈페이지 thelocalpeoplesg.com, www.facebook.com/TheLocalPeopleSG

2. MAAD(Market of Artist and Designers)

2006년 시작된 싱가포르 최초의 벼룩시장이다. 한 달에 한 번, 금요일밤 레드닷디자인뮤지엄에서 열린다. 창의적이고 개성 있는 로컬디자이너들이 직접 만든 옷과 가방은 물론 가구, 책, 장난감, 예술품 등 다양한 제품을 판매한다. 싱가포르 인디밴드들의 공연도 함께 열려 현지문화를 느껴보기에 더없이 좋다. MAAD 페이스북에서 참가 디자이너들과 행자날짜를 확인할 수 있다.

홈페이지 www.facebook.com/goMAAD

싱가포르여행에서 후회하지 않을 만한 기념품

여행의 커다란 즐거움 중 하나는 현지문화가 담뿍 담긴 소소한 기념품을 사는 일이다. 거창하고 비싼 물건은 아니지만 한국에 돌아와서도 유용하게 사용할 수 있거나 싱가포르여행이 오래오래 기억에 남을 기념품을 소개한다.

찰스앤키스(Charles&keith)

싱가포르에서 가장 유명한 로컬브랜드 중 하나로 다양한 디자인의 가방과 신발을 판매한다. 한국에도 매장이 있지만 가격이 반 이상 저렴하며 한국에서 볼 수 없는 디자인도 찾을 수 있다. 중저가브랜드인 만큼 최상의 품질은 기대하기 어렵지만 꼼꼼히 찾아보면 캐주얼한 가방이나 편하고 심플한 샌들을 저렴하게 살 수 있다. 웬만한 쇼핑몰에는 입점해 있으나 오차드로드 등 인기쇼핑몰에서는 사이즈나 원하는 색상을 찾기 어려울 수 있다. 이럴 때는 올드시티나 마리나베이처럼 상대적으로 사람이 적은 쇼핑몰에 입점한 매장을 찾아보자.

히말라야수분크림(Himalaya Nourishing Skin cream)

1930년 인도의 히말라야라는 의료회사에서 만든 허브화장품이다. 싱가포르에서만 구할 수 있는 상품은 아니지만 한국의 2/3 정도 가격으로 구입할 수 있으며, 한국에 수입되지 않은 제품들도 찾아볼 수 있다. 특히 히말라야수분크림은 뛰어난 수분력과 부드러운 향 그리고 무엇보다 착한 가격 덕분에 선물용으로 인기가 좋다. 싱가포르 전역의 드러그스토어에서 살 수 있으며, 특히 리틀인디아의 무스타파센터에서는 수분크림 외에도 클렌징, 샴푸, 에센스 등 다양한 상품을 만날 수 있다.

TWG Tea

싱가포르에서 만든 차브랜드 TWG는 전 세계에서 가져온 찻잎으로 다양한 종류의 차를 선보인다. 부티크를 연상시키는 고풍스러운 숍 인테리어만큼이나 차를 포장한 케이스도 감각적이다. 또한 크리스마스나 차이니즈뉴이얼에는 특별한 에디션을 구입할 수도 있다. 차를 고를 때는 향을 직접 맡아볼 수 있으며, 예쁜 케이스만큼 차맛도 훌륭하다.

타이거밤(Tiger Balm)

동남아여행 기념품의 바이블로 통하는 타이거밤은 싱가포르 곳곳에서 만날 수 있다. 근육통 등에 바르면 좋지만 코가 막힐 때 인중에 바르면 코가 뻥 뚫리는 효과도 있다. 종류가 다양한데 강력한 향을 자랑하는 레드컬러와 향이 부드러운 화이트컬러가 있으며 엄지손톱 크기의 여행용은 가격도 저렴하고 귀여워 가벼운 기념품으로 제격이다. 무스타파센터나 차이나타운에 가면 파스와 크림으로 나온 다양한 제품을 만날 수 있다.

부엉이커피(OWL coffee)

한 마디로 싱가포르판 맥심커피이다. 코피티암에서 마셨던 코피가 입에 맞는다면 반드시 들고 와야 할 아이템이다. 커피 종류가 매우 다양하므로 구입하기 전 꼼꼼하게 살펴봐야 한다. 연유가 들어간 것과 설탕만 들어간 것, 저지방 등 색깔에 따라 조금씩 다르므로 취향에 맞춰 고르면 된다. OWL 제품 중에는 커피 외에도 말레이 전통 밀크티인 테타릭도 있다. 쇼핑몰 내에 있는 대형슈퍼마켓이나 무스타파센터에서 구입할 수 있다.

카야잼(Kaya Jam)

부드러운 코코넛맛이 매력적인 카야잼은 식빵에 발라 먹으면 아침이나 간식으로 그만이다. 야쿤카야토스트, 토스트박스 등 프랜차이즈매장에서도 구입할 수 있다. 홈메이드스타일의 카야잼을 원한다면 티옹바루의 갈리시어패스츄리(Galicier Pastry), 아랍스트리트 동포(東抱, Dong Po Colonial Cafe), 차이나타운의 동흥(東興, Tong Heng Confectionery) 등 개인 베이커리에서 집안 대대로 내려오는 레시피로 만든 전통 잼을 사는 것도 좋다.

Special 01 싱가포르에서 딱 10가지만 해야 한다면

싱가포르는 서울과 비슷한 크기의 도시국가이지만 구석구석에 즐길거리, 볼거리, 먹을거리가 산더미처럼 쌓여 있다. 많고 많은 관광지와 숨어있는 장소 중에서 싱가포르의 다채로운 매력을 오롯이 느낄 수 있는 열 가지 방법을 소개한다.

1. 아바타보다 황홀한 광경, 가든스바이더베이

싱가포르의 인공조형물 가운데 가장 아름답다. 마리나베이 뒤편의 넓은 공터에 인공정원을 만들었는데 그중에서도 50m 높이의 슈퍼트리는 영화 〈아바타〉 속의 한 장면을 보듯 아름답다. 특히 매일 밤 슈퍼트리그로브에서 열리는 조명쇼는 가히 환상적이다.

2. 밤에 즐기는 동물원 나들이, 나이트사파리

밤에 개장하는 동물원이다. 작은 트램을 타거나 좁은 오솔길을 걸으면서 야생동물들을 만나는 신기한 체험을 즐길 수 있다. 습기를 가득 머금은 공기와 열대우림이 내뿜는 숲의 향기는 밤이 되면 더욱 진하고 신비롭다. 최소한으로 밝힌 조명 아래 야생에 가까운 생활을 하는 동물들을 아주 근접한 거리에서 만날 수 있다.

3. 싱가포르의 아주 오래된 풍경, 풀라우우빈

싱가포르에서 가장 오래된 마을 우빈Ubin은 싱가포르 동쪽 선착장에서 페리를 타고 10여 분이면 만날 수 있다. 마치 1950년대에서 시간이 멈춘 듯한 이 작은 마을은 자전거를 빌려 한 바퀴 돌아보기 좋은데, 오래된 가옥과 저수지, 열대우림 등이 더욱 이국적인 풍경으로 다가온다. 우빈은 반나절코스로 돌아보기에 적당하다.

4. 옥상 위에서 바라보는 도시풍경, 루프톱바

마리나베이를 둘러싼 고층건물을 포함해 싱가포르 전역의 건물 옥상에서는 매일 밤 즐거운 축제가 펼쳐진다. 장소에 따라 보이는 풍경은 다르지만 도시와 아름다운 강이 어우러진 풍광은 어디에서나 아름답게 보인다. 발 아래로 야경을 내려다보며 맥주나 칵테일 한 잔을 마시면 여름밤의 시원한 바람과 함께 기분 좋게 취할 수 있다.

5. 저렴하고 맛있는 현지음식들로 가득한 호커센터

싱가포르의 음식문화가 집약되어 있는 스트리트푸드센터이다. 중국, 말레이, 인도 등에서 온 다양한 종류의 현지음식을 한 곳에서 맛볼 수 있다. 대부분의 매장은 쾌적하고 청결하며, S$5 내외의 저렴한 가격으로 맛있는 음식을 즐길 수 있다. 더불어 싱가포르의 일상적인 문화를 가장 가까이에서 체험할 수 있는 좋은 기회이기도 하다.

6. 이국적이고 신비로운 리틀인디아 힌두사원

우리에게 낯선 힌두사원은 이국적이고 독특한 분위기를 풍긴다. 리틀인디아에 자리한 스리비라마칼리암만사원은 화려한 색상과 코끝을 자극하는 향냄새, 기이한 모습의 석상, 독특한 종교의식 등 신비로운 분위기로 가득하다.

7. 수준 높은 싱가포르의 박물관투어

싱가포르에는 역사나 문화예술, 장난감, 종교, 지역문화 등 수많은 테마로 운영되는 박물관이 곳곳에 자리한다. 그 종류나 규모에 상관없이 대부분 수준급 이상의 전시물을 관람할 수 있으며, 다양한 최신 인터랙티브시설도 갖추고 있어 더욱 흥미롭다. 평소 박물관에 큰 관심이 없었더라도 한 두 곳 정도는 가벼운 마음으로 방문해보자. 입장료가 아깝지 않은 좋은 경험을 해볼 수 있을 것이다.

8. 운치 있는 일몰을 볼 수 있는 다리, 핸더슨웨이브

마운트페이버와 텔록블랑가 마운트파크를 잇는 도보전용 다리로 싱가포르 다리 중 가장 높은 곳에 건설된 다리이다. 파도를 닮은 독특한 곡선으로 '세계에서 가장 독특한 다리' 어워드에 뽑힐 만큼 건축학적으로도 훌륭하며, 특히 해가 질 무렵 이곳에서 바라보는 싱가포르 항구의 모습은 정말 아름답다. 여유롭게 조깅을 즐기거나 다리 위에 앉아 시간을 보내는 현지인들의 모습에서 싱가포르의 여유를 느낄 수 있다.

9. 강 따라 구경하는 싱가포르의 매력, 리버크루즈

도심을 관통하는 싱가포르강을 따라 크루즈를 타고 도시의 멋진 풍광을 감상해보자. 해가 진 후 배를 타고 클락키와 보트키를 지나 멋진 랜드마크와 초고층건물로 둘러싸인 마리나베이를 바라보면 싱가포르의 낭만적인 모습이 오래도록 기억에 남을 것이다.

10. 즐길거리로 가득한 재미있는 섬, 센토사

센토사는 리조트와 해변, 유니버설스튜디오, 아쿠아리움 등 즐길거리로 가득찬 섬이다. 하루 혹은 한나절 정도 시간을 할애해 해변과 다양한 놀이기구를 즐기며 신나게 마음껏 놀아보자. 가족, 연인 모두에게 행복한 곳이다.

Part 02

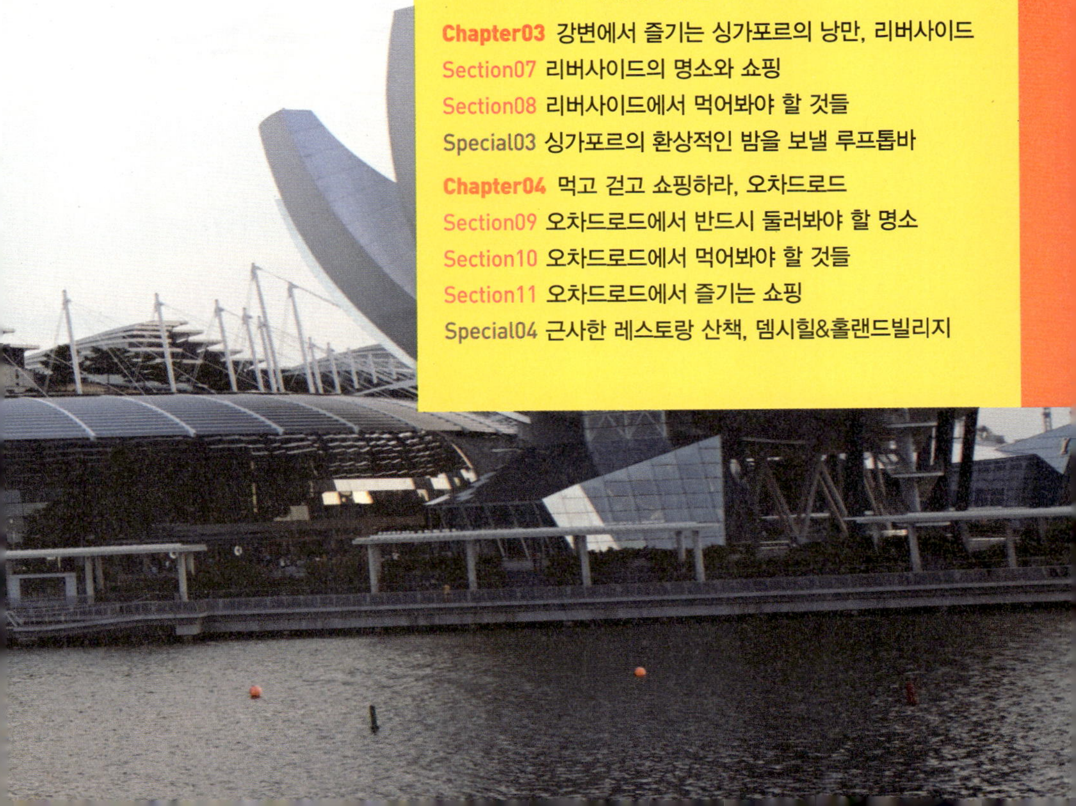

싱가포르 센트럴

Chapter01 싱가포르의 과거를 만나는 곳, 올드시티
Section01 올드시티에서 반드시 둘러봐야 할 명소
Special02 올드시티 박물관&미술관투어
Section02 올드시티에서 먹어봐야 할 것들
Section03 올드시티에서 즐기는 쇼핑

Chapter02 싱가포르 랜드마크 컬렉션, 마리나베이
Section04 마리나베이에서 반드시 둘러봐야 할 명소
Section05 마리나베이에서 먹어봐야 할 것들
Section06 마리나베이에서 즐기는 쇼핑

Chapter03 강변에서 즐기는 싱가포르의 낭만, 리버사이드
Section07 리버사이드의 명소와 쇼핑
Section08 리버사이드에서 먹어봐야 할 것들
Special03 싱가포르의 환상적인 밤을 보낼 루프톱바

Chapter04 먹고 걷고 쇼핑하라, 오차드로드
Section09 오차드로드에서 반드시 둘러봐야 할 명소
Section10 오차드로드에서 먹어봐야 할 것들
Section11 오차드로드에서 즐기는 쇼핑
Special04 근사한 레스토랑 산책, 뎀시힐&홀랜드빌리지

Chapter 01

싱가포르의 과거를 만나는 곳, 올드시티

Old City

볼거리 ★★★★★
먹거리 ★★★★☆
쇼핑 ★★★☆☆

올드시티는 싱가포르의 옛이야기를 간직하고 있는 고풍스러운 동네이다. 1800년대에 지은 소방서와 학교, 교회와 시청건물은 예전 모습 그대로 우아한 자태를 뽐낸다. 콜로니얼Colonial 건축양식으로 지은 순백의 아름다운 건물들도 잘 보존되어 박물관과 갤러리, 레스토랑과 호텔 등으로 사용되고 있다. 거리에는 열대식물들이 이국적인 건물과 조화를 이루면서 그림 같은 풍경을 만들어낸다. 여러 종류의 박물관과 성당 등 명소가 적지 않으므로 꼭 가보고 싶은 곳을 정해놓고 나머지는 산책하듯 여유롭게 돌아보는 것을 추천한다.

올드시티를 이어주는 교통편

MRT 시티홀역City Hall에서 내리면 올드시티 안에 있는 거의 모든 명소를 도보로 이동할 수 있다. 시티홀역과 연결된 래플스시티에서 쇼핑이나 식사를 한 후 가까운 곳부터 먼 곳으로 동선을 짜면 된다. 싱가포르국립박물관과 아트뮤지엄 등을 둘러 볼 계획이라면 MRT 브라스바사Brasbasha역이 좀 더 가깝다. 두 역은 걸어서 5분 정도로 어느 역에서 내려도 오래 걸리지 않는 편이다. MRT 시티홀역과 연결되는 시티링크몰은 마리나베이에 있는 쇼핑몰까지 이어져 있어 자연스럽게 여행의 동선을 마리나베이로 연결할 수 있다.

올드시티에서 이것만은 꼭 해보자

1. 관심이 가는 박물관 하나쯤은 꼼꼼하게 둘러보자.
2. 수준급 요리를 자랑하는 싱가포르의 파인다이닝에서 최고급 코스를 경험해보자.
3. 늦은 밤 차임스의 야외테라스에서 근사한 식사를 즐겨보자.
4. 래플스호텔에서 싱가포르의 대표 칵테일 싱가포르슬링을 맛보자.

사진으로 미리 살펴보는 올드시티 베스트코스

오래된 건물과 박물관이 많은 올드시티는 고풍스러운 건물들을 구경하며 산책하듯 시간을 보내기에 좋은 곳이다. 멋진 건물들을 배경으로 사진을 찍거나 가끔 호텔이나 교회 벤치에 앉아 휴식을 취하면서 여유롭게 하루를 보내자. 올드시티에는 다양한 예술공간과 문화공간도 곳곳에 자리한다. 관심 있다면 홈페이지를 통해 전시나 공연 소식을 확인한 후 방문해보자.

1 놓치면 안 되는 명소 둘러보기(예상 소요시간 5시간 이상)

Go!

싱가포르 국립박물관
1시간 코스

→ 5분

차임스
20분 코스

→ 10분

퍼비스스트리트 (점심)
30분 코스

→ 5분

래플스호텔
30분 코스

→ 5분

세인트앤드류성당
20분 코스

→ 5분

파당
10분 코스

→ 10분

아르메니안교회
30분 코스

→ 5분

페라나칸뮤지엄
1시간 코스

→ 5분

포트캐닝파크
30분 코스

2 싱가포르의 예술과 문화를 만나는 코스(예상 소요시간 5시간 이상)

Go!

싱가포르아트뮤지엄
1시간 코스

→ 5분

래플스호텔
30분 코스

→ 10분

래플스마켓플레이스
30분 코스

→ 5분

브라스바사컴플렉스
30분 코스

→ 5분

국립도서관
30분 코스

→ 5분

파당
10분 코스

→ 10분

서브스테이션
30분 코스

→ 5분

아트하우스
30분 코스

→ 5분

아시아문명박물관
1시간 코스

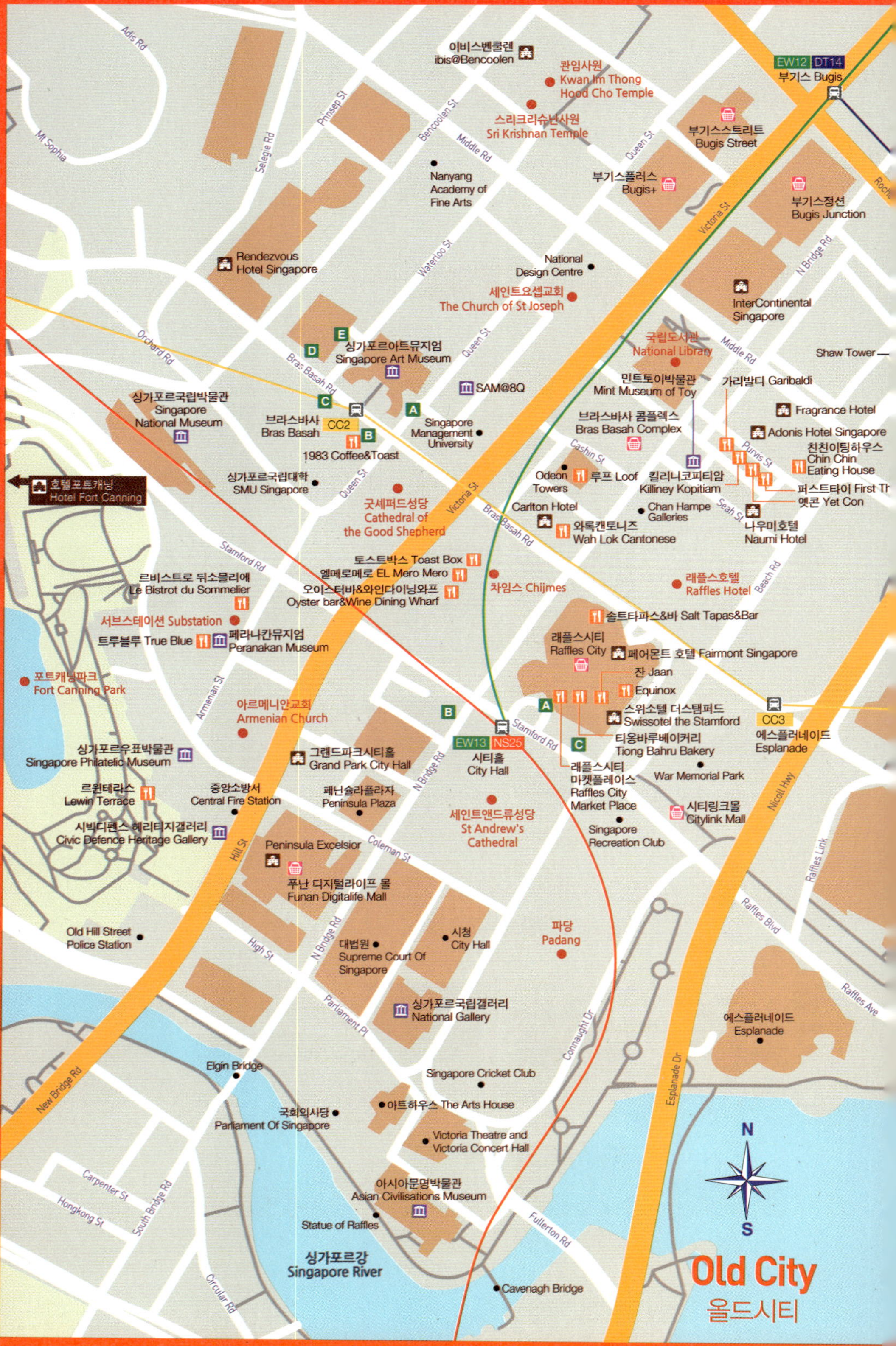

Old City
올드시티
이비스벤쿨렌 ibis@Bencoolen
관임사원 Kwan Im Thong Hood Cho Temple
스리크리슈난사원 Sri Krishnan Temple
EW12 DT14 부기스 Bugis
부기스스트리트 Bugis Street
부기스플러스 Bugis+
부기스정션 Bugis Junction
Nanyang Academy of Fine Arts
National Design Centre
세인트요셉교회 The Church of St Joseph
InterContinental Singapore
Rendezvous Hotel Singapore
국립도서관 National Library
Shaw Tower
싱가포르아트뮤지엄 Singapore Art Museum
민트토이박물관 Mint Museum of Toy
가리발디 Garibaldi
Fragrance Hotel
SAM@8Q
싱가포르국립박물관 Singapore National Museum
브라스바사 Bras Basah
CC2
Singapore Management University
브라스바사 콤플렉스 Bras Basah Complex
Adonis Hotel Singapore
친친이팅하우스 Chin Chin Eating House
1983 Coffee&Toast
호텔포트캐닝 Hotel Fort Canning
싱가포르경영대학 SMU Singapore
굿셰퍼드성당 Cathedral of the Good Shepherd
Odeon Towers
루프 Loof
킬리니코피티암 Killiney Kopitiam
퍼스트타이 First Th
옛콘 Yet Con
Carlton Hotel
Chan Hampe Galleries
와록캔토니즈 Wah Lok Cantonese
나우미호텔 Naumi Hotel
토스트박스 Toast Box
엘메로메로 EL Mero Mero
오이스터바&와인다이닝와프 Oyster bar&Wine Dining Wharf
르비스트로 뒤소믈리에 Le Bistrot du Sommelier
차임스 Chijmes
래플스호텔 Raffles Hotel
서브스테이션 Substation
솔트타파스&바 Salt Tapas&Bar
트루블루 True Blue
페라나칸뮤지엄 Peranakan Museum
래플스시티 Raffles City
페어몬트 호텔 Fairmont Singapore
포트캐닝파크 Fort Canning Park
잔 Jaan
Equinox
아르메니안교회 Armenian Church
스위소텔 더스탬퍼드 Swissotel the Stamford
CC3
에스플러네이드 Esplanade
싱가포르우표박물관 Singapore Philatelic Museum
그랜드파크시티홀 Grand Park City Hall
EW13 NS25
시티홀 City Hall
티옹바루베이커리 Tiong Bahru Bakery
래플스시티 마켓플레이스 Raffles City Market Place
War Memorial Park
르윈테라스 Lewin Terrace
중앙소방서 Central Fire Station
페닌슐라플라자 Peninsula Plaza
세인트앤드류성당 St Andrew's Cathedral
시티링크몰 Citylink Mall
시빅디펜스 헤리티지갤러리 Civic Defence Heritage Gallery
Singapore Recreation Club
Peninsula Excelsior
푸난 디지털라이프 몰 Funan Digitalife Mall
Old Hill Street Police Station
대법원 Supreme Court Of Singapore
시청 City Hall
파당 Padang
싱가포르국립갤러리 National Gallery
에스플러네이드 Esplanade
Elgin Bridge
Singapore Cricket Club
국회의사당 Parliament Of Singapore
아트하우스 The Arts House
Victoria Theatre and Victoria Concert Hall
아시아문명박물관 Asian Civilisations Museum
Statue of Raffles
싱가포르강 Singapore River
Cavenagh Bridge
N
S
Adis Rd
Mt Sophia
Selegie Rd
Prinsep St
Bencoolen St
Middle Rd
Queen St
Victoria St
N Bridge Rd
Rochor
Waterloo St
Orchard Rd
Bras Basah Rd
Cashin St
Purvis St
Seah St
Beach Rd
Stamford Rd
Armenian St
Hill St
Coleman St
High St
Parliament Pl
Connaught Dr
Esplanade Dr
Nicoll Hwy
Raffles Link
Raffles Blvd
Raffles Ave
New Bridge Rd
Carpenter St
Hongkong St
South Bridge Rd
Circular Rd
Fullerton Rd

Section 01

올드시티에서 반드시 둘러봐야 할 명소

올드시티지역은 1800년대 싱가포르 역사와 문화의 중심지였다. 싱가포르에서 가장 오래된 교회와 호텔, 소방서, 학교 등 식민시대의 건축물이 거리 곳곳에 웅장하고 고풍스러운 모습으로 남아있다. 이 건물들은 200년 가까이 잘 보존되어 대부분 박물관과 호텔 등으로 사용되고 있다. 산책하듯 거리를 걸으며 싱가포르의 우아한 매력을 느껴보자.

100년의 역사를 간직한 우아한 호텔

래플스호텔 Raffles Hotel ★★★★★

싱가포르의 찬란했던 역사를 오롯이 간직하고 있는 유서 깊은 호텔로 1887년에 처음 문을 열었다. 아르메니아에서 온 사르키Sarkies 형제는 싱가포르를 건설한 토마스스탬퍼드래플스Thomas Stamford Raffles경의 이름을 따서 이 호텔을 지었다. 처음 지을 당시 열 개 남짓의 방을 가진 작은 여관 수준이었지만 1899년 신르네상스양식의 건물로 개조하였다. 현재는 100여 개가 넘는 스위트룸과 최고급레스토랑, 바, 고급브랜드매장 등을 갖춘 싱가포르 최고의 호텔 중 하나로 손꼽힌다.

제복을 입고 서 있는 호텔도어맨부터 열대식물로 조성된 정원과 높은 천장 등은 이 호텔의 매력을 더욱 돋보이게 한다. 덕분에 오래전부터 세계적인 인물들에게도 큰 사랑을 받았는데 세계적인 문호 서머싯몸William Somerset Maugham과 헤밍웨이Ernest Hemingway, 엘리자베스 여왕과 마이클잭슨, 찰리채플린 등이 이곳에 머물기도 했다. 단순한 호텔이라기보다는 관광명소로 더욱 인기가 높아 호텔을 구경하거나 레스토랑을 찾는 사람들의 발길이 끊이지 않는다.

주소 1 Beach Rd. 귀띔 한마디 호텔에 투숙하지 않는 관광객들은 입구 왼쪽으로 이어지는 레스토랑과 바, 상점만을 이용할 수 있다. 입장료 무료입장 운영시간 07:00~23:00(상점에 따라 상이)/연중무휴 문의 (65)6337-1886 찾아가기 MRT 시티홀(City Hall)역에서 C출구로 나와 비치로드(Beach Rd.)를 따라 걸으면 사거리를 지나 왼편에 위치. 도보 5분 거리. 홈페이지 www.raffles.com

★ 래플스호텔에서 즐기는 베스트 5

1. 싱가포르슬링이 탄생한 바로 그곳, 롱바(Long Bar)

싱가포르슬링Singapore Sling이라는 칵테일이 탄생한 곳으로 호텔의 역사만큼 오래된 바이다. 천장의 나무부채와 느긋하게 칵테일을 즐기는 관광객들까지 1920년대로 되돌아간 듯 편안하고 이국적인 느낌이 매력적이다. 무료로 제공되는 땅콩의 껍질은 바닥에 아무렇게나 던져놓는 것이 이곳의 전통이다.

위치 호텔 2~3층 영업시간 11:00~24:30(일~목요일), 11:00~01:30(금~토요일)/연중무휴 가격 싱가포르슬링 S$27~ 문의 (65)6412-1816

2. 오리지널 하이티를 즐길 수 있는 곳, 티핀룸(Tiffin Room)

영국식민시대부터 내려온 정통 하이티High-Tea를 선보이는 곳이다. 하이티는 다양한 케이크와 샌드위치, 스콘 등이 삼단 접시에 아름답게 담겨 나온다. 클래식한 분위기에서 말끔한 유니폼의 웨이터가 서빙하는 달콤한 맛에 한껏 취해보자. 단, 반바지나 슬리퍼 등의 옷차림은 피해야 한다.

위치 호텔 1층 영업시간 12:00~14:00(점심뷔페), 15:00~17:30(하이티), 19:00~22:00(저녁뷔페)/연중무휴 가격 하이티 성인 S$58, 어린이 S$30 문의 (65)6412-1816

3. 정원에서 즐기는 이국적인 레스토랑, 래플스코트야드(Raffles Courtyard)

열대정원에 둘러싸인 야외레스토랑이다. 테이블과 마주한 오픈키친에서는 피자와 파스타 등의 이탈리아요리를 선보이며 맥주와 칵테일 등을 즐길 수 있다. 낮에도 여유롭게 맥주를 즐기는 외국인들의 모습을 볼 수 있으며, 밤이면 호텔을 비추는 근사한 조명 아래 로맨틱한 분위기를 즐길 수 있다.

위치 호텔 1층 영업시간 12:00~22:00/연중무휴 가격 피자 S$31~, 와인 1병 S$68~ 문의 (65)6412-1816

4. 고급스러운 선데이브런치, 바&빌리어드룸(Bar&Billiard Room)

유럽식 뷔페를 경험할 수 있는 곳으로 특히 선데이브런치Sunday Brunch가 훌륭하다. 각종 해산물과 수십 가지의 치즈를 비롯해 푸아그라, 캐비어 등 군침이 도는 고급 식재료가 총동원된다. 특히 2015년부터는 400여 종의 싱글몰트위스키 컬렉션을 구비해 최고의 음식과 술을 함께 즐길 수 있다.

위치 호텔 2층 영업시간 17:00~23:00(화~목요일), 17:00~01:00(금~토요일), 12:00~15:00(선데이브런치)/매주 월요일 휴무 가격 브런치뷔페 S$160~ 문의 (65)6412-1816

5. 래플스를 담은 기념품쇼핑, 래플스호텔숍(Raffles Hotel Shop)

싱가포르와 래플스호텔에 관한 다양한 기념품과 디자인소품을 구입할 수 있는 숍이다. 래플스호텔의 로고가 그려진 티셔트와 초콜릿, 카야잼, 파우치 등은 선물용으로 인기가 많다. 호텔 객실에서 실제로 사용하고 있는 어메니티제품을 비롯해 그릇, 머그컵, 인형 등 다양한 종류의 상품을 갖추고 있으며, 특히 싱가포르슬링시럽을 판매하고 있어 집에서도 직접 칵테일을 만들어 먹을 수 있다.

위치 호텔 1층 영업시간 08:30~21:00/연중무휴 가격 카야잼 S$15~ 문의 (65)6412-1816

로맨틱한 다이닝플레이스
차임스 Chijmes ★★★★☆

로맨틱한 분위기로 유명한 차임스는 프랑스출신의 신부가 설립한 수도원이었다. 1840년 콜드웰 하우스Caldwell House라는 이름으로 처음 설립되었으며, 1900년대에 고딕양식의 예배당을 비롯해 몇 개의 건물을 추가로 지었다. 특히 차임스의 예배당은 아름다운 스테인드글라스 덕분에 싱가포르에서 가장 정교하고 아름다운 종교건축물로 손꼽힌다. 이후 이곳은 고아원으로 운영되기도 했는데 현재도 빅토리아스트리트Victoria St.쪽에서 볼 수 있는 '희망의 문Gate of Hope'을 통해 당시 많은 아이가 버려졌다고 한다.

오랜 역사와 슬픈 이야기를 품은 이 아름다운 수도원은 현재 유명한 다이닝공간이자 결혼식과 파티 등을 위한 특별한 행사장소로 이용되고 있다. 최근 1년 가까이 진행된 대대적인 리노베이션을 마치고 다양한 레스토랑과 펍, 카페 등이 새롭게 들어섰다. 여유롭게 산책을 즐길 계획이라면 낮 시간, 낭만적인 식사를 즐기고 싶다면 저녁에 방문하는 것이 좋다.

주소 30 Victoria St. **입장료** 무료입장 **운영시간** 09:00~23:30(상점에 따라 상이)/연중무휴 **문의** (65)6337-7810 **찾아가기** MRT 시티홀(City Hall)역에서 B출구로 나와 노스브리지로드(North Bridge Rd.)를 따라 걸으면 왼편에 위치. 도보 3분 거리. **홈페이지** chijmes.com.sg

싱가포르에서 가장 장대한 교회
세인트앤드류성당 St Andrew's Cathedral ★★★☆☆

올드시티에서 눈에 띄는 건축물로 싱가포르에서 가장 큰 규모로 지은 최초의 영국 성공회교회이다. 넓은 잔디 위에 웅장하게 서 있는 순백의 건물과 하늘 높이 솟은 첨탑이 성당의 역사와 위엄을 그대로 보여준다. 1852년 두 번이나 번개에 의해 건물이 손상되어 1857년 현재의 모습으로 다시 지어졌고, 1973년 국립기념물로 지정되었다.

예배당 내부는 높은 천장과 스테인드글라스로 아름답게 꾸며져 있으며, 벽면은 흰색과 하늘색으로 채워져 있어 평화로운 기운이 가득하다. 예배가 없는 시간에는 누구나 들어가서 조용히 성당을 둘러볼 수 있으며, 미리 예약하면 무료가이드를 받을 수도 있다.

주소 11 St. Andrew's Rd. **입장료** 무료입장 **운영시간** 09:00~17:00(월~토요일)/일요일 휴무 **문의** (65)6337-6104 **찾아가기** MRT 시티홀(City Hall)역에서 B출구로 나오면 왼편에 위치. 도보 2분 거리. **홈페이지** www.livingstreams.org.sg

작지만 매력적인 교회
아르메니안교회 Armenian Church ★★★★☆

1835년에 지은 교회로 일반 성당과 달리 독특한 건축양식과 아름다운 정원이 자연스레 발걸음을 멈추게 만드는 곳이다. 처음 교회를 건립할 당시 아시아지역에 살고 있던 아르메니아인들을 위한 예배당으로 지었다. 아르메니안교회는 래플스호텔을 창립한 사르키Sarkie형제, 싱가포르를 대표하는 신문사 스트레이트타임즈The Straits Times의 공동 창립자 캣칙모세스Catchick Moses 등 한때 싱가포르에서 영향력을 발휘했던 아르메니아인들의 흔적을 보여주는 증거이기도 하다.

규모는 크지 않지만 티 하나 없이 새하얀 건물과 짜임새 있게 구성된 작고 아담한 예배당은 더위를 식히면서 고요한 시간을 보내기에 더없이 좋다. 작은 조각상으로 꾸민 정원에는 싱가포르에서 유명을 달리한 아르메니아인의 묘지가 곳곳에 있다.

주소 60 Hill St. 입장료 무료입장 운영시간 09:00~18:00/연중무휴 문의 (65)6334-0141 찾아가기 MRT 시티홀(City Hall)역 B출구로 나와 스탬퍼드로드(Stamford Rd.)를 따라 걷다 힐스트리트(Hill St.)에서 왼쪽으로 200m 정도 걸으면 오른편에 위치. 도보 6분 거리. 홈페이지 armeniansinasia.org

싱가포르 지성의 공간
국립도서관 National Library ★★★★☆

도서관이 있을 거라고 상상하기 힘든 곳에 위치한 국립도서관은 싱가포르답게 현대적이고 쾌적하다. 야자수로 둘러싸인 모던한 건물은 멀리서부터 사람들의 시선을 압도한다. 열람실을 비롯하여 공연장, 카페, 스터디룸 등이 있으며, 지하에 위치한 공공열람실은 누구나 자유롭게 출입할 수 있다.

넓은 실내는 장서들로 빼곡한데 영어로 쓰인 책이 대부분이지만 다민족국가인 만큼 중국어, 말레이어, 인도어 등으로 발행된 잡지나 신문, 책 등도 비치되어 있다. 특히 이상한 나라의 앨리스, 슈퍼마리오 등 다양한 테마를 살려 제작한 어린이코너는 아이들과 함께 시간을 보내기에 좋다. 건물 5층에는 야외옥상이 있어 굳이 루프톱바를 찾지 않아도 올드시티를 한눈에 내려다볼 수 있다.

주소 100 Victoria St. **입장료** 무료입장 **운영시간** 10:00~21:00(월~일요일)/공휴일 휴무 **문의** (65)6332-3255 **찾아가기** MRT 시티홀(City Hall)역 B출구로 나와 노스브리지로드(Northbridge Rd.)를 따라 걸으면 왼편에 위치. 도보 7분 거리. **홈페이지** www.nlb.gov.sg

싱가포르의 중앙공원

포트캐닝파크 Fort Canning Park ★★★☆☆

오차드로드Orchard Rd.와 힐스트리트Hill St.가 교차하는 도심 한가운데 위치한 공원으로 싱가포르 역사상 군사적으로 중요한 요새지역이었다. 시내 중심부에 대규모로 조성된 포트캐닝파크는 싱가포르를 그린시티Green City라 부르는 이유를 설명하기에 충분하다. 넓은 저수지를 중심으로 이국적인 열대식물들이 들어선 기분 좋은 산책로와 역사의 한 장면을 담고 있는 유적들을 공원 곳곳에서 찾아볼 수 있다. 공원의 야외공연장에서는 다양한 콘서트와 문화공연이 수시로 진행된다.

공원 안쪽에는 포트캐닝부티크호텔Hotel Fort Canning과 더글래스하우스The Glass House, 르윈테라스Lewin Terrace 등 분위기 좋은 레스토랑이 자리하고 있어 평일 저녁이나 주말에는 외식을 즐기려는 사람으로 가득하다.

주소 Bounded by Hill St, Canning Rise, Clemenceau Ave, River Valley Rd. 등 4개의 도로가 만나는 지점 **입장료** 무료입장 **운영시간** 07:00~19:00/연중무휴 **찾아가기** MRT 시티홀(City Hall)역 B출구로 나와 스탬퍼드로드(Stamford Rd.)를 따라 걷다 빅토리아스트리트(Victoris St.)로 들어서서 중앙소방서를 지나면 오른편에 공원입구가 보인다. 도보 10분 거리. **홈페이지** www.nparks.gov.sg

올드시티의 드넓은 정원
파당 Padang ★★★☆☆

파당은 말레이어로 '넓은 잔디밭'이라는 의미이다. 싱가포르의 올드시티를 걷다 보면 느닷없이 나타나는 드넓은 잔디밭이 바로 파당이다. 오래전 바닷가였던 곳을 매립한 곳으로 전쟁과 독립 등 역사적인 사건을 거치며, 싱가포르의 굵직한 사건과 행사들이 이곳에서 이루어졌다. 싱가포르의 중심이 되는 지역에 아무런 건물도 세우지 않고 잔디밭 그대로 지금까지 보존하고 있을 만큼 싱가포르 내에서 역사적 의미를 지닌 장소이다.
주변이 탁 트인 파당에 서서 주위를 둘러보면 시티홀과 세인트앤드류성당 그리고 멀리 래플스플레이스와 마리나베이까지 싱가포르를 대표하는 건물들이 한눈에 들어온다. 현재 파당에는 싱가포르 크리켓과 레크레이션클럽이 들어서 있어 예쁜 유니폼을 입고 경기를 하는 사람들의 모습을 쉽게 볼 수 있으며 주요 스포츠행사가 이곳에서 열린다.

주소 Connaught Dr. 찾아가기 MRT 시티홀(City Hall)역에서 C출구로 나와 첫 번째 사거리에서 오른쪽 세인트앤드류로드(St. Andrew's Rd.)로 진입하면 왼쪽에 위치. 세인트앤드류성당 맞은편. 도보 3분 거리.

싱가포르의 젊은 예술인을 만나는 곳
서브스테이션 Substation ★★★☆☆

중국계 연극감독과 작가 두 사람이 의기투합해 1990년 문을 연 싱가포르 최초의 독립예술센터이다. 또한 싱가포르의 젊은 예술인들이 자신들의 끼와 재능을 마음껏 펼칠 수 있는 자유로운 문화공간이다.
서브스테이션은 댄스스튜디오와 다양한 예술수업이 진행되는 클래스룸, 공연장, 갤러리 등을 갖추고 있다. 이 공간에서 매 시즌 다양한 주제로 연극, 인디밴드공연, 미술전시, 낭독회 등 실험적인 무대를 선보인다. 특히 서브스테이션 야외정원에는 유명한 라이브뮤직펍인 팀버Timbre가 있어 매일 밤마다 밴드의 수준 높은 공연을 들으며 시원한 맥주를 즐길 수 있다.

주소 45 Armenian St. 귀띔 한마디 방문하기 전 홈페이지를 통해 진행 중인 전시나 공연일정을 미리 확인하고 가는 것이 좋다. 입장료 무료입장 운영시간 12:00~21:00(월~일)/공휴일 휴무 문의 (65)6337-7535 찾아가기 MRT 시티홀(City Hall)역에서 B출구로 나와 스탬퍼드로드(Stamford Rd.)를 따라 걷다 아르메니안스트리트(Armenian St.)에서 왼쪽으로 조금만 더 걸으면 오른편에 위치. 도보 6분 거리. 홈페이지 www.substation.org

Special 02

올드시티 박물관&미술관투어

올드시티에는 역사, 예술, 문화 등 모든 것을 아우르는 싱가포르의 대표적인 박물관이 밀집되어 있다. 싱가포르의 박물관은 시설과 전시 수준이 매우 높은데, 건축물 자체가 100년 이상의 역사를 간직한 곳이 많으며, 최신 멀티미디어시설과 오디오투어 등 흥미로운 방식을 통해 다양한 분야의 전시를 감상할 수 있다. 취향과 관심에 맞춰 싱가포르의 역사와 예술, 문화유산을 즐겨보자.

싱가포르국립박물관(Singapore National Museum)

싱가포르를 제대로 알고 싶다면 주저 없이 들러야 할 곳이다. 1887년에 지은 신고전주의양식의 박물관은 건물자체가 하나의 아름다운 작품이다. 거대한 규모의 역사갤러리에서는 싱가포르 탄생부터 현재에 이르기까지의 사건과 문화, 생활사 등에 얽힌 다양한 이야기를 최신 멀티미디어시설을 통해 관람할 수 있다. 리빙갤러리에서는 패션, 필름, 음식, 사진 등을 통해 싱가포르의 생생한 문화를 엿볼 수 있다. 오디오투어가 무척 잘 되어있지만 안타깝게도 한국어는 서비스되지 않으며 영어, 일어, 중국어, 프랑스어 중에서 고를 수 있다.

주소 93 Stamford Rd. 운영시간 10:00~18:00/연중무휴 입장료 성인 S$6, 어린이 및 60세 이상 S$3 문의 (65) 6332-3659 찾아가기 MRT 브라스바사(Bras Basah)역 E출구로 나와 직진한 후 사거리에서 왼쪽으로 돌아 싱가포르경영대학(SMU)를 지나면 건너편에 위치. 도보 4분 거리. 홈페이지 www.nationalmuseum.sg

싱가포르국립갤러리(National Gallery)

싱가포르 건립 50주년을 맞아 오픈한 국립갤러리는 2012년부터 3년에 걸친 공사 끝에 2015년 10월 문을 연다. 아시아 최고의 예술도시로 성장하겠다는 비전에 따라, 도심 한가운데인 시청과 구 대법원건물에 아시아 최대 규모로 세웠다. 19세기부터 현재까지 싱가포르를 비롯한 전 세계의 시각예술작품을 소개하고, 그 밖에 현대예술과 다양한 실험적인 예술작품을 선보인다. 1만 점 이상의 작품으로 이루어진 상설전시를 비롯해 다양한 기획전시를 선보일 예정이며, 건물의 역사를 주제로 하는 아트투어프로그램에도 참여할 수 있다.

주소 1st. Andrew's Rd. 문의 (65)6690-9400 찾아가기 MRT 시티홀(City Hall)역 C출구로 나와 첫 번째 사거리에서 오른쪽 세인트앤드류로드(St. Andrew's Rd.)로 진입하면 세인트앤드류성당을 지나 왼쪽에 위치. 홈페이지 www.nationalmuseum.sg

싱가포르아트뮤지엄&SAM@8Q(Singapore Art Museum&SAM@8Q)

SAM으로 더 많이 불리는 싱가포르아트뮤지엄은 아시아 최대 규모의 예술박물관으로 동남아작가들의 다양한 근현대 예술작품을 보유하고 있다. 1996년 개관한 이래 아시아예술의 최근 동향을 한눈에 보여주는 대표적인 박물관으로 자리매김하고 있다. 순백의 식민지시대풍의 건물은 본래 19세기 미션스쿨이었던 건물로 건물부터가 대표적인 근대예술품이기도 하다.

총 3개 층, 13개의 갤러리에 회화, 조각, 필름과 비디오, 사진, 미디어, 행위예술, 소리예술 등 실험적이고 참신한 작품을 전시하고 있다. 2008년 아트뮤지엄과 3분 거리에 'SAM@8Q'라는 박물관을 추가로 오픈하여 다채로운 전시를 진행하고 있다. 아트뮤지엄 티켓을 구입하면 SAM@8Q 전시도 함께 관람할 수 있다.

주소 싱가포르 아트뮤지엄 1 Bras Basah Rd./SAM@8Q 8 Queen St. **귀띔 한마디** 매주 금요일 18:00~21:00에는 무료로 입장할 수 있다. **운영시간** 10:00~19:00(토~목요일)/입장마감 18:15, 10:00~21:00(금요일)/입장마감 20:15 **입장료** 성인 S$10, 학생 및 60세 이상 S$5(학생증 및 여권 지참) **문의** (65)6332-3222 **찾아가기** MRT 브라스바사(Bras Basah)역에서 A출구로 나오면 맞은편에 바로 보인다. 도보 1분 거리. **홈페이지** www.singaporeartmuseum.sg

페라나칸뮤지엄(Peranakan Museum)

페라나칸은 중국과 말레이의 혼합문화를 의미한다. 독특한 싱가포르만의 고유문화를 이해하기 위해 빼놓을 수 없는 박물관으로 건물은 1912년에 지은 중국학교를 개조한 것이다. 1920년대 페라나칸들이 실제 사용했던 호화로운 고가구, 식기, 의상, 오래된 사진 등이 전시되어 있다. 싱가포르항공 승무원들의 유니폼이 페라나칸의상을 모티브로 했을 만큼 화려하면서도 아름다운 페라나칸의 취향을 그대로 느낄 수 있다. 관람시간은 1시간 정도 걸리며 박물관에 흥미가 없는 사람도 부담 없이 둘러보기에 좋은 곳이다.

주소 39 Armenian St. **귀띔 한마디** 1층 숍에서 페라나칸의 아름다운 색과 무늬를 담은 거울, 그릇 등의 기념품을 판매한다. **운영시간** 10:00~19:00(월~일요일), 10:00~21:00(금요일)/연중무휴 **입장료** 성인 S$6, 60세 이상 S$3/금요일 저녁 19:00~21:00에는 50% 할인 **문의** (65)6332-7591 **찾아가기** MRT 시티홀(City Hall)역 B출구로 나와 스탬퍼드로드(Stamford Rd.)를 따라 걷다가 왼쪽의 아르메니안스트리트(Armenian St.)를 따라 조금 걸으면 오른편에 위치. 도보 6분 거리. **홈페이지** www.peranakanmuseum.sg

아시아문명박물관(Asian civilisations Museum)

1865년 법원청사로 지어져 싱가포르인들의 출생 및 사망을 관리하는 등기소와 조폐국으로 사용되었다. 1989년부터 엠프레스플레이스박물관Empress Place Museum으로 불리다 2003년 아시아문명박물관으로 재개관했다.

10개의 테마갤러리에 5천 년의 아시아문화를 담고 있는 1,500여 점 이상의 유물을 전시하고 있다. 싱가포르에 정착한 중국인을 비롯한 다양한 아시아인들이 발전시켜 온 지난 200년 동안의 다채로운 문화를 살펴볼 수 있다. 싱가포르만의 독특한 문화를 엿볼 수 있는 곳으로 아시아 역사에 흥미가 있는 사람들에게는 많은 영감과 배움의 장이 된다.

주소 1 Empress Place **운영시간** 10:00~19:00(토~목요일), 10:00~21:00(금요일)/연중무휴 **입장료** 성인 S$5, 학생 및 60세 이상 S$2.5 **문의** (65)6332-7798 **찾아가기** MRT 시티홀(City Hall)역 C출구로 나와 첫 번째 사거리에서 오른쪽 세인트앤드류로드(St. Andrew's Rd.)를 따라 5분 정도 걸으면 빅토리아극장(Victoria Theatre) 맞은편에 위치. 도보 10분 거리. **홈페이지** www.acm.org.sg

민트토이박물관(Mint Museum of Toy)

장난감을 주제로 한 박물관은 많지만 민트토이박물관처럼 100% 개인의 소장품으로 구성된 곳은 흔치 않다. 장난감을 수집해온 관장이 전 세계를 여행하며 평생에 걸쳐 모은 희귀 장난감들을 전시해 놓았는데 전시품 하나하나에 그만의 이야기가 깃들여 있다. 민트는 'Moment of Imagination and Nostalgia with Toys'의 줄임말로 이름처럼 박물관 안에는 어린 시절 장남감에 대한 상상과 향수를 느낄 수 있다.

아톰, 뽀빠이, 디즈니캐릭터들처럼 잘 알려진 장난감부터 아시아와 유럽 곳곳에서 수집한 낯선 인형들, 자동차미니어처까지 셀 수 없을 만큼 종류가 다양하다. 5층 건물로 1층 민트숍에서는 기념품을 판매하고, 지하의 카페 '미스터 펀치'에서는 옛 추억을 나누며 간단하게 요기를 할 수 있다.

주소 26 Seah St. **귀띔 한마디** 잘 알려져 있지 않지만 건물옥상에 아담한 와인바가 있다. 운치 있는 밤을 보내고 싶다면 늦은 저녁 올라가보자. **운영시간** 09:30~18:30/연중무휴 **입장료** 성인 S$15, 어린이(2~12세) 및 60세 이상 S$7.5 **문의** (65)6339-0660 **찾아가기** MRT 시티홀(City Hall)역 B출구로 나와 노스브리지로드(North Bridge Rd.)를 따라 걷다 오른쪽 시아스트리트(Seah St.)로 들어서서 조금만 걸으면 왼편에 위치. 도보 6분 거리. **홈페이지** emint.com

싱가포르우표박물관(Singapore Philatelic Museum)

1995년에 문을 연 박물관으로 1830년대에 발행한 싱가포르 최초의 우표부터 전 세계의 다양한 우표를 만날 수 있다. 또한 우표의 제작과정, 디자인, 유명한 우표수집가, 우표에 담긴 다양한 역사와 문화 등에 대한 흥미로운 이야기들도 살펴볼 수 있다. 원하는 디자인과 내용으로 직접 우표를 만들어 볼 수 있는 상시체험도 진행하며, 박물관 한쪽에는 실제 우체국이 있어 직접 편지를 써서 친구나 가족에게 편지를 보낼 수 있다.

주소 23B Coleman St. **운영시간** 09:30~19:00(화~일요일), 13:00~19:00(월요일)/연중무휴 **입장료** 성인 S$6, 어린이(3~12세) S$4 **문의** (65)6337-3888 **찾아가기** MRT 시티홀(City Hall)역 B출구로 나와 스탬퍼드로드(Stamford Rd.)를 따라 걷다 왼쪽 아르메니안스트리트(Armenian St.)로 직진하면 길 끝에 위치. 도보 10분 거리. **홈페이지** www.spm.org.sg

중앙소방서, 시빌디펜스 헤리티지갤러리 (Civil Defence Heritage Gallery)

1908년에 지은 중앙소방서는 싱가포르에서 가장 오래된 소방서로 지금도 소방업무를 수행한다. 붉은색과 흰색 벽돌이 조화로운 건물외관은 레고처럼 깜찍하면서도 아름답다. 중앙소방서 내에는 싱가포르의 소방역사를 한눈에 살펴볼 수 있는 시빌디펜스 헤리티지갤러리가 있다. 갤러리 1층에서는 오래된 소방차와 소방기기 등을 통해 1900년대 말부터 시작된 싱가포르의 소방역사를 살펴볼 수 있고, 2층에서는 실제 소방 및 재난현장에서 어떤 작업이 이루어지는지 모형과 영상을 통해 관람할 수 있다. 물총으로 화면의 불을 꺼보거나 소방관 옷을 입어볼 수 있는 체험시설이 있어 아이들에게 인기가 많다.

주소 62 Hill St. **귀띔 한마디** 매주 토요일 09:00~11:00에 현직 소방관들과 함께 소방관체험프로그램을 진행한다. 실제 소방차를 타보고 소방훈련을 배울 수 있어 아이들과 함께하면 좋다. **운영시간** 10:00~17:00/매주 월요일 휴무 **입장료** 무료입장 **문의** (65)6848-1524 **찾아가기** MRT 시티홀(City Hall)역 B출구로 나와 스탬퍼드로드(Stamford Rd.)를 따라 걷다 빅토리아스트리트(Victoris St.)로 진입해 직진하면 오른쪽에 위치. 도보 7분 거리. **홈페이지** www.scdf.gov.sg

20달러로 올드시티의 모든 박물관 둘러보기

3일 뮤지엄패스(3days Museum Pass)를 구입하면 S$20로 올드시티 내 6개 박물관(싱가포르국립박물관, 싱가포르아트뮤지엄, 싱가포르우표박물관, 아시아문명박물관, 페라나칸뮤지엄, 부킷찬두기념관)을 관람할 수 있는 박물관 전용패스이다. 3일 동안 총 6곳 중 3곳 이상을 방문할 계획이라면 뮤지엄패스가 훨씬 경제적이다. 각 박물관에서 구입할 수 있으며 5명 이상 가족패스는 S$50이다.

Section 02

올드시티에서 먹어봐야 할 것들

고풍스러운 명소와 고급호텔이 늘어선 올드시티에는 이에 걸맞는 다양한 고급레스토랑이 몰려있다. 낭만적인 다이닝플레이스 차임스, 백만 불짜리 전망과 최고의 맛을 선사하는 호텔레스토랑, 포트캐닝 파크에서 즐기는 분위기 있는 식사까지 그 종류만도 다양하다. 저렴하고 간단한 식사를 원한다면 래플스시티의 푸드마켓이나 다이닝스트리트로 각광받는 퍼비스스트리트로 향하자.

로맨틱한 다이닝플레이스

차임스 Chijmes ★★★★☆

1841년 수도원으로 지은 차임스는 올드시티는 물론 싱가포르를 대표하는 화려한 다이닝플레이스이다. 160여 년간 아름다운 자태를 지켜온 차임스는 몇 해 전 주인이 바뀌면서 대대적인 리노베이션을 통해 2014년 새롭게 문을 열었다. 레스토랑과 카페 등 입점된 상점들도 다소 바뀌었는데 특히 라멘, 철판요리 데리야끼 등 다양한 종류의 일본음식을 맛볼 수 있는 재패니즈레스토랑이 많아졌다.

이 밖에 가볍게 맥주를 즐길 수 있는 펍과 바, 야외에서 즐기는 레스토랑과 카페 등 취향과 분위기에 따라 선택할 수 있다. 차임스의 매력은 낮보다는 해가 진 후 진가가 발휘된다. 은은한 조명 속에 싱가포르의 밤을 즐기려는 사람이 몰려들면서 활기차고 낭만적인 분위기가 펼쳐진다.

주소 30 Victoria St. **귀띔 한마디** 차임스의 레스토랑 대부분은 자정이 넘어 새벽까지도 영업을 하는 편이다. **영업시간** 08:00~23:00(상점마다 상이)/연중무휴 **문의** (65)6298-6320 **찾아가기** MRT 시티홀(City Hall)역 B출구로 나와 노스브리지로드(North Bridge Rd.)를 따라 걸으면 왼편에 위치. 도보 3분 거리. **홈페이지** chijmes.com.sg/category/restorants

★ 차임스 추천 레스토랑 5

1. 모던한 멕시코레스토랑, 엘메로메로(EL Mero Mero)

매콤한 멕시코음식을 전문으로 하는 레스토랑 겸 바Bar로 블랙을 주제로 한 모던한 인테리어와 깔끔한 음식이 마치 고급 파인다이닝에 온 듯한 기분이 드는 곳이다. 채소와 고기를 듬뿍 넣어 만든 다양한 토르티야Tortilla 종류와 샐러드, 해산물요리를 선보인다. 멕시코음식에서 빼놓을 수 없는 테킬라Tequila와 멕시코화주인 메즈칼Mezcal, 다양한 히스패닉 와인도 구비되어 있다.

추천메뉴 돼지고기 튀김과 채소를 넣은 카니타스토르티야(Carnitas Tortilla) S$32, 아보카도에 토마토, 고추 양념을 더한 과카몰리(Guacamole) S$14 **영업시간** 12:00~15:00, 17:30~01:00/연중무휴 **문의** (65)6337-1377 **홈페이지** www.elmeromero.sg

2. 몸에 좋은 일본식 웰빙요리, 시로키야(Shirokiya)

건강식을 선호하는 사람들에게 추천하는 일본식 웰빙레스토랑이다. 음식에 들어가는 모든 재료에는 피부에 좋은 콜라겐과 혈액순환에 좋은 리코핀 등 건강영양소가 듬뿍 들어 있다. 메뉴 역시 두부, 고등어, 연어 등 고단백, 저칼로리 음식으로 구성되어 있으며, 짜거나 매운 자극적인 맛 대신 부드럽고 싱거운 양념이 주를 이룬다. 점심에는 몇 가지 한국음식도 선보인다.

추천메뉴 죽통두부(Cold Tofu in Bamboo Basket) S$6.80, 연어구이(Grilled Salmon) S$14.80, 샤부샤부샐러드(Shabu-Shabu Salad) S$15.80 영업시간 15:00~02:00/연중무휴 문의 (65)6732-8588 홈페이지 www.shirokiya.com.sg

3. 분위기 좋은 굴요리 레스토랑, 오이스터바&와인다이닝와프(Oyster Bar&Wine Dining Wharf)

차임스를 비롯해 센토사와 로버슨키에 체인점이 있는 굴 전문 레스토랑이다. 싱싱한 호주산 굴을 이용해 여러 가지 방식으로 조리한 맛있는 굴요리를 선보인다. 또한 다양한 해산물과 고기를 노릇하게 구워먹는 그릴요리도 맛볼 수 있다. 차임스 안쪽 정원에 테라스 좌석이 있어 밤이면 차임스에서 가장 아름다운 장소 중의 한 곳이다.

추천메뉴 신선한 굴요리 반접시(Fresh Oyster Platter ½ Doz) S$36, 굴찜(Steamed Oyster) S$15, 굴구이(Grilled Oyster Platter) S$28 영업시간 17:00~03:00/연중무휴 문의 (65)6332-6789 홈페이지 www.dinelike.sg/chijmes

4. 저렴하고 우아한 아침식사, 토스트박스(Toast Box)

프랜차이즈 토스트박스의 첫 번째 프리미엄숍으로 차임스 내 위치하고 있어 싱가포르의 여러 매장 중 단연 깔끔한 분위기를 자랑한다. 또한 다른 매장에서는 볼 수 없는 올데이다이닝메뉴를 추가해 커피와 토스트 외에 다이닝메뉴를 하루 종일 즐길 수 있다. 밤이 화려한 차임스 내 다른 매장과 달리 아침 일찍 가야 한산한 분위기에서 유유자적하게 식사를 즐길 수 있다.

추천메뉴 커리치킨라이스세트(House Special Curry Chicken Rice Set) S$7.80, 돼지고기라멘세트(Signature Minced Pork Ramen Set) S$7.80 영업시간 08:00~22:00/연중무휴 문의 (65)6336-1046 홈페이지 www.dinelike.sg/chijmes

5. 캐주얼한 스포츠펍, 해리스(Harry's)

칵테일과 맥주 한 잔을 즐기며 스포츠경기를 관람할 수 있는 캐주얼한 분위기의 바를 겸한 다이닝이다. 맥주나 와인에 어울리는 치킨윙과 버거, 꼬치와 튀김 등 안주류가 다양하며 위스키, 칵테일을 비롯해 다양한 와인과 맥주까지 모든 종류의 술을 갖추고 있다. 특히 해리스에서 직접 만드는 드래프트 비어가 가장 유명하다.

추천메뉴 해리스윙맨(Harry's Wingmen) S$8, 해리스재즈버거(Harry's Jazz Burger) S$16, 모로칸치킨(Moroccan Chicken) S$23 영업시간 12:00~01:00(일~목요일), 12:00~02:00(금~토요일, 공휴일 전날)/연중무휴 문의 (65)6337-0618 홈페이지 harrys.com.sg

프리미엄 푸드코트

래플스시티 마켓플레이스 Raffles City Market Place ★★★★★ 추천

올드시티 래플스시티 쇼핑몰 지하의 마켓플레이스는 체인레스토랑부터 잘 나가는 카페, 디저트숍까지 다양하게 입점되어 있어 간단하게 끼니를 때우기 좋은 곳이다. 메뉴도 다양하지만 레스토랑의 수준이나 맛이 일반적인 푸드코트 이상으로, 그 중에서도 수프스푼유니온The Soup Spoon Union에는 뜨거운 수프요리와 수제버거, 다양한 면요리가 있어 여러 개를 함께 시켜 먹기에도 좋다. 스키니피자The Skinny Pizza는 바삭하고 얇은 도우 위에 토핑을 얹은 담백한 피자를 선보인다. 최근에 떠오르는 빵집 티옹바루베이커리Tiong Bahru Bakery도 입점해 있으며, 홍콩성키디저트Hong Kong Sheng Kee Dessert에서는 걸쭉하면서도 달달한 홍콩식 전통디저트를 맛볼 수 있다.

주소 252 North Bridge Rd. 귀띔 한마디 1층 안내데스크에서 마켓플레이스를 비롯한 래플스시티의 입점 레스토랑을 소개하는 작은 책자를 제공한다. 사진과 함께 깔끔하게 정리되어 있어 메뉴를 고를 때 유용하다. 영업시간 10:00~22:00(상점마다 상이)/연중무휴 문의 (65)6338-7766 찾아가기 MRT 시티홀(City Hall)역 A출구와 바로 연결된다. 홈페이지 www.rafflescity.com.sg

푸짐하고 정성스러운 프랑스요리

르비스트로 뒤소믈리에 Le Bistrot du Sommelier ★★★★★ 추천

현지에서 가장 잘 나가는 프렌치레스토랑으로 손꼽히는 곳이다. 싱가포르에서는 자신만의 독특한 행보를 이어나가는 안드레Andre, 레자미Les Amis 등 프랑스요리를 다루는 파인레스토랑이 유독 인기가 높다. 오너셰프 패트릭호이베르거Patrick Heuberger는 격식을 차리는 프렌치파인다이닝의 형식을 깨고 편안한 분위기에서 정성스러운 맛과 푸짐한 양을 즐길 수 있도록 하여 모두에게 사랑 받고 있다.
제철의 싱싱한 재료를 이용해 프랑스 전통음식을 만드는데 특히 토끼, 거위고기를 으깨서 양념한 전채요리 리예트Rillette는 맛있기로 정평이 나있다. 그 밖에 스테이크를 비롯해 달팽이, 개구리뒷다리 등을 이용한 프랑스 가정식요리도 맛볼 수 있다.

주소 53 Armenian St. 추천메뉴 전채요리 리예트(Rillette) S$8~, 오리푸아그라(Duck Foie Gras Terrine) S$26, 양뒷다리고기(Pommes Boulangere) S$34, 초콜릿아이스크림 S$15 영업시간 12:00~15:00, 18:00~23:00(월~토요일)/매주 일요일 휴무 가격 S$50~(1인당) 문의 (65)6333-1982 찾아가기 MRT 시티홀(City Hall)역 B출구로 나와 스탬퍼드로드(Stamford Rd.)를 따라 걷다 왼쪽 아르메니안스트리트(Armenian St.)로 진입해 조금만 걸으면 오른편에 위치. 도보 5분 거리. 홈페이지 www.lebistrotdusommelier.com

프리미엄딤섬과 해산물요리의 달인

와록캔토니즈 Wah Lok Cantonese ★★★★☆

1988년 오픈한 이래 광둥요리 레스토랑으로 꾸준히 사랑받는 곳이다. 80개의 테이블로 채워진 실내는 대리석의 모던한 인테리어로 꾸며져 있으며, 식사모임을 위한 9개의 프라이빗 다이닝룸도 따로 마련되어 있다. 런치로만 즐길 수 있는 딤섬과 바삭하게 구운 에그타르트Baked Mini Egg Tart, 약식처럼 쫄깃한 식감이 매력적인 찐 찹쌀밥Steamed Glutinous Rice 그리고 달콤하게 구운 커스터드빵Baked Custard Bun 등이 20여 년 가까이 사랑받는 전통 메뉴이다. 이 외에도 시즌마다 돼지고기, 해산물 등 고급 식재료를 이용한 수십 가지의 프리미엄딤섬을 맛볼 수 있다. 또한 호주킹크랩, 스노우크랩, 알래스칸크랩을 비롯해 전복회와 생선수프 등 싱싱한 재료를 이용한 해산물요리도 있다.

구운 아기돼지요리

대구구이요리

주소 Level 2, Carlton Hotel Singapore, 76 Bras Basah Rd. 추천메뉴 새우딤섬(Shrimp Dumpling) S$6, 스팀드 커스터드번(Steamed Custard Bun) S$4.80, 에그타르트 S$4.50 영업시간 11:30:00~14:30, 18:30~22:30(월~토요일), 11:00~14:30, 18:30~22:30(일요일, 공휴일)/연중무휴 가격 딤섬류 S$4~, 요리류 S$20~ 문의 (65)6311-8188 찾아가기 MRT 시티홀(City Hall)역 B출구로 나와 노스브리지로드(North Bridge Rd.)를 따라 직진, 왼쪽 브라스바사로드(Bras Basah Rd.)로 들어서서 조금만 걸으면 오른쪽 칼튼호텔 2층에 위치. 도보 5분 거리. 홈페이지 carltonhotel.sg

숲속에서 즐기는 로맨틱한 식사

르윈테라스 Lewin Terrace ★★★☆☆

포트캐닝공원에 자리한 르윈테라스는 일본과 프랑스요리를 접목한 퓨전레스토랑이다. 로맨틱한 레스토랑으로 손꼽히는 곳으로 과거 중앙소방서장의 자택을 개조하였다. 콜로니얼스타일의 건물 내부는 블랙과 화이트가 어우러져 있는데, 프랑스의 고풍스러움과 일본 특유의 분위기가 묘하게 섞여 매력적이다. 일본인 셰프 로이치카노Ryoichi Kano와 싱가포르의 파인다이닝 레자미그룹Les Amis Group에서 실력을 쌓은 소믈리에 다이수케가와이Daisuke Kawai가 감각적인 요리와 와인페어링을 선보인다. 일본요리에 근간을 둔만큼 맛은 일본음식에 가깝다. 런치와 디너 모두 코스구성이며 런치는 S$38~70, 디너는 S$120~180 정도로 다소 비싼 편이다.

주소 21 Lewin Terrace 영업시간 12:00~14:30, 18:30~23:00/연중무휴 가격 런치 S$38~, 디너 S$120~ 문의 (65)6333-9905 찾아가기 MRT 시티홀(City Hall)역 B출구로 나와 스탬퍼드로드(Stamford Rd.)를 따라 걷다 빅토리아스트리트(Victoris St.)로 진입해 직진, 중앙소방서를 지나 오른편의 포트캐닝공원으로 100m 정도 들어가면 오른편에 위치. 도보 15분 거리. 홈페이지 www.lewinterrace.com.sg

분위기 좋은 타파스레스토랑
솔트타파스&바 Salt Tapas&Bar ★★★★☆

여러 요리를 작은 접시에 담아내는 스페인요리 타파스는 현재 싱가포르 미식계에서 중요한 키워드 중 하나이다. 래플스시티 1층에 자리한 솔트타파스&바는 감각적인 인테리어와 올드시티가 내다보이는 위치, 인기셰프 루크망간Luke Mangan까지 훌륭한 레스토랑으로서 갖춰야 할 모든 조건을 충족하고 있다.
타파스 단품은 S$12 이상으로 비싼 편이지만 런치메뉴로 저렴하게 맛볼 수도 있다. 빵과 3가지의 타파스를 1인당 S$33로 즐길 수 있는데 타파스메뉴는 정해져 있지 않으므로 원하는 대로 고를 수 있다. 셰프의 고향 호주에서 가져온 싱싱한 각종 굴요리 역시 먹어볼 만하다. 오전에는 브런치메뉴를 선보이고, 저녁에는 다양한 칵테일과 치즈메뉴로 가볍게 술 한 잔 하기에도 좋다.

주소 252 North Bridge Rd. **추천메뉴** 런치세트(빵+3가지 타파스) S$33 **영업시간** 11:30~22:00/연중무휴 **가격** 타파스 S$12~, 브런치 S$15~, 디저트류 S$12~ **문의** (65)6837-0995 **찾아가기** MRT 시티홀(City Hall)역 A출구와 연결되는 래플스시티 쇼핑몰 1층에 위치. 도보 3분 거리. **홈페이지** salttapas.com

명불허전 프렌치레스토랑
잔 Jaan ★★★★☆

패기 넘치는 젊은 셰프 줄리안로이어Julien Royer가 이끄는 프렌치레스토랑 잔은 싱가포르는 물론 아시아에서 인정받는 다이닝플레이스 중 한 곳이다. 올드시티 스위소텔 더스탬퍼드호텔 70층에 자리하고 있어 마리나베이를 아우르는 황홀한 시티뷰를 자랑한다. 잔이 선보이는 요리는 '음식의 미학'으로 불릴 만큼 창의적이고 아름다운 플레이팅으로 유명하다.
줄리안로이어는 재료의 질감과 향을 살리는 레시피로 정평이 나 있으며 훌륭한 식재료 본연의 맛을 최대한 살린 요리를 선보인다. 런치는 3, 5, 7개 코스 중에서 고를 수 있고, 디너메뉴는 5개와 7개 코스 그리고 줄리안로이어의 시그니처요리를 모두 맛볼 수 있는 10가지 코스가 있다.

주소 697 North Bridge Rd. **영업시간** 12:00~14:00(월~토요일), 19:00~22:00(월~일요일)/매주 공휴일 휴무 **가격** 런치 S$68~168, 디너 S$198~298 **문의** (65)6298-6320 **찾아가기** MRT 시티홀(City Hall)역 A출구로 나오면 바로 연결되는 래플스시티 건물 70층에 위치. **홈페이지** www.jaan.com.sg

클래식한 이탈리안레스토랑
가리발디 Garibaldi ★★★★☆

싱가포르의 파인다이닝을 거론할 때 빠지지 않고 이름을 올리는 레스토랑 중 하나이다. 수많은 프렌치와 퓨전레스토랑 사이에서 정통 이탈리안요리로 굳건히 이름을 지키고 있다. 레스토랑 내부 역시 깔끔한 새하얀 테이블보로 클래식한 분위기를 물씬 풍긴다. 매년 올해의 셰프로 이름을 올리는 로버트갈레트Roberto Galett는 거의 모든 요리를 그의 고향 이탈리아에서 수입한 재료만을 이용한다.

에피타이저와 메인코스, 디저트와 커피로 구성된 런치세트는 S$39로 매주 목요일마다 메뉴가 바뀌며, 채식주의자들을 위한 메뉴도 항상 따로 준비된다. 파인다이닝에서는 보기 드물게 주말 브런치도 선보이는데 뷔페식이 아닌 코스요리로 구성되며 음료를 포함한 모든 요리가 무제한 제공된다. 드레스코드가 엄격하며, 다이닝 분위기를 해칠 수 있는 아이들 출입도 까다롭게 규정하는 편이다.

주소 36 Purvis St. **추천메뉴** 버섯으로 만든 파스타 라비올리알펑이포시니(Ravioli Al Funghi Porcini) S$30, 송아지스튜요리 오소부코알라가리발디(Ossobuco Alla Garibaldi) S$58 **영업시간** 11:30~15:00(주말 브런치), 12:00~14:30(평일 런치), 18~22:30(디너)/연중무휴 **가격** 런치세트 S$39~, 브런치세트 S$78~188 **문의** (65)6837-1468 **찾아가기** MRT 시티홀(City Hall)역 B출구로 나와 노스브리지로드(North Bridge Rd.)를 따라 걷다 오른쪽 퍼비스스트리트(Purvis St.)로 들어서서 조금만 걸으면 오른편에 위치. 도보 7분 거리. **홈페이지** www.garibaldi.com.sg

페라나칸음식과 문화를 동시에 즐길 수 있는
트루블루 True Blue ★★★★☆

싱가포르 여행에서 한 번쯤은 페라나칸 음식을 꼭 먹어봐야 한다. 중국과 말레이문화가 혼합된 페라나칸은 싱가포르에서는 빼놓을 수 없는 중요한 존재이다. 전통 페라나칸양식으로 지은 건물에 자리한 트루블루는 페라나칸문화를 오감으로 느낄 수 있는 종합선물세트 같은 곳이다. 음식은 기본이고 가구와 테이블, 그릇 하나까지 페라나칸의 화려한 문화를 덤으로 엿볼 수 있다.

로작

히양

페라나칸 전통지역인 카통지구에 처음 문을 열었다가 페라나칸뮤지엄이 있는 아르메니안 스트리트로 자리를 옮겼다. 대표요리 중 하나인 아얌부아켈루악Ayam Buah Keluak은 닭고기와 블랙너트로 만든 찜요리로 짭짤하고 매콤하여 우리 입맛에도 잘 맞는 편이다. 우당고랭다온커리Udang Goreng Daon Kari는 커리소스로 만든 새우요리로 토마토소스가 들어가 있어 새콤달콤하다.

주소 47/49 Armenian St. **추천메뉴** 아얌부아켈루악(Ayam Buah Keluak) S$24, 우당고랭다온커리(Udang Goreng Daon Kari) S$15 **귀띔 한마디** 트루블루에서는 페라나칸의 전통의상인 크바야(Nyonya Kebaya)도 판매하고 있다. 특별한 기념품을 찾는 사람들에게 좋은 선물이 된다. **영업시간** 11:30~14:30, 18:00~21:30/연중무휴 **찾아가기** MRT 시티홀(City Hall)역 B출구로 나와 스탬퍼드로드(Stamford Rd.)를 따라 걷다 아르메니안스트리트(Armenian St.)에서 왼쪽으로 진입해 조금만 더 걸으면 오른편에 위치. 도보 6분 거리. **홈페이지** www.truebluecuisine.com

페라나칸식 채소수프

현지학생들이 즐기는 저렴한 한 끼

1983 커피&토스트 1983 Coffee&Toast ★★★★☆

1983년 중국 난양스타일의 커피숍을 모티브로 하는 싱가포르 프랜차이즈브랜드이다. 싱가포르에 4개의 매장이 있으며 SMU점은 싱가포르경영대학Singapore Management University 캠퍼스 내 입점되어 있다. 저렴하게 한 끼를 때울 수 있어 학생들에게 인기가 높으며, 커피와 계란, 토스트로 구성된 블랙퍼스트를 비롯해 여러 반찬과 밥으로 이루어진 나시레막Nasi Lemak, 볶음국수 미시암Mee Siam, 바삭하게 튀긴 치킨윙 등 가벼운 메뉴가 있다. 깔끔한 인테리어와 부담 없는 가격이 장점이며 학생들의 활기찬 분위기를 느낄 수 있어 좋다.

주소 70 Stamford Rd. **가격** 밥과 치킨이 함께 나오는 나시레막(Nasi Lemak) S$4.90, 매콤하면서 달콤새콤한 국수 미시암(Mee Siam) S$3.90, 카야버터번 S$1.70 **영업시간** 07:00~20:00(월~금요일), 07:00~17:00(토요일)/매주 일요일과 공휴일 휴무 **문의** (65)6298-6320 **찾아가기** MRT 브라스바사(Bras Basah)역을 나오면 싱가포르경영대학(SMU) 안에 위치. 도보 3분 거리. **홈페이지** www.koufu.com.sg

싱가포르에 정착한 태국음식의 원조

퍼스트타이 First Thai ★★★★☆

퍼비스스트리트 입구에 있는 아담한 태국음식점이다. 싱가포르의 리틀타이로 불리는 골든컴플렉스Golden Complex에 처음 문을 열었던 곳으로 꽤나 오랜 역사를 자랑한다. 퍼스트타이라는 이름도 그 때문에 붙은 이름이다. 밖에서 보면 그저 낡은 음식점이지만 안으로 들어서면 오래된 영화포스터와 빈티지한 소품으로 꾸며진 인테리어가 눈에 띈다.

망고샐러드, 태국수프 똠얌꿍을 비롯해 볶음국수 팟타이와 팟씨유 등 무난한 태국음식으로 메뉴가 채워져 있다. 각 메뉴는 대, 중, 소의 3가지 양으로 나뉘어 있어 혼자서 먹기에도 크게 부담은 없다. 퍼비스스트리트에 있는 다른 태국음식점에 비해 가격이 저렴한 편으로 식사시간과 주말에는 줄을 서는 경우가 많으므로 바쁜 시간은 되도록 피해가는 것이 좋다.

주소 23 Purvis St. **추천메뉴** 볶음국수 팟타이 S$8, 태국수프 똠얌꿍 S$7 **영업시간** 12:00~15:00, 18:00~22:00/월요일 격주 휴무 **문의** (65)6339-3123 **찾아가기** MRT 시티홀(City Hall)역 B출구로 나와 노스브리지로드(North Bridge Rd.)를 따라 걷다 오른쪽에 있는 퍼비스스트리트(Purvis St.)로 들어서서 직진하다 보면 길 끝 오른편에 위치. 도보 7분 거리.

저렴한 현지식

친친이팅하우스 津津, Chin Chin Eating House ★★★★☆

퍼비스스트리트를 마주하고 있는 옛콘Yet Con과 함께 치킨라이스의 맛집으로 불리는 곳이다. 옛콘과 달리 메뉴가 많아 다양한 면요리와 볶음밥, 양고기수프 등 여러 가지 현지음식을 한꺼번에 맛볼 수 있다. 맛은 화려하지 않지만 올드시티에서는 드문 착한 가격과 다양한 메뉴 덕분에 언제 들러도 만족스럽다. 인근에 사무실이 많아 점심과 저녁식사시간에는 직장인과 학생으로 늘 북적인다. 비교적 한산한 낮 시간에는 한가로이 커피를 즐기는 나이 지긋한 할아버지도 많다.

주소 19 Purvis St. **추천메뉴** 치킨라이스 S$5, 한국의 돈가스와 비슷한 포크촙(Pork Chop) S$6, 면요리 S$4~ **영업시간** 07:00~21:00/연중무휴 **문의** (65)6337-4640 **찾아가기** MRT 시티홀(City Hall)역 B출구로 나와 노스브리지로드(North Bridge Rd.)를 따라 걷다 오른쪽 퍼비스스트리트(Purvis St.)로 들어서서 직진하면 길 끝 왼편에 위치. 도보 7분 거리.

치킨라이스 맛집
옛콘 逸群, Yet Con ★★★★★ 추천

래플스호텔과는 한 블록 떨어진 곳이지만 수십 년의 세월을 건너온 듯한 오래된 간판과 허름한 대문이 정겹게 느껴진다. 옛콘은 치킨라이스 맛집 1, 2위를 다투는 곳으로 70년이 넘는 전통을 자랑한다. 이 집만의 비밀소스로 푹 익힌 치킨과 고슬고슬한 밥 그리고 종지에 담긴 칠리와 생강소스가 함께 나온다. 밥에 치킨 한 점을 올린 후 기호에 맞는 소스를 발라 먹으면 최고의 치킨라이스를 즐길 수 있다. 뜨뜻한 신선로에 고기와 신선한 채소를 넣어 먹는 싱가포르식 샤부샤부 스팀보트도 치킨라이스와 잘 어울린다. 스팀보트는 S$10 정도로 다른 레스토랑에 비해 저렴한 편이다.

치킨라이스

스팀보트

주소 25 Purvis St. 추천메뉴 치킨라이스 S$5.80, 스팀보트 S$10~ 영업시간 11:00~21:30/연중무휴 문의 (65)6337-6819 찾아가기 MRT 시티홀(City Hall)역에서 B출구로 나와 노스브리지로드(North Bridge Rd.)를 따라 걷다 오른쪽에 있는 퍼비스스트리트(Purvis St.)로 들어서서 직진하면 길 끝 오른편에 위치. 도보 8분 거리.

부담 없이 즐기는 오래된 커피숍
킬리니코피티암 Killiney Kopitiam ★★★★☆

싱가포르에서 두 번째로 오래된 커피프랜차이즈 킬리니코피티암 체인점 중 하나이다. 1919년 킬리니로드에 처음 문을 연 본점과 창이공항점을 비롯해 20여 개의 매장을 운영하고 있다. 퍼비스스트리트의 킬리니코피티암은 현대적으로 꾸며진 다른 체인점과 달리 전통적인 분위기가 인테리어에서 그대로 느껴진다.

창업자 아고Ah-Gong의 레시피로 만드는 대표메뉴 프렌치토스트세트는 전통 코피Kopi와 달걀, 토스트가 함께 나오는데 이집에서 가장 인기가 높다. 일반적인 프렌치토스트와 달리 달걀에 푹 적신 식빵을 노릇하게 구워내어 느끼하지 않고 고소하다. 아침이나 간식 메뉴 외에도 락사와 커리치킨 등도 갖추고 있다.

주소 30 Purvis St. 추천메뉴 프렌치토스트 S$3~, 커피 S$1~ 영업시간 07:00~22:30(월~토요일), 07:00~19:00(일요일, 공휴일)/연중무휴 문의 (65)6337-7656 찾아가기 MRT 시티홀(City Hall)역 B출구로 나와 노스브리지로드(North Bridge Rd.)를 따라 걷다 오른쪽 퍼비스스트리트(Purvis St.)로 들어서서 직진하면 길 끝 오른편에 위치. 도보 7분 거리. 홈페이지 www.killiney-kopitiam.com

프렌치토스트세트

Section 03

올드시티에서 즐기는 쇼핑

올드시티는 쇼핑보다는 관광이나 다이닝이 발달한 지역인 만큼 쇼핑할 곳은 많지 않다. 다만 MRT 시티홀역과 연결되는 래플스시티나 시티링크 같은 대형몰이 있어 편리하게 쇼핑을 즐길 수 있는데, 두 곳 모두 대형쇼핑몰에 뒤지지 않는 다양한 브랜드가 입점되어 있다. 싱가포르 현지인들이 자주 찾는 브라스바사 콤플렉스도 중심에 있어 싱가포르인들의 일상을 들여다볼 수 있다.

올드시티를 대표하는 쇼핑몰
래플스시티 Raffles City ★★★★★

올드시티 중심에 위치한 쇼핑몰로 명품과 중저가의 패션, 뷰티브랜드부터 다양한 레스토랑과 푸드마켓까지 골고루 갖추고 있다. MRT 시티홀City Hall역과 연결되어 있으며, 건물 위로 스위소텔 더스탬퍼드호텔, 페어몬트호텔이 자리한다.

한국인에게 인기가 많은 케이트스페이드Kate Spade, 마크바이마크제이콥스Marc by Marc Jacobs 매장은 다른 쇼핑몰에 비해 넓고 상품 종류도 다양하다. 찰스앤키스 등 인기 있는 로컬브랜드의 경우 오차드로드의 쇼핑몰에 없는 색상이나 사이즈를 이곳에서 구할 수 있는 경우도 많다. 1~3층은 영국백화점 로빈슨Robinsons, 2층에는 마크&스펜서Mark&Spencer가 입점해 있어 다양한 화장품브랜드는 물론 리빙제품도 만나볼 수 있다.

래플스시티 층별 주요매장

층수	매장명
지하 1층	Awfully Chocolate, bibigo, MPH Bookstores, Tiong Bahru Bakery, PaperMarket, Raffles City Market Place, Ya Kun Kaya Toast
1층	Aigner, Kate Spade, Marc by Marc Jacobs, Robinsons, Shanghai Tang, Swarovski, TUMI, Victoria's Secret
2층	Mango, Marks&Spencer, Topshop&Topman, NIKE
3층	Charles&Keith, The Food Place

주소 252 North Bridge Rd. **귀띔 한마디** 상점마다 10% 할인혜택이나 바우처 증정 등 외국관광객을 위한 프로모션을 상시로 진행하므로 계산할 때 꼭 확인하도록 하자. **영업시간** 10:00~22:00(매장에 따라 상이)/연중무휴 **문의** (65)6338-7766 **찾아가기** MRT 시티홀(City Hall)역 A출구와 바로 연결된다. **홈페이지** www.rafflescity.com.sg

연결통로를 따라 즐기는 쇼핑

시티링크몰 Citylink Mall ★★★☆☆

MRT 시티홀City Hall과 에스플러네이드Esplanade를 잇는 통로를 따라 이어진 쇼핑몰로, 두 개의 주요역과 연결되어 있어 접근성이 뛰어나다. 두 역 사이 통로를 따라 60여 개의 패션브랜드와 레스토랑, 카페가 늘어서 있는데, 그 길이가 350m에 달한다. 규모가 작아 지하상가처럼 느껴지지만 오히려 길을 따라 걷기만 하면 되기 때문에 둘러보기가 수월하다.

패션브랜드의 종류는 대형쇼핑몰에 비해 많지는 않지만 차분하고 심플한 디자인이 많은 사우스아벤Southaven(#B1-25)과 60년대 빈티지를 테마로 옷과 액세서리, 문구류 등을 한자리에서 만날 수 있는 편집숍 레어비츠Rare Bits(#B1-26A) 등이 있다. 그 외에도 일본식 발효빵을 전문으로 하는 듀크베이커리Duke Bakery, 한국에서도 인기 있는 가렛팝콘숍Garrett Popcorn Shop을 비롯해 브레드톡Bread Talk, 스타벅스, 타이익스프레스 등 가볍게 즐길 만한 카페와 레스토랑들이 입점해있다.

주소 1 Raffles Link **영업시간** 10:00~22:00/연중무휴 **문의** (65)6339-9913 **찾아가기** MRT 시티홀(City Hall)역 A출구와 바로 연결된다. **홈페이지** www.citylinkmall.com

책과 음악을 파는 쇼핑몰

브라스바사 콤플렉스 百胜楼, Bras Basah Complex ★★★☆☆

서적, 예술, 음악, 문학 등에 관심 있는 현지인들이 자주 찾는 쇼핑몰이다. 싱가포르에서 가장 큰 체인서점 팝퓰러Poppular를 비롯해 다양한 중고서점, 아동도서전문서점, 악기점, 화방, 오래된 그림을 파는 갤러리, 수공예품을 파는 가게 등이 구석구석에 자리하고 있다. 건물은 허름하지만 래플스호텔을 마주하는 도심 주요 위치에 자리하여 현지인도 많이 찾는 곳으로 현지인들의 일상을 만날 수 있다.

특히 2층 디자인숍 캣소크라테스Cat Socrates는 아기자기한 소품을 비롯해 로컬디자이너들의 재기발랄한 상품들과 잡지, 책 등을 팔고 있어 디자인에 관심이 있다면 시간을 내어 들러볼 만하다. 1층에는 한국슈퍼가 있어 과자, 라면, 식료품 등을 살 수 있다.

주소 Blk 233 Bain St. **영업시간** 10:00~22:00/연중무휴 **문의** (65) 6334-1108 **찾아가기** MRT 시티홀(City Hall)역 B출구로 나와 노스브리지로드(Northbridge Rd.)를 따라 걸으면 왼편에 위치. 도보 5분 거리. **홈페이지** bras-basah-complex.com.sg

Chapter 02

싱가포르 랜드마크 컬렉션, 마리나베이

Marina Bay

★★★★★
★★★☆☆
★★★★☆

싱가포르의 모든 랜드마크가 모인 곳이 바로 마리나베이이다. 올드시티가 싱가포르의 과거를 이야기한다면 마리나베이는 싱가포르의 현재를 이야기한다. 아시아의 랜드마크로 떠오른 마리나베이샌즈와 세계적으로 유래를 찾을 수 없는 거대한 크기의 인공정원, 화려한 야경이 만든 세계적인 코즈모폴리턴의 면모를 유감없이 드러낸다.

마리나베이를 이어주는 교통편

대부분 도보로 이동 가능하지만 여행동선에 따라 출발역을 잘 정해야 한다. 마리나베이샌즈에서 시작할 예정이라면 MRT 베이프런트Bayfront역, 에스플러네이드나 선텍시티를 먼저 둘러보고 싶다면 MRT 에스플러네이드Esplanade역이 가깝다. MRT 래플스플레이스Raffles Place역은 사테스트리트나 풀러턴헤리티지와 5분 거리이다. 마리나베이를 한 바퀴 천천히 걸으면 40여 분 정도 걸린다.

마리나베이에서 이것만은 꼭 해보자

1. 가든스바이더베이의 슈퍼트리그로브에서 환상적인 조명쇼 감상하기
2. 해 질 무렵 헬릭스브리지부터 풀러턴헤리티지까지 천천히 걸으며 마리나베이 산책하기
3. 마리나베이의 멋진 야경을 배경으로 마칸수트라글루턴베이 호커센터에서 현지음식과 맥주 즐기기
4. 리버크루즈를 타고 이국적인 마리나베이 풍경 감상하기

사진으로 미리 살펴보는 마리나베이 베스트코스

싱가포르 최고의 랜드마크로 손꼽히는 마리나베이샌즈를 시작으로 싱가포르플라이어, 가든스바이더베이, 멀라이언파크 등을 차례로 돌아보는 코스를 추천한다. 낮에는 마리나베이샌즈나 가든스바이더베이 실내정원 등에서 더위를 피한 후 해가 지면 더욱 아름다운 마리나베이의 야경을 곳곳에서 즐겨보자.

1 마리나베이의 랜드마크 둘러보기(예상 소요시간 7시간 이상)

Go!

마리나베이샌즈
1시간 이상 코스

→ 5분

헬릭스브리지
10분 코스

→ 10분

싱가포르플라이어
1시간 코스

→ 15분

가든스바이더베이
1시간 이상 코스

→ 동일 장소

가든랩소디 조명쇼
30분 코스

→ 15분

마칸수트라글루턴베이 호커센터
1시간 코스

→ 3분

에스플러네이드
30분 코스

→ 5분

멀라이언파크와 원더풀쇼
30분 코스

→ 3분

풀러턴헤리티지 산책
30분 코스

→ 5분

루프톱바
1시간 이상 코스

2 쇼핑과 다이닝 위주 코스(예상 소요시간 6시간 이상)

Go!

선텍시티
30분 코스

→ 5분

밀레니아워크
30분 코스

→ 10분

마리나베이샌즈 파인다이닝
1시간 코스

→ 동일 장소

마리나베이샌즈 쇼핑
1시간 코스

→ 10분

가든스바이더베이
1시간 이상 코스

→ 동일 장소

가든랩소디 조명쇼
30분 코스

→ 10분

커스텀하우스 (저녁)
30분 코스

→ 5분

래플스플레이스 야경 감상
30분 코스

→ 5분

올고
1시간 이상 코스

포트캐닝파크
Fort Canning Park
싱가포르우표박물관
Singapore Philatelic Museum
Central Fire Station
Armenian St
Hill St
그랜드파크시티홀
Grand Park City Hall
Stamford Rd
래플스시티 Raffles City
에스플러네이드
Esplanade
CC3
스위소텔 더스탬포드
Swissotel The Stamford
EW13 NS25
시티홀 City Hall
War Memorial Park
세인트앤드류성당
St. Andrew's Cathedral
Coleman St
Funan DigitalLife Mall
North Bridge Rd
시티링크몰
Citylink Mall
Nicoll Hwy
Raffles Link
Padang
싱가포르국립갤러리
National Gallery
올고 Orgo
No Signboard
Seafood
Harry's@
Esplanade
Esplanade
Park
에스플러네이드
Esplanade
New Bridge Rd
Clarke Quay
Central
점보시푸드
Jumbo Seafood
Elgin Bridge
The Arts House
Victoria
Theatre and Concert Hall
NE5
클락키
Clarke Quay
사우스브리지
South Bridge
Asian
Civilisations Museum
리버시티인
River City Inn
South Bridge Rd
North Canal Rd
싱가포르강
멀라이언파크
Merlion Park
Cavenagh Bridge
풀러턴호텔
Fullerton Hotel
Hong Lim Park
Fullerton Square
Park Royal
on Pickering
One Fullerton
UOB Plaza
Pickering St
Battery Rd
Fullerton Rd
원엘티듀드
1-Altitude
One Raffles Place
Church St
풀러턴베이호텔
Fullerton Bay Hotel
South Bridge Rd
China St
래플스플레이스 Rafflec Place
EW14 NS26
래플스 플레이스
Raffles Place
풀러튼헤리티지
Fullerton Heritage
클리포드 피어 1933
Clifford Pier 1933
Republic Plaza
OUE
랜턴
Lantern
Far East Square
Robinson Rd
Collyer Quay
Collyer Quay
Me@OUE
Customs
House
사바이파인타이 온더베이
Sabai Fine Thai on the Bay
킨키
Kinki
Club St
Adler Hostel
Cross St
IOB Building
DT18
텔록에이어
Telok Ayer
애스코트
래플스플레이스
Ascott Raffles Place
더스칼렛호텔
The Scarlet Hotel
Ann Siang Rd
Amoy St
Thian
Hock Keng
Temple
Boon Tat St
The Sail
@Marina Bay
Rental&Sales
One Raffles Quay
Raffles Quay
Marina View
Marina Blvd
Stanley St
Robinson Rd
Club Kyo
Cecil St
Straits View
맥스웰호커센터
Maxwell Hawker Center
Telok Ayer St
Hotel Sofitel So
하이소 Hi-so
레벨33
Level 33
Marina Way
사테스트리트
Satay Street
DT17
다운타운
Downtown
Marina Bay
Financial
Centre Tower
Amoy Street Food Centre
라우파삿 페스티벌마켓
Lau Pa Sat Festival Market

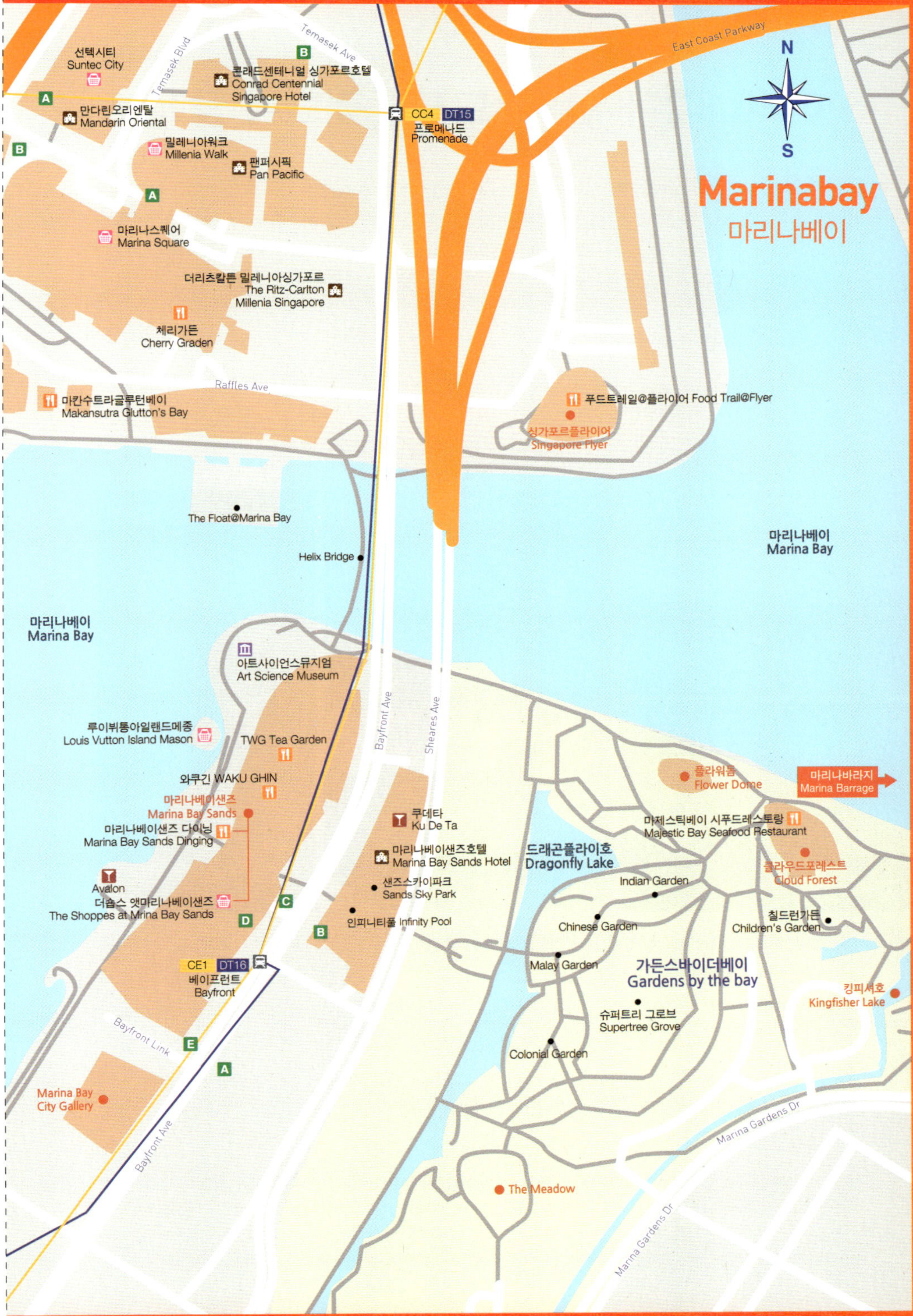

Marinabay
마리나베이
N
S
선텍시티
Suntec City
콘래드센테니얼 싱가포르호텔
Conrad Centennial Singapore Hotel
만다린오리엔탈
Mandarin Oriental
밀레니아워크
Millenia Walk
팬퍼시픽
Pan Pacific
마리나스퀘어
Marina Square
더리츠칼튼 밀레니아싱가포르
The Ritz-Carlton Millenia Singapore
체리가든
Cherry Graden
마칸수트라글루턴베이
Makansutra Glutton's Bay
CC4 DT15
프로메나드
Promenade
Temasek Blvd
Temasek Ave
East Coast Parkway
Raffles Ave
푸드트레일@플라이어 Food Trail@Flyer
싱가포르플라이어
Singapore Flyer
The Float@Marina Bay
Helix Bridge
마리나베이
Marina Bay
마리나베이
Marina Bay
아트사이언스뮤지엄
Art Science Museum
루이뷔통아일랜드메종
Louis Vutton Island Mason
TWG Tea Garden
와쿠긴 WAKU GHIN
마리나베이샌즈
Marina Bay Sands
마리나베이샌즈 다이닝
Marina Bay Sands Dinging
Avalon
더숍스 앳마리나베이샌즈
The Shoppes at Mrina Bay Sands
Bayfront Ave
Sheares Ave
쿠데타
Ku De Ta
마리나베이샌즈호텔
Marina Bay Sands Hotel
샌즈스카이파크
Sands Sky Park
인피니티풀 Infinity Pool
CE1 DT16
베이프런트
Bayfront
Bayfront Link
Marina Bay City Gallery
Bayfront Ave
플라워돔
Flower Dome
마리나바라지
Marina Barrage
마제스틱베이 시푸드레스토랑
Majestic Bay Seafood Restaurant
드래곤플라이호
Dragonfly Lake
클라우드포레스트
Cloud Forest
Indian Garden
Chinese Garden
칠드런가든
Children's Garden
Malay Garden
가든스바이더베이
Gardens by the bay
킹피셔호
Kingfisher Lake
슈퍼트리 그로브
Supertree Grove
Colonial Garden
Marina Gardens Dr
The Meadow
Marina Gardens Dr

Section 04

마리나베이에서 반드시 둘러봐야 할 명소

마리나베이는 싱가포르를 대표하는 랜드마크와 관광명소가 많이 모여 있는 곳이다. 싱가포르 최고의 랜드마크 마리나베이샌즈를 시작으로 가든스바이더베이, 싱가포르플라이어, 멀라이언파크, 풀러턴헤리티지 그리고 도시의 멋진 마천루를 이루는 센트럴비즈니스디스트릭CBD까지, 랜드마크의 종합선물세트이다. 끊임없이 셔터를 눌러야 하므로 카메라 배터리는 넉넉히 충전해두는 편이 좋다.

슈퍼울트라 식물원
가든스바이더베이 Gardens by the Bay ★★★★★

초대형 식물원인 가든스바이더베이는 싱가포르가 만든 걸작이다. 지난 2012년 문을 열자마자 마리나베이샌즈호텔과 함께 싱가포르를 대표하는 랜드마크가 되었다. 하늘로 높게 치솟은 슈퍼트리와 거대한 실내공원은 고개를 한껏 젖혀 올려다보아도 끝이 보이지 않을 정도로 거대하다. 크게 2개의 유료 실내정원과 무료로 언제든 입장할 수 있는 야외정원으로 구성되어 있다. 규모가 큰 만큼 모든 곳을 하루에 다 돌아볼 수 없으므로 유료정원은 둘 중 하나를 선택해 꼼꼼히 살펴보고 해가 진 뒤 슈퍼트리그로브에서 열리는 조명쇼 '가든랩소디Garden Rhapsody'를 구경하는 것이 좋다.

주소 18 Marina Gardens Drive **입장료** 실내정원 외에는 무료입장 **운영시간** 05:00~02:00(실내정원 및 기타시설물들은 조금씩 다름) **문의** (65)6420-6848 **찾아가기** ① 마리나베이샌즈 4층 라이언브리지(Lion Bridge)를 건너면 드래곤플라이브리지(Dragonfly Bridge)와 연결. ② MRT 베이프런트(Bayfront)역 B출구로 나와 지하통로를 따라 나가면 드래곤플라이브리지(Dragonfly Bridge)나 메도우브리지(Meadow Bridge)와 연결. **홈페이지** www.gardensbythebay.com.sg

가든스바이더베이 하이라이트

1. 슈퍼트리그로브(Super Tree Grove)

인공으로 조성한 슈퍼트리를 볼 수 있는 야외정원이다. 각각의 슈퍼트리는 25~50m 높이로 거대하다. 아프리카 바오밥나무처럼 생긴 굵직한 기둥에는 난초와 양치류, 열대식물 등 200여 종의 녹색식물이 둘러싸고 있으며, 태양열을 모으고 주변공기를 환기시키는 등 다양한 친환경기술이 접목되어 있다. 2개의 슈퍼트리를 잇는 높이 22m, 길이 128m의 OCBC스카이웨이에 오르면 아름다운 스카이트리와 도시야경을 감상하며 아찔한 공중산책을 즐길 수 있다. 매일 밤 19:45, 20:45에 음악에 맞춰 다양한 빛을 내는 조명쇼 가든랩소디가 시작되면 영화 〈아바타〉 속으로 들어온 듯한 아름답고 황홀한 장면이 펼쳐진다.

슈퍼트리그로브 입장료 무료입장 **운영시간** 05:00~02:00 **OCBC스카이웨이 입장료** 성인 S$5, 어린이 S$3 **운영시간** 09:00~21:00

2. 플라워돔&클라우드포레스트(Flower Dome&Cloud Forest)

플라워돔은 오스트리아, 남아프리카, 남미, 캘리포니아, 지중해식 정원 등 나라별 식물들을 만날 수 있는 세계 최대 규모의 온실이다. 클라우드포레스트에는 난과 양치식물, 습지식물 등이 자라는 35m의 거대한 인공산과 폭포가 들어서 있다. 엘리베이터를 타고 산 정상에서부터 스카이워크를 따라 내려오면 고도에 따른 식생의 차이를 한눈에 볼 수 있다.

입장료 플라워돔&클라우드포레스트 성인 S$20, 60세 이상 S$15, 어린이 S$12 **운영시간** 09:00~21:00(마지막 입장 20:30)

3. 칠드런가든(Far East Organization Children's Garden)

12세 미만의 어린이들을 위해 조성된 귀엽고 아담한 정원 겸 놀이터이다. 정중앙에 있는 동그란 꽃모양의 분수대에서는 아이들의 움직임에 따라 물줄기가 뿜어져 나온다. 거대한 정글을 테마로 꾸며진 트리하우스를 비롯한 아기자기한 놀이기구는 물론 간단한 음료와 음식을 즐길 수 있는 카페도 있어 아이들과 함께 시간을 보내기에 좋다.

귀띔 한마디 아이들이 물놀이를 하려면 수영복을 챙겨 가자. **입장료** 무료입장 **운영시간** 10:00~19:00(화~금요일), 09:00~21:00(토~일요일, 공휴일)

4. 드래곤플라이호&킹피셔호(Dragonfly&Kingfisher Lakes)

호수를 따라 440m 길이의 호젓한 나무산책로가 조성되어 있어, 다양한 수생생물을 관찰할 수 있다. 낮에는 내리쬐는 햇볕 때문에 걷기조차 힘들지만 밤에는 산책을 즐기기에 더없이 좋다. 특히 마리나베이샌즈호텔에서 가든스바이더베이로 연결되는 다리는 슈퍼트리그로브와 함께 가든스바이더베이 최고의 야경스폿이다.

입장료 무료입장 **운영시간** 05:00~02:00

가든스바이더베이 둘러보기

1. 그늘이 따로 없어 낮에는 넓은 정원을 돌아다니기 힘들기 때문에 먼저 실내정원부터 구경한 후 해가 지고 나면 슈퍼트리그로브 야외정원을 둘러보는 것이 좋다. 매일 저녁 19:45과 20:45에 슈퍼트리그로브에서 아름다운 조명과 음악을 감상할 수 있는 쇼가 열린다.
2. 셔틀서비스는 매일 09:45~17:45까지 5분 간격으로 운행하며, 가격은 S$2이다. MRT 베이프런트(Bayfront)역정류장에서 출발해 월드오브팜스(World of Palms)를 거쳐 실내정원까지 운행한다. 슈퍼트리그로브에 가려면 월드오브팜스정류장에서 내리면 된다.
3. 야외정원 오디오투어(Outdoor Gardens Audio Tour)를 매일 09:45~17:45까지 운영한다. 투어시간은 25분 정도 소요되며, 가격은 1인당 S$8이다. 정원 규모가 큰 만큼 구석구석을 둘러볼 생각이라면 투어를 이용하는 것도 좋다.
4. 평일 18:00~23:30에는 무료셔틀버스가 운행한다. 가든스바이더베이 내 호커센터 사테바이더베이(Satay Bay the Bay)에서 출발해 마리나베이역 – 다운타운역 – 래플스플레이스역 – NTUC센터 – 마리나베이레지던스 – 가든스바이더베이를 순환하는 노선으로 소요시간은 총 25분 정도이다.
5. 가든스바이더베이 앱을 다운받으면 앱을 통해 정원 내 식물에 대한 설명을 들을 수 있고, 다양한 인터랙티브 프로그램도 즐길 수 있다. 정원 내에서는 무료와이파이를 사용할 수 있어 요금 걱정 없이 이용할 수 있다.

싱가포르 최고의 랜드마크

마리나베이샌즈 Marina Bay Sands ★★★★☆

명실공히 싱가포르를 대표하는 랜드마크이다. 건설계획단계부터 랜드마크를 염두에 둔 만큼 독특한 외관은 전 세계 여행자들의 이목을 사로잡기에 충분하다. 마리나베이샌즈는 3개의 건물 위에 거대한 배 모양의 스카이파크가 길게 올려진 형태이다. 특히 57층 야외수영장은 싱가포르 여행을 인증하는 최고의 포토스폿이다.
마니라베이샌즈가 탄생하면서 싱가포르를 찾는 여행자 수가 늘어났을 만큼 관광명소로서의 역할을 톡톡히 해내고 있다. 2,000여 개의 객실을 보유한 최고급 호텔이자 150여 개의 상점이 들어선 쇼핑몰이며, 세계적인 스타셰프들의 최고급레스토랑이 한자리에 모여 있는 특별한 다이닝플레이스이다. 그 밖에 거대한 규모의 카지노와 다양한 공연이 열리는 대형 극장, 화려한 야경을 볼 수 있는 루프톱바와 클럽 등 다양한 시설을 갖추고 있다.

주소 10 Bayfront Ave. 입장료 무료입장 영업시간 24시간(상점 및 시설에 따라 상이)/연중무휴 문의 (65)6688–8868 찾아가기 MRT 베이프런트(Bayfont)역에서 내려 B, C, D, E출구로 나오면 호텔과 바로 연결. 홈페이지 www.marinabaysands.com

마리나베이샌즈 하이라이트

1. 거대한 배 모양의 샌즈스카이파크(Sands Sky Park)

건물의 최고층인 56층과 57층에 위치한다. 3개의 건물 위에 얹어 놓은 배 모양의 기다란 정원은 A380 점보여객기 4대를 세워놓아도 거뜬할 만큼 넓다. 200m 상공의 정원은 250그루의 나무와 650종 이상의 식물로 조성되어 있다. 150m 길이의 야외수영장 '인피니티풀'과 환상적인 야경을 감상할 수 있는 '스카이온 57', 인기 많은 루프톱바 '쿠데타' 등이 모두 이곳에 있다. 유료 전망대는 수백 명이 동시입장할 수 있을 만큼 넓으며, 마리나베이의 근사한 풍광이 한눈에 들어오는 황홀한 뷰를 선사한다.

위치 호텔 56~57층 **귀띔 한마디** 인피니티풀은 호텔 투숙객만 이용가능, 투숙객은 전망대 무료이용 **영업시간** 상점에 따라 상이 **전망대 가격** 성인 S$20, 어린이 S$14 **문의** (65)6688-8888

2. 감각적인 전시로 가득한 아트사이언스뮤지엄(Art Science Museum)

과학과 예술을 주제로 하는 세계 최초의 박물관으로, 세계적인 건축가 모세샤프티가 설계한 연꽃 모양의 외관부터 심상치 않다. 5만 평의 큰 규모에 총 21개의 갤러리로 구성되어 있으며 '타이타닉 유물 전시회', '해리포터 전시회', '레고 아트쇼' 등 지금까지 싱가포르 내에서 최다 관람객을 모았던 흥미로운 전시가 열리고 있다. 상시전시회와 함께 매번 색다른 전시가 열리고 있으니 방문 전 홈페이지를 통해 전시 주제를 확인해보자.

위치 헬릭스브리지를 건너면 바로 오른쪽에 위치. **영업시간** 10:00~19:00(마지막 입장 18:00)/매주 공휴일 휴무 **가격** 전시에 따라 상시변동 **문의** (65)6688-8888

3. 24시간 열려있는 거대한 규모의 카지노(Casino)

총 4개 층에 600여 개가 넘는 게임 테이블과 2,400여 개의 슬롯머신 게임기가 있는 거대한 규모의 카지노이다. 카지노에 들어가기 위한 특별한 드레스코드는 없으며, 외국인의 경우 따로 입장료는 받지 않으나 반드시 여권을 소지해야 한다. 24시간 운영하고 있어 이른 새벽 싱가포르에 도착했을 때 잠시 들러 시간을 보내기에 좋다.

위치 호텔 1층에서 바로 연결. **영업시간** 24시간/연중무휴 **문의** (65)6688-8888

4. 최고의 공연을 감상할 수 있는 극장(Master Card Theater)

브로드웨이뮤지컬을 비롯해 세계적인 공연상연을 위한 최고급 공연장이다. 총 2층으로 1,680석의 그랜드극장Grand Theater과 총 3개 층에 2,155석을 갖춘 마스터카드극장Master Card Theater이 있으며 오디오 및 시각기술장비 모두 세계적인 수준을 자랑한다. 맘마미아, 그리스, 라이온킹 등 큰 규모의 공연과 콘서트가 주로 열리며, 온라인과 오프라인을 통해 언제든 표를 구매할 수 있다.

위치 마리나베이샌즈 지하 1층 **영업시간** 공연에 따라 상이(홈페이지를 통해 확인가능)/매주 월요일 휴무 **가격** S$50~500 **문의** (65)6688-8888

5. 물 위의 럭셔리 갤러리, 루이뷔통아일랜드메종(Louis Vutton Island Mason)

마리나베이 위에 떠 있는 크리스탈 파빌리온에 위치한 특별한 루이뷔통 매장이다. 건축가 피터마리노의 작품으로 '항해'를 형상화한 건물의 외관부터 눈길을 사로잡는다. 총 2층으로 루이뷔통의 전 제품을 갤러리에 온 듯 감상할 수 있으며, 특히 여행 가방과 관련 아이템으로 채워놓은 트레블룸과 여행을 비롯해 디자인 및 예술서적으로 가득한 서점을 따로 마련해놓아 흥미롭다.

위치 마리나베이샌즈 바로 앞에 있는 크리스탈파빌리온 내에 위치. **영업시간** 10:00~23:00/연중무휴 **문의** (65)6788-38888

마리나베이샌즈, 꼼꼼하게 즐기기

1. 마리나베이샌즈의 쇼핑몰 '더숍스' 중앙에는 이탈리아 베니스가 연상되는 운하가 있다. 곤돌라 대신 뱃사공이 운전하는 작은 나무배를 타고 이국적인 분위기를 즐길 수 있다. 지하 2층에 있는 안내데스크에서 표를 구매할 수 있으며 가격은 1인당 S$10다.
2. 더숍스의 운하에서 볼 수 있는 인공폭포 '레인아큘러스'는 미국의 설치미술가 네드칸의 작품이다. 중앙의 동그란 구멍으로 외부의 빗물이 모여 실내에 있는 운하로 폭포수처럼 떨어진다. 시원하게 쏟아지는 물줄기를 보고 있으면 마음이 뻥 뚫리는 기분이다.
3. 마리나베이샌즈에서 가든스바이더베이로 가기 위해 연결된 에스컬레이터는 아찔할 만큼의 긴 길이와 높이를 자랑한다. 오르내리는 에스컬레이터를 타면 놀이기구를 타는 듯한 기분을 즐길 수 있다.
4. 마리나센터와 마리나베이샌즈를 연결하는 헬릭스브리지(Helix Bridge)는 DNA구조를 모티프로 한 독특한 디자인이다. 다리에 서서 바라보면 연꽃 모양의 아트사이언스뮤지엄과 마리나베이샌즈의 건물을 한눈에 담을 수 있어 기념사진을 찍기에도 좋다.
5. 마리나베이샌즈 4층에 무료전망대 겸 산책로가 있다. S$20를 내고 56층에 있는 전망대에 가기 부담스럽다면 이곳에서 아쉬운 마음을 달래보자. 4층 높이지만 잘 알려지지 않아 북적거리지 않으며 마리나베이의 아름다운 풍광을 감상하기에는 충분하다.
6. 마리나베이샌즈에서는 매일 밤 원더풀쇼가 열린다. 웅장한 음악과 레이저가 장관을 이룬다. 15분 정도 진행되며 평일에는 매일 밤 8시와 9시 반, 주말에는 밤 8시, 9시 반, 11시에 시작된다.

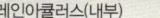

레인아큘러스(외관)

레인아큘러스(내부)

원더풀쇼

마리나베이샌즈에 관한 재밌는 사실

1. 마리나베이샌즈호텔은 2,561개의 객실을 갖추고 있다. 싱가포르에서는 최대, 아시아에서는 6번째로 크며 세계에서 34번째로 크다.
2. 마리나베이의 한 층을 짓는 데에는 평균 4일이 소요되었다. 싱가포르 건축 역사상 가장 빠른 속도를 기록했다.
3. 호텔의 타워 55층까지 걸어 올라가는 데 보통 사람의 속도로 20분 정도 걸린다.
4. 마리나베이샌즈호텔의 체어맨스위트룸은 테니스코트 두 개를 합친 규모로, 싱가포르 호텔의 객실 중 가장 크다.
5. 샌즈스카이파크를 세우면 에펠타워 높이보다 높으며, A380 점보여객기 4.5대를 세울 수 있는 면적이다.

싱가포르의 아이콘
멀라이언파크 Merlion Park ★★★★☆

싱가포르하면 제일 먼저 생각나는 것 중 하나가 바로 멀라이언이다. 멀라이언은 '인어Mermaid'와 '사자Lion'의 합성어로 상반신은 사자, 하반신은 물고기 모양을 하고 있다. 물고기는 작은 어촌이었던 싱가포르의 태생을 상징하고, 사자는 '사자의 도시'라는 뜻을 가진 싱가포르의 오래전 이름 싱가푸라Singapura에서 유래한다.

멀라이언파크에는 8.6m 높이에 120톤의 무게를 자랑하는 멀라이언 상이 커다란 입에서 물줄기를 뿜어내고 있다. 이 신비한 전설의 동물은 밤이 되면 마리나베이의 화려한 야경과 함께 더욱 빛난다. 멀라이언파크는 풀러턴호텔 바로 앞에 위치해 마리나베이에서 가장 아름다운 뷰를 볼 수 있는 곳이기도 하다. 특히 마리나베이샌즈에서 진행하는 라이트쇼 '원더풀'이 시작되면 사람들로 발 디딜 틈 없이 붐빈다.

주소 One Fullerton 입장료 무료입장 운영시간 24시간/연중무휴 문의 (65)6337-3965 찾아가기 ① MRT 래플스플레이스(Raffles Place)역 B출구로 나와 풀러턴호텔 쪽으로 걸으면 원풀러턴 바로 앞에 위치. 도보 5분 거리. ② MRT 에스플러네이드(Esplanade)역에서 에스플러네이드 건물을 지나 에스플러네이드 다리를 건너면 바로 보인다. 도보 10분 거리.

마리나베이가 보이는 평화로운 소풍
마리나바라지 Marina Barrage ★★★☆☆

싱가포르의 바다와 강이 만나는 곳에 있는 마리나바라지에는 식수공급을 위한 댐이 있다. 싱가포르 전체 식수의 10%를 제공하는 이곳은 날씨에 따라 수위를 조절하기도 한다. 싱가포르 사람들의 주말나들이장소로, 나선형으로 만든 건물 옥상의 거대한 평지 위에 푸른 잔디밭이 펼쳐져 있다. 이곳에 서면 멋진 마천루를 이루는 비즈니스센트럴지역과 가든스바이더베이, 마리나베이샌즈가 한눈에 들어온다.

일명 솔라파크Solar Park로 불리는 이곳에서 싱가포르 사람들은 여유롭게 연을 날리거나 도시락을 싸와 한가롭게 소풍을 즐긴다. 건물 중앙에 있는 커다란 분수에 발을 담그거나 물에 몸을 흠뻑 적시며 물놀이를 할 수 있다. 1층에는 싱가포르의 식수공급과 물 이용을 설명하는 무료박물관Sustainable Singapore Gallery을 운영한다. 아이들과 관광객들도 쉽게 이해할 수 있는 다양한 시각자료를 이용해 흥미롭다.

주소 8 Marina Gardens Drive 귀띔 한마디 마리나바라지는 리버크루즈가 시작되는 곳으로, 시간에 맞춰 이곳에서 출발하는 크루즈를 타면 마리나베이나 리버사이드까지 쉽게 돌아갈 수 있다. 입장료 무료입장 운영시간 09:00~21:00/연중무휴 문의 (65)6514-5959 찾아가기 ① MRT베이프런트(Bayfront)역에서 택시로 7분 거리. ② MRT 래플스플레이스(Raffles Place)역에서 가든스바이더베이 무료셔틀(18:00~23:00) 탑승 후 사테바이더베이(Satay by the Bay)에서 하차. 도보 3분 거리. ③ 리버사이드나 마리나베이에서 출발하는 리버크루즈 이용 시 마지막 정거장. 홈페이지 www.pub.gov.sg/Marina

두리안을 닮은 예술센터
에스플러네이드 Esplanade ★★★☆☆

일명 '두리안 건물'로 불리는 에스플러네이드는 독특한 외관 덕분에 마리나베이의 화려한 랜드마크 가운데서도 유독 눈에 띈다. 7,000개의 유리 차양이 뾰족한 가시처럼 뒤덮인 건물은 거대한 두리안 2개가 나란히 이어져 있는 듯하다.
다양한 오케스트라 공연이 열리는 대형 콘서트홀을 비롯해 대극장과 야외공연장 등 다양한 공연을 위한 최첨단 시설을 갖춘 공간이 마련되어 있다. 싱가포르 아트페스티벌 등 중요한 행사도 이곳에서 열린다. 카페와 레스토랑, 바, 숍들이 있어 다이닝플레이스로도 각광받고 있다.

주소 1 Esplanade Drive **귀띔 한마디** 에스플러네이드의 역사와 건축 디자인, 기타 시설을 자세히 안내해주는 가이드투어를 이용할 수 있다. 투어는 45분 정도 소요된다. **입장료** 무료입장 **운영시간** 09:00~23:00(상점과 시설에 따라 다름)/연중무휴 **문의** (65)6297-2774 **찾아가기** MRT 에스플러네이드(Esplacade)역 D출구로 나와 직진하면 맞은편에 위치. 도보 5분 거리. 선텍시티, 시티링크몰, 마리나스퀘어와 지하통로로 연결. **홈페이지** www.esplanade.com

낮보다 밤이 더 아름다운
싱가포르플라이어 Singapore Flyer ★★★☆☆

2008년 문을 연 싱가포르플라이어는 세계에서 두 번째로 높은 대관람차이다. 42층 건물 높이인 165m로, 싱가포르의 모든 랜드마크와 시내, 날씨가 좋은 날에는 멀리 인도네시아와 말레이시아까지 눈에 들어온다. 원통형의 캡슐은 28명이 탈 수 있을 만큼 넉넉하고, 에어컨이 있어 땀을 식히기에도 좋다.
한 바퀴 도는 데 걸리는 시간은 30분으로 규모를 생각하면 꽤 빠른 속도이다. 건물 내에는 대관람차 외에도 조종사들이 비행훈련을 위해 실시하는 보잉737 시뮬레이터와 6D모션라이드를 경험할 수 있는 XD시어터 등 흥미로운 체험을 할 수 있다. 또 레스토랑과 깔끔한 호커센터가 있어 대관람차 탑승 전후에 식사를 즐길 수 있다.

주소 30 Raffles Ave. **입장료** 어른 S$33, 어린이(3~12세) S$21, 60세 이상 S$24 **운영시간** 08:30~22:30(마지막 탑승 22:00)/연중무휴 **문의** (65)6854-5200 **찾아가기** ① MRT 프로메네이드(Promanade)역 A출구로 나와 테마섹에비뉴(Temasek Ave.) 방향으로 걷다 사거리에서 왼쪽으로 진입, 래플스에비뉴(Raffles Ave.)를 따라 걸으면 왼쪽에 위치. 도보 10분 거리. ② 선텍시티 또는 마리나스퀘어에서 도보 10분 거리. **홈페이지** www.singaporeflyer.com

도심을 질주하는 나이트레이싱(Singapore Formula One Night Race)

매년 9월 싱가포르에서 열리는 자동차레이싱 축제로 세계에서 유일하게 나이트레이싱을 펼친다. 나이트레이싱은 도심을 질주하는 것이 특징이다. 최고속도 300km가 넘는 차들이 도심에 설치된 경주로 위를 질주하는데, 경기기간에는 자동차 엔진소리와 경기를 즐기는 사람들의 열기로 가득하다. 싱가포르의 화려한 야경을 배경으로 달리는 레이싱경기를 보기 위해 전 세계 마니아들이 몰려든다. 특히 이 시기에는 마리나베이 주변의 전망 좋은 객실은 모두 예약이 찬다.

마리나베이의 위대한 유산
풀러턴헤리티지 Fullerton Heritage ★★★★☆

풀러턴헤리티지는 풀러턴호텔과 풀러턴베이 호텔 그리고 커스텀하우스Custom House, 원풀러턴One Fullerton, 라이트하우스Light House 등의 다이닝플레이스로 구성되어 있다. 강을 따라 나란히 서 있는 다섯 개의 건물은 싱가포르가 작은 항구 도시였던 1800년대부터 이곳에 있던 아름다운 문화유산으로 현재는 호텔, 레스토랑, 쇼핑 장소로 이용되고 있다.

풀러턴호텔은 1928년 우체국으로 사용되었다가 2001년 400여 개의 최고급 객실을 갖춘 호텔로 태어났다. 커스텀하우스는 19세기 배를 검열하는 세관건물이었고, 다이닝플레이스 풀러턴워터보트하우스는 정박한 배에 물을 공급하던 공간이었다. 풀러턴헤리티지지역은 호텔과 루프톱바, 하이티를 즐길 수 있는 레스토랑, 클럽 등 관광객에게 사랑받는 곳이 가득해 인기가 많다. 100년의 역사를 담고 있는 건물들과 함께 마리나베이를 걸어보자.

주소 1 Fullerton Square 입장료 무료입장 운영시간 08:00~22:00(상점에 따라 다름)/연중무휴 찾아가기 MRT 래플스플레이스(Raffles Place)역 B출구로 나와 마리나베이 방향으로 걸으면 바로 보인다. 도보 5분 거리. 홈페이지 thefullertonheritage.com

화려한 도시의 마천루
래플스플레이스 Raffles Place ★★★★☆

래플스플레이스는 하늘 위로 솟은 근사한 고층건물들이 아름다운 마천루를 이루는 센트럴비즈니스지역이다. MRT 래플스플레이스Raffles Place역을 중심으로 HSBC와 스탠더드차터드Standard Chartered Bank, UOB 등 대표적인 은행을 비롯해 싱가포르의 경제를 이끄는 국내외 기업의 사무실과 사옥이 건물 숲을 이루고 있다.

해가 지고 건물마다 하나둘 불이 켜지기 시작하면 자연이 만드는 아름다움과는 또 다른 도시의 매력을 뿜어낸다. 래플스플레이스에 있는 초고층건물의 옥상에는 마리나베이의 야경을 내려다볼 수 있는 루프톱바가 곳곳에 자리하여, 밤이 되면 정장을 입은 비즈니스맨 대신 화려한 밤을 보내기 위해 한껏 차려입은 사람들이 이곳으로 몰려든다.

찾아가기 MRT 래플스플레이스(Raffles Place)역

Section 05

마리나베이에서 먹어봐야 할 것들

랜드마크와 화려한 야경을 자랑하는 마리나베이에는 평범한 레스토랑보다는 랜드마크 내에 입점한 고급레스토랑이 많다. 특히 마리나베이샌즈와 싱가포르플라이어, 가든스바이더베이는 각 랜드마크의 특성을 살린 특별한 레스토랑을 선보인다. 멋진 야경을 선사하는 호커센터와 도심의 마천루 아래서 즐기는 사테스트리트, 빈티지 테마를 콘셉트로 꾸민 독특한 푸드코트 등 맛과 분위기를 동시에 즐길 수 있는 길거리음식점에서 싱가포르만의 분위기에 한껏 젖어보는 것도 좋겠다.

화려한 야경을 배경으로 하는 호커센터
마칸수트라글루턴베이 Makansutra Glutton's Bay ★★★★★ 추천

싱가포르의 많은 호커센터 중에서 단연 전망이 아름다운 곳이다. 마리나베이를 마주하고 있는 마칸수트라글루턴베이에는 「마칸수트라Makansutra」에서 최고의 맛집으로 꼽은 10개의 음식점이 모여 있다. 「마칸수트라」는 일명 싱가포르의 '푸드구루'로 불리는 푸드컨설턴트 시토Seetoh가 소개하는 맛집 가이드북으로, 1998년부터 매년 발행되고 있다. 마칸수트라글루턴베이는 다른 호커센터에 비해 점포 수는 많지 않지만 그만큼 각자의 분야에서 최고를 자랑하는 음식점이 엄선되어 있어 보통 이상의 맛을 보장한다.
칠리크랩과 구운 가오리요리를 파는 레드힐비비큐시푸드Red Hill Rong Guang BBQ Seafood와 치킨, 돼지고기, 양고기 등을 18가지 재료를 넣어 만든 비밀소스에 발라 구운 사테요리로 유명한 알함브라파당사테Alhambra Padang Satay, 살짝 구운 빵과 치킨을 계란으로 돌돌 말아 내어

놓는 로티존Roti John 등 내로라하는 싱가포르의 쟁쟁한 맛집을 만날 수 있다. 해가 지고 마리나베이샌즈와 래플스플레이스가 한눈에 들어오는 명당에 자리를 잡고 앉으면 여느 고급레스토랑이 부럽지 않다. 보통 해가 지기 시작하는 저녁시간에 오픈해 늦은 새벽까지 문을 연다.

주소 8 Raffles Ave. 추천메뉴 칠리크랩 S$25, 사테 S$10, 로티존 S$3.5 영업시간 17:00~02:00(월~목요일), 17:00~03:00(금~토요일), 16:00~01:00(일요일)/연중무휴 문의 (65)6438-4038 찾아가기 MRT 에스플러네이드(Esplacade)역 D출구로 나와 직진하면 에스플러네이드 건물 바로 옆에 위치. 도보 5분 거리. 홈페이지 www.makansutra.com

빌딩숲 사이에서 즐기는 바비큐파티

라우파삿 페스티벌마켓&사테스트리트

Lau Pa Sat Festival Market&Satay Street ★★★★★ 추천

라우파삿은 19세기 재래시장이었던 곳을 개조해 거대한 현대식 호커센터로 변신한 곳이다. 중국, 말레이, 태국, 인도, 한국, 일본음식까지 거의 모든 종류의 아시아요리를 맛볼 수 있다. 사무실이 즐비한 래플스플레이스 정중앙에 위치해 다른 호커센터와 달리 낮에는 점심을 먹기 위해 나오는 회사원으로 가득하다.

해가 지면 상인들이 라우파삿 옆에 있는 커다란 공터에 일사분란하게 야외테이블을 차려, 길을 따라 10여 개의 사테노점이 늘어선다. 노점에서 피어나는 연기와 달콤한 냄새가 사테스트리트를 가득 메우면 금세 높은 빌딩숲에 둘러싸여 시끌벅적하게 음식을 즐기는 사람들로 북적인다. 호객하는 경우가 많으나 자신이 원하는 사테노점을 찾아 앉으면 된다. 사테는 양고기, 닭고기, 새우, 소고기 등으로 구성되며 종류당 10개씩 혹은 세트로 주문할 수 있다. 가격은 개당 S$1 정도이다. 사테를 주문하고 자리에 앉으면 사테 외의 다른 메뉴나 술을 팔기 위해 외부 상점 사람들이 테이블로 직접 찾아온다. 음식과 술값은 주문한 해당 상점에 직접 지불하면 된다.

주소 18 Raffles Quay 추천메뉴 세트A 2~3인용(치킨 10개+양/비프 10개+새우 6개) S$26 영업시간 라우파삿 페스티벌마켓 24시간/연중무휴, 라우파삿 사테스트리트 19:00~늦은밤/연중무휴 문의 (65)6220-2138 찾아가기 MRT 래플스플레이스(Raffles Place)역 I출구로 나와 입구 반대방향으로 직진하면 맞은편에 위치. 도보 3분 거리. 홈페이지 www.laupasat.biz

스타셰프와 스페셜한 메뉴가 가득한 곳

마리나베이샌즈 다이닝 Marina Bay Sands Dinging ★★★★☆

아시아 최고의 랜드마크로 손꼽히는 마리나베이샌즈에는 그 규모와 명성답게 50여 개가 넘는 다양한 다이닝플레이스가 입점해 있다. 특히 세계적인 스타셰프들의 레스토랑을 만나볼 수 있다. 라스베이거스 유명 레스토랑인 스파고Spago의 수장 울프강퍽Wolfgang Puck을 비롯해 미슐랭 3스타셰프 기사부아Guy Savoy, 싱가포르 최고의 셰프 저스틴켁Justine Quek이 지휘를 맡은 스카이온57, 미국 TV쇼를 통해 더욱 유명해진 마리오바탈리Mario Batali 등 쟁쟁한 셰프들의 이름을 건 레스토랑을 한곳에서 만날 수 있다. 그 밖에도 마리나베이에 입점한 프렌차이즈 레스토랑은 마리나베이점만을 위한 특별한 메뉴를 새롭게 선보이기도 한다. 지하 2층부터 화려한 뷰를 자랑하는 루프톱레스토랑까지 다양하며 지하에는 여러 종류의 아시아음식을 선보이는 푸트코트가 입점해 있다.

주소 10 Bayfront Ave. 입장료 무료입장 영업시간 10:00~24:00(상점 및 시설에 따라 상이)/연중무휴 문의 (65)6688-8868 찾아가기 MRT 베이프런트(Bayfont)역에서 내려 B, C, D, E출구로 나오면 호텔과 바로 연결. 홈페이지 www.marinabaysands.com

마리나베이샌즈 추천 레스토랑5

1. 궁극의 스테이크하우스 컷바이울프강퍽(Cut by Wolfgang Puck)

미슐랭 스타셰프 울프강퍽이 이끄는 최고급레스토랑이다. 울프강퍽은 1982년 라스베이거스에 전설적인 레스토랑 스파고Spago를 만든 데 이어 현재 미국에만 20여 개의 레스토랑을 소유하고 있다. 컷바이울프강퍽은 그가 아시아에 첫 번째로 진출한 레스토랑으로 최상급의 스테이크를 선보인다. 마리나베이샌즈 지하 1층에 위치한 이곳은 높은 천장과 모던한 분위기 덕분에 칵테일이나 와인을 즐기며 시간을 보내기에도 좋다. 울프강퍽이 내어놓는 전설적인 스테이크를 맛보기 위해 늘 대기시간이 긴 편이니 예약은 필수이다.

위치 B1-71 더숍스 지하 1층 추천메뉴 USDA 필레미뇽(Filet Mignon) S$72, USDA 립아이스테이크(Ribeye Steak) S$98 영업시간 18:00~22:00(일~목요일), 18:30~23:00(금~토요일)/연중무휴 문의 (65)6688-8517 홈페이지 www.wolfgangpuck.com

2. 세계적인 퓨전일식 레스토랑 와쿠긴(WAKU GHIN)

와쿠다테츠야Wakuda Tetsuya는 호주의 유명 레스토랑 '테츠야'의 수장이자 최고셰프 중 한 명이다. 전 세계 베스트 50 레스토랑에도 당당히 입성한 테츠야는 마리나베이샌즈 안에 그의 첫 해외 체인을 세웠다. 최고급 재료를 이용해

퓨전일식을 선보이는데 새우, 성게, 캐비어 등 고급 해산물과 부드러운 와규 등을 이용해 건강한 요리를 만든다. 와쿠긴은 마리나베이샌즈 2층에서도 싱가포르의 스카이라인을 한눈에 볼 수 있는 명당에 위치해 최상의 요리와 뷰를 한번에 즐길 수 있다. 총 25석으로 오후 5시 30분과 8시 30분 2번으로 나눠 식사를 진행한다.

위치 L2-01 더숍스 2층 추천메뉴 10코스 데귀스따시옹(Degustation) S$400 영업시간 17:30, 20:30/연중무휴 문의 (65)6688-8507

3. 매콤하고 시원한 중국식 훠궈, 핫팟킹덤(Hot Pot Kingdom)

중국식 훠궈 전문점으로 싱싱한 재료와 깔끔한 육수 맛을 자랑한다. 새우와 랍스터 등의 해산물과 와규비프, 돼지고기까지 최고급 식재료를 이용하는 것을 원칙으로 하며, 고기를 다져 만든 미트볼, 만두, 누들 등 추가옵션메뉴도 다양하다. 소스는 본인의 기호에 따라 12가지 재료를 이용해 원하는 대로 만들 수 있다. 중국식 훠궈 외에도 한국식 김치수프와 마카오식 스튜 등 아시아음식을 기본으로 하는 국물요리를 다양하게 선보인다. 점심시간에는 딤섬뷔페도 함께 진행하는데 훠궈와 함께 먹으면 금상첨화이다.

위치 B1-01B 더숍스 지하 1층에 위치. 추천메뉴 훠궈세트(와규비프+돼지고기+모듬해산물,+채소+디저트) 1인당 S$49.80 영업시간 11:00~14:30(훠궈&딤섬), 14:30~17:00(딤섬), 17:00~23:00(훠궈)/연중무휴 문의 (65)6688-7722 홈페이지 www.hotpotkingdom.com

4. 우아한 티타임, TWG티온더브리지(TWG TEA on the Bridge)

싱가포르를 대표하는 차브랜드 TWG의 체인점으로 셀 수 없을 만큼의 다양한 고급 차와 베이커리를 맛볼 수 있다. 특히 마리나베이점이 더욱 특별한 것은 독특한 위치 덕분이다. 나무배가 유유히 떠다니는 운하의 다리 위에 자리하여 또 다른 여행을 온 듯 새롭다. 차와 간단한 디저트 종류 외에도 다양한 브런치메뉴와 크레페, 스테이크와 연어요리 등의 메인메뉴까지 갖추고 있어 식사와 티타임을 동시에 즐겨도 좋다. 특히 티온더브리지에서만 맛볼 수 있는 24가지 차를 블렌딩한 아이스크림을 선보인다. 브런치는 오전 10시부터 오후 3시까지 즐길 수 있다.

위치 B2-89/89A 더숍스 지하 2층 중앙 운하 옆. 추천메뉴 브런치세트 S$40~, 계란과 치즈, 마차티로 만든 팜하우스크레페(Farmhouse Crepe) S$16 영업시간 10:00~23:00(일~목요일), 10:00~24:00(금~토요일, 공휴일 전날)/연중무휴 문의 (65)6535-1837 홈페이지 www.twgtea.com

5. 디저트 마니아들을 위한 천국, 더치즈앤초콜릿바(The Cheese&Chocolate Bar)

디저트를 좋아하는 사람에게는 천국과 같은 곳이다. 마리나베이샌즈의 꽃으로 불리는 56층 샌즈마리나파크에있어 환상적인 도시 경광을 감상하며 달콤한 디저트를 즐길 수 있다. 초콜릿바로 시작한 이곳은 초콜릿 하나로는 성에 차지 않는 디저트 마니아들을 위해 치즈를 추가했는데 모차렐라부터 스위스, 브리치즈 등 12가지 종류의 치즈와 초콜릿, 시각과 미각을 동시에 자극하는 각양각색의 케이크까지 40여 종의 디저트를 갖추고 있다. 치즈, 초콜릿과 잘 어울리는 와인을 곁들인 식사메뉴도 마련되어 있다.

위치 Tower 2, Level 55 마리나베이샌즈 55층에 위치. 추천메뉴 디저트와인플라이트세트 1인당 S$28, 치즈&초콜릿뷔페 S$48 영업시간 20:00~24:00/연중무휴 문의 (65)6688-8858

항구에서 즐기는 근사한 뷔페

클리포드 피어1933 Clifford Pier 1933 ★★★★☆

풀러턴베이호텔 로비에 자리한 고풍스러운 풀러턴헤리티지 건물 중 하나로 프랑스요리와 고급 로컬푸드를 모두 선보인다. 클리포드는 1900년대 초반 싱가포르로 들어오는 이민자들이 도착하는 항구였다. 'Pier'라는 이름을 달고 있는 이유도 그 때문으로 허름했던 세관건물이 지금은 우아하고 근사한 다이닝스폿으로 변신했다.

높은 천장부터 바닥까지 온통 유리로 장식되어 있어 낮이든 밤이든 창문 너머로 마리나베이의 풍경을 감상할 수 있다. 점심에는 샐러드와 파스타 등으로 구성된 뷔페메뉴와 단품 로컬요리 중에서 고를 수 있다. 호커센터에서 저렴한 가격에 먹을 수 있는 캐롯케이크, 로작, 사테, 바쿠테 등은 길거리음식과는 맛이 전혀 다르다. 최고급 재료를 이용해 최고의 셰프 손에서 새롭게 탄생한 싱가포르 로컬푸드의 진면목을 확인할 수 있다.

주소 80 Collyer Quay **추천메뉴** 유러피안런치뷔페 S$39, 로컬메뉴 중 2개 코스로 구성된 헤리티지세트메뉴(Heritage Set Menu) S$29 **영업시간** 런치 12:00~14:30(월~금요일), 브런치 12:00~15:00(토~일요일), 디너 18:00~22:30(월~일요일)/연중무휴 **문의** (65)6597-5288 **찾아가기** MRT 래플스플레이스(Raffles Place)역 B출구로 나와 마리나베이쪽으로 직진하면 강변에 위치. 도보 5분 거리. **홈페이지** www.fullertonbayhotel.com/dining/clifford

가든스바이더베이의 시푸드레스토랑

마제스틱베이 시푸드레스토랑 Majestic Bay Seafood Restaurant ★★★★☆

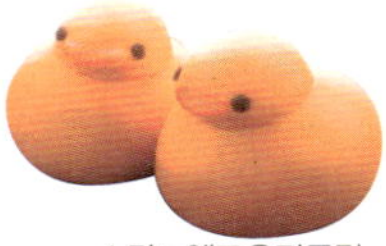

스팀드옐로우덕클링

아름다운 식물원 가든스바이더베이 내에 있는 중국식 시푸드레스토랑. 흰색의 깨끗한 벽과 하늘색으로 포인트를 준 의자, 잠수함을 연상케 하는 거울 등 바다를 모토로 한 인테리어가 깔끔하고 감각적이다.

커피콩을 이용해 요리한 코피크랩

싱가포르의 대표적인 시푸드 칠리크랩과 블랙페퍼크랩, 생선찜 등과 함께 북경오리 등 중국식 일품요리도 갖추고 있다. 이곳의 대표메뉴는 3가지 커피콩을 블렌딩해 만든 소스로 요리한 코피크랩Kopi Crab이다. 흔히 먹는 칠리나 블랙페퍼소스와는 전혀 다른 독특한 맛을 느껴볼 수 있다. 점심시간에만 판매하는 딤섬메뉴 역시 인기가 많은데, 시푸드를 재료로 하는 다양한 종류의 고급

딤섬을 배불리 먹을 수 있다. 특히 대형오리 러버덕 모양 그대로 만든 스팀드옐로우덕클링 딤섬은 포장이 가능해 선물용으로도 좋다.

주소 18 Marina Gardens Drive #01-10 추천메뉴 칠리크랩미트번딤섬(Chilly Crab Meat Bun) S$5.50, 스팀드옐로우덕클링(Steamed Yellow Duckling) S$4.80 영업시간 11:30~15:00, 17:45~21:00(월~일요일)/매년 차이니즈뉴이얼 휴무 문의 (65)6604-6604 찾아가기 가든스바이더베이 플라워돔 아래쪽에 위치. 홈페이지 majesticbay.sg

태국 파인레스토랑

사바이파인타이 온더베이 Sabai Fine Thai on the Bay ★★★☆☆

농어찜요리

풀러턴헤리티지 중 하나인 커스텀하우스에 있는 태국요리 파인다이닝이다. 오래전부터 같은 자리에서 바닷길을 비추던 하얀 등대와 함께 싱가포르강 입구에 자리하고 있는 커스텀하우스는, 뒤로는 래플스플레이스가 앞으로는 마리나베이샌즈가 둘러싸고 있다.

싱가포르에서 제대로 된 태국요리를 맛볼 수 있는 곳으로, 화려하게 멋을 내기보다는 전통 태국요리를 정성스럽게 내놓는 스타일이다. 다른 고급레스토랑에 비해 가격 역시 크게 부담스럽지 않다. 치킨과 새우, 토마토, 양파, 당근 등을 다져 만든 태국가정식 오믈렛 카이야드사이Kai Yad Sai, 새우와 치킨으로 만든 새콤한 망고샐러드 얌마무앙Yam Mamuang 등 가벼운 샐러드부터 태국요리의 정석인 똠얌꿍과 팟타이 등 메뉴도 다양하다. 오차드로드 니안시티에 본점이 있다.

주소 70 Collyer Quay #01-02 Customs House 영업시간 11:30~14:00, 18:00~22:00(월~금요일), 18:00~22:00(토요일, 공휴일)/매주 일요일 휴무 추천메뉴 팟타이 S$20, 똠얌꿍 S$20.50, 홈메이드오믈렛 카이야드사이(Kai Yad Sai) S$18.50 문의 (65)6535-3718 찾아가기 MRT 래플스플레이스(Raffles Place)역 B출구로 나와 마리나베이 쪽으로 직진하면 강변에 위치. 도보 5분 거리. 홈페이지 www.sabaifinethai.com.sg

환상적인 홍콩요리

체리가든 Cherry Garden ★★★★☆

만다린호텔에 있는 홍콩레스토랑으로 딤섬을 비롯해 다양한 홍콩요리를 선보인다. 근사한 아시아스타일을 추구하는 만다린호텔 내에 있는 만큼 우아하고 신비로운 오리엔탈 콘셉트로 꾸민 인테리어가 인상적이다. 또 화려한 인테리어만큼 미식가들 사이에서 언제나 수준급의 요리로 꾸준히 인정받는 맛집이다.

스팀드포크슈마이

딤섬메뉴로 유명한데 평일 점심에는 단품으로만 즐길 수 있고 주말 브런치에는 딤섬뷔페를 즐길 수 있다. 돼지고기로 만든 포크차슈딤섬Steamed Pork Siew Mai과 같은 기본메뉴 외에 당근케이크Steamed Radish Cake, 치킨덤플링 위에 쌀로 만든 얇은 스낵을 올린 크리스피라이스넷 Chicken Dumpling in Crispy Rice Net 등 새로운 딤섬의 예술을 경험할 수 있다. 딤섬 외에 가리비와 두부로 만든 스칼롭위드두부Scallop with Tofu는 '죽기 전에 먹어야 할 50가지 싱가포르요리'에 뽑혔을 만큼 특별한 맛을 자랑한다. 세트메뉴와 셰프추천요리는 매달 바뀌며, 메뉴를 소개하는 웨이터들의 친절함도 남다르다.

주소 5 Raffles Ave. **추천메뉴** 스팀드쿠로쿠타차슈바오(Steamed Kurobuta Char Siew Bao) S$6, 스팀드포크슈마이(Steamed Pork Siew Mai) S$5, 스팀드래디쉬케이크(Steamed Radish Cake) S$5 **영업시간** 런치 12:00~14:30, 디너 18:30~22:30(월~일요일), 브런치 11:00~15:30(토~일요일, 공휴일만)/연중무휴 **문의** (65)6885-3500 **찾아가기** MRT 에스플러네이드(Esplanade)역에서 내리면 마리나스퀘어몰과 이어져 있는 만다린오리엔탈호텔 내에 위치. 도보 7분 거리. **홈페이지** www.mandarinoriental.com

60년대 싱가포르의 낭만을 품은 호커센터

푸드트레일@플라이어 Food Trail@Flyer ★★★☆☆

싱가포르플라이어 1층에 자리한 호커센터로, 1960년대 싱가포르를 테마로 꾸몄다. 상점 하나하나를 60년대 스타일의 간판과 계산대 등으로 꾸미고, 한쪽에는 유리병 콜라나 철제 도시락통, 오래된 가구와 인력거 등의 소품을 이용해 작은 박물관을 마련해놓았다.

입점해 있는 음식점들 역시 60년대부터 지금까지 싱가포르 사람들에게 사랑받아온 메뉴를 선보인다. 돼지고기국수로 유명한 힐스트리트타이와포크누들Hill Street Tai Wah Pork Noodle과 다양한 해산물 구이요리를 선보이는 분탓스트리트바비큐시푸드Boon Tat Street Barbeque Seafood, 고소한 굴 튀김요리를 전문으로 하는 시푸드카통케키 프라이드오이스터Seafood Katong Keah Kee Fried Oysters를 비롯해 싱가포르 디저트인 아이스볼Ice Balls, 말레이시아 볶은 콩 카창푸테Kachang Puteh 등도 맛볼 수 있다. 빈티지박물관에 온 듯 설레는 기분으로 식사를 즐길 수 있다.

주소 30 Raffles Ave. **영업시간** 10:30~22:30(월~목요일), 10:30~23:30(금~일요일)/연중무휴 **문의** (65)6854-5200 **가격** S$10~30 **찾아가기** ① MRT 프로메네이드(Promanade)역 A출구로 나와 테마섹에비뉴(Temasek Ave.) 방향으로 걷다 사거리에서 왼쪽으로 돌아 래플스에비뉴(Raffles Ave.)를 따라 걸으면 왼쪽에 위치. 도보 10분 거리. ② 선텍시티 또는 마리나스퀘어에서 도보 10분 거리. 싱가포르플라이어 건물 1층. **홈페이지** www.singaporeflyer.com/food-trail

Section 06
마리나베이에서 즐기는 쇼핑

마리나베이에는 쇼핑의 거리 오차드로드 못지않은 알차고 다양한 쇼핑몰이 포진해있다. 괜찮은 브랜드를 엄선한 마리나베이샌즈의 더숍스를 비롯해 독립디자이너와 팝업숍이 많은 밀레니아워크, 거대한 규모와 다양한 브랜드를 자랑하는 선텍시티와 마리나스퀘어까지 쇼핑몰마다 개성이 뚜렷하다. 일정상 오차드로드에 갈 시간이 없다면 마리나베이에서도 충분히 알찬 쇼핑을 즐길 수 있다.

마리나베이샌즈의 알찬 쇼핑몰
더숍스 앳마리나베이샌즈 The Shoppes at Mrina Bay Sands ★★★★☆

마리나베이샌즈에 들어선 대형 럭셔리 쇼핑몰이다. 규모나 매장 수에 있어서 싱가포르 내의 다른 어떤 몰과 비교해도 뒤지지 않는다. 특히 샤넬, 디오르, 버버리, 프라다, 에르메스 등 거의 모든 명품매장이 입점해 있으며 로렉스, 피아제, 오메가, IWC 등 쟁쟁한 주얼리 및 시계브랜드 역시 패션브랜드만큼 다양해 남성들에게도 반가운 쇼핑스폿이다.

이 밖에 아동복, 스포츠용품, 뷰티, 선물숍까지 300여 개의 숍이 입점해있다. 카페고리별로 엄선된 브랜드로 구성되어 있어 쇼핑리스트에 있는 아이템을 만날 확률이 높다. 지하 2층부터 지상 1층까지 연결되어 있으며 귀여운 수로에서 나무배를 타거나 마리나베이의 인공폭포를 감상할 수 있다. 곳곳에는 카페와 레스토랑이 있어 잠시 쉬어가기에도 좋다.

더숍스 층별 주요 매장

층수	매장명
지하 2층	Armani, Banana Republic, Bath&Body Works, CHARLES&KEITH, Coach, Nine West, Sephora, Victoria's Secret
지하 1층	Cartier, FENDI, Gucci, Jimmy Choo, Louis Vuitton, ROLEX, Shanghai Tang, TOM FORD, Tiffany&Co
1층	CHANEL, Fossil, Collections, Hermès, Mulberry Watch Boutique, Prada, Vera Wang Bride

주소 200 Victoria St. 영업시간 10:00~23:00/연중무휴 문의 (65)6557-6557 찾아가기 마리나베이샌즈 건물 내에 위치.
홈페이지 www.marinabaysands.com/shopping.html

개성 있는 부티크숍이 많은
밀레니아워크 Millenia Walk ★★★★★ 추천

인테리어와 입점 브랜드가 남다른 쇼핑몰이다. 천편일률적인 브랜드가 입점한 쇼핑몰들과 달리 밀레니아워크에서는 흔한 브랜드를 찾아보기 어렵다. 덕분에 패션과 디자인에 관심이 많은 사람들에게 더없이 반가운 곳이다. 근사한 가구와 가전제품이 많은 호주브랜드 하비노먼Harvey Norman을 비롯해 싱가포르 수제화브랜드인 에드앳알슈메이커Ed Et Al Shoemakers, 티옹바루에서 가장 핫한 편집숍인 니나앤버드Nina&Bird, 독립서점 북스액추얼리Books Actually, 디자인소품을 판매하는 슈퍼마마Supermama 등 다양한 로컬 디자이너숍이 입점해 있다.
특히 여러 아티스트와 브랜드의 콜라보레이션 등을 통해 색다른 프로모션과 팝업숍을 선보여 찾을 때마다 새로운 숍들을 만나볼 수 있다. 대부분의 숍은 1층에 있으며 2층에는 하비노먼과 다양한 레스토랑, 스파 등이 입점해있다.

밀레니아워크 층별 주요 매장

층수	매장명
1층	Aēsop, Allscript, Ed Et Al Shoemakers, Eyes@Work, Marco Marco, Nana&Bird, Outback Steakhouse, PANDORA, SK-II Boutique Spa, Supermama, Wine Universe Wine Shop
2층	Commune Cafe, Harvey Norman

주소 9 Raffles Boulevard 영업시간 10:00~22:00/연중무휴 문의 (65)6883-1122 찾아가기 MRT 프로메네이드(Promenade)역 A출구로 나오면 바로 연결. 홈페이지 www.milleniawalk.com

쇼핑과 다이닝을 한번에
선텍시티 Suntec City ★★★☆☆

5개의 타워로 이루어진 복합건물 선텍시티에 입점한 쇼핑몰로 150여 개의 매장 수를 자랑한다. 명품브랜드보다는 익숙한 중저가브랜드가 많아 부담 없이 쇼핑을 즐기기에 좋다. 특히 1층에 있는 H&M은 매장이 넓고 상품이 다양해 둘러볼 만하며, 장난감쇼핑몰 토이저러스Toys R us 역시 늘 인기가 좋다.

선텍시티는 다이닝스폿으로 더욱 매력적이다. 쇼핑몰과 오피스 전 구역 구석구석에는 100여 개의 레스토랑, 카페 등이 자리하고 있다. 인기 있는 프랜차이즈 레스토랑과 쾌적한 푸드코트, 대형슈퍼마켓 카르푸까지 먹는 것에 관련해서는 없는 것이 없다. 특히 호커센터와 고가의 파인다이닝이 주를 이루는 마리나베이에서 합리적인 가격으로 질 좋은 음식을 먹기에 적당하다. 선택시티 중앙에 있는 '부의 분수Fountain of Wealth'는 1998년 처음 설립 당시 세계에서 가장 큰 분수로 기네스북에 올랐던 유명한 분수로 매일 환상적인 분수쇼가 열린다.

주소 3 Temasek Boulevard **귀띔 한마디** 선텍시티 홈페이지에서 100여 개의 음식점을 소개하는 '푸드트레일' 코너를 확인할 수 있다. **영업시간** 10:00~22:00/연중무휴 **문의** (65)6822-1537 **찾아가기** MRT 프로메네이드(Promenade)역 C출구로 나오면 바로 연결. **홈페이지** www.sunteccity.com.sg

마리나베이의 허브쇼핑몰

마리나스퀘어 Marina Square ★★★☆☆

쇼핑과 다이닝, 아동용품과 생활용품 등 다양한 브랜드를 갖춘 종합쇼핑몰이다. 만다린오리엔탈, 마리나만다린, 팬퍼시픽 싱가포르까지 마니라베이에 있는 세 개의 특급호텔과 연결되어 있어 위치적 매력이 크다.

막크&스펜서, 무지, 자라, 마시모듀티, 톱샵 등 부담 없는 브랜드가 주를 이루며 패션, 액세서리, 주얼리, 생활용품, 아동용품 등 카테고리별로 매장이 골고루 입점해 있어 실속있는 쇼핑을 즐길 수 있다. 어쩌면 여행 내내 쓰지 않고 아껴뒀던 쇼핑예산을 예상치 않게 이곳에 더 많이 쓰게 될지도 모른다. 생각보다 규모가 작지 않고 매장이 많은 편이니 사야 할 제품을 미리 생각해서 가는 편이 좋다.

주소 6 Raffles Boulevard **영업시간** 10:00~22:00/연중무휴 **문의** (65)6339-8787 **찾아가기** MRT 에스플러네이드(Esplacade)역 지하링크로 바로 연결. **홈페이지** www.marinasquare.com.sg

Chapter 03

강변에서 즐기는 싱가포르의 낭만, 리버사이드

Riverside

관광 ★★★★☆
음식 ★★★☆☆
쇼핑 ★☆☆☆☆

리버사이드는 싱가포르 시내를 관통하는 강을 따라 이어지는 길로 각기 다른 매력을 지닌 클락키, 보트키, 로버슨키로 이루어져 있다. 이 지역은 19세기부터 상인무역이 이루어지던 곳이었다. 수많은 배와 사람으로 북적거리던 풍경은 모두 사라졌지만 몇 세기가 지난 지금, 많은 레스토랑과 클럽, 펍 등이 그 자리를 대신하였고 여전히 많은 사람이 찾는다. 싱가포르의 젊은이들과 싱가포르의 밤을 즐기고 싶은 외국인들로 언제나 활력이 넘치는 클락키, 싱가포르의 직장인들이 퇴근 후 술 한 잔을 기울이는 보트키, 외국인 거주자가 늘어나면서 자연스럽게 카페와 브런치레스토랑 거리로 조성된 로버슨키까지, 구역마다 색다른 분위기를 즐기는 재미가 있다.

리버사이드를 이어주는 교통편

MRT 클락키Clarke Quay역에서 내리면 펍과 레스토랑이 밀집된 클락키 중심과 곧바로 연결되며, 보트키 강변도 걸어서 5~10분 이내로 이동할 수 있다. 단, 로버슨키지역은 클락키지역을 지나 15분 이상 걸어야 하므로 햇볕이 내리쬐는 대낮에는 택시를 타고 이동하는 것이 좋다. 저녁시간이라면 강바람을 맞으며 천천히 산책하는 기분으로 걷기에 적당한 거리이다.

리버사이드에서 이것만은 꼭 해보자

1. 클락키 또는 마리나베이에서 출발하는 리버크루즈 타고 싱가포르의 리버사이드 야경 감상하기
2. 클락키지역에 있는 라이브바에서 로컬밴드의 연주를 감상하며 신나는 저녁 보내기
3. 클락키 센트럴몰 앞 강가에 앉아 캔맥주 마시며 강변의 낭만을 만끽하기
4. 늦은 오후, 로버슨키의 이국적인 레스토랑에서 여유 있는 시간 보내기

사진으로 미리 살펴보는 리버사이드 베스트코스

리버사이드는 가능한 늦은 오후 무렵 방문하는 것이 좋다. 로버슨키에서 여유로운 브런치를 즐기고 강변을 산책한 후 해가 질 무렵 클락키로 이동하자. 젊음과 에너지가 넘치는 클락키에서 저녁식사와 라이브바 등을 즐긴 뒤 아직 에너지가 남아 있다면 괜찮은 바가 많은 보트키로 넘어가 남은 밤을 즐기면 된다.

1 산책하고, 즐기는 여유로운 코스(예상 소요시간 6시간 이상)

Go!

로버슨키 (늦은 점심)
1시간 코스

→ 동일 장소

로버슨키 주변 산책
30분 이상 코스

→ 15분

클락키 지맥스번지 &센트럴
30분 이상 코스

→ 5분

클락키 (저녁)
1시간 코스

→ 동일 장소

클락키 강변산책
30분 코스

→ 동일 장소

클락키 라이브바
1시간 이상 코스

→ 5분

보트키 산책
30분 코스

→ 동일 장소

보트키 바
1시간 이상 코스

2 리버사이드를 즐기는 정석 코스(예상 소요시간 5시간 이상)

Go!

센트럴
30분 코스

→ 5분

칠리크랩 (점심)
1시간 코스

→ 10분

리버크루즈
1시간 코스

→ 동일 장소

클락키 산책
30분 코스

→ 5분

캔바스 클럽
1시간 이상 코스

→ 5분

보트키 바
1시간 이상 코스

EW13 NS25
시티홀 City Hall
세인트앤드류성당
St Andrew's Cathedral
시청 City Hall
아트하우스
The Arts House
Timber
아시아문명박물관
Asian Civilisations Museum
EW14
래플스 플레이
Raffles Plac
싱가포르강
UOB Plaza
더스피피 대퍼
The Spiffy Dapper
5footway.inn
Harry's
홈브레칸티나
Hombre Cantina
McDonald's
OCBC Bank
사우스브리지
South Bridge
Elgin Bridge
똥양쿵푸 Tom Yang Kung Fu
르꽁뜨와 Le Comptoir
캔바스
Canvas
Jumbo
Seafood
BK이팅하우스
BK Eating HOUSE
번크@래디우스
Bunc@Radius Clarke Quay
Coleman Bridge
송파바쿠테
Song Fa
Bak Kut The
티옹바루 치킨라이스
Tiong Bahru Hainanese
Boneless Chicken
지맥스리버스번지&
GX-5익스트림스윙
G-MAX Reverse Bungy
&GX-5 Extreme Swing
포트캐닝파크
Fort Canning Park
리버시티인 River City Inn
프리맨틀
Fremantle
홍림공원
Hong Lim Park
크레이지엘리펀트
Crazy Elephant
센트럴
Central
NE5
클락키
Clarke Quay
편앤키위
Fern&Kiwi
야쿤토스트
Ya Kun Kaya Toast
비어마켓
Beer Market
하이랜더
Highlander
Read Bridge
아티카 Attica
Tomo Izakaya
리앙코트
Liang Court
점보시푸드 Jumbo Seafood
카페이구아나 Cafe iguana
싱가포르강
브루웍스 Brewerkz
River Point
NE4 DT19
차이나타운
Chinatown
Sri Thendayuthapani
Temple
UE Square
UE Square Shopping Mall
Cold Storage Supermarket
코피소사이어티
Kopi Society
Bak Kut Teh
Ippudo
Park Hotel Clarke Quay
Holiday Inn Express Singapore Clarke Quay
에디트라이프
Edit life
Robertson Walk
Bella Pizza
와인커넥션
Wine Connection
Laurent Bernard
Chocolatier
Alkaff Bridge
Singapore Tyler
Print Institute
Pearl's Hill City Pa
Soi 60
슈퍼로코 Super Loco
레드하우스 Red House
스튜디오엠호텔
Studio M Hotel
PS. Cafe Petit
Hotel Mirama
Toby's Coffee
Bar Bar Black Shop
주크(Zouk)
Coleman St
Parliament Pl
N Bridge Rd
Hill St
High St
Armenian St
Battery Rd
Chulia St
Phillip St
Circular Rd
Upper Circular Rd
Carpenter St
South Bridge Rd
S Canal Rd
N Canal Rd
Pickering St
Hongkong St
New Bridge Rd
Upper Hokien St
Canning Ln
Clarke Quay
River Valley Rd
Merchant Rd
New Market Rd
Havelock Rd
Upper Cross St
Clemenceau Ave
Unity St
Mohamed Sultan Rd
Kim Yam Rd
Central Express Way
Martin Pl
Martin Rd
Sailboo St
York Hill
River Valley Close
N
S

Riverside
리버사이드

Section 07

리버사이드의 명소와 쇼핑

리버사이드는 특별한 관광지는 없지만 강을 따라 늘어서 있는 보트키와 클락키, 로버슨키의 풍경 자체가 아름다운 볼거리이다. 싱가포르의 과거와 현재가 섞여 있는 보트키, 화려한 레스토랑이 늘어선 클락키, 이국적인 풍경을 자랑하는 로버슨키를 천천히 산책하며 강변의 낭만을 누려보자. 쇼핑스폿은 MRT 클락키Clarke Quay역과 연결된 센트럴Central이 가장 대표적이며, 로버슨키의 리앙코트Liang Court와 UE스퀘어몰, 로버슨워크Robertson Walk 등은 로버슨키에 거주하는 외국인과 현지인이 많이 드나든다.

관광명소를 한눈에 둘러보는

리버크루즈 River Cruise ★★★★★

로버슨키부터 보트키까지, 리버사이드지역은 물론 멀리 마리나베이와 마리나바리지까지 이어지는 싱가포르강 위에서 낭만을 즐겨보자. 강변에 서서 바라보는 풍경도 좋지만, 배를 타고 바라보는 선상풍경과는 사뭇 다르다. 수로가 좁은 편이라 강변 주위의 풍경이 손에 잡힐 듯 가깝게 느껴져 더욱 아름답다.

리버크루즈는 작은 배를 타고 싱가포르강 전체를 유유히 즐기는 리버크루즈River Cruise와 리버택시River Taxi, 배 전체를 빌려 탈 수 있는 차터서비스Chater, 마을버스처럼 강가의 작은 역들을 들르는 제티Jetti가 있어 원하는 종류를 골라 싱가포르강을 마음껏 즐기면 된다.

가격 리버크루즈 성인 S$25, 학생 S$15/제티 S$4(EZ 카드 사용 시) 문의 (65)6338-1766 찾아가기 리버크루즈 정류장이 강 곳곳에 있는데 보통 클락키에서 가장 많이 출발한다. 홈페이지 www.rivercruise.com.sg

뉴질랜드에서 만든 짜릿한 번지

지맥스리버스번지&GX-5익스트림스윙 G-MAX Reverse Bungy&GX-5 Extreme Swing ★★★☆☆

로맨틱한 강변에 비명을 퍼트리는 지맥스리버스번지는 긴 크레인에 매달린 3인용 기구가 시속 200km 속도로 60m 높이까지 치솟아 오르는 놀이기구이다. 일반 번지처럼 위에서 아래로 떨어지는 것이 아니라 거꾸로 올라가기 때문에 색다

른 경험을 할 수 있다. GX-5익스트림스윙은 시속 150km의 대형 그네로, 50m 사이의 회전축 사이를 신나게 날아다닌다.
단순히 스릴을 즐기는 것보다 높은 하늘 위에서 도시 경광을 감상할 수 있어 더 큰 즐거움을 경험할 수 있다. 매일 낮부터 늦은 시간까지 운영하는데, 굳이 타지 않고 시내 한가운데서 짜릿한 번지를 즐기는 사람들을 멀리서 바라보는 것도 즐거운 경험이다.

주소 3E River Valley Rd. **영업시간** 14:00~01:00(월~목요일, 일요일), 14:00~03:00(금~토요일)/연중무휴 **가격** 지맥스리버스번지 성인 S$45, 학생 S$30/GX-5익스트림스윙 성인 S$40, 학생 S$30 **문의** (65)6338-1766 **찾아가기** MRT 클락키(Clarke Quay)역 F출구로 나와 콜맨브리지(Coleman Bridge)를 건너면 왼편에 위치. **홈페이지** gmaxgx5.sg

막간의 쇼핑
센트럴 Central ★★★☆☆

MRT 클락키역과 연결된 쇼핑몰로 리버사이드 내에서는 가장 큰 규모에 속한다. 브랜드 수와 종류는 적은 편이지만, 낮에 햇빛을 피하거나 잠시 숨을 돌리면서 간단히 쇼핑하기에 좋다.
1층에 있는 찰스앤키스와 다양한 가죽가방을 비롯한 잡화를 판매하는 편집숍 스카이룸 등은 잠시 들러볼만 하다. 2층에 있는 홍콩 리빙브랜드 G.O.D에는 홍콩 특유의 색과 패턴이 그려져 있는 작은 인테리어 소품부터 문구, 의류, 가구 등을 판매한다. 지하에는 푸드코트와 작은 일본 슈퍼마켓이 입점해 있는데, 아기자기한 스낵이나 초콜릿 등은 간식용이나 선물용으로도 좋다.

주소 6 Eu Tong Sen St. **영업시간** 10:00~22:00(매장에 따라 상이)/연중무휴 **문의** (65)6532-9922 **찾아가기** MRT 클락키(Clarke Quay)역 G출구와 연결된다. **홈페이지** www.clarkequaycentral.com.sg

일본 에디터의 작은 갤러리 겸 디자인숍
에디트라이프 Edit Life ★★★☆☆

MD와 디자이너, 두 명의 일본인이 자신의 색깔대로 고른 라이프스타일과 문화를 아우르는 상품을 판매하는 디자인숍으로 로버슨워크Robertson Walk 건물 안에 있다. 자그마한 숍이지만 아기자기한 분위기로 건물 안의 다른 숍들 가운데서도 유독 눈에 띈다. 에디터이자 프로듀서인 히토시마츄오와 브랜딩디렉터인 하루미후쿠다, 두 사람이 직접 큐레이터가 되어 소품을 이

용한 작은 갤러리를 열고 아트워크를 선보이는 콘셉트이다. 일본 특유의 감성을 그대로 담고 있는 문구류와 가죽가방, 에코가방 등은 차분한 스타일이 많다. 물건이 많은 편은 아니지만 잡지, 사진계에서 유명한 작가의 작품이 많아 퀄리티도 모두 좋은 편이다.

주소 11Unity Street #01-32 Robertson Walk **영업시간** 11:00~20:00(월~일요일)/연중무휴 **가격** S$10~ **문의** (65)6235-9195 **찾아가기** MRT 클락키(Clarke Quay)역 F출구로 나와 콜맨브리지(Coleman Bridge)를 건넌 후 왼쪽에 있는 강변을 따라 15분 정도 걸으면 오른쪽 로버슨워크(Robertson Walk) 내에 위치. **홈페이지** editlife.asia

뜨거운 밤을 보내기 위한 리버사이드의 나이트클럽 베스트 3

1. 주크(Zouk)

싱가포르에서 딱 한 곳의 클럽만 가야 한다면 주저 없이 주크로 향해야 한다. 일 년에 한 번 센토사에서 열리는 국제적인 댄스페스티벌 주크아웃(ZoukOut)을 10년 동안 진행해온 만큼 싱가포르의 '국민클럽'으로 불린다. 3개의 클럽과 1개의 바로 이루어져 있으며 각 라운지는 일렉트로닉, 하우스, 다운템포 등 음악 장르에 따라 분위기가 조금씩 다르다. 최고의 DJ들이 엄선한 음악을 들을 수 있어 어느 라운지든 열기로 가득하다.

주소 17 Jiak Kim St. **가격** 입장료 및 무료음료 S$20/매주 수요일 여성은 무료입장 **영업시간** 21:00~04:00(수, 금, 토요일) **문의** (65)6738-2988 **찾아가기** MRT 클락키(Clarke Quay)역에서 택시로 5분 거리. **홈페이지** www.zoukclub.com

2. 아티카(Attica)

최신 댄스음악이 주를 이루는 클럽으로, 음악보다는 클럽 분위기를 즐기려는 젊은 층과 관광객이 많은 편이다. 음악을 좋아하는 사람에게는 다소 실망스러울 수도 있지만, 뜨거운 밤을 마음껏 즐길 수 있다. 500여 명이 춤을 출 수 있는 2개의 거대한 무대가 있으며, 지하에는 힙합과 알앤비, 최신 곡을 즐길 수 있는 또 다른 라운지가 있다.

주소 3A River Valley Rd. #01-03 Clarke Quay **가격** 입장료 및 무료음료 S$30~/매주 수요일 여성은 무료입장 **영업시간** 22:30~04:00(수~토요일), 17:30~23:00(일~화요일)/연중무휴 **문의** (65)6333-9973 **찾아가기** MRT 클락키(Clarke Quay)역 C출구로 나와 왼쪽으로 강변을 따라 걷다 오른쪽에 있는 리드브리지(Read Bridge)를 건넌 후, 왼쪽 골목으로 들어서서 조금만 걸으면 오른편에 위치. **홈페이지** www.attica.com.sg

3. 캔바스(Canvas)

홈클럽(Home Club)이라는 이름으로 지난 몇 년 주크와 함께 클락키의 대표 댄스클럽으로 이름을 날렸던 곳이다. 2014년 홈클럽이 문을 닫고 캔바스라는 이름으로 문을 열었다. 낮에는 아트갤러리로 운영되다, 밤에는 과거의 명성을 그대로 이어받아 신나는 음악이 울리는 클럽으로 변신한다. 테크노, 드럼앤베이스 등의 댄스음악이 주를 이루며, 감각적인 조명과 인테리어가 싱가포르에서의 밤을 더욱 근사하게 한다.

주소 20 Upper Circular Road, The Riverwalk B1-01/06 **가격** 입장료 및 음료 S$20~ **영업시간** 15:00~03:00/연중무휴 **문의** (65)6538-2928 **찾아가기** MRT 클락키(Clarke Quay)역 F출구로 나와 오른쪽으로 강변을 따라 5분 정도 걸으면 점보시푸드레스토랑을 지나 오른편에 위치. **홈페이지** canvasvenue.sg

Section 08

리버사이드에서 먹어봐야 할 것들

여유 있게 맛있는 음식을 즐기고 싶다면 클락키나 보트키보다는 다양한 레스토랑이 많은 로버슨키 쪽이 더 좋다. 클락키는 클럽과 라이브펍이 많아 늦은 시간에 방문해야 신나는 분위기를 즐길 수 있다. 보트키 강변 바로 뒤쪽 서큘러로드Circular Rd.에는 저렴한 가격의 음식점과 호커센터가 있으니 여기서 가볍게 배를 채운 뒤 강변의 펍에서 칵테일이나 술을 즐기는 것도 좋겠다. 리버사이드에서 유명한 칠리크랩을 맛볼 계획이라면 점보시푸드 보트키점과 로버슨키에 있는 레드하우스를 추천한다.

01 시끌벅적, 에너지가 넘치는 클락키

싱싱하고 깔끔한 해산물요리

프리맨틀 Fremantle ★★★☆☆

호주의 항구마을 프리맨틀에서 즐길 수 있는 싱싱한 해산물을 싱가포르의 리버사이드로 옮겨왔다. 해산물을 전문으로 하는 프리맨틀은 대서양과 태평양, 호주와 알래스카를 넘나들며 싱싱한 생선을 공수해 온다. 작은 항구마을의 레스토랑처럼 정겨우면서도 깔끔한 실내와 리버사이드가 바라다보이는 야외석으로 나뉘어 있다. 매장 한쪽에는 해산물요리에 필요한 다양한 소스와 생선을 파는 식료품매장을 따로 운영한다.

이곳의 파스타는 조개와 홍합, 랍스터, 연어, 새우 등 6가지 해산물 중 하나를 고른 뒤 면과 소스를 정하는 방식으로, 원하는 스타일의 파스타를 직접 결정할 수 있다. 모둠해산물 역시 여럿이 먹기 좋은데 굴과 생선회, 해산물타파스가 골고루 나와 푸짐하다.

주소 #01-05/06 3E River Valley Rd. **영업시간** 12:00~23:00(월~목요일, 일요일), 12:00~02:00(금~토요일, 공휴일)/연중무휴 **가격** 내 마음대로 골라먹는 해물파스타 S$28~, 모듬해산물(Chilled Platters) S$76~ **문의** (65)6337-1838 **찾아가기** MRT 클락키(Clarke Quay)역 F출구로 나와 콜맨브리지를 건넌 후 왼쪽으로 강변을 따라 걸으면 지맥스번지를 지나 오른편에 위치. 도보 5분 거리. **홈페이지** www.fremantleseafoodmarket.com.sg

칠리크랩의 명가
점보시푸드 Jumbo Seafood ★★★★☆

싱가포르하면 칠리크랩, 칠리크랩하면 점보시푸드로 불릴 만큼 싱가포르에서 가장 유명한 레스토랑이자 관광명소가 되었다. 리버사이드에만 클락키점과 리버워크점, 2개의 지점이 있는데 저녁에는 두 곳 모두 긴 줄이 늘어선다. 식사시간을 피할 수 없다면 예약을 하는 편이 좋다.

대표메뉴는 단연 칠리크랩인데, 달콤한 칠리소스로 양념한 크랩을 밥 또는 프라이드번과 함께 먹는다. 또 다른 인기메뉴는 블랙페퍼크랩으로 후추의 매콤함이 어우러져 달거나 느끼한 음식을 좋아하지 않는 사람들의 입맛에 잘 맞는다. 비싼 가격만큼 양은 넉넉한 편이다. 관자요리, 해물튀김 등 단품요리도 칠리크랩의 명성만큼 훌륭하다.

주소 730 Merchant Rd. #01-01/02 Riverside Point **운영시간** 12:00~15:00, 18:00~24:00(월~일요일)/연중무휴 **가격** 2인 S$80~ **문의** (65)6532-3435 **찾아가기** MRT 클락키(Clarke Quay)역 F출구로 나와 오른쪽으로 강변을 따라 걸으면 오른편에 위치. 도보 10분 거리. **홈페이지** www.jumboseafood.com.sg

흥겨운 라이브뮤직바
하이랜더 Highlander ★★★★☆

클락키의 중심에 자리한 인기 있는 라이브뮤직바이다. 스코틀랜드 스타일로 꾸민 실내의 뿔로 장식된 전통 샹들리에와 소품들이 인상적이다. 바에는 싱글몰트부터 호주, 일본, 인도, 아이리시 등 온갖 종류의 위스키가 진열되어 있다. 색다른 술을 원한다면 하이랜더필링Highlander Fling, 더스코츠모폴리탄The Scotsmopolitan 등의 위스키를 베이스로 하는 하이랜더만의 다양한 칵테일을 마셔 봐도 좋다.

하이랜더의 하이라이트는 매일 밤 9시에 시작되는 라이브쇼로, 다양한 레퍼토리로 구성된 기성가수들의 공연이 클락키 전체를 들뜨게 한다. 8시쯤 도착해 좋은 자리를 잡고 술을 즐기다 공연이 시작되면 음악에 몸을 맡기고 즐겨보자.

주소 #01-11 Blk. B Clarke Quay, 3 River Valley Rd. **영업시간** 17:00~02:00(일~목요일), 17:00~03:00(금~토요일, 공휴일)/연중무휴 **가격** 드래프트비어 S$17~, 위스키 1잔 S$17~, 칵테일 S$21~ **문의** (65)6235-9528 **찾아가기** MRT 클락키(Clarke Quay)역 C출구로 나와 왼쪽으로 강변을 따라 걷다 오른쪽에 있는 리드브리지(Read Bridge)를 건넌 후 직진하면, 분수가 있는 클락키센터의 왼쪽 코너에 위치. 도보 10분 거리. **홈페이지** www.highlanderasia.com

뉴질랜드식 바 겸 레스토랑
펀앤키위 Fern&Kiwi ★★★☆☆

바 겸 레스토랑으로, 자유분방하고 편안한 스타일의 뉴질랜드 음식과 와인, 맥주 등을 판다. 1층은 캐주얼한 펍 분위기로 뉴질랜드 정통 드래프트비어와 다양한 칵테일을 맛볼 수 있다. 싱싱한 굴요리를 비롯해 치킨윙, 피시앤칩스, 비프케밥, 포크벨리 등 맥주와 함께 먹기 좋은 간단한 스낵이 많아 술 한 잔과 함께 가벼운 저녁을 하기에 딱 좋다.
좀 더 격식 있는 분위기에서 식사를 즐기고 싶다면 2층 다이닝으로 올라가보자. 1층과는 전혀 다른 분위기로 뉴질랜드가 자랑하는 두툼한 스테이크와 샐러드, 스타터요리를 푸짐하게 먹을 수 있다. 특히 다양한 종류의 뉴질랜드산 와인이 있는데 잔당 S$8부터 S$20까지 저렴해 부담 없다. 저녁에는 주로 인디로컬밴드가 신나는 뉴질랜드 음악을 연주한다. 손님은 대부분 외국인으로 특유의 에너지가 넘친다.

주소 3C River Valley Road, #01-02/03 The Cannery 영업시간 1700~23:00(일~화요일), 17:00~03:00(수~금요일), 17:00~04:00(토요일)/매주 월요일 휴무 가격 오이스터 S$34~, 바 스낵 S$15~, 드래프트비어(400ml) S$14~, 칵테일 S$19~ 문의 (65)6336-2271 찾아가기 MRT 클락키(Clarke Quay)역 C출구로 나와 왼쪽으로 강변을 따라 걷다 오른쪽의 리드브리지(Read Bridge)를 건넌 후, 큰 도로가 나오는 클락키 끝까지 직진하면 오른쪽 코너에 위치. 도보 10분 거리. 홈페이지 www.fernandkiwi.com

멕시칸 분위기가 넘쳐흐르는
카페이구아나 Cafe Iguana ★★★★☆

귀여운 이구아나 로고가 멀리서부터 빛나는 카페이구아나는 맛있는 멕시코음식과 마가리타를 즐길 수 있는 멕시칸 바이다. 리버사이드가 보이는 전망 좋은 곳에 자리한 데다, 벽면을 가득 채운 화려한 벽화와 신나는 음악이 어우러진 흥겨운 분위기 덕분에 언제나 인기가 좋다. 유명한 비어펍인 브루웍스Brewerkz가 운영하는 곳으로, 브루웍스맥주를 비롯한 질 좋은 멕시코맥주를 선보인다.
100여 종이 넘는 테킬라와 싱가포르 전통주인 메즈칼Mezcal, 카페이구아나의 시그니처메뉴인 프로즌마가리타까지 주류가 다양하다. 또한 토르티야, 살사, 과카몰리 등 전통요리법에 따라 정성스럽게 만든 멕시코요리도 맛볼 수 있다. 밤이면 신나는 멕시코 음악과 함께 흥겨운 저녁을 보낼 수 있다.

주소 30 Merchant Rd. #01-03 Riverside Point 영업시간 16:00~00:00(월~목요일), 16:00~03:00(토요일, 공휴일 전날), 12:00~03:00(토요일), 12:00~00:00(일요일)/매주 월요일 휴무 가격 멕시코 전통주 메즈칼 1잔 S$14~, 테킬라 1잔 S$10~, 퀘사디야(Quesadillas) S$15, 타코샐러드 S$13 문의 (65)6236-1275 찾아가기 MRT 클락키(Clarke Quay)역 C출구로 나와 왼쪽으로 강변을 따라 걸으면 리드브리지(Read Bridge)를 지나 왼편에 위치. 도보 10분 거리. 홈페이지 www.cafeiguana.com

맥주 가격이 오르락내리락하는

비어마켓 Beer Market ★★★★☆

최근 클락키에서 잘 나가는 펍 중 하나이다. 이름에서 알 수 있듯 수많은 종류의 다양한 맥주를 구비하고 있는데, 판매 방식이 무척 흥미롭다. 주식거래를 뜻하는 '스톡마켓'에서 이름을 딴 비어마켓의 바는 마치 주식거래시장처럼 시시각각 바뀌는 맥주 가격이 30분에 한 번씩 화면에 중계된다. 그날 가장 많이 팔리는 맥주일수록 가격이 올라가고, 인기가 덜한 맥주는 그만큼 내려간다. 덕분에 먹어보지 않았던 맥주를 싼값에 맛보게 되는 재밌는 경험을 할 수 있다.

술에만 집중하는 일반적인 펍과 달리 식사메뉴가 다양한데 그중에서도 오징어튀김, 타이거새우요리 등 가벼운 해산물스낵이 맛있다. 특히 4가지 종류의 특제소스는 어떤 요리와 함께 먹어도 입맛을 돋우는 신기한 매력을 갖고 있다.

주소 #01-17&#02-02, Clarke Quay, 3B River Valley Rd. 영업시간 18:00~01:00(일~목요일), 18:00~03:00(금~토요일, 공휴일 전날)/연중무휴 가격 1인당 S$20~ 문의 (65)9661-8283 찾아가기 MRT 클락키(Clarke Quay)역 C출구로 나와 왼쪽으로 강변을 따라 걷다 오른쪽에 있는 리드브리지(Read Bridge)를 건넌 후, 큰 도로가 나오는 클락키 끝까지 직진하면 왼편에 위치. 도보 10분 거리. 홈페이지 www.beermarket.com.sg

클락키를 대표하는 락앤블루스 라이브바

크레이지엘리펀트 Crazy Elephant ★★★★☆

클락키에서 제일 오래 자리를 지킨 최고의 라이브바로 매일 밤 10시부터 훌륭한 공연이 시작된다. 딥퍼플, 로비윌리엄스, REM 등 유명한 가수들이 무대에 섰을 만큼 싱가포르를 대표하는 수준급 밴드와 가수들이 무대를 채운다.

로큰롤, 블루스, 재즈 등 음악의 종류는 매일 조금씩 다르지만 이곳에서 흘러나오는 음악은 언제나 클락키를 찾는 사람들의 발길을 멈추게 한다. 강가와 바로 인접해있는 데다 1층 입구가 시원하게 뻥 뚫려 있어 야외에서 공연을 즐기는 듯한 기분도 느낄 수 있다. 매주 일요일은 '잼나잇Jam Night'으로 함께 연주를 원하는 사람이라면 누구든 참여해 멋진 공연을 만들 수 있다.

주소 #01-03/04, Clarke Quay, 3E RiverValley Rd. 영업시간 17:00~02:00(일~목요일), 17:00~03:00(금~토요일)/연중무휴 가격 1인당 S$20~ 문의 (65)6337-7859 찾아가기 MRT 클락키(Clarke Quay)역 F출구로 나와 콜맨브리지를 건넌 후 왼쪽으로 강변을 따라 걸으면 지맥스번지를 지나 오른편에 위치. 도보 5분 거리. 홈페이지 www.crazyelephant.sg

02 운치 있는 강변이 아름다운 보트키

국물이 시원한 싱가포르식 갈비탕

송파바쿠테 Song Fa Bak Kut Teh ★★★★★ 추천

바쿠테

야채볶음

1969년부터 꾸준히 국물이 진한 바쿠테를 만들어온 맛집이다. 바쿠테는 허브와 향신료를 넣은 국물에 돼지갈비를 넣고 푹 끓인 고깃국으로 우리나라의 갈비탕과 비슷하다. 집집이 국물에 넣는 허브가 다르고 맛을 내는 스타일이 달라 조금씩 차이를 느낄 수 있는데, 대부분 한 숟가락을 입에 넣고 삼키는 순간 '시원하다'라는 감탄사가 자연스럽게 나올 만큼 진한 맛이 일품이다. 고기도 부드러워 한 그릇 먹고 나면 건강해지는 기분이다. 보통 바쿠테와 함께 채소, 마파두부 등 몇 가지 반찬을 함께 시키는데 밥과 함께 먹으면 속이 든든하다. 바쿠테 종류는 돼지갈비, 돼지 간 등 부위에 따라 고를 수 있다. 클락키역 맞은편에 위치한 송파바쿠테는 그 명성 덕분에 언제나 긴 줄이 늘어서 있다. 사람이 많을 때는 기본 10분 이상 기다려야 한다.

주소 11 New Bridge Rd. #01-01 **영업시간** 09:00~21:30(화~토요일), 08:30~21:30(일요일)/매주 월요일 휴무 **가격** 바쿠테 S$7~ **문의** (65)6222-9195 **찾아가기** MRT 클락키(Clarke Quay)역 E출구로 나와 횡단보도 건너편에 바로 위치. **홈페이지** www.songfa.com.sg

부담 없는 태국식 샤부샤부

똠양쿵푸 Tom Yang Kung Fu ★★★☆☆

서큘러로드Circular Rd.에 자리한 레스토랑이다. 태국 어딘가에 온 듯 자연스러운 분위기와 70년대 스타일의 인테리어가 편안하다. 이곳의 대표메뉴는 숯으로 요리하는 태국식 샤부샤부와 바비큐인 무카타Mookata이다. 고기와 해산물, 채소 등을 김이 모락모락 나는 팬 위에 구워 먹는 요리로, 가운데에는 고기를 굽고 가장자리에는 국물과 채소를 넣어 샤부샤부를 즐길 수 있다. 태국식 샐러드와 커리, 팟타이, 생선구이 등 단품 요리도 다양하며 태국맥주 싱아Singha까지 더하면 푸짐한 저녁식사로 부족함이 없다.

주소 16 Circular Rd. **영업시간** 11:30~14:30, 18:00~22:30(월~금요일), 18:00~22:30(토~일요일)/매달 첫 번째 일요일 휴무 **가격** 샤부샤부&바베큐무카타 S$38~, 새우튀김 S$13~ **문의** (65)6536-1646 **찾아가기** MRT 클락키(Clarke Quay)역 E출구로 나와 길을 건넌 후 송파바쿠테 옆 골목에 있는 어퍼서큘러로드(Upper Circular Rd.)를 지나 길을 건너면 맞은편 서큘러로드(Circular Rd.) 왼편에 위치. 도보 10분 거리. **홈페이지** tomyumkungfu.com

분위기 좋은 멕시코바

홈브레칸티나 Hombre Cantina ★★★★☆

진짜 멕시코의 맛과 분위기를 자랑하는 멕시코 전통 바이다. 흔히 생각하는 테킬라는 '다음 날 일어나면 머리가 깨질 듯이 아픈 싸구려 독한 술'이라는 이미지가 강하다. 홈브레의 젊은 오너는 테킬라에 대한 편견을 바로잡고자 깔끔하고 맛있는 프리미엄 테킬라를 선보인다. 프리미엄 테킬라는 손에 묻힌 소금과 함께 한 번에 입에 탈탈 털어 넣는 것이 아니라 위스키처럼 천천히 음미하며 마시는 방식이다.

콘으로 만든 토르티야Tortilla, 부드러운 도우 안에 온갖 채소와 고기 등을 넣은 부리토, 맥주안주로 좋은 나초 등 스낵류도 다양하다. 벽과 바닥을 꾸민 나무판자는 실제로 멕시코에서 가져온 것으로 자연스러운 인테리어가 돋보인다. 아담한 야외 바에 앉으면 아름다운 싱가포르강이 한눈에 들어와 더없이 좋다. 모든 메뉴는 주문법이 쉽게 그림으로 설명되어 있어 편하다.

주소 53 Boat Quay 운영시간 12:00~00:00(월~토요일)/매주 일요일 휴무 가격 테킬라 1잔 S$10~, 스낵류 S$15~ 문의 (65)6438-6708 찾아가기 MRT 클락키(Clarke Quay)역 F출구로 나와 오른쪽으로 강변을 따라 10분 정도 걸으면 보트키 레스토랑 거리 중간에 위치. 홈페이지 www.hombrecantina.com

크레페와 와인 한 모금

르꽁뜨와 Le Comptoir ★★★☆☆

하얀 벽 위에 푸른색으로 근사하게 쓰인 간판과 길 위에 놓인 키가 큰 테이블이 프랑스의 작은 항구를 연상시키는 예쁜 디저트부티크 겸 바이다. 르꽁뜨와의 시그니처메뉴는 바로 프랑스식 크레페. 메밀가루로 만든 프랑스 전통 크레페 갈레트Galette를 비롯해서 망고와 새우를 넣어 만든 아시아스타일의 팬케이크, 소고기와 양파, 고수, 당근 등으로 만든 베트남식 크레페까지 다양하다.

또한 프랑스에서 독립양조장의 와인들을 들여와 새로운 와인을 맛보는 재미가 있다. 와인과 맥주 등 모든 주류는 언제든지 마실 수 있어, 늦은 오후 사람이 많지 않은 시간에 찾으면 한적한 레스토랑 안에서 크레페와 함께 와인을 즐기는 여유를 부려볼 수도 있다.

주소 79 Circular Rd. 영업시간 11:00~00:00(월~화요일), 11:00~02:00(수~목요일, 토요일), 11:00~03:00(금요일), 11:00~22:00(일요일)/연중무휴 가격 크레페 S$15~, 와인 1잔 S$10~ 찾아가기 MRT 클락키(Clarke Quay)역 E출구로 나와 길을 건넌 후 송파바쿠테 왼쪽 골목에 있는 어퍼서큘러로드(Upper Circular Rd.)로 진입, 한 번 더 길을 건넌 후 맞은편 서큘러로드(Circular Rd.)로 들어가 조금만 걸으면 오른편에 위치. 도보 10분 거리. 홈페이지 www.facebook.com/OComptoirSG

힙스터들을 위한 바

더스피피 대퍼 The Spiffy Dapper ★★★★☆

보트키에 숨어있는 더스피피 대퍼를 찾아보자. 보트키 강변에 늘어선 허름한 건물 1층에 아주 작은 글씨로 쓴 간판을 찾은 후 좁고 어두컴컴한 계단을 오른다. 옅게 흘러나오는 음악소리를 따라 2층에 올라선 후 왼쪽에 있는 낡은 나무문을 열면 싱가포르에서 가장 핫한 힙스터들의 바가 나타난다.

어두운 조명과 자그마한 바, 짝이 맞지 않은 테이블 몇 개가 전부이지만, 아지트 같은 분위기에 근사한 음악까지 더해져 금세 이곳의 매력에 빠져든다. 더스피피 대퍼에는 술 메뉴가 따로 없다. 브랜드의 술은 그대로 주문하면 되지만, 칵테일을 원한다면 바텐더와의 대화가 필수이다. 오늘의 기분, 좋아하는 향기, 선호하는 맛 등을 대답하면 그에 맞는 새로운 칵테일을 만들어주기 때문이다. 이른 저녁에는 문을 열지 않는 경우가 많으니 넉넉히 8시 이후에 가는 것이 좋다.

주소 73 Amoy St. 영업시간 19:00~04:00/연중무휴 가격 칵테일 1잔 S$20~ 문의 (65)8233-9810 찾아가기 MRT 클락키(Clarke Quay)역 F출구로 나와 오른쪽으로 강변을 따라 10분 정도 걸으면 보트키 레스토랑 거리 중간에 위치. 홈페이지 spiffydapper.com

리버사이드의 유일무이한 호커센터

BK이팅하우스 BK Eating House ★★★☆☆

보트키 리버사이드 뒤편에 있는 서큘러로드에 있어 낮에는 주변 직장인들로, 저녁에는 보트키를 찾은 사람으로 늘 북적거린다. 관광객을 대상으로 하는 비싼 레스토랑이 많은 보트키에서는 드물게 저렴한 로컬푸드를 즐길 수 있는 곳이다.

BK이팅하우스는 작은 커피숍 하나와 4~5곳의 작은 식당으로 구성되어 있다. 이 중에서 양키누들하우스Yan Kee Noodle House의 드라이누들Dry Mee Sua은 일부러 찾아오는 사람들이 있을 만큼 인기가 좋다. 국수나 볶음밥 등으로 식사하는 사람도 있지만 밤에는 야외테이블에 자리 잡고 앉아 음식과 함께 맥주를 즐기는 사람도 많다. 위치의 특성상 월요일부터 토요일까지 24시간 문을 열며 일요일에만 문을 닫는다.

주소 21 South Bridge Rd. 영업시간 24시간(월요일~토요일)/매주 일요일 휴무 가격 국수류 S$3.5~ 찾아가기 MRT 클락키(Clarke Quay)역 E출구로 나와 길을 건넌 후 송파바쿠테 왼쪽 골목에 있는 어퍼서큘러로드(Upper Circular Rd.)로 진입, 한 번 더 길을 건너면 맞은편 서큘러로드(Circular Rd.) 초입에 위치. 도보 10분 거리.

03 강변의 여유와 낭만이 있는 로버슨키

복고풍 카페 겸 펍
코피소사이어티 Kopi Society ★★★★☆

거리마다 고소한 커피향과 음식 냄새로 가득했던 오래전 싱가포르를 현대식으로 재해석해 만든 카페 겸 펍이다. 4~5개의 테이블이 놓인 실내는 아담하지만, 저녁에는 야외테라스에서도 식사를 즐길 수 있다.
아침메뉴로는 과거 아침식사로 즐겨 먹던 국수요리인 프라이드비훈Fried Bee Hoon과 나시레막Nasi Lemak이 있고, 런치메뉴는 락사Laksa, 치킨라이스Chicken Rice, 미시암Mee Siam세트 등 인기 좋은 로컬푸드로 채워져 있다. 고소한 카야잼을 듬뿍 바른 토스트와 싱가포르 코피를 함께 즐길 수 있는 세트메뉴는 아침부터 늦은 저녁까지 언제든 먹을 수 있다. 예전 많은 호커센터가 그러했듯, 밤이 되면 자연스럽게 술과 함께 이야기를 나누는 펍 분위기로 바뀐다. 저녁메뉴는 치킨윙, 소시지 등 서양식에 가깝다. 타이거, 기네스, 하이네켄, 에딩거 등 전문 펍 못지않게 맥주를 갖추고 있다.

주소 81 Clemenceau Ave, UE Square. #01-22 영업시간 08:00~23:00(월~목요일), 08:00~00:00(금~토요일), 08:00~22:00(일요일)/연중무휴 가격 아침메뉴 S$2~, 런치세트 S$6.90~ 문의 (65)9790-1200 찾아가기 ① MRT 클락키(Clarke Quay)역 F출구로 나와 콜맨브리지(Coleman Bridge)를 건넌 후 왼쪽에 있는 강변을 따라 15분 정도 걸으면 오른쪽에 있는 UE스퀘어몰 내에 위치. ② MRT 클락키(Clarke Quay)역에서 나와 택시로 5분 거리. 홈페이지 kopisociety.com

즐거운 인테리어와 신나는 음식
슈퍼로코 Super Loco ★★★★☆

3명의 젊은 친구가 멕시코에서 경험한 즐겁고 자유분방한 문화와 음식을 싱가포르에 그대로 들여왔다. 차이나타운에 있는 루차로코Lucha Loco에 이어 2번째로 문을 열었다. 즐겁고 축제 같은 레스토랑을 만들겠다는 이들의 소신이 묻어나는 재기발랄한 인테리어 덕분에 들어서자마자 행복해진다. 멕시코 해변에 온 듯 보기만 해도 기분 좋아지는 색으로 가득한 벽과 테이블이 식사를 한층 즐겁게 한다.

평일런치와 주말 브런치메뉴는 무려 15가지로, 커다란 플레이트에 채소와 계란 등 기본 재료와 함께 다양한 멕시칸음식이 곁들여진다. 아이들을 위한 키즈메뉴도 따로 준비되어 있다. 저녁메뉴는 거창한 요리보다는 토르티야, 토스타다 등 도우에 여러 가지 재료를 올린 멕시코의 길거리음식을 콘셉트로 해 부담 없다. 또한 맥주부터 진과 보드카, 테킬라, 칵테일까지 모든 종류의 술을 즐길 수 있다.

주소 60 Robertson Quay 운영시간 09:00~18:00(월~금요일), 11:00~19:00(토요일), 12:00~15:00(일요일)/연중무휴 가격 런치 S$15~, 저녁 단품 S$16~ 문의 (65)6235-8900 찾아가기 MRT 클락키(Clarke Quay)역 F출구로 나와 콜맨브리지(Coleman Bridge)를 건넌 후 왼쪽에 있는 강변을 따라 15분 정도 걸으면 오른편에 위치. 홈페이지 super-loco.com

여유 있게 칠리크랩을 즐기는

레드하우스 Red House ★★★★☆

로버슨키의 한적한 산책길에 자리한 레드하우스는 1976년 오픈한 전통 있는 레스토랑으로 칠리크랩을 전문으로 한다. 관광객들 사이에서는 클락키에 있는 점보시푸드레스토랑이 더 유명하지만 현지인들에게는 오히려 레드하우스의 선호도가 더 높은 편이다. 언제나 붐비는 점보에 비해 한적해 여유 있는 분위기를 선호하는 사람들에게 추천한다.

2명 이상 먹을 수 있는 레드하우스의 세트메뉴의 구성이 꽤 알차다. 와인 한 잔으로 시작해, 조개와 새우요리가 차례로 나오며 달콤한 칠리크랩과 매콤한 블랙페퍼크랩 중 하나를 선택할 수 있다. 마지막에는 디저트로 마무리한다.

주소 60 Robertson Quay 영업시간 15:00~23:00(월~금요일), 11:00~23:00(토~일요일, 공휴일)/연중무휴 가격 1인당 S$78~ 문의 (65)6735-7666 찾아가기 MRT 클락키(Clarke Quay)역 F출구로 나와 콜맨브리지(Coleman Bridge)를 건넌 후 왼쪽에 있는 강변을 따라 15분 정도 걸으면 오른편에 위치. 홈페이지 www.redhouseseafood.com

와인천국
와인커넥션 Wine Connection ★★★☆☆

와인에 대해서 둘째가라면 서러워할 와인 전문 레스토랑이다. 1998년 방콕에서 시작한 와인커넥션은 15년 동안 전 세계의 와인을 비롯해 드래프트비어와 글라스용품 등을 수집해왔다. 와인커넥션의 전문가들은 매년 2,000개가 넘는 와인을 테이스팅하면서 최고의 맛을 가진 와인을 엄선한다. 싱가포르에만 5개의 매장을 운영하는데, 로버슨키에 있는 와인커넥션은 와인과 함께 간단한 타파스를 즐길 수 있는 테마로 오픈 직후부터 사랑받아왔다.

와인커넥션은 크게 치즈바와 타파스바로 2개의 공간으로 나뉘어 있다. 치즈바는 간단한 치즈를 원하는 만큼 그릇에 담아 즐기는 델리스타일이다. 그에 반해 타파스바는 스테이크, 리소토 등 메인음식을 즐기는 레스토랑 분위기에 가깝다. 괜찮은 와인 1병에 S$20 정도로 꽤 합리적인 가격이다. 목요일 이후부터 저녁 7시가 지나면 350여 석이 모두 꽉 차니 허탕을 치지 않으려면 예약하는 편이 좋다.

주소 11 Unity Street. Robertson Walk #01-06 영업시간 11:30~02:00(월~목요일), 11:30~03:00(금~토요일), 11:30~00:00(일요일)/연중무휴 가격 와인 S$20~, 치즈플래터 S$15~ 문의 (65)6235-5466 찾아가기 MRT 클락키(Clarke Quay)역 F출구로 나와 콜맨브리지(Coleman Bridge)를 건넌 후 왼쪽에 있는 강변을 따라 15분 정도 걸으면 오른쪽에 있는 로버슨워크 내에 위치. 홈페이지 www.wineconnection.com.sg

인도, 태국, 이탈리아 음식이 한곳에
바바블랙십 Bar Bar Black Sheep ★★★★☆

부킷티마로드, 홀랜드빌리지 등 이름 난 다이닝플레이스에 여러 개의 체인을 운영하는 레스토랑 겸 바이다. 귀여운 양을 마스코트로 하는 바바블랙십의 장점은 합리적인 가격으로 수준급의 요리를 맛볼 수 있다는 것. 특이하게 전혀 다른 북인도, 태국, 이탈리안의 3가지 종류의 음식을 다루고 있어 인도식 커리와 타이식 볶음밥, 파스타를 동시에 먹을 수 있다.

실제로 이 3종류의 음식을 요리하는 부엌도 따로 운영된다. 온갖 종류의 주류를 자랑하는 바도 만날 수 있다. 덕분에 낮에도 간단하게 맥주나 칵테일을 즐길 수 있으며, 밤에는 강가에 있는 테라스에 앉아 여유로운 시간을 보낼 수 있다. 평일 점심시간에는 S$11의 저렴하면서도 푸짐한 런치세트를 선보인다.

주소 86 Robertson Quay #01-04 운영시간 11:00~00:00(월~금요일, 일요일), 10:00~00:00(토요일)/연중무휴 가격 런치 S$11, 단품 S$10~ 문의 (65)6836-9255 찾아가기 ① 리버사이드에서 택시로 5분. ② MRT 클락키(Clarke Quay)역 F출구로 나와 콜맨브리지(Coleman Bridge)를 건넌 후 왼쪽 강변을 따라 20분 정도 걸으면 오른편에 위치. 홈페이지 www.bbbs.com.sg

Special 03

싱가포르의 환상적인 밤을 보낼 루프톱바

해가 지고 도시에 하나둘 조명이 켜지기 시작하면 싱가포르의 건물 옥상에서는 즐거운 파티가 시작된다. 마리나베이, 리버사이드, 올드시티 등 장소를 불문하고 건물의 꼭대기에 도착해 엘리베이터 문이 열리는 순간 도시의 야경이 선물하는 멋진 풍광이 펼쳐진다. 건물의 높이, 뷰의 방향, 분위기까지 꼼꼼하게 고려해 최고의 밤을 보낼 곳을 정해보자.

환상적인 뷰와 함께 즐기는 수제맥주

레벨33(Level33)

레벨33은 마리나베이 파이낸셜센터타워의 33층에 위치한다. 오른쪽으로는 마리나베이샌즈호텔이, 왼쪽으로는 래플스플레이스가, 정면으로는 에스플러네이드가 보이는 환상적인 뷰를 자랑하는 곳이다. 칵테일이나 위스키 위주인 보통 바와는 달리 다양한 수제맥주를 전문으로 한다. 초저녁 스테이크로 든든하게 배를 채운 후 여유 있게 시원한 맥주와 근사한 야경으로 마무리하면 좋다.

주소 8 Marina Blvd. Marina Bay Financial Centre Tower 33층 **영업시간** 11:30~00:00(월~수요일), 11:30~02:00(목~금요일, 공휴일 전날), 10:00~02:00(토요일), 12:00~00:00(일요일)/연중무휴 **가격** 수제맥주 300ml S$9.33/12.33, 500ml S$13.33/17.33(20:00 이전/이후) **문의** (65)6834-3133 **홈페이지** www.level33.com.sg

야경의 정석

쿠데타(Ku De Ta)

마리나베이샌즈호텔 57층에 위치한 쿠데타는 호텔의 유명세만큼 높은 인기를 구가하는 루프톱바 중 하나이다. 57층의 거칠 것 없는 아찔한 높이에서 360도 파노라믹 뷰로 마리나베이가 펼쳐져 싱가포르 야경의 정석을 보여준다. 아시아 최고의 호텔이라는 명성에 어울리는 훌륭한 저녁메뉴를 갖추고 있어 실내에서 근사한 식사를 즐긴 후, 야외테이블에서 칵테일이나 와인을 마시는 코스도 괜찮다. 저녁 6시 이후에는 슬리퍼, 반바지, 탱크톱 등의 차림으로 입장할 수 없다.

주소 1 Bayfront Ave. MBS 57층 **귀띔 한마디** 쿠데타는 레스토랑, 클럽라운지, 스카이바로 나뉘어 있는데 클럽라운지는(금~토요일, 공휴일 전날 21:00 이후) 커버차지(입장료)가 S$38이며 나머지는 무료이다. **영업시간** 12:00~늦은 밤/연중무휴 **가격** 칵테일 S$24~, 와인 1잔 S$23~, 샴페인 1병 S$198~ **문의** (65)6688-7688 **홈페이지** www.marinabaysands.com

캐주얼한 분위기의 일본식 바

킨키(Kinki)

풀러턴베이호텔 옆 낮은 건물인 커스텀하우스 옥상에 있는 일본식 바 겸 레스토랑이다. 펑크와 힙합이 주를 이루는 신나는 음악부터 개성 있는 그라피티로 꾸민 벽면, 캐주얼한 옷차림의 스태프들까지. 높은 건물 꼭대기에 있는 호화로운 루프톱바들과는 사뭇 다른 자유로운 분위기가 매력적이다. 높다고 해서 더 좋은 풍경을 보여주는 것은 아니라는 듯 손에 잡힐 듯 가까운 야경이 흥겨운 분위기를 더욱 무르익게 한다.

주소 Customs House 2층, 70 Collyer Quay **영업시간** 17:00~늦은 밤/매주 일요일 휴무 **해피아워** 17:00~20:00(월~금요일), 18:00~21:00(토요일) **가격** 칵테일 S$19~, 위스키/보드카 S$13~, 사케(180ml) S$35~, 병맥주 S$14~ **문의** (65)6533-3471 **홈페이지** www.kinki.com.sg

보트키에 숨은 근사한 옥상

사우스브리지(South Bridge)

보트키에 있는 유일한 루프톱바로 마리나베이에 위치한 바들과는 또 다른 아름다운 야경을 선사한다. 보트키에 늘어선 5층짜리 낮은 건물의 옥상에 자리하여 아래를 바라보면 유유자적 강물이 흐르는 보트키와 클락키가, 고개를 들어 바라보면 화려한 마리나베이가 한눈에 담긴다. 아담한 공간이지만 분위기 있는 음악과 활기 넘치는 분위기로 주말에는 언제나 만석이니 예약은 필수이다.

주소 80 Boat Quay 5층 **영업시간** 17:00~늦은 밤/연중무휴 **해피아워** ~20:00까지(월~금요일) **가격** 맥주 S$10~, 샴페인 1병 S$140~, 와인 1잔 S$14~ **문의** (65)6877-6965 **홈페이지** www.southbridge.sg

베테랑 DJ가 선곡하는 음악에 취하는

루프(Loof)

올드시티의 오데온타워에 있는 루프는 오래된 단골손님이 많은 싱가포르다운 루프톱바 중 하나이다. 밤이 되면 평화롭고 조용한 올드시티의 거리와는 달리, 건물 꼭대기 층에 올라가면 이국적인 밤공기와 함께 사방이 탁 트인 시원한 야외 바가 나타난다. 디제이가 선정한 음악에 따라 그날그날의 분위기가 달라지는데 보통 80~90년대 음악과 디스코 등 복고음악이 주를 이룬다. 격식 있게 차려입어도, 편안하게 입고와도 모두 어울리는 분위기이다.

주소 #03-07, Odeon Towers, 331 North Bridge Rd. **영업시간** 17:00~01:00(월~목요일), 17:00~03:00(금~토요일)/매주 일요일 휴무 **해피아워** 17:00~20:00(월~금요일) **가격** 와인 1잔 S$16~, 샴페인 1병 S$140~, 병맥주 S$13~ **문의** (65)9773-9304 **홈페이지** www.loof.com.sg

정중하고 클래식한 마리나베이의 루프톱바

미@오유이(ME@OUE)

마리나베이의 마천루를 이루는 건물 중 하나인 OUE 센터 50층에 자리한다. 넓고 푹신한 소파와 우아한 돌기둥, 정중한 웨이터들까지 클래식한 분위기가 넘쳐흐른다. 다양한 칵테일부터 위스키, 보드카는 물론, 샴페인과 와인리스트까지 보유하고 있다. 카나페, 타파스 등 가벼운 스낵류가 많아 저녁 후 들러 야경과 함께 술 한 잔을 즐기기에 딱 좋다.

주소 50 Collyer Quay **영업시간** 18:00~늦은 밤/매주 토요일 낮, 일요일 휴무 **해피아워** 18:00~20:00(월~금요일) **가격** 병맥주 S$14~, 샴페인 1병 S$200~, 칵테일 S$23~ **문의** (65)6634-4555 **홈페이지** me-oue.com

에스플러네이드 꼭대기에 있는 널찍한 테라스 바

올고(orgo)

마리나베이의 아이콘이자 두리안을 닮은 건물 에스플러네이드의 옥상에 있다. 적당한 높이와 360도 탁 트인 시야 덕분에 마리나베이의 모든 랜드마크가 파노라믹으로 펼쳐진다. 바 중간에 에어컨이 설치된 통유리 실내 바도 있어 시원한 바람을 맞으며 야경을 즐길 수도 있다. 일본에서 온 유명한 믹솔로지스트 토모유키키타조에가 만든 다양한 레시피의 칵테일을 맛볼 수 있다.

주소 Esplanade-Theaters on the Bay, 8 Raffles Ave. **영업시간** 18:00~02:00/연중무휴 **해피아워** 18:00~20:00(월~금요일) **가격** 병맥주 S$15~, 샴페인 1병 S$200~, 칵테일 S$20~ **문의** (65)6336-9366 **홈페이지** www.orgo.sg

63층에서 내려다보는 야경의 최고봉

원엘티듀드(1-Altitude)

센트럴비즈니스지역에서도 가장 우뚝 솟아 있는 OUB센터 건물 63층에 자리하고 있다. 원엘티듀드는 독보적인 높이에서 바라보는 만큼 아름다운 야경을 선사하는데, 특히 삼각형 모양으로 생긴 테라스의 꼭짓점에 서면 아찔하면서도 잊을 수 없는 멋진 광경이 펼쳐진다. 루프톱바뿐만 아니라 바로 아래층에 스포츠바와 정통 유럽레스토랑까지 운영하고 있어 알찬 저녁시간을 보낼 수 있다. 단, 입장료 S$30를 내야 한다.

주소 1 Raffles Place **영업시간** 18:00~늦은 밤까지/연중무휴 **가격** 와인 1잔 S$18~, 위스키 1잔 S$16~, 드래프트비어 S$18~ **문의** (65)6438-0410 **홈페이지** www.1-altitude.com

럭셔리한 분위기에서 대화가 필요할 때

랜턴(Lantern)

럭셔리호텔 풀러턴베이의 명성에 걸맞는 분위기와 뷰를 선사하는 곳이다. 마리나베이가 한눈에 들어오는 시원한 뷰에 부드러운 음악이 흘러나와 밤이 더욱 아름답다. 시끌벅적한 분위기보다 대화가 가능한 차분한 느낌을 선호한다면 랜턴이 적합하다. 샴페인이나 톡 쏘는 상큼한 칵테일이 분위기와 가장 어울리지만 저녁식사부터 맥주, 와인, 보드카와 위스키까지 모두 즐길 수 있다.

주소 80 Collyer Quay **영업시간** 08:00~01:00(일~목요일), 08:00~02:00(금~토요일, 공휴일)/연중무휴 **해피아워** 11:00~18:00(매일) **가격** S$20~ **문의** (65)6597-5299 **홈페이지** www.fullertonbayhotel.com/dining/lantern

고층건물에 둘러싸인 분위기 좋은 옥상 풀바

하이소(Hi-SO)

하이소는 래플스플레이스에 위치한 소피텔소호텔 꼭대기 층에 있는 풀바이다. 센트럴비즈니스지역 한가운데 있어 야외풀장을 고층건물이 둘러싸고 있다. 주위를 둘러싼 건물에서 흘러나오는 조명들은 분위기를 한층 더 감각적으로 만든다. 디제이들이 주로 최신음악을 선곡하지만 오픈한 지 오래되지 않아 평일이나 사람이 많지 않은 시간에는 조용하고 아늑하다. 시끄럽지 않은 숨은 루프톱바를 찾는다면 후회하지 않을 곳.

주소 Sofitel SO, 35 Robinson Rd. **영업시간** 11:00~00:00/연중무휴 **가격** 샴페인 1병 S$160~, 위스키/보드카 S$18~ **문의** (65)6701-6800 **홈페이지** www.sofitel.com/gb/hotel-8655-sofitel-so-singapore/bar.shtml

Chapter 04

먹고 걷고 쇼핑하라, 오차드로드

Orchard Road

★★★☆☆
★★★★☆
★★★★★

오차드로드는 싱가포르를 세계적인 '쇼핑의 도시'로 불리게 하는 최대 규모의 쇼핑거리이다. MRT 오차드역에서 시작해 도비갓역까지 이어지는 길 위에 다양한 쇼핑몰이 긴 행렬을 이루고 있다. 모든 곳을 꼼꼼히 다 돌아보려면 며칠이 걸려도 힘들 만큼 쇼핑몰의 숫자도 규모도 대단하다.

싱가포르의 쇼핑몰은 단순한 쇼핑 이상의 즐거움을 준다. 각기 다른 콘셉트로 설계한 쇼핑몰의 건축물 자체도 큰 볼거리이며, 그것에 걸맞게 꾸민 기발한 인테리어도 흥미롭다. 또한 쇼핑몰은 또 하나의 즐거운 식도락 장소이다. 각종 유명한 레스토랑과 카페, 특색 있는 푸드코트가 몰 내에 입점해 있어 여러 종류의 음식을 맛볼 수 있다. 이른 아침이나 쇼핑을 끝낸 늦은 오후에는 오차드로드 근처에 있는 싱가포르 최고의 정원 보타닉가든이나 페라나칸의 고택이 남아 있는 에메랄드힐에서 여유롭고 느긋한 산책을 즐겨보자.

오차드로드를 이어주는 교통편

MRT 오차드Orchard역과 서머셋Somerset역, 도비갓Dhoby Ghaut역, 3개의 역이 이어져 있는 오차드로드에 거의 모든 쇼핑몰이 포진해 있다. 가고자 하는 몰에서 가장 가까운 역에서 내려 일정을 시작하는 것이 좋은데, 대부분의 몰은 오차드역과 서머셋역에 몰려 있는 편이다. 각 역은 도보로 5~10분 거리로 에어컨이 나오는 몰들로 연결되어 있어 따로 버스나 택시를 이용할 필요는 없다.

오차드로드에서 이것만은 꼭 해보자

1. 다양한 로컬브랜드와 해외브랜드로 이뤄진 편집숍에서 싱가포르만의 독특한 패션트렌드 읽어보기
2. 똑같은 건물을 찾아볼 수 없는 오차드로드의 쇼핑몰 건물들 찬찬히 구경하기
3. 해 질 무렵 보타닉가든과 에메랄드힐에서 여유 있게 산책하기
4. 만다린갤러리나 파라곤, 스콧스퀘어 등 부티크몰에 숨은 인기 있는 레스토랑에서 여유 있게 식사하기

사진으로 미리 살펴보는 오차드로드 베스트코스

오차드로드는 쇼핑은 물론, 식도락과 산책까지 모두 즐길 수 있는 곳이다. 이른 아침 보타닉가든에서 여유로운 산책을 한 후 더운 낮에는 시원한 에어컨이 나오는 쇼핑몰에서 알찬 쇼핑을 즐기자. 저녁에는 로맨틱한 뎀시힐에서 근사한 식사로 하루를 완벽하게 마무리할 수 있다.

1 먹고, 걷고, 쇼핑하는 하루 종일 코스(예상 소요시간 6시간 이상)

보타닉가든
1시간 코스

→ 5분

ION오차드
30분 이상 코스

→ 5분

탕스
30분 이상 코스

→ 5분

스콧스퀘어
와일드허니(브런치)
1시간 코스

→ 10분

로빈슨
30분 코스

→ 3분

키퍼스
30분 코스

→ 5분

오차드센트럴
30분 코스

→ 3분

크래이트&배럴
30분 코스

→ 10분

뎀시힐
(저녁)
1시간 이상 코스

2 오차드로드의 숨은 장소 구석구석 둘러보기(예상 소요시간 5시간 이상)

에메랄드힐 산책
30분 코스

→ 5분

오차드게트웨이
라이브러리
30분 코스

→ 3분

오차드센트럴
편집숍
30분 코스

→ 7분

킬리니로드
(점심)
30분 코스

→ 10분

키퍼스
30분 코스

→ 5분

만다린갤러리 카페
1시간 코스

→ 3분

오차드 쇼핑몰
1시간 이상 코스

→ 10분

홀랜드빌리지
1시간 이상 코스

보타닉가든 Botanic Gardens
Shangri-La Hotel
Orchard Groove Road
Nassim Rd
Ardmore Park
Draycott Dr
Claymore Rd
Claymore Hill
8 on Claymore Serviced Residences
DFS Galleria
Orchard Rd
Orchard Tower
와일드허니 Wild Honey
Crystal Jade Pristine
Jing Hua
모데스토 Modesto's
&메이드
Scotts Rd
Tanglin Shopping Centre
Forum The Shopping Mall
Isetan Scotts
레 자미 Les Amis
Tanglin Rd
세인트레지스 싱가포르 The St. Regis Singapore
Hilton Singapore
Shaw House
Hilton Shopping Gallery
스콧스퀘어 Scotts Square
La Teria
Far East Shopping Centre
Cuscaden Rd
Four Seasons Hotel Singapore
Singapore Marriott Tang Plaza Hotel
Tanglin Mall
이지스 Iggy's
Liat Towers
Wheelock Place
탕스마켓 Tangs Market
리젠트호텔 Regent Singapore
Orchard Blvd
오차드 Orchard
NS22
솔트그릴&스카이바 Salt Grill&Sky Bar
Tomlinson Rd
ION오차드 ION Orchard
Wisma Atria
Anguilla Park
The Marmalade Pantry
Grange Rd
Orchard Blvd
Orchard Park Suites
Paterson Rd
One Tree Hill
Grange Rd
Paterson Hill
Paterson Rd
Grange Rd
Grange Rd
N
S
Nathan Rd
Leonie Hill
Hoot Kiam Rd
Irwell Bank Rd

Orchard Road 오차드로드

Anthony Rd
뉴턴푸드센터
Newton Food Centre
Winstedt Rd
Scotts Rd
Peck Hay Rd
Clemenceau Ave N
굿우드파크호텔
Goodwood Park Hotel
Cairnhill Rise
더퀸시호텔 The Quincy Hotel
Far East Plaza
Far East Plaza Residences
Cairnhill Rd
Grand Hyatt
퍼시픽플라자 Pacific Plaza
스트레이트키친 Straits Kitchen
Cairnhill Rd
Mount Elizabeth Hospital
Mt Elizabeth
Emerald Hill Rd
Central Expy
Cavenagh Rd
The Istana
탕스 Tangs
Bideford Rd
럭키플라자 Lucky Plaza
아시안푸드몰 Asian Food Mall
허니문디저트 Honeymoon Dessert
딘타이펑 Din Tai Fung
크리스탈제이드 골든팰리스 Crystal Jade Golden Palace
Orchard Rd
Al-Falah Mosque
파라곤
Paragon
Grand Park Orchard
Cairnhill Rd
Hullet Rd
에메랄드힐
Emerald Hill
플라자싱가푸라
Plaza Singapura
Abecrombie&Fitch
Nightsbridge
Takashimaya
New Creation Church
팀호완
Timhowan
TWG
로빈슨
Robins
니안시티
Ngee Ann City
만다린갤러리
Mandarin Gallery
Holiday Inn Singapore Orchard City Centre
키퍼스
Keepers
와일드허니 Wild Honey
Mandarin Orchard Singapore
존스더그로서
Jones the Grocer
H&M
The Centrepoint
Kramat Rd
이푸도 一風堂, Ippudo
페라나칸플레이스
Peranacan Place
Koek Rd
Ochard Plaza
스타벅스 Starbucks
Cathay Cineleisure
Grange Rd
313@서머셋
313@Somerset
B
오차드게이트웨이 Orchard Gateway
Cafe Mondo
Concorde Hotel Singapore
오차드센트럴
Orchard Central
Orchard Rd
Somerset Rd
TripleOne Somerset
NS23
서머셋
Somerset
A
Devonshire Rd
이스타나 파크
Istana Park
Penang Rd
Exeter Rd
Eber Rd
킬리니코피티암
Killiney Kopitiam
Killiney Rd
Leonie Hill Rd
Devonshire Rd
하우스오브라이스롤&포리지
House of Rice Roll&Porridge
쥬킷 友吉食堂 JEW-KIT
Oxley Rise
Thomas Walk
Oxley Rd
Lloyd Rd
로이즈인 싱가포르
Lloyd's Inn Singapore

Section 09

오차드로드에서 반드시 둘러봐야 할 명소

쇼핑몰로 가득한 오차드로드에서 멀리 떨어지지 않은 곳에 평화로운 정원과 오래된 산책길이 있다. 해가 뜨거운 낮 시간에는 시원한 쇼핑몰을 돌아다니며 쇼핑을 즐기고, 이른 아침이나 해가 질 무렵에는 싱가포르의 아름다운 정원 보타닉가든이나 페라나칸 전통가옥이 근사하게 늘어서 있는 에메랄드 힐을 느긋이 걸어보자.

싱가포르가 자랑하는 비밀의 화원
보타닉가든 Botanic Gardens ★★★★☆

보타닉가든은 그린시티 싱가포르에서 최고의 규모를 자랑하는 인공정원이자 국립식물원이다. 1859년 싱가포르정부는 7만여 평에 이르는 버려진 농장을 아름다운 정원으로 변신시켰다. 이후 이곳은 싱가포르 사람들을 위한 휴식처이자 열대림, 양치류, 장미, 난초류 등 다양한 종의 식물을 보유한 세계적인 식물학연구지로 발전했다.

정원은 크게 탱글린Tanglin, 센트럴Central, 부킷티마Bukit Timah 구역으로 나뉘며 특히 산책로 중에서 '어퍼링로드Upper Ring Road'는 동화 속 한 장면 같은 로맨틱한 분위기 덕분에 웨딩촬영 장소로 많은 사랑을 받는다. 세계 최대 규모의 난 전시장인 '오키드정원Orchid Garden'에는 6만여 종이 넘는 난이 전시되어 있으며, 어린이정원인 '제이콥발라스Jacob Ballas'에서는 아이들이 신나게 뛰놀면서 다양한 식물을 직접 체험하고 배울 수 있다. 보타닉가든을 걷다 보면 싱가포르 5달러 지폐 뒷면에 인쇄되어 있는 '템부수Tembusu'를 비롯해 40여 종의 고유 나무도 만나볼 수 있다. 산책 후에는 공원 안 레스토랑에서 여유로운 브런치나 근사한 저녁식사를 즐겨 보자.

주소 1 Cluny Rd. 귀띔 한마디 한낮에는 뜨거운 햇빛 때문에 공원을 제대로 즐기기 어려우므로 이른 아침이나 오후 4시 이후에 방문하는 것이 좋다. 입장료 무료입장 운영시간 05:00~24:00(오키드정원은 08:30~19:00), 09:00~19:00(박물관 및 도서관)/연중무휴 문의 (65)6220-0220 찾아가기 ① 오차드로드에서 택시로 5분 거리. ② MRT 보타닉가든(Botanic Garden)역에서 내리면 보타닉가든과 바로 연결. 홈페이지 www.sbg.org.sg

1900년대 페라나칸 마을
에메랄드힐 Emerald Hill ★★★★☆

에메랄드힐은 오차드로드에 있는 페라나칸플레이스Peranakan Place에서 시작되는 산책길로, 골목 입구에 들어서는 순간 1900년대 초반의 싱가포르로 시간 여행을 떠날 수 있다. 이 지역은 1845년에 우체국장이었던 영국인 윌리엄커페이지William Cuppage의 소유였는데 그가 죽은 후 여러 명의 페라나칸들에게 땅이 조금씩 팔려나갔다.

작은 길을 따라 나란히 이어져 있는 싱가포르 전통가옥 숍하우스는 각기 다른 역사와 이야기를 품고 옛 모습 그대로 자리하고 있다. 가옥 하나하나에는 일명 '차이니즈바로크시대'로 불리는 1900년대의 건축문화가 현관과 창문, 마당, 지붕 등에 다양한 색과 모양으로 녹아있다. 많은 집 가운데 no.56은 1902년에 지은 가장 오래된 가옥이며 no. 39~45는 고전적인 중국스타일의 커다란 대문을 가지고 있어 눈여겨 볼만하다. no.120~130은 1925년대의 아르데코스타일의 가옥으로 무척 이국적이다.

북적이는 쇼핑 거리에서 고작 한 걸음 떨어져 있음에도 불구하고 평화롭고 고요한 산책을 즐길 수 있다는 점이 이곳의 매력이다. 산책로가 시작되는 곳에 자리한 숍하우스는 현재 작은 바와 레스토랑으로 운영되고 있어, 걷다 지치면 여유롭게 차를 마시거나 식사를 할 수 있다.

주소 180 Orchard Rd. 찾아가기 MRT 서머셋(Somerset) 역에서 나오면 313@서머셋몰 맞은편에 에메랄드힐로 이어지는 길 입구가 바로 보인다.

Section 10

오차드로드에서 먹어봐야 할 것들

오차드로드에는 거리를 가득 메운 수많은 쇼핑몰만큼 다양한 레스토랑이 쇼핑몰 내에 입점해 있어 식도락을 즐길 수 있다. 쇼핑몰 분위기와 특징에 따라 입점 레스토랑도 조금씩 다른데, 특히 만다린갤러리나 파라곤에는 쇼핑에 뒤지지 않는 훌륭한 카페와 레스토랑이 많다. 쇼핑몰에 있는 푸드코트도 간단히 끼니를 해결하기에 좋은 장소 중 하나이다. 오차드로드에서 한 블록 떨어진 킬리니로드는 숨은 맛집이 많은 거리로, 진짜 로컬푸드가 그립다면 주저 말고 찾아가보자.

호주 셰프 루크망간이 만드는 최고의 요리

솔트그릴&스카이바 Salt Grill&Sky Bar ★★★★☆

호주의 유명 셰프 루크망간Luke Mangan이 싱가포르에 자신의 이름을 내걸고 레스토랑을 오픈했다. ION오차드 55층에 둥지를 튼 직후부터 싱가포르 다이닝계에서 확고한 입지를 다져가고 있다. '솔트'는 1999년 루크망간이 호주에서 처음 오픈한 레스토랑 이름이다. 고대 그리스시대에 귀한 손님을 대접할 때만 사용했던 소금의 의미를 되살려 모든 요리에 정성을 다하겠다는 그의 소신이 녹아있다.

다문화의 상징인 호주에서 다양한 요리 테크닉을 익힌 루크망간은 싱가포르의 싱싱한 제철재료와 접목한 새로운 요리를 선보인다. 호주산 방어로 만든 옐로우테일킹피시사시미Yellowtail Kingfish Sashimi, 게살로 만든 오믈렛요리인 시드니크랩오믈렛Sydney Crab Omelette, 민물고기구이인 배러먼디필레Barramundi Fillet 등 해산물을 재료로 하는 요리들이 런치와 단품메뉴를 구성한다. 낮에는 애프터눈티를 제공하며 밤에는 늦은 시간까지 바를 여는데, 데이트나 이벤트를 위한 장소로 손꼽힐 만큼 아름답고 황홀한 뷰를 자랑한다.

주소 2 Orchard Turn Level 55&56 ION Orchard 가격 코스메뉴 S$140~, 메인메뉴 S$29~, 디저트 S$12~, 런치메뉴 S$40 영업시간 런치 11:00~14:00, 애프터눈티 14:00~17:00, 디너 18:00~22:00, 스카이바 11:00~23:30/연중무휴 문의 (65)6592-5118 찾아가기 MRT 오차드(Orchard)역 E출구와 연결된 55층에 위치. 홈페이지 www.saltgrill.com

버거 비스트로
&메이드 &Made ★★★☆☆

도쿄의 미슐랭 3스타셰프인 브루노메나드Bruno Menard가 문을 연 버거 비스트로이다. '미슐랭셰프가 만드는 버거'라는 타이틀 하나만으로도 오픈 직후는 시끄러운 분위기였지만, 지금은 안정적인 분위기를 찾아 더욱 좋다. 돼지고기필레와 베이컨, 소시지를 넣은 더쓰리리틀피그, 구운 닭가슴살로 만든 더치킨, 살짝 구운 연어를 넣어 만든 허니샐몬 등 육해공을 아우르는 버거를 선보인다.

메뉴에 없는 버거를 원하는 대로 직접 만들 수도 있다. 먼저 소고기와 치킨, 양, 연어 중에서 패티를 고른 후 소스를 선택한다. 소스는 송로버섯 또는 유자를 넣은 마요네즈, 아보카도와 요거트를 섞은 소스 중에 고르면 된다. 마지막으로 베이컨, 계란, 푸아그라 등 추가 재료를 넣을 수 있다. &메이드는 함께 운영하고 있는 프렌치레스토랑 랑트르꼬뜨L'Entrecôte와 나란히 있어 이곳의 메뉴도 주문할 수 있다. 버거 이외의 메뉴도 맛보고 싶다면 랑트르꼬뜨의 프랑스식 갈빗살스테이크를 추천한다.

주소 9 Scotts Rd. 추천메뉴 더쓰리리틀피그(The 3 Little Pigs) S$23, 더치킨(The Chicken) S$17, 비프와 양파, 치즈, 마요네즈를 넣은 클래식 버거 더비버거(The 'B' Burger) S$19 영업시간 10:00~22:00(일~목요일), 10:00~01:00(금~토요일)/연중무휴 문의 (65)6690-7566 찾아가기 MRT 오차드(Orchard)역 A출구로 나와 맞은편으로 건넌 후 스콧로드(Scotts Rd.)를 따라 조금만 걸으면 왼쪽에 있는 퍼시픽플라자(Pacific Plaza) 건물 1층에 위치. 도보 3분 거리. 홈페이지 andmade.sg

잘 만든 로컬퓨전음식
와일드로켓 Wild Rocket ★★★★☆

전 세계를 다니며 아무리 좋은 음식을 먹어도 싱가포르 호커센터의 음식이 가장 그리웠다는 오너셰프 윌린로우Wilin Low는, 모던싱가포르Modern Singapore를 줄여 일명 '모드신Mod Sin'이라고 불리는 퓨전음식을 선보인다. 싱가포르 전통음식을 바탕에 둔 요리로 현지인들에게 전통음식의 변신에 대한 큰 호응을 받고 있다.
와일드로켓의 대표메뉴는 스페인에서 도토리를 먹고 자란다는 이베리코포크로 만든 차슈와 말레이시안 누들인 락사페스토를 이용한 독특한 파스타이다. 재료와 레시피를 전통과 현대, 현지식과 서양식에서 자유롭게 차용하여 신선한 요리를 선보인다. 스타터와 메인, 디저트까지 알찬 메뉴로 구성된 런치세트(S$33)와 시그니처메뉴로 구성된 와일드로켓세트(S$52)가 인기가 많다.

주소 The Hangout Hotel, 10A Upper Wilkie Rd. 추천메뉴 런치세트 S$33, 락사페스토파스타(Laksa Pesto Linguini with King Prawns&Quail Egg) S$37 영업시간 런치 12:00~15:00(월~금요일), 12:00~16:00(토요일), 디너 18:30~22:30(월~토요일)/매주 일요일 휴무 문의 (65)6339-9448 찾아가기 MRT 도비갓(Dhoby Ghaut)역에서 택시로 5분 거리. 홈페이지 www.wildrocket.com.sg

호텔에서 즐기는 로컬푸드뷔페
스트레이츠키친 Straits Kitchen ★★★★★

모든 종류의 현지음식을 맛볼 수 있는 호커센터 버전의 호텔레스토랑이다. 주로 값비싼 서양음식을 파는 다른 호텔레스토랑과 달리 현지음식으로 승부수를 띄웠다. 호텔레스토랑인 만큼 가격이 만만치 않지만 런치뷔페 S$44, 디너뷔페 S$55면 싱가포르에서 만날 수 있는 거의 모든 로컬푸드를, 그것도 호텔주방장 솜씨로 맛볼 수 있어 가격이 전혀 아깝지 않다.

논야

논야, 락사, 나시고랭, 치킨라이스, 로티프라타, 치킨커리, 사테 등 전통 중국, 일본, 말레이 로컬푸드가 모두 있으며 바나나프리터, 두리안 아이스크림 등 다양한 로컬디저트까지 갖추고 있다. 또한 즉석코너가 있어 사테나 국수 등을 바로 먹을 수 있다. 호텔레스토랑인 만큼 캐주얼한 복장은 자제해야 한다.

주소 Grand Hyatt Singapore, 10 Scotts Rd. Lobby Level 추천메뉴 런치뷔페 S$44, 디너뷔페 S$55 영업시간 런치뷔페 12:00~14:30(월~금요일), 12:30~15:00(토~일요일, 공휴일), 디너뷔페 18:30~22:30(월~일요일)/연중무휴 문의 (65)6732-1234 찾아가기 MRT 오차드(Orchard)역 A출구로 나와 스콧로드(Scotts Rd.)를 따라 조금만 걸으면 오른쪽의 그랜드하얏트호텔(Grand Hyatt) 1층에 위치. 도보 3분 거리. 홈페이지 www.singapore.grand.hyattrestaurants.com/straitskitchen

모던한 분위기 속에서 즐기는 딤섬
크리스탈제이드 골든팰리스@파라곤 Crystal Jade Golden Palace@Paragon ★★★☆☆

홍콩의 유명한 딤섬레스토랑인 크리스탈제이드 체인 중 하나이다. 파라곤몰에 자리한 골든팰리스는 감각적이고 고급스러운 분위기 덕분에 모든 체인 중에서 가장 인기가 많다. 블랙 테이블과 카펫 위로 붉은색 샹들리에가 빛을 내어 입구에 들어서는 순간 기분부터 근사해진다.

대부분의 메뉴는 저렴한 편은 아니지만 점심시간에 선보이는 딤섬메뉴는 한 바구니 당 S$2~5.5 정도로 합리적인 가격이다. 주말 점심에 자리를 잡는 것은 거의 불가능하므로 일찍 예약하는 것이 좋다.

주소 290 Orchard Rd. #05-22 The Paragon 추천메뉴 새우딤섬인 하르가우(Har Gau) S$5.2, 에그타르트 S$4, 딥프라이드 망고프론롤 S$5 영업시간 10:00~23:00/연중무휴 문의 (65)6734-6866 찾아가기 MRT 오차드(Orchard)역 A출구로 나와 오차드로드(Orchard Rd.)를 따라 조금만 걸으면 왼쪽에 있는 파라곤(Paragon)몰 5층에 위치. 도보 5분 거리. 홈페이지 www.crystaljade.com

전 세계의 아침식사를 맛볼 수 있는

와일드허니@만다린갤러리

Wild Honey@Mandarin Gallery ★★★★★ 추천

싱가포르 사람들 사이에서 최근 핫한 브런치레스토랑이다. 유행을 좇는 브런치가 아닌 '세 끼 중 가장 잘 챙겨먹어야 할 아침식사를 만든다'라는 색다른 접근이 흥미롭다. 영업시간 내내 즐길 수 있는 올데이 블랙퍼스트를 선보이는 몇 안 되는 브런치 전문점으로 영국, 벨기에, 스칸디나비아, 이탈리아, 튀니지, 지중해, 유럽 등 세계의 모든 아침식사를 맛볼 수 있다. 아침식사 치고는 꽤 비싸지만 먹고 나면 온종일 속이 든든하니 밑지는 가격은 아니다. 식사시간에는 언제나 사람이 많아 따로 예약을 받지 않는다. 근처의 스콧스퀘어에도 분점이 있다.

주소 333A Orchard Rd. #03-02 추천메뉴 스크램블에그, 베이컨, 버섯, 소시지, 토마토 등으로 구성된 정통 영국식 아침식사 잉글리시블랙퍼스트(English Breakfast) S$22, 튀긴 계란과 토마토스튜, 소시지로 구성된 튀니지안블랙퍼스트(Tunisian Breakfast) S$18 영업시간 09:00~21:00(일~목요일), 09:00~22:00(금~토요일, 공휴일 전날)/연중무휴 문의 (65) 6235-3900 찾아가기 MRT 서머셋(Somerset)역 B출구로 나와 첫 번째 사거리에서 길을 건너면 왼쪽에 위치한 만다린갤러리(Mandarin Gallery)몰 3층에 위치. 도보 5분 거리. 홈페이지 wildhoney.com.sg

라멘왕이 만드는 일본라멘집

이푸도@만다린갤러리 –風堂, Ippudo@Mandarin Gallery ★★★★☆

일본의 라멘킹으로 불리는 시게미가와하라Shigemi Kawahara가 이끄는 수준급 라멘집이다. 일본에서 열리는 라멘경연대회 3회 연속 우승자로 싱가포르에만 5곳의 체인을 가지고 있다. 덕분에 식사시간에는 언제나 긴 줄이 늘어선다. '단순한 것이 가장 맛있다'라는 진리를 입증하듯, 돼지고기로 만든 맑은 육수와 얇고 탱탱한 면발이 담백하고 개운하다. 이푸도의 대표메뉴 시로마루모토아지Shiromaru Motoaji는 일본라멘의 느끼함을 부담스러워 하는 사람에게도 잘 맞는다. 라멘 외에도 밥과 함께 나오는 돈코츠고로케Tonkotsu Croquette, 일본식 연두부 요리인 아게다시두부Agedashi Tofu, 일본식 만두인 교자Gyoza 등 깔끔한 사이드메뉴가 있다.

주소 333A Orchard Rd. #04-02/03/04 추천메뉴 돼지고기 육수로 만든 대표 라멘 시로마루모토아지(Shiromaru Motoaji) S$15, 일본식 만두 교자(Gyoza) S$6 영업시간 11:00~23:00(월~토), 11:00~22:00(일요일)/연중무휴 문의 (65)6235-2797 찾아가기 MRT 서머셋(Somerset)역 B출구로 나와 첫 번째 사거리에서 길을 건너면 왼쪽에 위치한 만다린갤러리(Mandarin Gallery)몰 4층에 위치. 도보 5분 거리. 홈페이지 www.ippudo.com.sg

미슐랭이 선택한 딤섬

팀호완 Timhowan ★★★☆☆

'미슐랭 1스타'를 받은 홍콩 딤섬레스토랑이다. 한국에 입점한 크리스탈제이드나 딘타이펑 등의 홍콩 인기 레스토랑과는 달리, 아직 한국에서 만나볼 수 없는 팀호완은 유독 반갑다. 미슐랭 스타 레스토랑 중 가장 저렴하다는 매력이 더해져 2013년 플라자싱가푸라에 오픈한 날부터 큰 인기를 끌었다.

팀호완의 대표딤섬인 베이크드번위드BBQ포크는 달콤하고 짭조름한 맛이 조화를 이루고, 팀호완이 추천하는 빅포헤븐리킹스 중 하나인 더스팀드에그케이크 역시 부드럽고 폭신한 맛으로 입맛을 사로잡는다. 단, 홍콩보다 물가가 높은 싱가포르의 월세가 반영되어 홍콩에 있는 팀호완보다 조금 더 비싼 편이다.

주소 68 Orchard Rd. 가격 1인당 S$30~ 영업시간 10:00~22:00(월~금요일), 09:00~22:00(토~일요일, 공휴일)/연중무휴 문의 (65)6251-2000 찾아가기 MRT 도비갓(Dhoby Ghaut)역과 연결된 플라자싱가푸라(Plaza Singapura)몰 내에 위치. 도보 3분 거리. 홈페이지 www.timhowan.com

깔끔한 치킨라이스

쥬킷 友吉食堂, JEW-KIT ★★★★☆

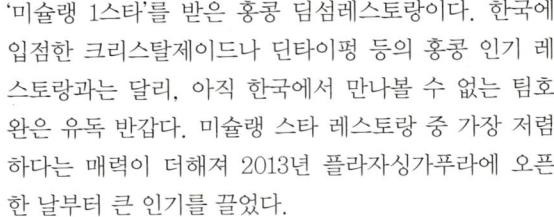

숨은 맛집이 많은 킬리니로드Killiney Rd.에 있는 쥬킷은 깔끔한 치킨라이스를 맛볼 수 있는 레스토랑이다. 식민지시대의 페라나칸스타일을 콘셉트로 꾸민 인테리어로 분위기가 화사하다. 외관만 보면 이제 갓 오픈한 것 같지만, 알고 보면 20년 넘게 운영한 '우길식당'을 현대적인 감각의 인테리어로 꾸민 전통 있는 곳이다.

치킨라이스

메뉴판은 재치 있게 신문 형식으로 만들었는데, 보기 쉽게 구성되어 있어 주문하기도 편하다. 치킨라이스세트는 꽃무늬로 장식된 고상한 그릇에 청경채와 치킨, 밥이 정갈하게 담겨 나오는데, 언뜻 보면 단조롭지만 20년의 기품이 담겨있는 맛이다. 매일 신선한 치킨을 공수하며, 채소 등의 식재료 역시 신선도를 가장 중요한 요소로 삼고 있다.

주소 105 Killiney Rd. 추천메뉴 치킨라이스 세트 S$5.70 영업시간 10:30~00:00/연중무휴 문의 (65)6463-2637 찾아가기 서머셋(Somerset)역 A출구로 나와 서머셋로드(Somerset Rd.)를 따라 걷다가 킬리니로드(Killiney Rd.)에서 우측으로 진입해 길을 따라 직진하면 왼쪽에 위치. 도보 7분 거리. 홈페이지 jewkit.com.sg

다양한 지청펀을 파는 오랜 식당
하우스오브라이스롤&포리지
House of Rice Roll&Porridge ★★★★★ 추천

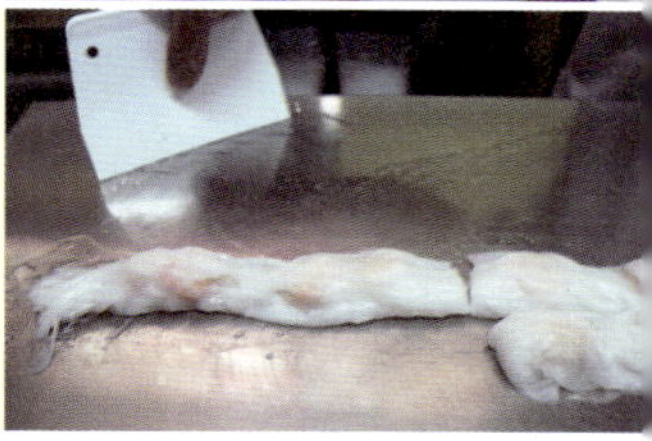

한눈에 봐도 맛집의 연륜이 풍기는 지청펀 맛집이다. 지청펀은 쌀로 만든 도우를 돌돌 말아서 완성한 홍콩식 딤섬 종류 중 하나로 '돼지창자를 닮은 쌀 면'이라는 뜻이다. 지청펀은 쌀로 만든 도우 안에 넣는 재료에 따라 종류가 나뉜다. 랍스터, 똠얌, 전복, 망고, 두리안 등 색다른 재료부터 돼지고기차슈와 치킨 등 정통재료까지 말랑말랑한 도우 안에 알차게 들어가 있다. 지청펀 외에도 죽요리인 포리지Porridge를 전문으로 한다.

계산대와 구분 없는 철판 작업대 위에서 끊임없이 쌀 도우를 반죽하는 모습을 볼 수 있어 구경하는 재미도 있다. 한입 먹으면 속이 든든해지는 포리지와 함께 먹으면 고향집에서 먹는 따뜻한 한 끼 식사처럼 마음마저 따뜻해진다.

주소 89 Killiney Rd. **추천메뉴** 치즈랍스터 지청펀(Cheese Lobster) S$12.80, 전복 지청펀(Abalone) S$7.20, 돼지고기 지청펀(Char Siew) S$4.20, 두리안지청펀(Durian) S$5.20 **영업시간** 10:30~22:00(월~금요일), 08:30~22:00(토~일요일)/연중무휴 **문의** (65)6736-1355 **찾아가기** 서머셋(Somerset)역 A출구로 나와 서머셋로드(Somerset Rd.)를 따라 걷다가 킬리니로드(Killiney Rd.)에서 우측으로 진입해 길을 따라 직진하면 왼쪽에 위치. 도보 6분 거리.

저렴한 아시아음식을 먹고 싶을 때
아시안푸드몰@럭키플라자 Asian Food Mall@Lucky Plaza ★★★☆☆

오차드로드 럭키플라자 지하에 있는 아시안푸드몰은 저렴하고 다양한 아시아음식이 많은 푸드코트이다. 쇼핑몰에 입점해 있지만 다른 몰의 푸드코트와는 달리 현지 분위기가 강하며, 음식 종류 역시 중국을 비롯한 아시아음식에 집중되어 있다. 이곳을 찾는 사람들도 외국인보다는 근처에서 일하는 현지인이 많다.

현지인들의 입맛을 맞춰온 푸드코트인 만큼 어떤 음식이라도 실패확률이 낮다. 특히 중국식 국수가게가 꽤 많은 편인데, 싱가포르에서 맛볼 수 있는 거의 모든 중국식 국수가 있다고 해도 과언이 아니다. 특히 두부 안에 생선살이나 다진 돼지고기를 채워 넣은 용타우푸Yong Tau Fu는 저렴하면서도 깊은 국물 맛으로 주변에서 일하는 사람들에게 무척 유명하다.

주소 304 Orchard Rd. Lucky Plaza **가격** S$5~ **영업시간** 10:00~22:00(상점마다 상이)/연중무휴 **문의** (65)6235-3294 **찾아가기** MRT 오차드(Orchard)역 A출구로 나와 오차드로드를 따라 조금만 걸으면 탕스몰 바로 옆에 있는 럭키플라자(Lucky Plaza) 지하 1층에 위치. 도보 3분 거리. **홈페이지** www.luckyplaza.com.sg

저렴한 칠리크랩을 먹을 수 있는 야외 호커센터

뉴턴푸드센터 Newton Food Centre ★★★★★ 추천

싱가포르의 대표적인 호커센터로 일명 '뉴턴 서커스Newton Circus'로 불린다. 대부분 오래전부터 이곳에서 맛있는 로컬푸드를 만들어온 베테랑 음식점으로, 작은 가게들이 동그란 원을 그리고 있다. 밤이 되면 은은한 조명과 호커센터를 둘러싼 열대나무가 이국적인 분위기를 뿜어내어, 현지인과 관광객 모두에게 사랑받고 있다. 그런 만큼 좋은 자리 선점이 중요한데, 여럿이 갔을 경우에는 일단 맘에 드는 자리를 확보한 후에 천천히 음식을 고르는 편이 좋다.

특히 이곳의 31번 가게는 칠리크랩 전문점으로 한국인들 사이에서 더욱 유명하다. 한국인 사랑이 유독 큰 31번 사장님은 한국인만을 위한 알찬 구성의 칠리크랩메뉴를 선보인다. 칠리크랩과 빵가루를 듬뿍 뿌린 새우튀김, 고소한 번으로 구성된 세트메뉴는 3인분 같은 2인분으로 세 사람이 먹어도 충분히 배가 부르다.

주소 500 Clemenceau Ave. North 가격 S$10~ 영업시간 12:00~02:00(상점마다 상이)/연중무휴 찾아가기 MRT 뉴턴(Newton)역 B출구로 나와 맞은 편 도로를 건너면 바로 앞에 위치. 도보 3분 거리.

페라나칸스타일의 푸드코트

탕스마켓 Tangs Market ★★★★☆

탕스마켓은 오차드로드 탕스플라자 지하 1층에 위치한다. 감각적인 디자인을 자랑하는 탕스플라자의 분위기처럼 페라나칸스타일로 꾸며놓아 개성 없는 보통의 푸드코트와는 다른 우아함이 느껴진다. 입점해 있는 음식점 수는 많지 않지만 다른 곳에서 보기 힘든 독특한 상점들이 눈에 띈다.

두리안을 기름에 튀긴 프라이드두리안으로 유명한 와차이3-in-1프라이드니안가오Wah Cai 3-in-1 Fried Nian Gao, 저렴한 가격으로 페라나칸 전통디저트와 간단한 음식을 먹어볼 수 있는 페라마칸Peramakan 등이 인기가 많다. 중국식 땅콩팬케이크인 반창퀴Ban Chang Kuih와 말레

이시아식 빙수인 첸돌Chendol도 간식으로 즐기기에 좋다. 그 밖에 중국식 국수를 파는 테오츄피시볼누들Teochew Fishball Noodle과 야쿤토스트, 생과일주스를 파는 심플주스 등이 입점해 있다. 점심시간을 제외하고는 크게 붐비지 않으며, 같은 층에 다양한 조리기구와 싱가포르 티숍 등 요리 관련 숍이 많아 관심이 있는 사람들에게 더없이 좋다.

주소 Tangs Plaza, 310 Orchard Rd. **추천메뉴** 프라이드두리안 S$2, 반창퀴 S$1.20 **영업시간** 10:30~22:00/연중무휴 **문의** (65)6737-5500 **찾아가기** MRT 오차드(Orchard)역 A출구와 연결되는 탕스(Tangs)몰 지하 1층에 위치. 도보 3분 거리. **홈페이지** www.tangs.com

이국적인 바와 펍이 한자리에

페라나칸플레이스 Peranakan Place ★★★★☆

오차드로드 앞에 위치한 페라나칸플레이스는 1900년대 초반의 페라나칸스타일 건물 안에 다양한 바와 카페 등이 입점해 있는 아케이드이다. 에씨드바Acid Bar는 이곳의 대표적인 라이브바로 로컬밴드가 연주하는 편안한 어쿠스틱음악을 들으면서 맥주와 술을 즐길 수 있다. 앨리바Alley Bar는 높은 천장과 15m에 이르는 긴 바 뒤로 온갖 술을 갖추고 있는 라운지바로 주말 저녁이면 발 디딜 틈도 없이 사람들로 가득하다.

에메랄드힐로 들어가는 입구에 바로 보이는 아웃도어카페&바Outdoor Cafe&Bar는 야외 테라스가 멋진 레스토랑으로 이른 점심부터 문을 연다. 사람이 없는 늦은 오후에 이곳에 앉아 여유롭게 런치메뉴를 즐기면서 오차드로드를 구경하는 여유를 즐겨보자. 주로 서양인이나 현지 직장인이 많은 편이라 다른 곳에 비해 이국적이고 독특한 분위기를 느낄 수 있다.

주소 180 Orchard Rd. **가격** 1인당 S$30~ **영업시간** 점심 12:00~14:30, 저녁 18:30~22:30/연중무휴 **문의** (65)6222-3928 **찾아가기** MRT 서머셋(Somerset)역에서 나오면 313@서머셋몰 맞은편에 바로 보인다. 도보 3분 거리. **홈페이지** peranakanplace.com

Section 11
오차드로드에서 즐기는 쇼핑

싱가포르를 세계적인 쇼핑도시로 만든 최대 규모의 쇼핑 거리 오차드로드에는 수십 개의 쇼핑몰과 개별 브랜드숍이 3개의 MRT 역 사이에 길게 늘어서 있다. 모든 몰을 돌아보는 것은 불가능하므로 규모가 큰 몰에서 다양한 상점을 여유롭게 둘러보거나, 미리 사야 할 품목과 특정 쇼핑몰 몇 곳을 정한 뒤 돌아보는 것이 현명하다. 최근에는 로컬브랜드와 해외디자이너의 편집숍 등 개성 넘치는 쇼핑몰이 많아 오차드로드를 쇼핑하는 즐거움이 더욱 커졌다.

오차드 최대 규모의 쇼핑몰
ION오차드 ION Orchard ★★★★☆

오차드로드 중앙에 당당히 자리하고 있는 최신, 최대 규모의 쇼핑몰이다. 예술품을 연상케 하는 감각적인 ION오차드는 '최고의 쇼핑몰 건축상'을 여러 차례 수상한 건축가 베노이Benoy의 작품이다. 대리석으로 꾸민 넓은 실내와 인테리어 덕분에 사람이 많을 때에도 쾌적한 분위기를 느낄 수 있다.

ION오차드는 지하 4층부터 지상 4층까지 총 8개의 층에 300여 개의 브랜드숍과 음식점, 엔터테인먼트스토어 등이 입점해있다. 최고의 쇼핑도시에 생긴 최고의 쇼핑몰인 만큼 까다로운 기준으로 입점 브랜드를 선정했다. 오차드로드 방향 1층에서는 6개의 럭셔리 브랜드의 시그니처 플래그십스토어를 만날 수 있다. 지하에는 주로 캐주얼한 레스토랑과 중저가브랜드가, 1층에는 명품브랜드와 뷰티브랜드가, 2~3층에는 다양한 패션브랜드와 디저트카페 등이, 4층에는 레스토랑을 비롯해 문구, 책, 가구 등 라이프스타일과 문화 관련 숍이 입점해 있다.

주소 2 Orchard Turn **영업시간** 10:00~22:00/연중무휴 **문의** (65)6238-8228 **찾아가기** MRT 오차드(Orchard)역 E출구와 바로 연결된다. **홈페이지** www.ionorchard.com

ION오차드 추천 숍

1. 킥키.케이(kikki.K)

스웨덴에서 날아온 디자인문구숍으로, 스칸디나비아 스타일의 단아한 파스텔톤과 깔끔한 디자인이 돋보인다. 다이어리, 달력, 노트, 앨범을 비롯한 문구류를 비롯해 선물용으로 좋은 여행용품이나 간단한 소품이 다양하다.

위치 #B2-53 **문의** (65)6509-3107

2. 크레이트&배럴(Crate&Barrel)

미국판 이케아로 불리는 크레이트&배럴에는 가구와 소파, 의자, 조명, 그릇 등 각종 생활용품이 전시되어 있다. 이케아와 비슷한 구성이지만 디자인과 패턴 등이 조금 더 화려하고 감각적이며 가격대도 조금 더 높은 편이다. 가구는 부피나 무게가 부담스럽지만, 그릇이나 컵 등은 내구성이나 디자인이 좋아 쇼핑하기에 좋은 아이템이다.

위치 #03-25 **문의** (65)6634-4222

3. 사만사타바사(Samantha Thavasa)

일본 가방브랜드로 패리스힐튼과 페넬로퍼크루즈 등 해외 셀러브리티들의 잇백으로 주목을 받았다. 부담 없는 가격대와 캐주얼한 디자인 덕분에 데일리백으로 손색이 없으며, 발랄한 색과 귀여운 장식 덕분에 인기가 좋다. 가방 외에도 지갑과 파우치 등 귀여운 제품이 많아 쇼핑하는 재미가 쏠쏠하다. 국내에도 매장이 있지만 국내에서 보지 못한 다양한 제품을 만나볼 수 있어 반갑다.

위치 #B1-32 **문의** (65)6634-2880

알고가면 더 좋은 ION오차드

① 4층에 있는 '아이온갤러리(ION Gallery)'는 국내외 다양한 시각예술작품을 선보이는 갤러리이다. 패션, 현대미술 등 세계 각국의 디자이너와 브랜드의 참신한 작품을 무료로 관람할 수 있다.

② 56층에 있는 오차드로드 최고 높이의 전망대인 '아이온스카이(ION SKY)'는 218m 높이로 360도 파노라믹뷰를 선사하다. 최신망원경을 통해 도시의 풍광을 감상할 수 있으며 무료로 입장할 수 있다. 운영시간은 10:00~20:00, 마지막 입장시간은 19:30이다. 4층에 있는 고속엘리베이터를 타고 올라갈 수 있다.

③ 쇼핑몰 내에서는 'ION Orchard Wifi'를 통해 30분간 무료로 와이파이를 이용할 수 있다.

오리엔탈 느낌의 싱가포르 전통 쇼핑몰
탕스 Tangs ★★★★★

ION오차드와 마주하고 있는 탕스는 푸른색 기와를 얹은 건물이 눈에 띄는 쇼핑몰로, 1932년에 창립한 오래된 쇼핑몰이다. 메리어트호텔이 들어서 있는 탕스플라자 안에 위치하며, 하버프런트에 있는 비보시티와 말레이시아에도 분점이 있다. 비슷한 브랜드가 많은 여타 오차드로드의 쇼핑몰과 달리 확고한 색깔을 가지고 있는 탕스는 건물의 외관처럼 내부 역시 동양적인 느낌이 물씬 풍긴다.
내부는 우리나라의 백화점과 비슷한데 1층은 뷰티, 2층은 여성의류, 3층은 남성패션, 4층은 생활용품으로 이루어져 있다. 지하에는 페라나칸스타일로 꾸민 탕스마켓 푸드코트와 요리 관련 숍이 많다. 특히 지하와 4층에는 침구부터 주방용품까지 수백 개에 이르는 전 세계 브랜드가 입점해 있는데 기꺼이 지갑을 열게 하는 훌륭한 제품이 많다.

주소 310 Orchard Rd. 영업시간 10:30~21:30(월~토) 11:00~20:30(일요일)/연중무휴 문의 (65)6737-5500 찾아가기 MRT 오차드(Orchard)역 A출구와 바로 연결된다. 홈페이지 www.tangs.com

탕스 추천 숍

1. 인굿컴퍼니(In Good Company)

4명의 친구가 론칭한 로컬브랜드로 싱가포르와 전 세계 참신한 디자이너의 옷들을 소개한다. 화려한 패턴보다는 깨끗하고 심플한 옷들이 주를 이루는데, 깔끔한 원피스와 투피스 등이 많다. 가격대 역시 대부분 S$40~S$100로 합리적이다.

위치 #L2

2. 엘리펀트퍼레이드(Elephant Parade)

태국 치앙마이에서 핸드메이드로 만드는 형형색색의 화려한 코끼리를 판매한다. 세련된 색과 동양의 신비가 흐르는 패턴의 목각 코끼리가 눈길을 사로잡는다. 크기와 모양 모두 조금씩 달라 똑같은 코끼리를 찾기 어렵다. 가격은 S$40~500로 저렴한 편은 아니다.

위치 #B1

3. 핍스튜디오(Pip Studio)

네덜란드의 라이프스타일 리빙숍으로 새, 꽃 등의 패턴으로 만든 각종 홈웨어를 판매한다. 화려하고 아기자한 색감이 특징으로 간단한 컵과 그릇 등의 주방용품, 유아용품, 의류까지 상품 종류가 다양하다. 국내에 최근 핍스토어가 들어왔지만 종류는 이곳이 더 많다.

위치 #B1, L2

로컬디자이너들의 편집숍이 많은

오차드센트럴 Orchard Central ★★★★★

오차드센트럴은 313@서머셋313@Somerset과 오차드게이트웨이Orchard Gateway 사이에서 두 개의 몰을 연결하고 있다. 건물 중앙에 자리한 에스컬레이터를 중심으로 양쪽으로 퍼져 있는 사방형의 독특한 동선으로, 쇼핑몰 곳곳에서 재미있는 공공예술품을 만날 수 있다. 2~3층에는 특색 있는 편집숍이 포진해 있는데 현지 트렌드를 그대로 담은 아이템이 많아 꼼꼼히 살펴보다 보면 시간 가는 줄 모른다. 최근 지하에 시부야의 대표적인 리빙숍 도큐핸즈Tokyu Hands가 한 층을 꽉 채우는 커다란 규모로 오픈했다.

오차드센트럴의 11층에는 나무와 연못으로 아기자기하게 꾸며놓은 '루프가든'이 있다. 누구나 무료로 들어가 볼 수 있으며, 옥상 야외테라스에는 버거와 윙을 파는 펍과 시푸드레스토랑 등이 있어 오차드로드의 화려한 야경을 바라보며 식사를 즐길 수 있다.

주소 181 Orchard Rd. **영업시간** 10:00~22:00/연중무휴 **문의** (65)6238-1051 **찾아가기** MRT 서머셋(Somerset)역 B 출구로 나오면 바로 연결. **홈페이지** www.orchardcentral.com.sg

오차드센트럴 추천 숍

1. 에디터스마켓(Editor's Market)

편집숍 에디터스마켓은 여성의류와 남성의류는 물론 신발, 가방, 액세서리까지 다양한 상품을 구비하고 있다. 싱가포르 젊은층에게 인기가 많아 '요즘 가장 잘 나가는 싱가포르 스타일'이 어떤 것인지 알 수 있다. 가격도 크게 부담스럽지 않으며 세일도 자주 하는 편이다.

위치 #04-08/09 **문의** (65)6884-6648

2. 팩트(Pact)

남성전용 편집숍과 로컬디자이너들의 리빙숍, 레스토랑을 운영하는 독특한 멀티숍이다. 눈에 띄는 브랜드는 향수브랜드 '코드데코(Code Deco)', 각국의 가구를 판매하는 '프레드리브즈 히어(Fred Lives Here)' 등이 있으며 남성의류는 깔끔한 베이직티셔츠와 스니커즈가 많다.

위치 #02-16-19/21-23 **문의** (65)6884-7560

3. 도큐핸즈(Tokyu Hands)

일본의 라이프스타일 스토어로 창의적이고 기발한 리빙, 문구, 뷰티, 홈웨어 등의 아이템이 가득하다. 단조로운 브랜드 '무지(Muji)'보다는 좀 더 발랄한 느낌의 상품이 많으며 여러 디자이너의 브랜드가 섞여 있어 개성이 넘치는 상품을 만날 수 있다.

위치 #B2-53 **문의** (65)6509-3107

스트리트패션과 인디브랜드의 메카

오차드게이트웨이 Orchard Gateway ★★★★☆

오차드로드를 사이에 두고 기다란 원통으로 연결된 두 개의 비스듬한 타워에 자리하여 오차드게이트라는 이름을 얻었다. 지난 2014년 뒤늦게 오픈했지만 스트리트패션과 인디패션이라는 차별화된 콘셉트로 개성 넘치는 숍들을 선보인다.

특히 4층에 있는 맨즈존Men's Zone은 신발, 의류, 액세서리, 헤어숍 등 머리부터 발끝까지 남성들을 위한 숍으로 채워져 있어다. 지하에는 블로그와 소셜미디어를 통해 인기를 얻은 스트리트숍들이 입점해 있는데 우리나라의 '스타일난다' 매장도 문을 열었다. 게이트를 건너가면 연결되는 타워에는 최근 리빙숍 크래이트&배럴Crate&Barrel이 지하 2층부터 3층까지 5개 층에 통째로 입점해 방대한 아이템을 자랑한다. 또한 3층과 4층에는 누구나 이용할 수 있는 도서관이 있다. 다양한 잡지와 리빙, 패션, 여행에 관한 책들을 볼 수 있어 잠시 들러 시간을 보내기 좋다.

주소 277&218 Orchard Rd. **영업시간** 10:30~22:30/연중무휴 **문의** (65)6513-4633 **찾아가기** MRT 서머셋(Somerset)역 B출구로 나오면 바로 연결. **홈페이지** www.orchardgateway.sg

스타일리시한 부티크쇼핑몰

만다린갤러리 Mandarin Gallery ★★★☆☆

만다린호텔과 연결된 작은 쇼핑몰이지만 예술적인 감각과 스타일리시한 느낌이 물씬 풍기는 곳으로 커다란 부티크에 가깝다. 같은 명품이라도 다른 쇼핑몰에서는 보기 힘든 브랜드들로 까다롭게 선정되었다. 돌체앤가바나D&G, 갈리아노Galliano, 제이린드버그J.Lindeberg 등 개성 있는 숍과 마크바이마크제이콥스, 폴스미스 등 마니아층이 두터운 브랜드가 많다. 아디다스와 일본디자이너의 콜라보로 탄생한 브랜드 Y-3, 개성 있는 편집숍 아젠다Agenda 등의 신진브랜드들도 만나볼 수 있다.

만다린갤러리는 다이닝부티크로서의 역할도 톡톡히 하고 있는데 올데이브런치로 유명한 와일드허니와 식품점 겸 레스토랑 존스더그로서, 라멘집으로 유명한 이푸도 등 인기 레스토랑이 자리하고 있다.

주소 333A Orchard Rd. **영업시간** 11:00~22:00/연중무휴 **문의** (65)6831-6363 **찾아가기** MRT 서머셋(Somerset)역 B출구로 나와 첫 번째 사거리에서 길을 건너면 왼쪽에 위치. 도보 3분 거리. **홈페이지** www.mandaringallery.com.sg

영국을 닮은 고풍스러운 백화점
로빈슨 Robinsons, The heeren ★★★☆☆

2013년 4억 달러를 들여 오픈한 영국계 백화점으로 외관부터 우아하고 아름답다. 입구에 들어서자마자 보이는 푹신한 카펫과 6층까지 이어지는 커다란 원형 홀을 가득 메운 금빛 샹들리에는 런던의 고풍스러운 백화점인 셀프리지Selfridges를 연상시킨다.
총 380여 개의 브랜드가 입점해 있는데 이 중 280개의 매장은 오차드로드에서만 볼 수 있는 새로운 브랜드로만 가득 채웠다. 대표적으로는 영국 뷰티브랜드 일라마스쿠아Illamasqua와 일본 뷰티브랜드 오르비스Orbis, 국내에서 볼 수 없는 리빙브랜드 캘빈클라인 홈Calvin Klein Home 그리고 주방용품브랜드 제미이올리버Jamie Oliver 등 생소하고 흥미로운 브랜드가 많다.

주소 260 Orchard Rd. **영업시간** 10:30~22:00 **문의** (65)6735-8838 **찾아가기** MRT 서머셋(Somerset)역 B출구로 나와 첫 번째 사거리에서 대각선으로 보이는 곳에 위치. 도보 3분 거리. **홈페이지** www.robinsons.com.sg

대중적인 브랜드로 가득한 쇼핑몰
313@서머셋 313@Somerset ★★★☆☆

MRT 서머셋Somerset 역과 연결되며 오차드게이트웨이, 오차드센트럴 등 다른 몰과 연결되어 있다. 무려 4개의 층에 입점해 있는 포에버21Forever21을 비롯해 자라Zara, 유니클로Uniqlo, 빅토리아시크릿Victoria Secret, 찰스앤키스Charles&Keith, 무지Muji 등 10~20대가 좋아하는 브랜드와 중저가매장으로 가득한 대중적인 쇼핑몰이다. 특별한 숍이나 명품매장은 없지만 무난한 브랜드가 많아 오히려 가장 오래 머물게 되는 경우가 많다.
3층은 전체가 운동화 숍으로 채워져 있다. 나이키, 아디다스부터 편집숍까지 다양해 남성들도 좋아할 만한 제품이 많다. 꼭대기 층에 있는 푸드리퍼블릭에는 현지음식과 일본, 한국, 인도, 서양음식까지 여러 종류의 음식점이 입점해 있다. 또한 푸드리퍼블릭과 연결된 테라스에는 아이들을 위한 작은 놀이터가 있으며, 밤에는 테라스에서 오차드로드의 반짝이는 거리를 감상할 수 있다.

주소 313 Orchard Rd. **귀띔 한마디** 지하 1층에 있는 안내소(Concierge)에서 여권을 보여주면 '관광객 할인매장 브로슈어(Tourist discount directory)'를 제공하며, 상점에 따라 10~20%의 할인혜택을 제공한다. 또한 여권을 등록하면 7일간 유효한 할인쿠폰을 받을 수 있다. **영업시간** 10:00~22:00(상점마다 상이)/연중무휴 **문의** (65)6496-9313 **찾아가기** MRT 서머셋(Somerset)역 B출구로 바로 연결된다. **홈페이지** www.313somerset.com.sg

숨은 보물 같은 쇼핑몰
스콧스퀘어 Scotts Square ★★★★☆

오차드로드에 있는 고급호텔 그랜드하얏트와 메리어트 사이에 자리한 스콧스퀘어는 아담하지만 세련된 분위기를 풍긴다. 고급 디자이너부티크와 훌륭한 레스토랑이 들어차 있으며 건물 자체가 여느 갤러리를 방불케 할 만큼 볼거리가 많다.

우선 살바도르달리Salvador Dali, 헨리무어Henry Moore, 베르나르브네Bernar Venet 등의 조각상이 입구에 자리하고 있다. 정문에 들어서면 만나는 샹들리에는 데일치훌리Dale Chihuly가 만든 영국 디자인박물관인 빅토리아&알버트뮤지엄에 있는 것과 같은 작품이다. 또한 올데이브런치로 유명한 와일드허니Wild Honey, 미슐랭 스타 레스토랑인 스시이치Sushi Ichi 등 인기 레스토랑이 많은데, 다른 몰에 비해 북적이지 않아 여유 있게 즐길 수 있다.

주소 6 Scotts Rd. 영업시간 10:00~22:00(매장에 따라 상이)/연중무휴 문의 (65)6235-0575 찾아가기 MRT 오차드(Orchard)역 A출구로 나와 스콧츠로드(Scotts Rd.)를 따라 조금만 걸으면 오른쪽에 위치. 도보 5분 거리. 홈페이지 www.scottssquareretail.com

스콧스퀘어 추천 숍

1 온페데르(On Pedder)

홍콩에서 온 럭셔리 신발편집숍이다. 100여 명의 전 세계 디자이너가 만든 개성 넘치는 신발이 넓은 매장에 근사하게 '전시'되어 있다. 토리버치, 끌레오 등의 유명 브랜드부터 개인으로 활동하는 디자이너의 브랜드까지 다양하다. 섹스앤더시티의 캐리처럼 구두에 목숨을 거는 사람들이라면 몇 시간을 머물러도 시간이 가는 줄 모를 만큼 화려한 패턴과 디자인이 많다.

위치 #02-10 문의 (65)6636-3060

2 슈퍼마마(Super Mama)

대표적인 싱가포르 로컬디자인숍으로 '싱가포르'를 주제로 하는 다양한 소품을 선보인다. 19세기 싱가포르 사람들의 모습을 담은 그림을 그려 넣은 깔끔한 컵과 그릇, 에코백 등 심플하고 담백한 제품이 많다. 매장 자체도 심플해 마치 삼청동의 작은 갤러리에 들어온 듯하다. 의미 있는 기념품을 사고 싶다면 들려봐야 할 곳 중 하나이다.

위치 #01

오차드로드 쇼핑몰의 원조

니안시티 Ngee Ann City ★★★☆☆

일명 '다카'라고 불리는 니안시티에는 총 26층의 타워 2개가 나란히 이어져 있다. 일본계 다카시마야백화점과 거대한 규모의 키노쿠니야서점으로 더욱 유명하다. 덴키Denki라는 일본 가전제품 상점도 매우 큰 규모로 입점해 있다.

내부는 최근에 오픈한 쇼핑몰들에 비해 낡은 편이지만 매점 수와 규모는 뒤지지 않는다. 특히 명품 브랜드와 중저가브랜드가 골고루 섞여 있어 모든 쇼핑이 가능하다. 영국의 베이커리 전문점 폴Paul, TWG 중 가장 클래식한 분위기로 정평 나 있는 TWG 매장도 니안시티 내에 입점해 있다.

주소 391 Orchard Rd. 영업시간 10:00~21:30/연중무휴 문의 (65)6506-0460 찾아가기 MRT 오차드(Orchard)역 C출구로 나와 오차드로드를 따라 조금만 걸으면 오른쪽에 위치. 도보 5분 거리. 홈페이지 www.ngeeanncity.com.sg

가장 싱가포르 다운 쇼핑몰

플라자싱가푸라 Plaza Singapura ★★★★☆

플라자싱가푸라는 오차드로드에 있는 몰과는 조금 떨어져 있지만 4개의 MRT 노선이 만나는 도비갓역과 바로 연결되어 있다. 이 쇼핑몰에는 패션브랜드, 생활용품, 가전제품 등 다양한 카테고리의 숍이 골고루 입점해있다. 또한 레스토랑, 푸드코트, 영화관까지 있어 현지인들이 많이 찾는다.

'싱가푸라'라는 오래된 이름에서 알 수 있듯 1970년대 문을 연 유서 깊은 쇼핑몰로 2012년 부지를 확장하는 대대적인 리노베이션을 통해 쾌적하고 현대적인 몰로 다시 탄생했다. 특별한 명품매장이나 눈에 띄는 브랜드가 있는 것은 아니지만 쾌적하고 매장이 큼직큼직해 쇼핑을 즐기기에 편리하다. 넓은 매장을 자랑하는 뷰티숍 세포라, 다양한 가전제품을 판매하는 베스트덴키Best Denki, 거대한 규모의 슈퍼마켓 콜드스토레지Cold Storage 등 볼거리가 많다. 푸드코트 역시 괜찮은 음식점이 많아 출출할 때 들러 끼니를 해결하기에도 좋다.

주소 68 Orchard Rd. 영업시간 10:00~22:00/연중무휴 문의 (65)6332-9298 찾아가기 MRT 도비갓(Dhoby Ghaut)역과 바로 연결. 홈페이지 www.plazasingapura.com.sg

싱가포르 디자이너를 만날 수 있는 편집숍
키퍼스 Keepers ★★★★★ 추천

오차드로드에 문을 연 싱가포르 디자인편집숍이다. 쟁쟁한 쇼핑몰이 늘어서 있는 오차드로드에 야심 차게 문을 연 키퍼스는 독창적인 단층건물부터 단연 눈에 띈다. 디자이너의 상품을 판매하며, 쇼케이스 진행과 공방 역할도 한다.

패션, 액세서리, 가구, 홈웨어, 향수, 음식과 음료까지 모든 종류의 상품을 만드는 50명 이상의 디자이너와 장인의 제품을 직접 만나보고 구입할 수 있다. 가끔 워크숍을 열어 직접 물건을 만드는 모습을 보며 뒷이야기를 들어보는 시간도 가질 수 있다. 전 세계를 뒤져 괜찮은 잡지만을 추려내 배달해주는 맥피Magpie, 발랄할 색상의 원피스가 많은 에이알에스ARS, 핸드메이드 향수를 선보이는 코드데코Code Deco, 어디서도 볼 수 없는 독특한 액세서리를 디자인하는 메를린탄Marilin Tan 등 색깔이 뚜렷한 제품이 많다.

주소 230 Orchard Rd. **영업시간** 11:00~22:00/연중무휴 **문의** (65)8299-7109 **찾아가기** MRT 서머셋(Somerset)역 B 출구로 나와 첫 번째 사거리에 위치. 도보 3분 거리. **홈페이지** keepers.com.sg

명품매장의 파라다이스
파라곤 Paragon ★★★☆☆

다양한 명품매장이 집중적으로 입점해 있는 럭셔리 쇼핑몰이다. 1층에서 화려하게 빛을 내고 있는 구찌와 디오르, 미우미우 등의 쇼윈도에서 파라곤의 화려함이 그대로 느껴진다. 밤이 되면 유리로 덮인 건물이 멋진 조명으로 빛을 내 화려한 명품매장의 광고 역할을 톡톡히 한다.

1층에는 프라다, 버버리, 에르메스, 토즈, 페라가모 등 명품브랜드가 나란히 늘어서 있어 북적거리는 여타 몰들에 비해 차분한 편이다. 2층에는 아르마니익스체인지, 바나나리퍼블릭, DKNY 등 캐주얼한 준명품 숍으로 구성되어 있다.

주소 290 Orchard Rd. **영업시간** 10:00~21:00/연중무휴 **문의** (65)6738-5535 **찾아가기** MRT 오차드(Orchard)역 A출구로 나와 오차드로드(Orchard Rd.)를 따라 조금만 걸으면 왼쪽에 위치. 도보 5분 거리. **홈페이지** www.paragon.com.sg

Special 04

근사한 레스토랑 산책, 뎀시힐&홀랜드빌리지(Dempsey Hill&Holland Village)

뎀시힐과 홀랜드빌리지는 맛은 물론 분위기까지 완벽한 레스토랑이 밀집된 지역이다. 뎀시힐은 1980년대 말까지 영국군의 막사로 이용되었던 지역으로, 지금은 다양한 레스토랑과 펍, 갤러리 등이 들어선 멋진 공간으로 바뀌었다. 해 질 무렵 찾아가면 시원한 밤공기를 맞으며 야외테라스에 앉아 여유로운 시간을 보낼 수 있다. 홀랜드빌리지는 외국인들이 모여 살기 시작하면서 자연스럽게 이국적인 분위기가 형성된 곳이다. MRT 홀랜드빌리지역을 중심으로 양쪽에 있는 로롱맘봉거리Loring Mambong에는 자유로운 분위기의 펍과 레스토랑이 늘어서 있다. 길을 건너 칩비가든Chip Bee Garden에는 주택가를 낀 한적한 골목을 따라 트렌디한 레스토랑과 카페가 자리한다. 이른 아침이나 늦은 오후에 들려 브런치나 커피 한 잔을 즐기기에 좋다.

01 뎀시힐

맛은 물론 근사한 인테리어를 자랑하는 굵직한 레스토랑이 많다. 가격이 비싼 편이라 여러 곳을 가기보다는 마음에 드는 곳을 골라 예약한 뒤, 맛과 분위기를 만끽하는 것이 좋다. 낮에는 운영하지 않는 곳이 많으니, 늦은 오후에 갤러리 몇 곳을 둘러보고 산책을 즐기다 레스토랑 야외테이블에 앉아 여유로움을 만끽하자.

찾아가기 ① 오차드로드에서 택시로 10분 거리. ② 오차드 ION 뒷문으로 나와 오차드 블로버드(Orchard Boulevard) 버스정류장에서 174번 탑승 후 7번째 정류장인 뎀시힐클럽하우스(CSC Dempsey Clubhse)역에서 하차. ③ 보타닉가든 홀랜드로드(Holland Rd.) 방향 입구에서 도보 10분 거리.

Dempsey Hill 뎀시힐

신비로운 숲 속에서 즐기는 모던 유러피안요리

더디스그런틀드셰프(The Disgruntled chef)

싱가포르의 스타셰프인 다니엘시아Daniel Sia가 만든 레스토랑. 숲 속으로 걸어가듯 신비롭고 조용한 입구가 매력적이다. 화려하지는 않지만 울창한 초목에 둘러싸인 몇 개의 야외테이블과 밤이 되면 더욱 아늑한 실내가 이국적이면서도 로맨틱한 분위기를 만든다. 샐러드부터 해산물요리, 스테이크까지 메뉴의 종류가 무척 많다.

더디스그런틀드셰프는 모던 유러피안요리와 함께 다양한 주류를 선보인다. 같은 요리라도 양에 따라 스몰플레이트와 빅플레이트로 나뉜다. 값은 조금 비싸지만 최상의 맛을 자랑하는 칵테일을 커다란 저그에 넣어 판매하며, 60개가 넘는 브랜드의 와인리스트를 가지고 있다. 주말에만 먹을 수 있는 브런치도 무척 훌륭하다.

주소 26B Dempsey Rd. 추천메뉴 크랩&랍스터샐러드 S$18, 스모크드차그릴드립아이(Smoked Chargrilled Ribeye) S$98, 주말 브런치 S$25~, 와인 1병 S$78~ 영업시간 12:00~14:30, 18:00~22:30(화~목요일)/12:00~14:30, 18:00~23:00(금~토요일), 12:00~16:30, 18:00~22:30(일요일)/매주 월요일 휴무 문의 (65)6476-5305 홈페이지 www.disgruntledchef.com

진한 커피향과 빵 냄새가 가득한 분위기 좋은 카페

피에스카페(PS. cafe)

뎀시힐을 대표하는 카페 겸 레스토랑으로, 이정표를 따라 좁은 입구로 걸어 들어가면 아름답게 펼쳐진 숲 속에 고요하게 자리한다. 문을 열고 들어가면 코끝을 자극하는 빵 굽는 냄새와 커피향이 기분을 편안하게 해준다. 푸른 잔디와 나무가 바라다보이는 키 큰 통유리창문이 시원하게 펼쳐져 있고, 낮은 조명 아래 푹신한 소파들이 널찍하게 자리하고 있다.

매장 가운데에 걸려있는 커다란 칠판에는 그날의 특별한 디저트가 커다랗게 적혀 있으니 참고하면 좋다. 커피향 가득한 카페처럼 보이지만 서양식 브런치메뉴를 비롯해 덤플링, 두부요리, 라이스롤, 면요리, 밥류 등의 아시아음식까지 메뉴가 무척 다양하다. 늦은 시간까지 운영하며 와인과 바메뉴도 다양하다. 밤에는 야외테이블에 앉아 시원한 바람을 맞으며 달콤한 칵테일 한 잔을 즐기기에 좋다.

주소 28B Harding Rd. 추천메뉴 두 가지 코스로 구성된 런치세트 S$17.80, 구운 오징어와 감자요리 S$22, 바나나팝콘아이스크림디저트 S$13 영업시간 11:30~24:00(월~목요일), 10:00~01:00(금요일), 17:00~01:00(토요일)/매주 일요일 휴무 문의 (65)6479-3343 홈페이지 www.pscafe.com

건강한 식재료와 브런치를 선보이는

존스더그로서(Jones the Grocer)

호주에서 온 '그로서란트'이다. 그로서란트Grocerant란 식료품점인 그로서리Grocery와 레스토랑Restaurant의 합성어로 신선한 식료품을 구입할 수 있는 상점과 다양한 음식을 즐길 수 있는 레스토랑이 한 공간에 있는 곳을 말한다. 존스더그로서는 싱가포르 외에도 호주, 뉴질랜드, 카타르, UAE에 체인점을 운영하고 있다.

존스더그로서는 미식가들에게 몸에 좋고 맛있는 음식을 선보이기 위해 전 세계에서 신선한 식료품을 공수해온다. 식료품코너에는 유기농찻잎과 고급초콜릿, 좋은 재료로 만든 크래커, 핸드메이드 파스타소스 등 다양한 제품이 예쁘게 포장되어 있다. 높은 천장과 편안한 분위기의 레스토랑에서는 브런치메뉴로 인기 있는 코코넛팬케이크를 비롯해 호주산 와규로 만든 햄버거, 각종 샐러드 등 카페메뉴를 즐길 수 있다. 싱싱한 제철 식재료를 쓰므로 메뉴는 조금씩 바뀐다.

주소 #01-12 9 Dempsey Rd. 추천메뉴 코코넛팬케이크 S$13 영업시간 09:00~23:00/연중무휴 문의 (65)6476-1512 홈페이지 www.jonesthegrocer.com

오래된 교회에서 즐기는 낭만적인 식사

화이트래빗(White Rabbit)

「이상한 나라의 앨리스」를 모티브로 하는 동화 같은 레스토랑으로 1965년에 지은 오래된 교회를 개조해서 만들었다. 교회의 외관과 내부 구조를 그대로 두었는데 테이블과 의자, 바닥의 타일과 창문에 달린 유리 역시 1965년 사용했던 것들이다. 특히 높은 천장에 있는 스테인드글라스를 통해 들어오는 따뜻한 햇살까지 더해져 흠잡을 데 없는 분위기를 자랑한다. 앨리스가 발견한 래빗홀이 있을 것만 같은 야외정원은 순백의 테이블과 재미있는 조형물로 가득해 주말에는 웨딩, 파티 등 다양한 이벤트가 열리기도 한다.

화이트래빗은 유러피안요리를 선보이는데 신선한 샐러드를 비롯해 스테이크, 리소토 등 다양한 메인요리와 달콤한 디저트 종류가 메뉴판을 가득 채우고 있다. 음식과 함께 곁들일 수 있는 칵테일메뉴도 다채롭다. 평일에는 런치코스가, 주말에는 브런치메뉴가 따로 준비되어 있다.

주소 39C Harding Rd. 추천메뉴 와규쿼터파운더위드머시룸(Wagyu Quarter Pounder with Sauteed Mushrooms) S$28, 메인랍스터&치즈오믈렛(Maine Lobster and Cheese Omelette) S$28, 레이즌브레드&버터푸딩(Raisin Bread and Butter Pudding) S$16 영업시간 런치 12:00~14:30, 디너 18:30~22:30(화~금요일), 브런치 10:30~15:00(토~일요일)/ 더 래빗홀(The Rabbit Hole) 18:00~24:00(일~목요일), 18:00~02:00(금~토요일)/매주 월요일 휴무 문의 (65)6473-9965 홈페이지 www.thewhiterabbit.com.sg

전문가가 만든 맛있는 드래프트비어

레드닷브루하우스(Red Dot Brew House)

뎀시힐에 선선한 바람이 부는 저녁이 되면 시원한 생맥주를 즐기기 좋은 곳이다. 식민지풍의 낡은 건물 안에 넓게 자리하고 있는 레드닷브루하우스는 직접 양조한 전 세계의 다양한 수제맥주를 선보인다. 맥주 양조에 일가견이 있는 주인은 8,000리터의 맥주를 제조할 수 있는 양조기계를 직접 개발해냈다. 뜨거운 열정으로 만든 맥주는 라거, 에일을 비롯한 밀맥주와 과일 향이 물씬 나는 후르츠비어까지 다양해 맛과 종류를 원하는 대로 고를 수 있다. 또한 감자튀김, 새우요리 등의 간단한 에피타이저부터 바비큐, 파스타, 크랩요리 등의 메인요리까지 풍성한 안주를 갖추고 있다. 레드닷의 자랑인 키 큰 타워맥주Tower Beer는 해피아워에 저렴하게 즐길 수 있다.

주소 Blk 25A #01-01 Dempsey Rd. **추천메뉴** 타워비어(Tower Beer) S$40 **영업시간** 런치 12:00~24:00(월~목요일, 일요일), 12:00~02:00(금~토요일)/연중무휴 **해피아워** 12:00~18:00 **문의** (65)6475-0500 **홈페이지** www.reddotbrewhouse.com.sg

이국적인 가구상점

파사르디나 파인리빙(Pasardina Fine Living)

인도네시아에서 고급 원목을 이용해 만든 다양한 빈티지가구를 판매하는 곳이다. 겉보기에는 조악한 기념품 정도를 파는 가게로 보이지만 안으로 들어서면 독특한 디자인의 가구 하나하나에 눈을 떼기가 어렵다. 중세 유럽에서 날아온 듯한 고풍스러운 선반이나 이국적인 색을 자랑하는 옷장, 나뭇결이 그대로 살아있는 식탁 등이 갤러리를 연상케 한다.

가구 대부분이 큰 편이라 쉽게 구입하기는 어렵지만 세계 어디로든 배달이 가능하다. 만약 구입하기로 마음먹었다면 제작 단계부터 다양한 요청이 가능한 '커스텀Custom가구'를 주문해보는 것도 좋겠다. 화분이나 조각품을 올려두면 좋을 의자나 작은 선반 등은 그 자리에서 사도 될 만큼 크기가 적당하다.

주소 13 Dempsey Rd. **영업시간** 09:30~18:30(월~금요일), 10:00~19:30(토~일요일, 공휴일)/연중무휴 **문의** (65)6472-0228

오리엔탈스타일의 의류와 액세서리

이엠갤러리(em Gallery)

에미코Emiko라는 일본인이 운영하는 홈패션 및 의류, 액세서리 숍이다. 태국, 캄보디아, 라오스 등 동남아의 전통문양과 색, 디자인 등을 모티프로 하는 제품을 판매한다. 현지 장인들과 협업하여 제작한 일본 특유의 단아한 분위기를 풍기는 제품들을 볼 수 있다. 동남아에서 직접 공수한 실과 실크 등을 이용해 만든 쿠션, 식탁보 등은 개성 있는 패턴과 부드러운 촉감 등 퀄리티가 수준급이다. 차후 동남아여행을 갈 때나, 싱가포르 내에서 입으면 딱 좋을 시원스러운 의류나 원피스도 눈에 띄며 깔끔한 액세서리, 가방, 스카프 등은 기념품으로 나쁘지 않다. 주인을 비롯한 직원들 모두 제품에 대한 아주 사소한 질문이라도 성실하게 대답해주니 고르기 어려울 땐 조언을 구하는 것도 좋다.

주소 16 Dempsey Rd. **가격** 액세서리류 S$15~ **영업시간** 10:00~17:00(월~금요일), 11:00~17:00(토~일요일)/연중무휴 **문의** (65)6475-6941 **홈페이지** www.emtradedesign.com

뎀시힐 갤러리 둘러보기

뎀시힐에는 실력 있는 작가들의 작품을 소개하는 괜찮은 갤러리가 구석구석에 숨어 있다.

린다갤러리(Linda Gallery)

자카르타에서 온 갤러리로 동남아시아를 중심으로 아시아 전체의 현대미술 작품을 소개한다. 특히 인도네시아, 태국, 중국 등에서 활동하는 신진작가를 비롯해 주목할 만한 작품을 자유로운 주제로 소개해 싱가포르 내에서도 주목받는 갤러리이다.

주소 #01-08 15 Dempsey Rd. **운영시간** 11:00~19:00 **문의** 6476-7000 **홈페이지** www.lindagallery.com

레드시갤러리(Redsea Gallery)

2001년 뎀시힐에 문을 연 갤러리로 중국, 베트남, 인도네시아 등의 아시아를 비롯해 미국, 프랑스, 러시아 등 전 세계에서 떠오르는 작가들의 작품을 소개해 전시마다 많은 사랑을 받고 있다. 영국군의 막사였던 넓은 부지를 개조하여, 실내는 물론 야외에서도 재미난 조각품들을 볼 수 있다.

주소 #01-10 Dempsey Hill, 9 Dempsey Rd. **운영시간** 9:00~21:00 **문의** 6732-6711 **홈페이지** www.redseagallery.com

버나다스황갤러리(Barnadas Huang Gallery)

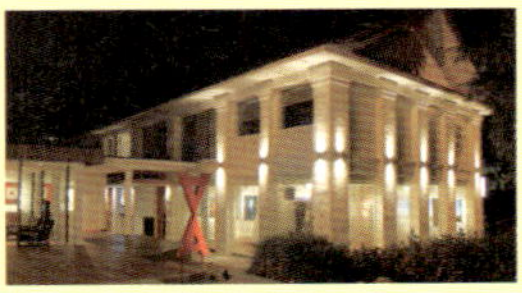

스페인 바르셀로나에 있는 유명한 조르디버나다스갤러리Galeria Jordi Barnadas의 자매 갤러리이다. 다양한 유럽 현대미술 작가들의 작품을 만나 볼 수 있어 반갑다.

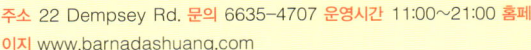

주소 22 Dempsey Rd. **문의** 6635-4707 **운영시간** 11:00~21:00 **홈페이지** www.barnadashuang.com

02 홀랜드빌리지

홀랜드빌리지는 크게 펍과 레스토랑, 푸드코트까지 있는 로롱맘봉거리Lorong Mambong와, 세련된 레스토랑이 많은 칩비가든Chip Bee Garden지역으로 나눌 수 있다. 늦은 밤에 들러볼 생각이라면 로롱맘봉거리에 있는 1층 야외 바에 앉아 왁자지껄한 사람들 사이에서 라이브음악을 들으며 신나는 밤을 즐겨보자. 이국적인 분위기를 느끼며 여유 있는 시간을 보내고 싶다면 이른 아침이나 늦은 오후에 칩비가든지역에 있는 카페나 레스토랑에 앉아 브런치나 디저트를 즐기며 느긋한 시간을 보내는 것을 추천한다.

찾아가기 MRT 홀랜드빌리지(Holland Village)역 C출구

가볍게 먹을 수 있는 이탈리안델리

게스트로노미아(Gastronomia)

이탈리아음식을 즐길 수 있는 작고 아늑한 델리스타일의 레스토랑이다. 대여섯 개의 테이블이 놓인 아담한 매장 안에서는 매일 신선한 파스타와 피자, 샌드위치를 만들고 있는 작은 주방을 유리를 통해 볼 수 있다. 반대쪽 진열대에는 파스타면과 올리브오일, 치즈와 케이크, 간단한 샐러드가 가지런히 놓여있다.

싱싱한 토핑을 올려 매일 만드는 피자는 손바닥만 한 작은 크기로 잘라 판다. 파스타는 막대과자 같이 생긴 펜네Penne와 일반 면인 스파게티 중에 고른 후 소스를 선택하여 주문하고, 샌드위치는 부드러운 빵과 딱딱한 치아바타Ciabatta 중에 고를 수 있다. 조용한 주택가 쪽으로 난 길에도 몇 개의 테이블이 놓여 있다. 홀랜드빌리지의 여유로운 분위기를 맘껏 느끼고 싶다면 선선한 바람이 불 때 야외에 앉아 즐기는 것도 좋다.

주소 43 Jalan Merah Saga **가격** 조각피자 S$7~, 샌드위치 S$8.5~, 파스타 S$13~ **영업시간** 08:30~21:30/연중무휴
문의 (65)6475-1323 **홈페이지** m.dapaolo.com.sg

제일 잘 나가는 아이스크림 가게

선데이폴크(Sunday Folks)

달콤하고 부드러운 와플과 아이스크림으로 수많은 사람을 줄 세우는 인기 디저트카페이다. 6가지 다른 맛의 소프트아이스크림과 크리스피에그와플 그리고 눈이 호강할 만큼 아름다운 장식의 조각케이크가 진열장 안에 늘어서 있다. 케이크는 계절과 제빵사의 기분에 따라 종류가 조금씩 달라진다.

아이스크림은 시솔트굴라믈라카, 다크초콜릿, 마다가스카바닐라, 로스티드피스타치오&써머스트로베리 등의 종류 중에서 고를 수 있으며, 여기에 기호에 따라 토핑을 추가할 수 있다. 토핑은 아몬드, 마시멜로, 헤이즐넛, 레몬치즈케이크 등 다양해 나만의 아이스크림을 만들 수 있다. 달지 않고 입에서 곧장 녹아 먹을수록 아쉬워진다. 나무 테이블과 의자, 깔끔한 조명까지 인테리어도 멋지지만 늘 사람이 많아 여유로움을 즐기기 쉽지 않으니 편히 앉아 와플이나 케이크도 즐기고 싶다면 주말을 피해 가는 것이 좋다.

주소 Chip Bee Gardens #01-52, 44 Jalan Merah Saga **가격** 얼그레이라벤더아이스크림(Earlgrey Lavender Icecream) S$10.90~, 스트로베리와 블루베리를 넣은 벨기에와플(Freshly Baked Belgian Waffles Paired with Strawberries, Blueberries and Roasted Pistachio Soft Serve) S$11.50~ **운영시간** 10:00~21:00(일~목요일), 10:00~22:00(금~토요일)/연중무휴 **문의** (65)6479-9166 **홈페이지** www.facebook.com/sundayfolks.singapore

맛있는 커피와 케이크

디굿카페(D'Good cafe)

아담한 건물의 좁은 계단을 따라 올라가면 만나는 로스터리카페이다. 최고급 원두 싱글오리진을 사용해 직접 로스팅부터 추출과정을 모두 진행하는 성실한 커피메이커들이다. 구획 별로 나뉘어 있는 공간구성이 특이한데 공간마다 인테리어가 조금씩 다르다. 2층 창가에 놓인 그네테이블은 늘 연인으로 가득 차 있고, 한 층 더 올라가면 조용히 공부하는 사람이 많다. 옥상에도 야외테라스가 있어 밤에는 홀랜드빌리지의 열기와 시원한 바람을 동시에 느낄 수 있다.

점심시간에는 티타임메뉴가 있어 커피나 차 종류, 케이크를 저렴한 가격에 먹을 수 있다. 커피만큼 정성스럽게 직접 만드는 케이크는 달지 않고 담백해서 여러 개를 먹어도 속이 느끼하지 않다. 점심에는 간단한 브런치메뉴가 있으며 와플, 샌드위치 등 스낵 종류도 판매한다.

주소 273 Holland Ave. #02-01/02 **추천메뉴** 카페라테 S$5.6, 올데이블랙퍼스트 S$16.5, 토스트 S$4.5 **영업시간** 10:00~22:00(일-목요일), 10:00~23:00(금~토요일)/연중무휴 **문의** (65)6219-9807 **홈페이지** dgoodcafe.com

멕시코의 자유로운 분위기를 닮은 바

탱고스레스토랑&와인바(Tango's Restaurant and Wine Bar)

펍과 레스토랑 거리인 로롱맘봉에서 오랫동안 자리를 지키고 있는 바 겸 레스토랑이다. 바로 옆에 나란히 있는 왈라왈라와 함께 오랜 단골손님이 많은 곳인데, 왈라왈라는 라이브음악이 흐르는 스포츠바로 남성적이고 시끌벅적한 분위기라면 탱고는 멕시코 해변의 바에 온 듯 좀 더 여유롭고 자연스러운 분위기이다. 실제로 이곳을 찾는 사람들도 정장이나 격식 있는 차림보다는 반바지에 슬리퍼 차림이 대다수이다.

한 층이지만 실내가 넓고 야외테이블과 자연스럽게 연결되어 있어 어디에 앉아도 시원한 바람을 느낄 수 있다. 바 메뉴와 칵테일, 와인 종류 모두 알차게 준비되어 있으며, 주류 가격이 다소 비싸지만 해피아워인 오후 3시부터 9시까지는 몇 가지 주류를 저렴하게 마실 수 있다.

주소 35 Lorong Mambong **추천메뉴** 맥주 S$13~, 샴페인 1잔 S$11~ **해피아워** 15:00~21:00, 주류 1잔 시키면 1잔 무료 **영업시간** 15:00~01:00(월~목, 일요일), 15:00~02:00(금~토요일)/연중무휴 **문의** (65)6463-7364

에너지 넘치는 라이브뮤직바

왈라왈라(wala wala)

늦은 저녁 홀랜드빌리지를 찾는 싱가포르 사람이라면 목적지가 왈라왈라일 확률이 높다. 20년이라는 긴 시간 동안 홀랜드빌리지의 터줏대감으로서 좋은 음식과 음악을 제공해왔다. 어두운 조명의 편안한 분위기로, 길 쪽으로 나 있는 넓은 1층에는 텔레비전에서 중계하는 스포츠경기를 보거나 맥주 한 잔을 시켜놓고 시끄럽게 떠들며 저녁을 즐기려는 사람으로 늘 북적인다.

2층에는 매일 밤 열리는 공연을 볼 수 있도록 작은 무대가 마련되어 있다. 평일 저녁에는 7시부터, 주말에는 9시 반부터 공연이 열린다. 2~3시간씩 열리는 라이브를 즐기며 하루를 마무리하고 자정이 다되어 집으로 돌아가는 사람이 많다. 맥주와 칵테일, 와인, 무알코올음료까지 갖추고 있으며 치킨윙, 칼라말리, 샐러드, 파스타 등 특출나진 않지만 평균 이상의 안주들을 즐길 수 있다.

주소 31 Lorong Mambong **가격** 1인당 S$20~ **영업시간** 16:00~01:00(월~목요일), 16:00~02:00(금요일), 15:00~02:00(토요일), 15:00~01:00(일요일)/연중무휴 **문의** (65)6462-4288 **홈페이지** www.walawala.sg

바삭한 호주식 피자

크러스트(crust)

호주에서 시작한 피자 전문점으로 좋은 환경에서 키운 고기와 싱싱한 치즈, 채소 등 건강한 식재료로 만든 착한 피자를 선보인다. '크러스트'는 피자도우 부분을 뜻하는 말로, 이름처럼 바삭바삭하고 신선한 도우를 생명으로 한다. 흔히 생각하는 피자 특유의 느끼함이 없고 아삭아삭 씹히는 채소와 빵의 식감, 신선한 치즈 맛이 느껴져 양껏 먹어도 마음이 놓인다.

토핑에 따라 페페로니, 돼지고기, 양고기, 치킨 등의 고기를 올린 피자와 연어, 새우 등을 올린 해산물피자, 가볍고 깔끔한 베지테리안피자와 어린이피자까지 다양하다. 맥주와 음료는 물론이고 독특하고 괜찮은 와인이 많아 늦은 밤 피자를 시켜놓고 와인 한 잔을 홀짝여도 좋다.

주소 34B Lorong Mambong **추천메뉴** 호주산 와규와 새우를 넣어 만든 와규&프론피자(Wagyu Beef&Prawn) S$38, 토마토소스와 신선한 버팔로 모짜렐라치즈를 넣어 만든 마가리타피자(Margherita) S$20 **운영시간** 12:00~23:00(월~목요일), 12:00~01:00(금~토요일), 12:00~23:00(일요일)/연중무휴 **문의** (65)6467-2224 **홈페이지** www.crustpizza.com.sg

튀김요리의 모든 것

에브리씽 위드프라이(Everything with Fries)

이름만 들어도 허기진 배를 가득 채워줄 것 같은 기분이 드는 이곳은 맛있는 튀김요리를 맛볼 수 있는 곳이다. 피시앤칩스와 각종 버거, 샌드위치 등이 메인요리로 포진되어 있고 감자튀김과 치킨윙, 치킨너깃 등의 사이드메뉴를 고를 수 있다. 모든 튀김요리는 바비큐, 커리, 사워크림과 양파, 마늘과 허브로 만든 소스 중 하나를 골라 찍어 먹을 수 있다.

여기에 바닐라, 딸기, 초콜릿 등 6가지 종류의 셰이크 그리고 악마의 잼으로 불리는 누텔라로 만든 타르트, 차갑고 부드러운 아이스크림, 크레페 등 거부할 수 없는 매력적인 디저트까지 갖추고 있다. 튀김요리와 최고의 궁합을 자랑하는 맥주까지 먹고 나면 왠지 모를 죄책감이 들지만 먹는 순간만큼은 최고의 행복을 누릴 수 있다.

주소 40 Lorong Mambong **추천메뉴** 그릴드햄&치즈샌드위치(Grilled Ham and Cheese Sandwich) S$13.90, 누텔라타르트&아이스크림(Nutella Tart with Ice Cream) S$9.90, 바닐라밀크셰이크 S$7.90 **운영시간** 12:00~23:00(일~목요일), 12:00~01:00(금~토요일)/매주 월요일 휴무 **문의** (65)6463-3741 **홈페이지** www.everythingwithfries.com

매거진 모노클의 디자인숍

모노클숍&카페(Monocle Shop and cafe)

영국의 저널리즘 디자인매거진 「모노클」에서 오픈한 카페 겸 디자인숍이다. 2007년 창간한 「모노클」은 세계적인 사건을 비롯해 주요도시의 비즈니스, 문화, 여행, 디자인 등의 이슈를 다루는 잡지로 가방, 문구류, 의류, 생활용품 등의 제품도 판매하고 있어 하나의 브랜드가 되었다. 현재 런던, 도쿄, 뉴욕, 홍콩, 토론토 등 핫한 도시에 그들의 이름을 내건 오프라인 카페 겸 숍 등을 오픈해왔는데 2014년 싱가포르에도 문을 열었다.

대부분 가격이 비싼 편이라 아쉽지만 평소 「모노클」을 좋아하던 독자라면 사고 싶었던 물건을 구할 수 있는 절호의 기회이다. 또한 깔끔하고 심플한 디자인제품을 좋아하는 사람이라면 조금만 둘러봐도 마음에 드는 소품을 쉽게 발견할 수 있을 것이다. 숍 뒤쪽에는 바리스타바가 있어 향긋한 커피를 마실 수 있는데 다행히 물건에 비해 커피는 저렴한 편이다.

주소 74 Jalan Kelabu Asap **추천메뉴** 에스프레소 S$4, 라테 S$6 **운영시간** 11:00~20:00/연중무휴 **문의** (65)6475-1791 **홈페이지** www.monocle.com

생활밀착형 쇼핑몰

홀랜드로드쇼핑센터(Holland Road Shopping centre)

홀랜드로드에 사는 사람들을 위한 생활형 쇼핑몰이다. 쇼핑을 위해 찾을 곳은 아니지만 명품매장이 즐비한 쇼핑몰과는 다른 활기찬 분위기가 느껴진다. 슈퍼마켓 쇼핑을 좋아하는 사람이라면 1층에 있는 슈퍼마켓 콜드스토레지Cold Storage를 둘러보는 것도 좋다. 규모가 큰 편이라 웬만한 물건은 다 있는 편이다.

2층에 있는 림스아츠&리빙Lim's Arts and Living은 프랑스, 인도네시아, 중국 등 다양한 나라의 크고 작은 공예품을 파는데 물건의 종류도 방대하고 규모가 꽤 큰 편이라 작은 공예박물관처럼 느껴진다. 식기류, 홈웨어, 램프, 문구류, 수납함 등 취급하는 품목과 가격대도 다양해 아주 저렴한 물건부터 고가의 가구까지 모두 갖추고 있다. 그 밖에 작은 공예품점이 2층과 3층 구석구석에 자리하고 있고, 저렴한 네일숍과 마시지숍이 있어 부담 없이 잠깐 쉬어가기에 좋다.

주소 211 Holland Ave. **운영시간** 10:00~20:30(상점마다 상이)/연중무휴

요리에 관한 모든 것

레몬제스트(Lemon Zest)

미식가들을 위한 근사한 레스토랑이 많은 홀랜드빌리지와 가장 잘 어울리는 주방용품숍이다. 냄비와 프라이팬 등의 조리기구부터 베이킹을 위한 제빵기구와 토스터, 타이머를 비롯해 앞치마와 식탁보 등 주방에 필요한 거의 모든 아이템이 매장 구석구석에 꼼꼼하게 진열되어 있다. 어느 하나 평범한 제품이 없이 예쁜 디자인과 색감을 자랑해 요리를 좋아하지 않는 사람들에게도 요리 열정을 불러일으킨다. 각종 요리책과 잡지도 한쪽에 진열되어 있는데 내실 있는 책들로 엄선되어 있어 일반 서점에 비해 요리책만큼은 믿고 살 만하다.

주소 Chip Bee Gardens #01-80, 43 Jalan Merah Saga **가격** 조리기구 S$10~, 요리책 S$10~ **영업시간** 12:00~ 19:00(화~금요일), 11:00~19:00(토~일요일, 공휴일)/매주 월요일 휴무 **문의** (65)6471-0566 **홈페이지** www.lemon zestlife.com

Part 03

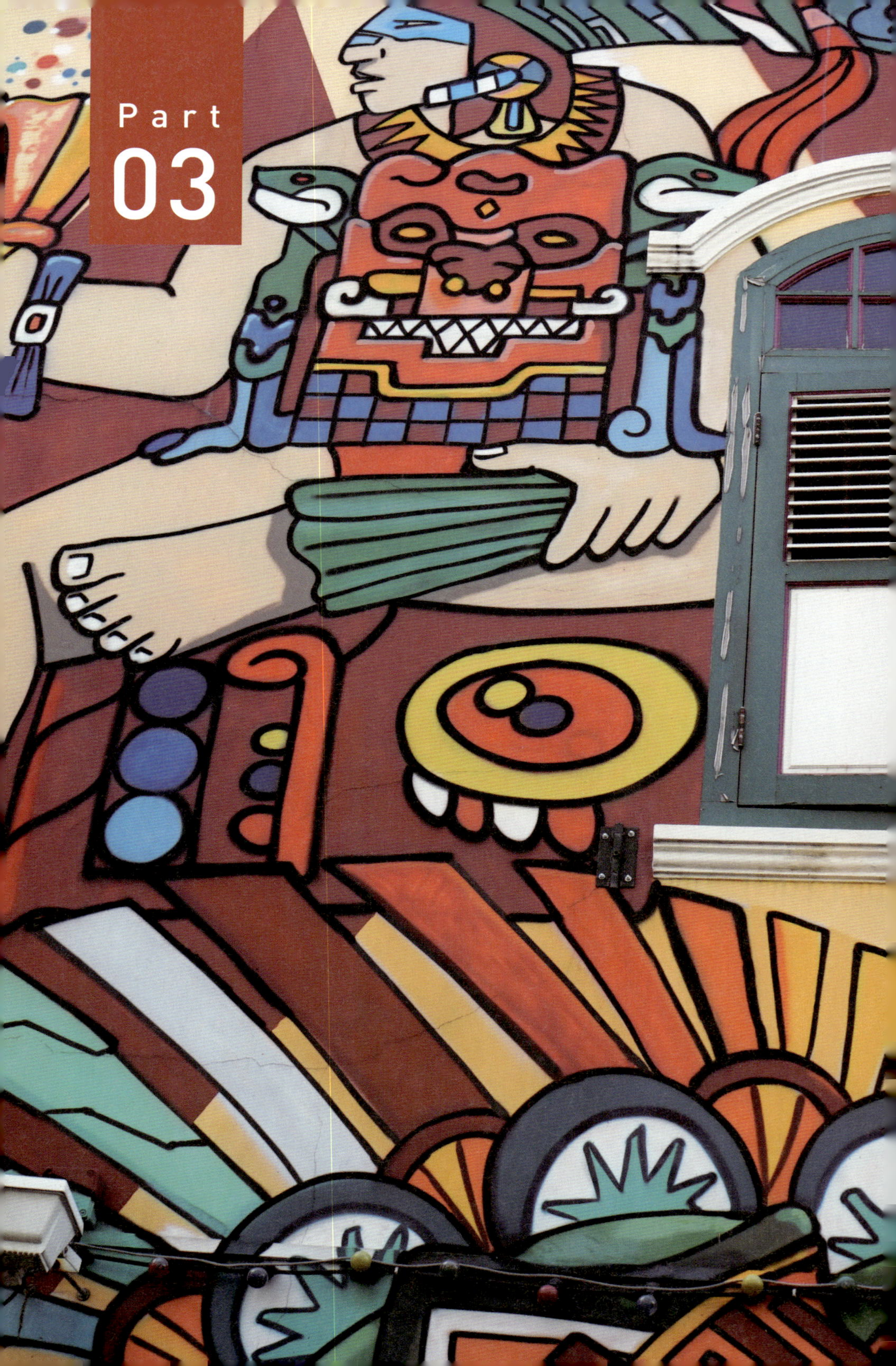

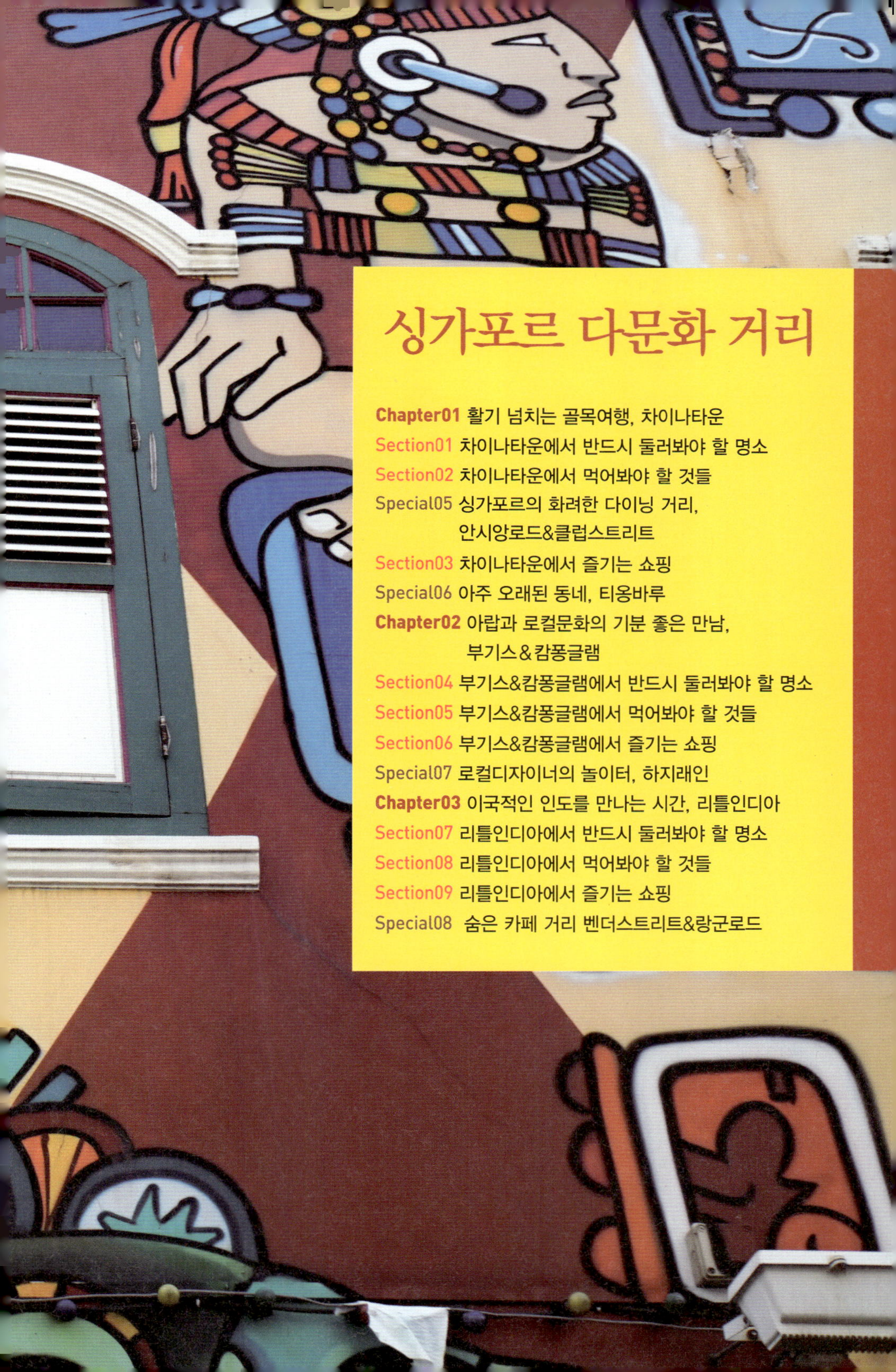

싱가포르 다문화 거리

Chapter01 활기 넘치는 골목여행, 차이나타운
Section01 차이나타운에서 반드시 둘러봐야 할 명소
Section02 차이나타운에서 먹어봐야 할 것들
Special05 싱가포르의 화려한 다이닝 거리, 안시앙로드&클럽스트리트
Section03 차이나타운에서 즐기는 쇼핑
Special06 아주 오래된 동네, 티옹바루
Chapter02 아랍과 로컬문화의 기분 좋은 만남, 부기스&캄퐁글램
Section04 부기스&캄퐁글램에서 반드시 둘러봐야 할 명소
Section05 부기스&캄퐁글램에서 먹어봐야 할 것들
Section06 부기스&캄퐁글램에서 즐기는 쇼핑
Special07 로컬디자이너의 놀이터, 하지래인
Chapter03 이국적인 인도를 만나는 시간, 리틀인디아
Section07 리틀인디아에서 반드시 둘러봐야 할 명소
Section08 리틀인디아에서 먹어봐야 할 것들
Section09 리틀인디아에서 즐기는 쇼핑
Special08 숨은 카페 거리 벤더스트리트&랑군로드

Chapter 01

활기 넘치는 골목여행, 차이나타운

Chinatown

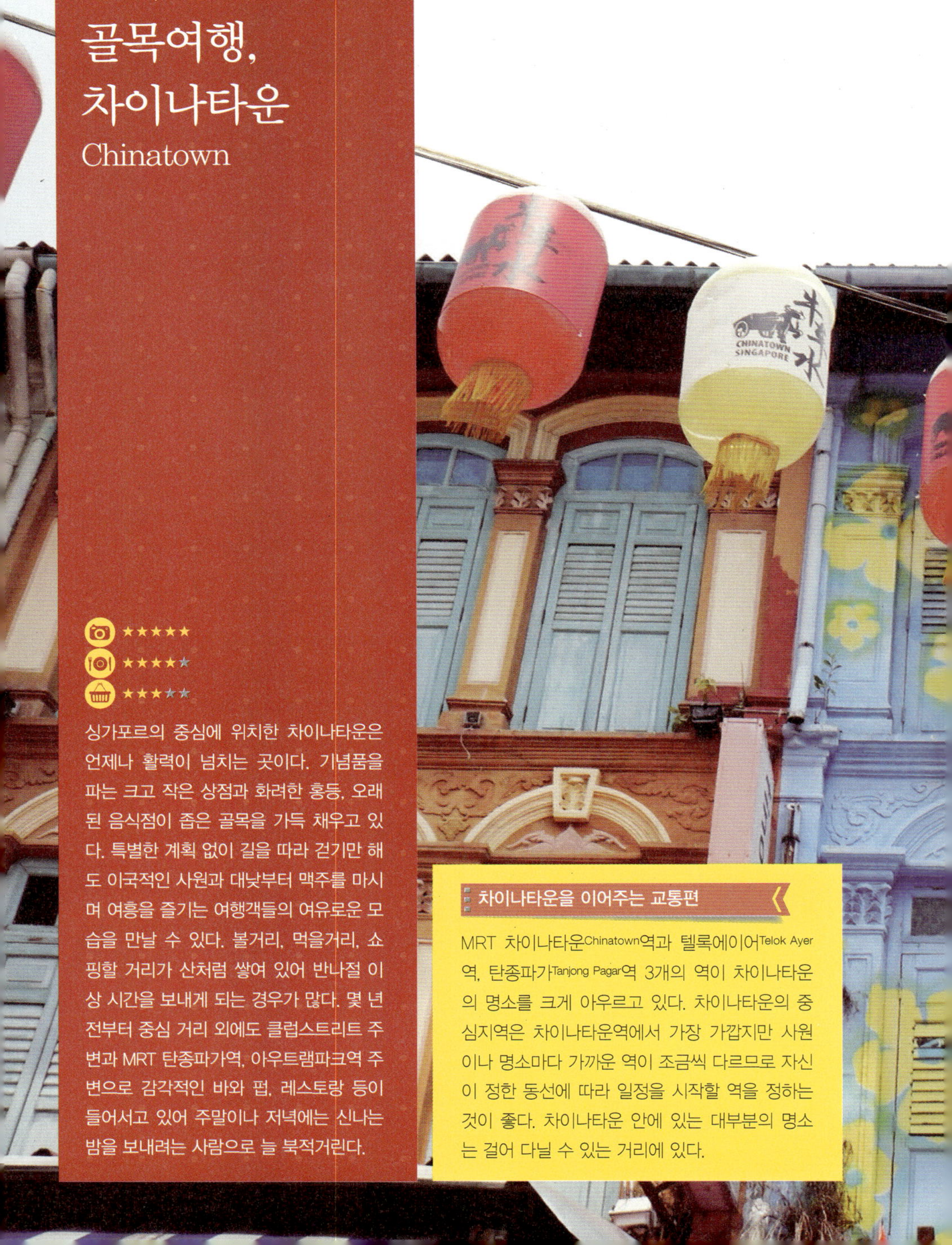

★★★★★

★★★★☆

★★★☆☆

싱가포르의 중심에 위치한 차이나타운은 언제나 활력이 넘치는 곳이다. 기념품을 파는 크고 작은 상점과 화려한 홍등, 오래된 음식점이 좁은 골목을 가득 채우고 있다. 특별한 계획 없이 길을 따라 걷기만 해도 이국적인 사원과 대낮부터 맥주를 마시며 여흥을 즐기는 여행객들의 여유로운 모습을 만날 수 있다. 볼거리, 먹을거리, 쇼핑할 거리가 산처럼 쌓여 있어 반나절 이상 시간을 보내게 되는 경우가 많다. 몇 년 전부터 중심 거리 외에도 클럽스트리트 주변과 MRT 탄종파가역, 아우트램파크역 주변으로 감각적인 바와 펍, 레스토랑 등이 들어서고 있어 주말이나 저녁에는 신나는 밤을 보내려는 사람으로 늘 북적거린다.

차이나타운을 이어주는 교통편

MRT 차이나타운Chinatown역과 텔록에이어Telok Ayer역, 탄종파가Tanjong Pagar역 3개의 역이 차이나타운의 명소를 크게 아우르고 있다. 차이나타운의 중심지역은 차이나타운역에서 가장 가깝지만 사원이나 명소마다 가까운 역이 조금씩 다르므로 자신이 정한 동선에 따라 일정을 시작할 역을 정하는 것이 좋다. 차이나타운 안에 있는 대부분의 명소는 걸어 다닐 수 있는 거리에 있다.

차이나타운에서 이것만은 꼭 해보자

1. 이슬람과 힌두, 불교와 도교사원까지 다양한 종교사원에 들러 이국적인 문화 경험해보기
2. 파고다스트리트와 템플스트리트를 누비며 소소한 기념품을 고르거나 재미있는 사진 찍어보기
3. 차이나타운 스미스스트리트와 맥스웰호커센터 등 먹거리 장소에서 다양한 로컬음식 맛보기
4. 클럽스트리트, 케옹색로드, 덕스톤로드, 텔록에이어스트리트 등 차이나타운의 숨은 골목 돌아보기

사진으로 미리 살펴보는 차이나타운 베스트코스

차이나타운은 특유의 활기찬 분위기와 함께 볼거리, 먹거리가 풍부한 곳이다. 차이나타운 여행의 정석답게 이국적인 사원들과 홍등이 걸린 화려한 거리를 돌아다녀도 좋고, 구석구석 숨은 골목을 찾아다니며 맛있는 레스토랑과 흥미로운 숍을 찾아다니는 것도 무척 즐겁다.

1 **놓치면 안 되는 차이나타운의 명소**(예상 소요시간 4시간 이상)

Go!

파고다스트리트
30분 코스

→ 3분

차이나타운 헤리티지센터
30분 코스

→ 3분

스리마리암만사원
30분 코스

→ 3분

자마에모스크
20분 코스

→ 5분

스미스스트리트 (점심)
30분 코스

→ 5분

불아사
30분 코스

→ 10분

시안혹켕사원
30분 코스

→ 5분

파이스트스퀘어
30분 코스

→ 2분

복덕사뮤지엄
20분 코스

→ 5분

클럽스트리트
30분 코스

2 **차이나타운의 숨은 거리까지 찾아가는 코스**(예상 소요시간 5시간 이상)

Go!

티옹바루 산책
1시간 이상 코스

→ 20분 / 5분

파고다스트리트
30분 코스

→ 5분

스리마리암만사원
30분 코스

→ 10분

시안혹켕사원
30분 코스

→ 7분

맥스웰호커센터 (점심)
30분 코스

→ 5분

레드닷디자인뮤지엄
1시간 코스

→ 10분

덕스턴&닐로드 산책
30분 코스

→ 5분

동문선
10분 코스

→ 5분

풍기 (저녁)
30분 코스

→ 2분

케옹색로드
30분 코스

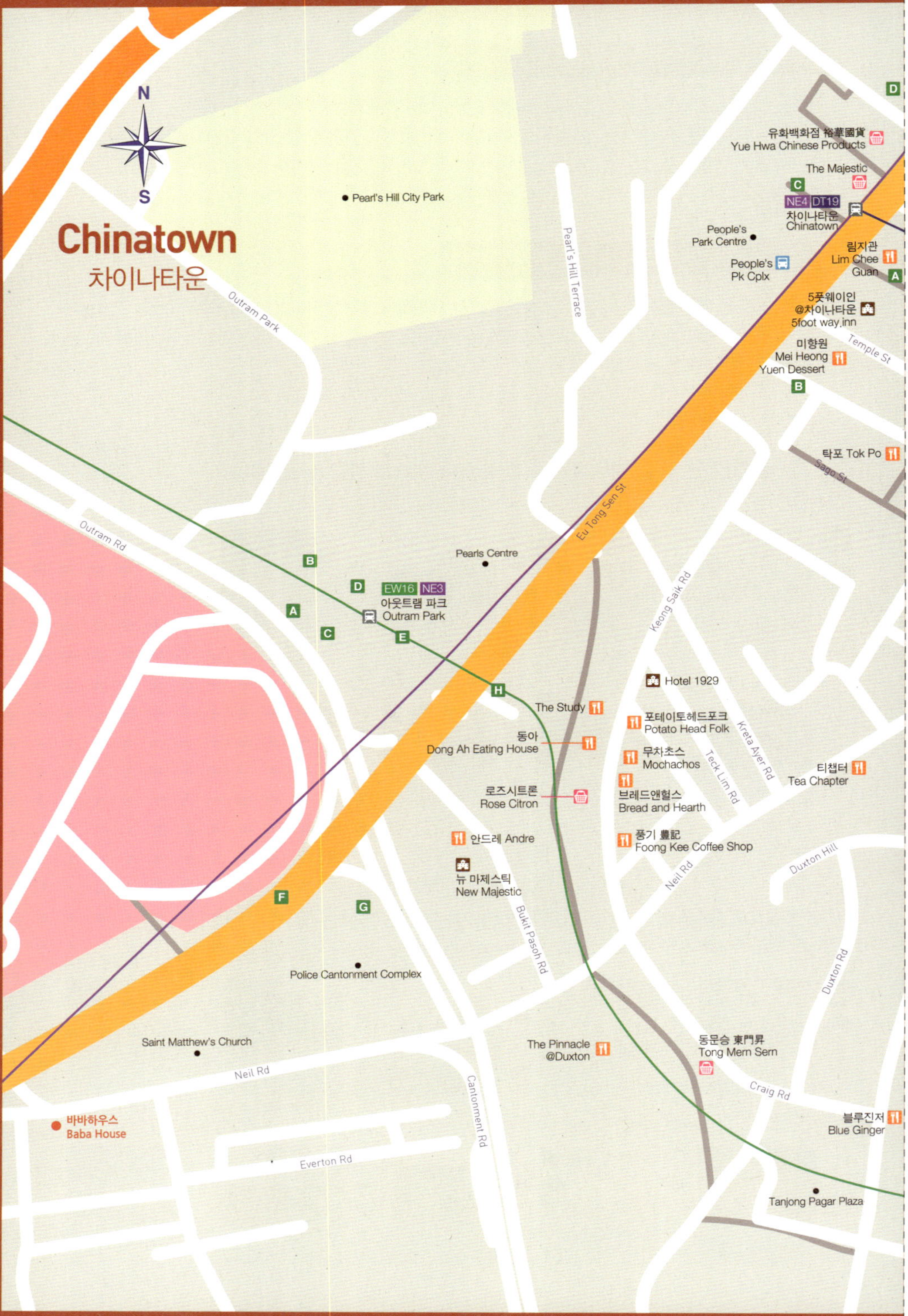
N
S
Chinatown
차이나타운
Pearl's Hill City Park
Outram Park
Pearl's Hill Terrace
Outram Rd
유화백화점 裕華國貨
Yue Hwa Chinese Products
The Majestic
NE4 DT19
차이나타운
Chinatown
People's
Park Centre
People's
Pk Cplx
림지관
Lim Chee
Guan
5풋웨이인
@차이나타운
5foot way.inn
Temple St
미향원
Mei Heong
Yuen Dessert
탁포 Tok Po
Sago St
Eu Tong Sen St
Pearls Centre
EW16 NE3
아웃트램 파크
Outram Park
Keong Saik Rd
Hotel 1929
The Study
포테이토헤드포크
Potato Head Folk
Kreta Ayer Rd
동아
Dong Ah Eating House
무차초스
Mochachos
Teck Lim Rd
티챕터
Tea Chapter
로즈시트론
Rose Citron
브레드앤헐스
Bread and Hearth
안드레 Andre
풍기 豐記
Foong Kee Coffee Shop
Duxton Hill
뉴 마제스틱
New Majestic
Neil Rd
Bukit Pasoh Rd
Police Cantonment Complex
Duxton Rd
Saint Matthew's Church
The Pinnacle
@Duxton
동문승 東門昇
Tong Mern Sern
Craig Rd
Neil Rd
바바하우스
Baba House
Cantonment Rd
블루진저
Blue Ginger
Everton Rd
Tanjong Pagar Plaza

Hong Lim Park
파크로얄온피커링
Parkroyal on Pickering
Chinatown Pt
Chinatown Point
New Bridge Rd
E
Hotel 81 Chinatown
Bliss Hotel
비첸향
Bee Cheng Hiang
Upper Cross St
Pickering St
공화관 恭和館
Gong He Guan
윙크호스텔
Wink Hostel
Mosque St
차이나타운헤리티지센터
Chinatown Heritage Centre
Church St
China St
China Square
Pagoda St
오차드춥스틱
Orchard Chopstick
Trengganu St
더틴틴숍
The TinTin Shop
자마에모스크
Jamae Mosque
아모이 Amoy
Telok Ayer St
복덕사뮤지엄 福德祠
Fuk Tak Chi Museum
원더풀두리안
Wonderful Durian
얌차
Yum Cha
파이스트스퀘어
Far East Square
스리마리암만사원
Sri Mariamman Temple
Club St
Smith St
Cross St
South Bridge Rd
스미스스트리트
Smith Street
애들러럭셔리호스텔
Adler Luxury Hostel
DT18
텔록 에이어
Telok Ayer
동흥 東興
Tong Heng Confectionery
불아사 佛牙寺
Buddha Tooth Relic
Temple and Museum
Ann Siang Rd
시안혹켕사원 天福宮
Tian Hock Keng Temple
Spring St
Matchbox The
Concept Hotel
Erskine Rd
The Club Hotel
Amoy St
Telok Ayer St
더스칼렛호텔
The Scarlet Hotel
맥스웰호커센터
Maxwell Hawker Center
메이드바이
라우런자스민
Made by
Lauren Jasmine
마이어썸카페
My Awesome Cafe
Club Kyo
Cecil St
티플링클럽
Tippling Club
싱가포르시티갤러리
Singapore City Galley
1박2일
2D1N Soju Bang
Korean Restaurant
Amoy Street Food Centre
Maxwell Rd
Robinson Rd
Tanjong Pagar Rd
Shenton Way
레드닷디자인뮤지엄
Red Dot Design Museum
Telok Ayer Park
G
Tras St
Peck Seah St
F
Wallich St
EW15
탄종파가
Tanjong Pagar
B
A
E
Choon Guan St
칼튼시티호텔
Carlton City Hotel
C
D

Section 01

차이나타운에서 반드시 둘러봐야 할 명소

차이나타운은 중국문화가 꽃핀 지역이지만, 불교와 도교사원 외에도 싱가포르에서 가장 오래된 힌두사원과 모슬렘사원이 모두 모여 있어 볼거리가 풍부하다. 시간을 내 가볼 만한 박물관도 많다. 차이나타운의 오래전 모습을 재현해 놓은 차이나타운헤리티지센터와 복덕사뮤지엄, 세계적인 디자인어워드 수상작을 만날 수 있는 레드닷디자인뮤지엄 등 취향과 관심사를 고려해 방문해 보자.

현대식 불교사원

불아사 佛牙寺, Buddha Tooth Relic Temple and Museum ★★★★☆

부처의 성스러운 치아를 소장하고 있는 불교사원 겸 박물관이다. 지난 2005년 공사를 시작해 2년 후인 2007년 석가탄신일에 문을 열었다. 총 4층으로 이루어진 현대식 불교사원으로 지하주차장과 엘리베이터까지 갖추고 있다. 불아사를 더욱 성스럽게 만드는 부처의 성치는 불교신자들이 기부한 320kg의 순금 사리탑 안에 안치되어 있는 것으로 알려졌다.

1층의 불교사원 중앙에는 화려한 불상이 위엄 있게 자리하고, 양쪽 벽에는 각기 다른 형태의 부처 좌상이 빼곡히 채워져 있다. 2층에는 만 권 이상의 불교 관련 참고서적을 볼 수 있는 도서관이, 3층과 4층에는 불교박물관과 크고 작은 불당이 있다. 현지 신자가 많이 찾는 곳으로, 종교행사가 자주 열려 싱가포르인들의 불교의식을 체험해볼 수 있다.

주소 288 South Bridge Rd. **귀띔 한마디** 민소매나 짧은 바지를 입었을 경우 입구에 준비된 천을 두른 후 입장해야한다. 사원 내에는 애완동물과 함께 입장할 수 없고, 고기가 들어간 음식을 들고 들어갈 수 없다. **입장료** 무료입장 **운영시간** 07:00~19:00(사원), 09:00~19:00(박물관 및 도서관)/연중무휴 **문의** (65)6220-0220 **찾아가기** MRT 차이나타운(Chinatown)역 A출구로 나와 파고다스트리트(Pagoda St.)를 따라 걷다가 사우스브리지로드(South Bridge Rd.)에서 오른쪽으로 진입, 길을 따라 5분 정도 걸으면 오른쪽에 위치. 도보 10분 거리. **홈페이지** www.btrts.org.sg

가장 오래된 힌두사원

스리마리암만사원 Sri Mariamman Temple ★★★★☆

힌두사원이 리틀인디아가 아닌 차이나타운에 있다는 사실이 다소 당황스럽지만 알고 보면 싱가포르에서 가장 오래된 유서 깊은 힌두사원이다. 싱가포르에 동인도회사가 세워지고 8년 후인 1827년 페낭의 정부관리인이었던 나라이나필라이Naraina Palai가 개인재산을 들여 만들었다.

입구 역할을 하는 15m 높이의 탑은 다양한 힌두교 신과 염소, 사자, 뱀, 전사 등의 이국적인 조형물이 화려한 색깔로 장식되어 있어 눈길을 사로잡는다. 여러 신을 모시는 힌두교는 사원 내부에 각기 다른 신을 위한 크고 작은 사당이 있다. 스리마리암만사원은 이국적인 힌두사원을 보기 위해 찾아온 관광객으로 늘 북적이는 장소 중 하나이다. 내부 사진촬영은 금지되어 있으며 오전과 저녁때에만 입장이 가능하다.

주소 244 South Bridge Rd. 귀띔 한마디 입장시간이 오전과 저녁으로 제한되어 있으니 시간을 미리 확인하고 방문하자. 입장료 무료입장 운영시간 07:00~12:00, 18:00~21:00/연중무휴 문의 (65)6223-4064 찾아가기 MRT 차이나타운(Chinatown)역 A출구로 나와 파고다스트리트(Pagoda St.)를 따라 걷다가 사우스브리지로드(South Bridge Rd.)와 만나는 모퉁이에 위치. 홈페이지 www.heb.gov.sg

우아한 도교사원

시안혹켕사원 天福宮, Tian Hock Keng Temple ★★★★★

1839년 텔록에이어스트리트Telok Ayer St.에 세워진 싱가포르에서 가장 오래된 도교사원이다. 텔록에이어지역은 간척사업이 이루어지기 전까지는 바닷가와 마주하고 있는 마을이었다. 시안혹켕사원은 이 지역에 사는 뱃사람들의 안전과 만선을 기원하기 위한 곳이었다. 중국 동남쪽에 모여 살던 호키엔Hokkien 부족에 의해 만들어졌으며 부족을 위한 회의나 만남의 장소로 이용되기도 했다.

전통적인 중국 남부 건축양식으로 못을 전혀 사용하지 않고 돌과 타일, 나무 등으로만 건물을 지었다. 1973년 국가기념물로 지정되었으며 2001년에는 유네스코 아시아태평양문화유산으로 선정되었을 만큼 완성도 있는 건축물이라는 호평을 받는다. 규모가 크거나 화려하지는 않지만 검소하면서도 조용한 분위기에서 도교만의 경건함과 힘이 느껴진다. 특히 사원 안에서 밖을 바라보면 오래된 사원의 지붕이 래플스플레이스의 마천루와 어우러져, 싱가포르의 과거와 현재가 어우러진 아름다운 풍경을 감상할 수 있다.

주소 158 Telok Ayer St. 입장료 무료입장 운영시간 07:30~17:30/연중무휴 문의 (65)6423-4616 찾아가기 MRT 텔록에이어(Telok Ayer)역에서 A출구로 나와 텔록에이어스트리트(Telok Ayer St.)를 따라 걸으면 오른편에 위치. 도보 5분 거리. 홈페이지 www.thianhockkeng.com.sg

고요한 이슬람의 매력
자마에모스크 Jamae Mosque ★★★☆☆

인도 남부지방의 타밀 모슬렘에 의해 1826년에 세워진 이슬람사원이다. 스리마리암만 사원과 함께 200년이 넘는 시간 동안 차이나타운의 사우스브리지로드South Bridge Rd.를 대표하는 랜드마크로 자리를 지키고 있다. 지난 200년 동안 크고 작은 보수가 이루어지긴 했지만 처음 지어졌을 당시의 모습을 거의 그대로 간직하고 있다.
자마에모스크는 동서양의 건축양식이 절충된 형태로, 파스텔 톤의 차분한 색과 사원 곳곳에서 볼 수 있는 우아한 타일무늬가 무척 아름답다. 화려하진 않지만 고요한 사원 안에서 진지하게 기도하는 신자들의 모습을 보고 있노라면 마음이 절로 경건해진다. 민소매나 반바지 등 짧은 옷을 입은 여성은 입구 옷장에 있는 가운을 입고 입장해야 한다.

주소 218 South Bridge Rd. 입장료 무료입장 운영시간 06:30~18:00/연중무휴 문의 (65)6221-4165 찾아가기 MRT 차이나타운(Chinatown)역 A출구로 나와 파고다스트리트(Pagoda St.)를 따라 걷다가 사우스브리지로드(South Bridge Rd.)에서 왼쪽으로 돌아 조금만 걸으면 왼편에 위치. 홈페이지 www.masjidjamaechulia.sg

중국이민자들의 그때 그 시절
복덕사뮤지엄 福德祠, Fuk Tak Chi Museum ★★★★☆

오래전 배를 타고 거친 바다를 건너 싱가포르로 이민 왔던 중국 남부지방의 이주자들은 그들이 무사히 싱가포르에 도착한 후 신에게 감사함을 표시하기 위해 작은 사원을 지었다. 1820년대에 지은 가장 오래된 중국사원이었던 이곳이 작지만 흥미로운 박물관으로 새롭게 개관했다.
특별한 전시품은 없지만 싱가포르 초창기 중국이민자들의 생활을 재현해 놓은 미니어처 작품이 무척 흥미롭다. 당시 생활을 생생하게 표현한 건물과 간판, 전통의상 등 세세한 일상을 그대로 복원해놓아 아무런 설명 없이도 재미있는 옛날이야기를 듣는 듯한 기분이 든다.

주소 76 Telok Ayer St. 입장료 무료입장 운영시간 10:00~22:00/연중무휴 찾아가기 MRT 텔록에이어(Telok Ayer)역 B출구로 나오면 바로 앞 파이스트스퀘어(Far East Square) 내에 위치. 홈페이지 www.fareastsquare.com.sg

기발한 생활디자인박물관
레드닷디자인뮤지엄 Red Dot Design Museum ★★★☆☆

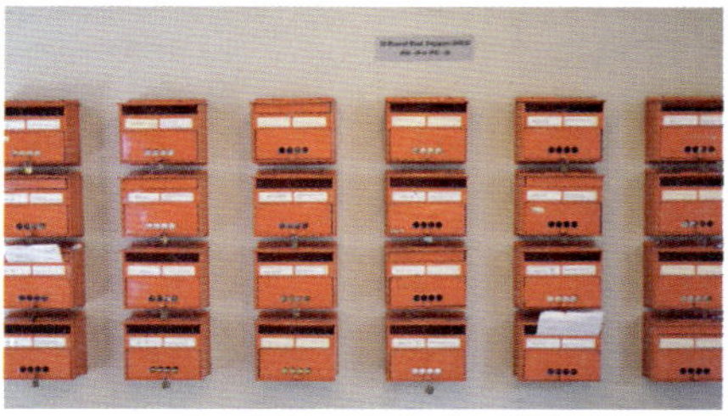

상품디자인 분야에서 세계적인 권위를 자랑하는 '레드닷디자인어워드'의 수상작을 전시하는 박물관으로 독일에 이어 싱가포르에 두 번째로 오픈했다. 레드닷디자인뮤지엄에서는 음식, 생활용품, 책, 가구 등 전 세계 55개국의 기발하고 창의적인 수상작들을 만나볼 수 있다. 전시물이 유리관이나 액자 속에 갇혀 있는 딱딱한 박물관이나 갤러리와는 달리, 모든 전시물을 직접 만져볼 수 있고 플래시를 팡팡 터뜨리며 사진을 마음껏 찍어도 된다.

레드닷디자인뮤지엄의 건물은 과거 식민지풍의 경찰청이었던 것으로, 지난 2005년 붉은색 외간으로 근사하게 변신하였다. 지금은 박물관을 비롯해 다양한 디자인회사와 레스토랑, 카페 등이 입점해있다. 레드닷뮤지엄에서 직접 제작해 무료로 배포하는 '디자인지도The design journey'에는 차이나타운 주변의 가볼 만한 로컬디자인숍이 표시되어 있어 유용하다.

주소 28 Maxwell Rd. **입장료** 성인 S$8, 학생 S$4, 어린이(12세 미만) S$4/MAAD 기간에는 무료입장 **찾아가기** MRT 탄종파가(Tanjong Pagar)역에서 B출구로 나와 맥스웰로드(Maxwell Rd.)를 따라 걸으면 왼편에 위치. **운영시간** 11:00~18:00(월~금요일), 11:00~20:00(토~일요일)/연중무휴 **문의** (65)6327-8027 **홈페이지** www.museum.red-dot.sg

MAAD(Market of Artist and Designers)

MAAD는 2006년 시작된 싱가포르 최초의 플리마켓이다. 한 달에 한 번, 금요일 밤에 레드닷디자인뮤지엄에서 열린다. 창의적이고 개성 있는 디자이너들이 직접 만든 옷과 가방은 물론 가구, 책, 장난감, 예술품 등 다양한 제품을 판매한다. 싱가포르 인디밴드들의 공연도 함께 열려 싱가포르의 문화를 느껴보기에 더없이 좋다. MAAD 페이스북에서 참여 디자이너들과 이벤트 날짜를 확인할 수 있다.

페이스북 www.facebook.com/goMAAD

1950년대 중국이민자들의 생활상

차이나타운헤리티지센터 Chinatown Heritage Centre ★★★★☆

1950년대, 꿈과 희망을 안고 중국에서 싱가포르로 찾아든 초창기 중국이민자들의 삶과 애환을 그대로 재현해 놓은 곳이다. 차이나타운의 중심 파고다스트리트에 있는 3층의 숍하우스 건물에 위치한다. 극도의 가난 속에서 새로운 인생을 개척해야 했던 서민들의 생활상을 당시 사용하던 물건과 옷, 가구 그리고 실제 사진들을 통해 생생하고 실감 나게 보여준다. 양복점, 학교, 식당 등 오래전 모습을 복원해놓은 상점과 거리가 무척 정교하고 사실적이라 흥미롭다. 1층에는 중국 관련 기념품숍과 차이니즈 레스토랑을 운영하고 있다.

주소 48 Pagoda St. **귀띔 한마디** 2014년 10월부터 현재까지 리노베이션 중으로 2015년 하반기 중에 재 오픈할 예정이다. 홈페이지를 통해 가상으로 박물관을 둘러볼 수 있는 서비스를 진행하고 있다. **입장료** 성인 S$10, 학생 S$6 **운영시간** 09:00~20:00/연중무휴 **문의** (65)6534-8942 **찾아가기** MRT 차이나타운(Chinatown)역 A출구로 나와 파고다스트리트(Pagoda St.)를 따라 걷다 보면 왼편에 위치. **홈페이지** www.chinatownheritagecentre.sg

싱가포르의 도시계획을 한눈에 볼 수 있는

싱가포르시티갤러리 Singapore City Galley ★★★☆☆

작은 시골마을이 50년 만에 세계적인 도시로 발전한 싱가포르의 흥미로운 성장기를 한눈에 보여주는 곳이다. 10개의 주제로 지역을 나눠 싱가포르의 야심 찬 도시계획과 그동안 진행해온 프로젝트 그리고 앞으로 진행할 도시전망을 50여 개의 시청각 자료와 신기한 대화형 전시자료를 통해 보여준다. 싱가포르시티갤러리의 하이라이트는 싱가포르 중심지역을 미니어처로 만든 거대한 도시모델로, 빛과 소리를 이용한 쇼를 통해 낮과 밤의 도시 전경을 한눈에 볼 수 있다.

주소 45 Maxwell Rd. **입장료** 무료입장 **운영시간** 09:00~17:00(월~토요일)/매주 일요일과 공휴일 휴무 **문의** (65)6321-8321 **찾아가기** MRT 탄종파가(Tanjong Pagar)역 B출구로 나와 차이나타운 방향으로 맥스웰로드(Maxwell Rd.)를 따라 걷다 보면 오른편에 위치. 레드닷디자인뮤지엄 건너편 URA 센터 내 위치. **홈페이지** www.ura.gov.sg/uol/citygallery.aspx

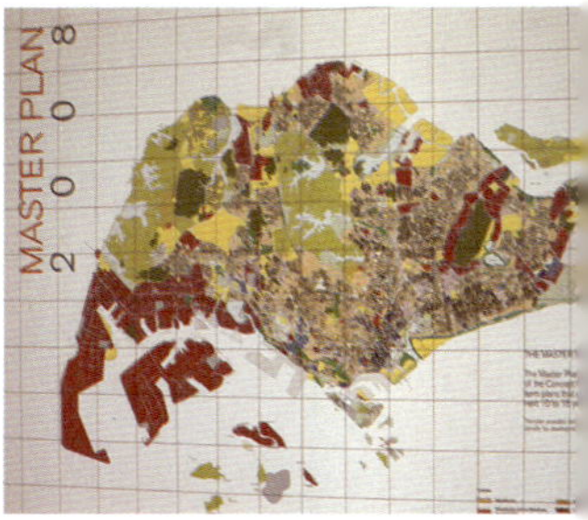

살아있는 페라나칸 박물관
바바하우스 Baba House ★★★★★

바바하우스는 페라나칸 전통가옥으로, 19세기 싱가포르에 정착한 페라나칸들의 생활상을 가장 깊숙이 체험해볼 수 있는 특별한 장소이다. 당시 선박업계의 거물이었던 중국 남부출신 위빈Wee Bind이 살던 집으로, 전쟁 이전의 전통적인 테라스하우스의 외형을 그대로 간직하고 있다.
싱가포르국립대학NUS은 지난 2008년 믈라카출신의 사업가와 지역사람들의 기부금으로 바바하우스를 인수한 후 외관과 내부 인테리어, 가구 등의 생활용품을 그대로 유지하는 한에서 지금의 모습으로 복원하였다. 1층과 2층에는 2,000여 점 이상의 페라나칸 골동품과 장식품이 전시되어 있고, 3층에는 시기에 따른 페라나칸문화 관련 갤러리가 열린다. 바바하우스는 철저한 예약제로 운영된다. 반드시 이메일(museum@nus.edu.sg)을 통해 방문날짜와 시간을 예약한 후 방문해야 한다.

주소 157 Neil Rd. **입장료** 무료입장 **운영시간** 매주 월, 화, 목, 토요일마다 하루에 한 번 투어가 있다. 시간이 매일 다르므로 예약 시 확인해야 한다. **문의** (65)6227-5731 **찾아가기** MRT 아우트램파크(Outram Park)역 G출구로 나와 칸톤먼트로드(Cantonment Rd.)를 따라 걷다가 오른쪽에 있는 닐로드(Neil Rd.)로 진입한 후 닐로드를 따라 걷다 보면 왼편에 위치. **홈페이지** www.nus.edu.sg/cfa/museum/about.php

50층 스카이브릿지에서 즐기는 도시의 야경
피나클전망대 The Pinnacle@Duxton ★★★★☆

싱가포르 정부가 시민들에게 제공하는 공공주거형태를 'HDB'라고 부르는데 피나클은 공공아파트 가운데 50층에 이르는 최고층 아파트이다. 탄종파가로드를 걷다 보면 멀리 멋진 건축물이 한눈에 들어온다. 완공 직후 각종 건축상을 휩쓸었을 만큼 세련되면서도 도시적인 건축 디자인이 눈길을 사로잡는다.
총 7개의 타워로 이루어져 있으며 26층과 50층에는 스카이브릿지가 7개의 건물을 연결하고 있다. 공중에 떠 있는 500m 길이의 스카이브릿지는 이곳에 주거하는 시민들을 위한 산책로이자 조깅코스로 '세계에서 가장 높은 공공아파트에 있는 가장 긴 스카이가든'이라는 기록을 세우기도 했다. 건물 꼭대기 50층에 있는 스카이가든은 일반인에게도 개방되어 S$5의 입장료를 내면 누구나 올라갈 수 있다. 늦은 저녁에 찾으면 도시의 황홀한 야경을 마음 놓고 구경할 수 있어 좋다.

주소 1 Cantonment Rd. **입장료** S$5 **운영시간** 09:00~22:00/연중무휴 **문의** (65) 6225-5432 **찾아가기** MRT 차이나타운(Chinatown)역 A출구로 나와 파고다스트리트(Pagoda St.)를 따라 걷다가 사우스브리지로드(South Bridge Rd.)를 만나면 오른쪽으로 진입, 길을 따라 내려가다 이어지는 닐로드(Neil Rd.)를 따라 5분 정도 직진하면 왼쪽에 가장 높이 솟아있는 피나클 건물이 보인다. **홈페이지** www.pinnacleduxton.com.sg

Section 02

차이나타운에서 먹어봐야 할 것들

차이나타운이라고 해서 중국음식만 잔뜩 있을 것으로 생각한다면 오산이다. 홍콩식 딤섬요리는 기본이고, 싱가포르에서 가장 유명한 호커센터와 대형 먹자골목이 한 블록을 사이에 두고 나란히 있어 무엇을 먹어야 할지 행복한 고민에 빠진다. 트렌디한 레스토랑을 찾는 미식가라면 케옹색로드와 클럽스트리트를 구석구석 살펴보자. 싱가포르 최고급레스토랑의 양대산맥으로 불리는 두 개의 레스토랑 역시 차이나타운에 숨어 있다.

싱가포르 최고의 호커센터

맥스웰호커센터 Maxwell Hawker Centre ★★★★★ 추천

싱가포르 최고의 호커센터 중 하나로 손꼽히는 맥스웰호커센터는 그 규모나 맛에서 최고를 자부하는 곳이다. 수많은 TV 방송에 단골로 출현할 만큼 현지인들의 입맛에 가장 가까운 맛을 자랑하는 곳으로 정평이 나 있다. 근처 직장인과 차이나타운을 찾은 관광객 등으로 언제나 붐비지만 북적대는 활력이 오히려 즐겁게 느껴진다.

수십 개의 작은 상점이 한자리에 모여 있어 음식을 고르는 일이 만만치 않지만, 여행하는 기분으로 상점 하나하나를 둘러보며 마음에 드는 음식을 골라 보자. 원하는 음식을 파는 가게에서 주문한 후 계산하고, 가운데에 있는 테이블에 자리를 잡으면 된다. 마실 거리는 음료를 파는 가게에서 따로 주문해야 한다.

주소 1 Kadayanallur St. **귀띔 한마디** 맥스웰호커센터에서 가장 유명한 상점은 티안티안치킨라이스와 젠젠포리지이다. 그러나 호커센터 내의 다른 치킨라이스도 수준급의 맛을 자랑한다. 면요리와 딤섬, 커리 등 다양하게 주문해서 함께 먹어보는 것이 가장 좋다. **영업시간** 08:00~22:00/연중무휴 **찾아가기** MRT 탄종파가(Tanjong Pagar)역 B출구에서 맥스웰로드(Maxwell Rd.)를 따라 걸으면 길 끝의 오른편에 위치.

맥스웰호커센터 베스트 3 음식점

1. 티안티안치킨라이스(Tian Tian Chicken Rice)

싱가포르에서 가장 유명한 치킨라이스를 파는 곳으로 맥스웰호커센터에서 가장 긴 줄을 서는 곳이다. 이곳의 매력은 밥맛에 있다. 닭고기육수로 만든 양념이 은은하게 밴 밥은 그냥 먹어도 맛있다.

가격 S$3.50~

2. 진후아슬라이스피시비훈(Jin Hua Sliced Fish Bee Hoon)

광둥식 생선비훈국수를 파는 곳이다. 우유를 넣어 만든 고소한 생선육수와 탱글탱글한 면발 그리고 육수를 머금은 생선튀김의 삼박자가 조화를 이룬다.

가격 S$4~

3. 젠젠포리지(Zhen Zhen Porridge)

걸쭉한 죽 위에 잘게 썬 닭고기와 부드러운 계란, 양파와 각종 채소가 푸짐하게 들어 있어 한 그릇을 먹고 나면 속이 꽉 찬 느낌이다. 아침 일찍 문을 열고 저녁 일찍 문을 닫는 편이다.

가격 S$3~

동양의 멋을 살린 다이닝아케이드

파이스트스퀘어 Far East Square ★★★★☆

1999년 문화유산보전 프로젝트 중 하나로 지은 복합아케이드로, 비즈니스지역인 래플스플레이스Raffles Place와 차이나타운의 중간 지점에 위치한다. 동양의 신비로움이 물씬 풍기는 웅장한 입구를 지나 안으로 들어가면 30여 개가 넘는 레스토랑과 카페, 펍이 나란히 늘어서 있다. 시원한 에어컨이 나오는 유리 지붕 아래 옛 분위기를 그대로 살린 건물이 자연스럽게 이어져 있어 더운 날씨에 돌아다니다 지친 몸을 잠시 쉬어가기에도 좋다.

일본, 한국, 홍콩, 인도네시아 그리고 싱가포르 현지음식점까지 다양한 종류의 음식점이 입점해 있다. 브런치메뉴로 유명한 딘&델루카Dean&Deluca, 말레이시아 밀크티 테타릭Teh Tarik으로 인기 있는 미스터테타릭익스프레스Mr. Teh Tarik Express, 야쿤카야토스트Yakun Kaya Toast 1호점 등 인기 있는 카페도 만나볼 수 있다. 평일 저녁에는 퇴근 후 맥주를 마시며 하루를 마무리하는 근처 래플스플레이스의 직장인이 많은 편이다. 주말에는 오히려 한가한 편이며 문을 닫는 숍도 많다.

주소 45 Pekin St. 영업시간 07:00~23:00(상점마다 상이)/연중무휴 문의 (65)6532-7868 찾아가기 MRT 텔록에이어(Telok Ayer)역에서 나와 텔록에이어스트리트(Telok Ayer St.) 방향으로 조금만 걸으면 왼편에 위치. 홈페이지 www.fareastsquare.com.sg

홍콩식 죽요리

탁포 Tok Po ★★★★☆

홍콩식 딤섬과 죽요리인 콘지Congee를 먹을 수 있는 아담한 레스토랑이다. 주말에는 아침 8시부터 문을 열어 차이나타운을 돌아보기 전 아침식사를 하기 좋다. 주말이나 점심시간에는 줄을 서야하는데 기다리는 시간은 오래 걸리지 않는 편이다. 큼지막한 메뉴판에 사진과 함께 모든 딤섬메뉴가 소개되어 있어 그림을 보고 딤섬을 고른 후 탁자에 있는 주문서에 체크만 하면 된다.

탁포의 하이라이트는 뭐니뭐니해도 콘지메뉴인데, 생선을 잘게 갈아 넣은 것과 돼지고기나 치킨, 돼지 간, 달걀과 햄만 넣은 콘지 등 10여 가지의 다양한 종류 중 선택할 수 있다. 담백한 콘지를 딤섬과 함께 곁들여 먹으면 속이 든든하다. 처음 제공되는 땅콩(S$1)과 물티슈(S$0.3)는 먹거나 사용하면 계산에 추가되며 그렇지 않을 경우 계산에 포함되지 않는다.

주소 42 Smith St. **추천메뉴** 돼지고기콘지 S$3, 부추딤섬(Crystal Chives Dumpling) S$3.2, 새우딤섬 하가우(Har gao) S$2.7 **영업시간** 07:00~22:30/연중무휴 **문의** (65)6225-0302 **찾아가기** MRT 차이나타운(Chinatown)역 A출구로 나와 파고다스트리트(Pagoda St.)를 따라 걷다가 오른쪽에 있는 트렝가누스트리트(Trengganu St.)로 들어서서 직진, 템플스트리트(Temple St.)를 지나 스미스스트리트(Smith St.)에서 오른쪽으로 들어서면 오른편에 위치.

돼지고기 콘지

차이나타운의 먹자골목

스미스스트리트 Smith Street ★★★★★ 추천

중국음식은 물론 싱가포르에서 접할 수 있는 거의 모든 종류의 음식을 맛볼 수 있는 차이나타운의 거대한 먹자골목이다. 2014년 초, 대대적인 리노베이션을 통해 현지 분위기를 살리면서도 쾌적한 환경을 갖춘 호커센터로 다시 태어났다. 유리로 지붕을 만들고 에어컨을 설치해 야외 분위기는 그대로 살려 땀을 흘리지 않고 식사를 즐길 수 있게 되었다. 골목 가운데에는 전통 노점을 재현한 작은 상점이 늘어서 있고 거리 양쪽의 숍하우스에도 레스토랑이 나란히 입점해 있다.

싱가포르 최고의 관광지에 자리한 호커센터인만큼 입점해 있는 상점 역시 각 지역에서 '제일 잘 나가는' 상점으로만 구성되어 있다. 음식 종류가 워낙 많다 보니 어떤 음식을 먹어야 할지 심각하게 고민이 될 정도이다. 샘플 요리를 상점 앞에 두었으니 한 바퀴 둘러보며 음식을 고르고, 여러 요리를 시켜 나눠 먹는 것이 가장 좋다.

주소 335 Smith St. **귀띔 한마디** 아래 베스트 5 중에서 메뉴를 고르거나, 싱가포르 유명 레스토랑 분점들이 입점해 있으니 시간상 가보지 못한 곳을 골라 가보는 것도 좋다. **영업시간** 11:00~23:00/연중무휴 **찾아가기** MRT 차이나타운(Chinatown)역 A 출구로 나와 파고다스트리트(Pagoda St.)를 따라 걷다가 오른쪽 트렝가누스트리트(Trengganu St.)로 들어서서 직진, 템플스트리트(Temple St.)를 지나 스미스스트리트(Smith St.)를 만나는 왼편에 위치. **홈페이지** www.chinatown.sg

스미스스트리트 베스트 5 음식점

1. 티옹바루 멍키로스트덕(Tiong Bahru Meng Kee Roast Duck)

유명한 돼지바비큐차슈(Char Siu)요리 전문점이다. 대표메뉴인 차슈와 함께 바삭하게 구운 돼지바비큐 시옥박(Siok Bak)도 유명하다.

가격 S$10~

2. 카통 퀴키프라이드오이스터(Katong Keah Kee Fried Oysters)

중국 남부지방식 굴튀김오믈렛요리 전문점이다. 겉은 바삭하고 안은 부드러운 계란과 통통한 굴을 함께 볶아 느끼하지 않고 담백하다. 온 가족이 싱가포르에서만 50년 가까이 굴튀김오믈렛을 만드는 전통 있는 카통의 맛집 중 하나이다.

가격 S$8~

3. 겔랑로르9 프레시프로그포리지(Geylang Lor 9 Fresh Frog Porridge)

현지인들이 추천하는 싱가포르에서 꼭 먹어봐야 할 요리 중 하나가 바로 개구리죽이다. 겔랑(Geylang)에서 줄을 서서 먹는 인기 레스토랑 중 하나로, 시간상 겔랑에 가지 못했지만 개구리요리에 도전해보고 싶은 사람이라면 스미스스트리트에서 도전해 보자.

가격 S$8~

4. 주치앗 앙모누들하우스(Joo Chiat Ang Moh Noodle House)

'앙모'란 백인을 뜻하는 말로 카통에 있는 주치앗로드에 서양인을 닮은 키가 큰 주인의 외모에서 딴 이름이다. 동부지역에서 '최고의 완탕면'으로 이름이 자자한 식당이다. 색다른 소스보다는 기초에 충실한 레시피로 전통 중국식 완탕면을 맛볼 수 있다.

가격 S$4.5~

5. 올드에어포트로드 사테비훈&BBQ스팀보트(Old Airport Rd. Satay Bee Hoon&BBQ Steamboat)

각종 고기 종류를 꼬치에 끼워 먹는 록록(Loklok)과 땅콩 소스를 얇고 가느다란 면에 비벼 먹는 사테비훈으로 유명하다. 사테비훈은 말레이와 중국의 혼합음식 중 하나로 싱가포르에서 맛볼 수 있는 독특한 요리 중 하나이다.

가격 S$5~

허브젤리의 베테랑

공화관 恭和館, Gong He Guan ★★★★★ 추천

홍콩식 전통디저트를 파는 오래된 가게이다. 차이나타운의 중심에서 조금 벗어나 있는 덕분에 관광객으로 북적이지 않고, 한적하고 조용한 편이다. 낡은 타일로 장식된 벽과 세월의 흔적이 그대로 느껴지는 낡은 의자와 탁자들이 마치 고향 집을 찾은 듯 편안한 기분을 느끼게 한다.

이곳에서 가장 유명한 메뉴는 약초가루를 이용해 직접 만든 허브젤리로 일명 'KLG'로 불린다. 달지 않고 고소한 허브젤리는 더위에 지쳤거나 소화가 잘 되지 않을 때, 감기기운이 있을 때 중국인들이 자주 먹는 영양식이다. 따뜻하게 만들어 숟가락으로 떠먹기도 하고 망고, 멜론, 복숭아 등의 과일을 얼음과 함께 넣어 먹기도 한다.

주소 28 Upper Cross St. **추천메뉴** 오리지날KLG(Origianl KLG) S$6, 망고KLG(Mango KLG) S$3.9 **영업시간** 10:30~22:30/연중무휴 **문의** (65)6223-0562 **찾아가기** MRT 차이나타운(Chinatown)역 A출구로 나와 어퍼크로스스트리트(Upper Cross St.)를 따라 걸으면 오른편에 위치.

무한 딤섬뷔페

얌차 Yum Cha ★★★☆☆

차이나타운의 대표적인 딤섬레스토랑이다. 차이나타운 중심가의 오래된 건물 2층에 있는데, 겉보기와 달리 내부가 넓고 청결하다. 딤섬 샤오롱바오Xiaolongbao를 비롯해 새우, 굴, 샤스핀 등 다양한 재료를 이용한 수십 가지 종류의 딤섬을 맛볼 수 있다.

얌차가 유명한 이유 중 하나는 '하이티딤섬뷔페' 때문이다. 월요일부터 금요일, 오후 3시부터 6시까지 1인당 S$21.80로 딤섬을 여한 없이 즐길 수 있다. 사진메뉴를 요청하여 편하게 음식을 주문할 수 있으며, 뷔페 시간 전후에는 딤섬과 면요리로 구성된 세트메뉴가 알차고 실속 있다.

주소 20 Trengganu St. **추천메뉴** 생새우를 얇은 쌀가루 반죽에 말아 만든 지청펀(Fresh Prawn Rice Flour Roll) S$5.5, 부추딤섬(Crystal Chives Dumpling) S$3.8, 새우망고딤섬 S$4.2 **영업시간** 11:00~23:00(월~금요일), 09:00~23:00(토~일요일, 공휴일)/연중무휴 **문의** (65)6372-1717 **찾아가기** MRT 차이나타운(Chinatown)역에서 나와 파고다스트리트(Pagoda St.)를 따라 걷다가 오른쪽에 있는 트렝가누스트리트(Trengganu St.)로 진입, 템플스트리트(Temple St.)와 만나는 사거리에 있는 산타그랜드호텔(Santa Grand Hotel) 건물 2층에 위치. **홈페이지** www.yumcha.com.sg

부추딤섬

YUM CHA Restaurant 飲茶 Taste the heart of Chinatown

도전, 두리안!
원더풀두리안 Wonderful Durian ★★★☆☆

'과일의 왕'으로 불리는 두리안을 부담 없이 시도해 볼 수 있는 곳이다. 싱가포르 전역에 매장이 있는 두리안 및 열대과일 전문점으로 말레이시아에 있는 농장에서 직접 키운 두리안을 공수해 신선함을 자랑한다. 두리안은 품종에 따라 맛이 조금씩 다른데, 여러 종류의 두리안을 먹기 좋게 잘라 팩에 넣어 판매해 간편하게 즐길 수 있다.
생과일을 먹기가 부담스럽다면 두리안을 재료로 하는 과일주스로 도전해보는 것도 좋다. 두리안 외에도 파인애플, 드래곤프루츠Dragon Fruits 등 여러 가지 열대과일을 판매한다. 매주 수요일과 목요일에는 오후 5시부터 11시까지 모든 종류의 두리안을 맛볼 수 있는 두리안뷔페를 열기도 한다.

주소 15 Trengganu St. 추천메뉴 막대과일(파파야, 딸기, 망고, 파인애플) S$1~, 두리안밀크셰이크 S$5, 아이스크림 S$2~ 영업시간 09:30~22:30/연중무휴 문의 (65)6747-0191 찾아가기 MRT 차이나타운(Chinatown)역에서 A출구로 나와 파고다스트리트(Pagoda St.)를 따라 걷다가 오른쪽에 있는 트렝가누스트리트(Trengganu St.)로 진입, 템플스트리트(Temple St.)와 만나는 사거리 모퉁이에 위치. 도보 5분 거리.

육포계의 일인자
림지관 林志源, Lim Chee Guan ★★★★☆

비첸향과 함께 육포계의 양대산맥으로 불리는 림지관은 현지인들 사이에서는 오히려 비첸향보다 선호도가 높은 편이다. '박과Bak Kwa'라고 불리는 중국식 육포 전문점으로 돼지고기육포인 슬라이스포크Slice Pork 비롯해 소고기, 닭고기육포를 판매한다. 고기에 따라 맛은 조금씩 다르지만, 먹기 좋은 크기로 자른 두툼한 육포는 부드럽고 쫀득한 식감과 달콤하면서도 매콤한 맛 덕분에 한번 먹기 시작하면 바닥이 보일 때까지 놓을 수 없는 마력을 가지고 있다. 출출할 때 간식으로 좋고 맥주안주로도 안성맞춤이다. 300g부터 무게에 따라 판매하며 두 가지 이상의 종류를 섞어서 살 수도 있다.

주소 203 New Bridge Rd. 영업시간 09:00~22:00/연중무휴 가격 S$13~ 문의 (65)6225-0302 찾아가기 MRT 차이나타운(Chinatown)역 A출구로 나와 뒤쪽으로 돌아서서 뉴브리지로드(New Bridge Rd.) 방향으로 나가면 오른편에 위치. 홈페이지 www.limcheeguan.com.sg

루프톱바에서 즐기는 수제버거
포테이토헤드포크 Potato Head Folk ★★★★★ 추천

포테이토헤드포크는 새로운 다이닝과 클럽문화를 선도하는 케옹색로드Keong Saik Rd.의 랜드마크이다. 1939년에 지은 오래된 건물을 통째로 인수해 '즐거움과 엉뚱함'을 모토로 하는 다이닝과 바, 클럽을 각 층에 채워 넣었다. 1층과 2층은 쓰리번Three Bun이라는 이름의 모던한 수제버거레스토랑이다. 두툼한 소고기패티와 함께 스모크치즈, 구운 할라페뇨로 매운맛을 낸 버닝맨을 비롯해 치킨, 포크, 채식주의자를 위한 버거까지 종류가 다양하다.

3층에 있는 스튜디오1939는 칵테일과 위스키를 즐길 수 있는 클래식 바로, 반드시 예약해야만 들어갈 수 있다. 건물 옥상에는 향긋한 허브로 가득한 더루프톱가든The Rooftop Garden이 있다. 격식을 차리고 가야 하는 호텔 루프톱바와 달리 자유분방한 분위기가 매력적이다. 옥상에서 시원한 바람을 맞으며 차이나타운의 야경을 한껏 즐겨보자.

주소 36 Keong Saik Rd. **추천메뉴** 소고기버거 베이비휴버거(Baby Huey Burger) S$20, 양고기버거 람보(Rambo) S$25, 치킨버거 홍키통크(Honky-Tonk) S$19, 감자튀김 너티프라이(Naughty Fries) S$9 **영업시간** 쓰리번(Three Bun) 11:00~00:00(화~일요일), 스튜디오1939&루프톱바 17:00~00:00(화~일요일)/매주 월요일 휴무 **문의** (65)6327-1939 **찾아가기** MRT 차이나타운(Chainatown)역 A출구로 나와 뉴브리지로드(New Bridge Rd.)를 따라 내려가다 왼쪽 케옹색로드(Keong Saik Rd.)로 진입해 5분 정도 걸으면 텍림로드(Teck Lim Rd.)와 만나는 갈림길에 위치. **홈페이지** www.pttheadfolk.com

고소한 냄새로 가득한 과자점
동흥 東興, Tong Heng Confectionery ★★★★☆

1900년대에 문을 연 오래된 과자점으로 사우스브리지로드에서 100년 가까운 시간 동안 한결같이 고소한 빵 냄새를 풍겨왔다. 다양한 중국식 페이스트리와 파이 등을 판매하는데, 그중에서도 가장 인기 있는 것은 에그타르트이다. 익숙한 동그란 모양이 아닌 마름모꼴로, 겉보기에는 평범해 보이지만 부드럽고 바삭한 식감과 달지 않고 담백한 맛이 일품이다. 그 밖에 돼지고기, 치킨커리 등을 넣어 만든 빵과 콩잼, 멜론잼 등 전통 잼을 넣은 빵과 같은 전통적인 빵도 많다. 동흥에서 직접 만든 카야잼은 선물용으로도 좋다.

주소 285 South Bridge Rd. **추천메뉴** 에그타르트 S$1.40, 돼지고기로 만든 전통 빵 포크크리스프(Pork Crisp) S$1.50~ **영업시간** 09:00~22:00/연중무휴 **문의** (65)6223-3649 **찾아가기** MRT 차이나타운(Chinatown)역 A출구로 나와 파고다스트리트(Pagoda St.)를 따라 걷다가 사우스브리지로드(South Bridge Rd.)에서 오른쪽으로 진입해 조금만 걸으면 왼편에 위치. 불아사 바로 건너편. **홈페이지** www.tonghengpastries.com

기발한 빈티지카페
마이어썸카페 My Awesome Cafe ★★★★☆

1950년대 유명했던 청화병원 건물에 문을 연 독특한 빈티지카페이다. 외관은 예전 모습 그대로 둔 채 1층 내부만 카페에 어울리게 개조했다. 전등과 테이블, 의자까지 모든 소품은 누군가 쓰다 버린 것을 재활용한 것으로, 버려진 물건으로도 얼마나 멋지게 공간을 꾸밀 수 있는지 보여준다.

이른 아침부터 늦은 저녁까지 문을 여는데 아침에는 커피와 갓 구워낸 빵으로 구성된 메뉴를, 점심에는 샌드위치와 파이, 샐러드 등을 맛볼 수 있다. 특히 연어, 치킨, 오리고기와 아보카도 등으로 알차게 구성된 '어썸샐러드'는 이곳의 인기메뉴이다. 다양한 주류를 저렴한 가격에 맛볼 수 있는 '어썸타임(5~9pm)'에는 스텔라, 호가든, 레페 등의 다양한 맥주와 와인을 즐길 수 있다.

주소 202 Telok Ayer St. **추천메뉴** 어썸샐러드(Awesome Salad) S$14, 어썸블랙퍼스트(Awesome Breakfast) S$15, 샌드위치 S$14, 맥주 스텔라(Stella) 파인트(pint/500ml) S$13 **영업시간** 07:45~21:00(월~화요일), 07:45~24:00(수~금요일), 10:00~15:00(토~일요일)/연중무휴 **문의** (65)8428-0102 **찾아가기** MRT 텔록에이어(Telok Ayer)역 A출구로 나와 텔록에이어 스트리트(Telok Ayer St.)를 따라 걸으면 시안혹켕사원을 지나 오른편에 위치. **홈페이지** www.myawesomecafe.com

멕시코요리 부리토 전문점
무차초스 Mochachos ★★★☆☆

최근 다이닝스폿으로 유명한 케옹색로드에 시크한 인테리어로 등장한 부리토Buttito 전문점 무차초스는 식사시간이면 언제나 많은 사람으로 북적인다. 주문하는 방법은 간단하다. 입구에 들어서면 재료 앞에 나란히 서 있는 직원에게 원하는 고기와 부리토 안에 넣을 각종 재료를 골라 말하면 된다. 재빠른 손놀림으로 두툼한 부리토를 완성하는 모습을 눈앞에서 보는 것도 이곳의 또 다른 즐거움이다.

밥과 콩, 채소, 3가지 맛 살사소스는 기본재료이며 치즈와 구운 채소는 추가요금이 부가된다. 부리토 만들기가 끝나면 바의 끝에서 계산하면서 음료를 고를 수 있다. 콜라와 맥주가 제격이지만 깔끔한 와인도 나쁘지 않다. 작은 사이즈는 S$9, 큰 사이즈는 S$12이며, 여성의 경우 허기질 정도로 배가 고프지 않다면 혼자 큰 사이즈를 다 먹기에는 양이 많은 편이다.

주소 22 Keong Saik Rd. **추천메뉴** 모든 종류의 부리토(Burrito) S$12, 소스 추가 S$1~2 **영업시간** 12:00~22:00(월~목요일), 12:00~02:00(금~토요일)/매주 일요일 휴무 **문의** (65)6220-0458 **찾아가기** MRT 차이나타운(Chinatown)역 A출구로 나와 뉴브리지로드(New Bridge Rd.)를 따라 내려가다 왼쪽에 있는 케옹색로드(Keong Saik Rd.)로 진입, 10분 정도 걸으면 포테이토헤드포크(Potato Head Folk)를 지나 왼편에 위치. **홈페이지** muchachos.sg

핸드메이드 베이커리
브레드&헐스 Bread&Hearth ★★★☆☆

언제 어디서나 괜찮은 빵집을 찾아다니는 빵 마니아라면 그냥 지나칠 수 없는 케옹색로드의 베이커리카페. 시골의 다락방을 닮은 아늑한 천장과 모던한 테이블로 꾸민 인테리어가 깔끔하다. 단순한 유럽식 베이커리가 아닌, 모든 빵을 정성스러운 수공예Hand-Craft 방식으로 만든다.

크루아상, 파이, 타르트, 롤 등 달지 않은 빵이 주를 이룬다. 특히 올리브를 넣은 푸가스올리브Fougasse Olive와 오렌지 향을 첨가한 상큼한 마차오렌지Matcha Orange는 담백하고 고소하며 따뜻한 차와 잘 어울린다. 레몬치킨샌드위치, 튜나샌드위치, 커리샐러드샌드위치 등 다양한 샌드위치와 그날그날 다른 오늘의 수프는 가벼운 식사로도 손색이 없다. 아침 8시부터 늦은 밤까지 문을 연다.

주소 18 Keong Saik Rd. 추천메뉴 프랑스 허브빵 푸가스올리브(Fougasse) S$4.5, 토마트를 넣어 만든 빵 페인오토마토(Pain Au Tomato) S$3.8, 레몬치킨샌드위치 S$7, 베이컨에그마요샌드위치 S$9 영업시간 08:00~21:30/연중무휴 문의 (65)6534-7800 찾아가기 MRT 탄종파가(Tanjong Pagar)역 B출구로 나와 맥스웰로드(Maxwell Rd.)를 따라 걷다가 맥스웰호커센터를 지나 사거리에서 왼쪽으로 진입, 닐로드(Neil Rd.)를 따라 걷다가 오른쪽에 보이는 케옹색로드(Keong Saik Rd.)로 50m 정도 직진하면 오른편에 위치. 홈페이지 breadandhearth.com

모든 중국 차를 만날 수 있는 곳
티챕터 Tea Chapter ★★★★☆

맛있는 중국 전통 차를 찾는다면 주저 없이 가야 할 곳이다. 중국 차에 관한 모든 것을 배울 수 있는 곳으로, 영국 엘리자베스 여왕이 다녀가기도 했다. 1층은 다양한 종류의 중국 차와 찻잔, 찻주전자 등 차와 관련한 소품을 파는 숍으로 운영되고, 좁은 계단을 따라 이어진 2층은 차를 시켜 마실 수 있는 공간으로 운영된다.

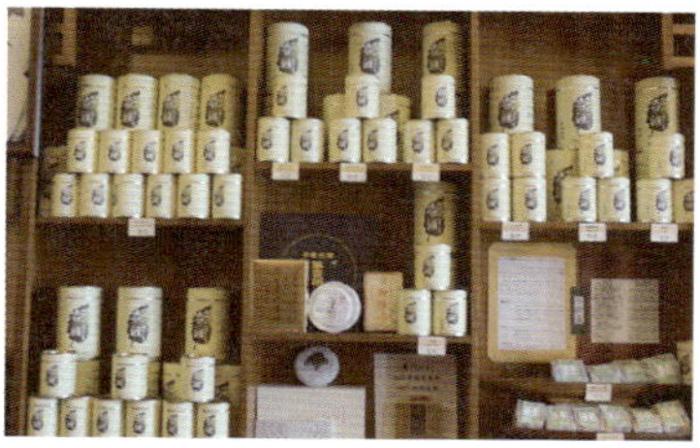

꽃향기가 나는 차와 녹차, 백차, 우롱차, 홍차 등 재배지역과 향에 따른 여러 종류의 차를 갖추고 있다. 궁금한 차에 관해 물으면 향을 직접 맡아볼 수 있어 고르기가 수월하다. 차뿐만 아니라 근사한 다기도 많은데, 일반 티세트는 물론 아티스트와 함께 작업한 특별한 세트도 있으며 가격은 종류에 따라 조금씩 차이가 난다. 2층은 좌식으로 꾸며 고즈넉한 분위기로, 한적한 닐로드를 내려다보며 평화로운 휴식을 즐길 수 있다.

주소 9&11 Neil Rd. 추천메뉴 중국 전통 차 S$7, 티쿠키(Tea Cookie) S$4.50/7개, 차에 졸인 티에그(Tea Egg) S$1 귀띔 한마디 2층에서 차를 마시면 1인당 기본료 S$7에 찻잎을 따로 구입해야 한다. 차를 마시는 방법은 부탁하면 상세히 알려준다. 영업시간 1층 숍 10:30~22:30(월~일요일)/2층 카페 11:00~22:30(일~목요일), 11:00~23:00(금~토요일, 공휴일)/연중무휴 문의 (65)6226-3026 찾아가기 MRT 탄종파가(Tanjong Pagar)역 B출구에서 맥스웰로드(Maxwell Rd.)를 따라 걷다가 맥스웰호커센터를 지나 사거리에서 왼쪽으로 진입한 후 닐로드(Neil Rd.)를 따라 조금만 걸으면 왼편에 위치. 홈페이지 teachapter.com

차슈만 30년

풍기커피숍 豐記, Foong Kee Coffee Shop ★★★★★ 추천

언뜻 보아도 내공이 느껴지는 오래된 식당이다. 풍기커피숍은 30년 넘게 차슈 하나로 명성을 이어온 베테랑맛집이다. 싱가포르의 예전 음식점은 대부분 커피숍과 식당을 함께 운영했는데 이를 커피숍이라고 불렀기 때문에 지금도 음식점 이름에 '커피숍'이 붙는다.

대부분의 맛집이 그러하듯 풍기의 메뉴 역시 간단명료하다. 대표메뉴는 차슈Char Siew로 꼬챙이에 돼지고기를 꽂아 양념을 칠한 후 노릇하게 구운 돼지바비큐차슈를 채소와 함께 밥에 비벼 먹거나, 마른국수와 함께 먹을 수 있다. 국수와 밥에는 탱글탱글한 완자를 넣은 국물이 함께 나온다. 돼지고기 외에도 구운 오리와 치킨을 넣은 국수나 밥을 선택할 수 있다. 모든 요리의 가격은 S$2~4로 무척 저렴하다.

주소 6 Keong Saik Rd. 추천메뉴 차슈라이스 S$3.5, 로스티드덕누들 S$4, 치킨라이스 S$2, 탄산음료 S$1 영업시간 11:00~20:00(월~토요일)/매주 일요일, 공휴일 휴무 문의 (65)9181-1451 찾아가기 MRT 탄종파가(Tanjong Pagar)역 B출구로 나와 맥스웰로드(Maxwell Rd.)를 따라 걷다가 맥스웰호커센터를 지나 사거리에서 왼쪽으로 진입, 닐로드(Neil Rd.)를 따라 걷다가 오른쪽에 있는 케옹색로드(Keong Saik Rd.)로 직진하면 오른편에 위치. 도보 10분 거리.

정성스러운 페라나칸요리

블루진저 Blue Ginger ★★★★★ 추천

페라나칸요리를 전문으로 하는 파인다이닝 레스토랑이다. 1995년 탄종파가로드Tanjong Pagar Rd.에 오픈한 이래 현지인은 물론 외국인에게도 꾸준히 좋은 평가를 받는 곳이다. 3층으로 이루어진 전통 숍하우스에 들어서면 단아하고 고풍스러운 19세기 페라나칸하우스가 재현되어 있다. 중국이민자와 말레이민족이 결합해 탄생한 페라나칸요리를 비롯해 다양한 아시아 전통요리까지 메뉴가 다양하다.

페라나칸음식을 논야Nonya라고 부르는데, 블루진저의 대표적인 논야메뉴는 닭고기와 인도네시아 견과류에 여러 향신료를 넣어 만든 아얌부아켈루악Ayam Buah Keluak과 각종 채소와 새우로 만든 케피티Kueh Pie Tee이다. 간장으로 양념한 가지요리와 피시헤드커리 역시 부담 없이 먹을 수 있어 인기가 많다. 처음부터 끝까지 정중한 서비스로 손님을 대하는 웨이터 덕분에 모든 음식이 더 맛있게 느껴진다.

주소 97 Tanjong Pagar Rd. **영업시간** 점심 12:00~14:30, 저녁 18:30~22:30/연중무휴 **가격** 1인당 S$30~ **문의** (65)6222-3928 **찾아가기** MRT 탄종파가(Tanjong Pagar)역 A출구로 나와 탄종파가로드(Tanjong Pagar Rd.) 방향으로 걷다 보면 탄종파가로드와 크레이그로드(Craig Rd.)가 만나는 지점에 위치. 도보 10분 거리. **홈페이지** www.theblueginger.com

아시아 최고의 프렌치레스토랑

안드레 Andre ★★★★☆

아시아 최고의 프렌치레스토랑으로 주저 없이 손꼽히는 안드레는 이국적인 풍경이 물씬 풍기는 싱가포르 차이나타운 뉴마제스틱호텔 옆에 자리한다. 어린 시절 프렌치레스토랑 셰프가 되겠다는 꿈을 안고 무작정 남부 프랑스로 떠난 대만출신의 젊은 셰프는 값은 경험을 쌓고 싱가포르로 돌아왔다. 이름 없는 양식당 잔Jaan을 세계 100대 레스토랑에 올려놓은 뒤 독립해 자신의 이름을 딴 식당을 오픈한 것이 바로 '안드레'이다.

식당 입구부터 모든 가구와 식기를 직접 디자인했으며, 각 요리에 대한 그의 신념을 메뉴 위에 꼼꼼히 적어 놓았다. 소량 생산을 원칙으로 삼는 농가에서 재료를 구입해 남프랑스풍의 예술적인 누벨퀴진을 선보인다. 점심식사라도 2~3주 전 예약은 기본이다.

주소 41 Bukit Pasoh Rd. 추천메뉴 런치 S$128, 디너 S$298/(+Tax& Service Charge) 귀띔 한마디 최소 2~3주 전 예약은 필수이다. 영업시간 런치 12:00~14:00(수 · 금요일), 디너 19:00~23:00(화~일요일)/매주 월요일과 공휴일 휴무 문의 (65)6534-8880 찾아가기 MRT 아우트램파크(Outram Park)역 H출구로 나와 오른쪽에 있는 테오홍로드(Teo Hong Rd.)로 진입, 길 끝 맞은편에 있는 뉴마제스틱호텔 오른편에 있는 흰색 건물에 위치. 홈페이지 restaurantandre.com

미식가들을 위한 분자요리
티플링클럽 Tippling Club ★★★★☆

싱가포르의 미식업계를 이끄는 셰프 겸 사업가 리안클리프Ryan Clift의 레스토랑이다. 티플링클럽은 분자요리를 선보이는 대표적인 파인다이닝으로, 최고의 요리를 선보이는 만큼 가격 역시 만만치 않다. 분자요리는 음식의 질감이나 요리 과정을 과학적으로 철저하게 연구하고 분석해 새로운 음식을 창조하는 크리에이티브요리의 정수를 보여주는 분야이다.

애피타이저부터 디저트까지 예술의 경지에 가까운 요리를 선보이는 티플링클럽은 음식 좀 안다는 미식가들 사이에서는 성지순례코스에 가깝다. 6개의 코스로 구성된 클래식메뉴는 S$160, 미식가를 위한 12개의 코스는 S$265에 이른다. 가격이 부담스럽다면 코스요리 외에 바메뉴를 시도해보는 것도 좋다. 싱가포르바텐더대회 수상자출신의 전문바텐더가 만드는 다양한 칵테일을 맛볼 수 있다. 진 베이스의 졸리그린자이언트Jolly Green Giant, 포테이토보드카, 위스키, 에스프레소를 섞어 만든 나이트쉬프트Night Shift 등 파인다이닝의 위엄이 칵테일에서도 느껴진다.

주소 38 Tanjong Pagar Rd. 영업시간 점심 12:00~15:00(월~금요일), 저녁 18:00~늦은 밤(월~토요일)/바 12:00~00:00(월~금요일), 18:00~00:00(토요일)/매주 일요일 휴무 가격 점심 S$43~, 바에서 즐길 수 있는 스낵 S$8~25, 칵테일 S$18~25 문의 (65)6475-2217 찾아가기 MRT 탄종파가(Tanjong Pagar)역 B출구로 나와 맥스웰로드(Maxwell Rd.)를 따라 걷다가 왼쪽에 있는 탄종파가로드(Tanjong Pagar Rd.)로 진입, 조금만 걸으면 오른쪽에 있는 덕스톤힐(Duxton Hill) 초입 오른편에 위치. 홈페이지 www.tipplingclub.com

Special 05

싱가포르의 화려한 다이닝 거리, 안시앙로드(Ann Siang Road)&클럽스트리트(Club Street)

차이나타운과 경계를 이루는 사우스브리지로드South Bridge Rd.를 마주하는 안시앙힐의 좁은 골목에 들어서면 차이나타운과 전혀 다른 공기가 느껴진다. 클럽스트리트와 안시앙로드의 갈림길로 이어지는 이 특별한 거리에는 개성 넘치는 레스토랑과 바, 빈티지아울렛과 부티크호텔까지 들어서 있다. 이곳은 오래전 중국의 지방씨족들이 커뮤니티를 이루고 자치활동을 하던 곳이었다. 그때의 흔적을 간직한 오래된 숍하우스에 싱가포르의 내로라하는 바와 펍이 자리하고 있다. 차이나타운을 구경한 후 잠시 들러 산책하면서 멋진 사진을 찍어도 좋지만, 이곳의 진짜 매력을 느끼고 싶다면 늦은 밤에 찾는 편이 좋다. 주말 저녁이면 싱가포르의 트렌드세터들과 많은 외국인이 열정적인 밤을 보내기 위해 이곳으로 모여들기 때문이다. 특히 금요일과 토요일은 차량통행을 막고 길거리 앞까지 테이블을 세팅해 열기가 더해진다.

찾아가기 MRT 차이나타운(Chaina Town)역에서 A출구로 나와 파고다스트리트(Pagoda St.)를 따라 직진 후 사우스브리지로드(South Bridge Rd.)에서 오른쪽으로 돌아 걷다 보면 왼편에 안시앙로드(Ann Saing Rd.)와 클럽스트리트(Club St.)로 이어지는 작은 골목길이 나온다. 골목 입구에 '안시앙힐(Ann Saing Hill)'이라고 쓰인 표지판이 있다.

Ann Siang Road&Club Street 안시앙로드&클럽스트리트

젠틀한 영국 스타일의 바 겸 레스토랑

옥스웰&코(OX well&CO)

안시앙힐로드는 한때 매일 같이 소가 끄는 수레가 차이나타운에 있는 우물에서 물을 긷기 위해 지나던 길이었다. 바의 이름을 소라는 뜻의 'OX'로 지은 것도 그 때문이다. 지금은 우물 대신 신선한 하우스맥주와 칵테일을 찾는 싱가포르 사람들과 외국인들이 이곳을 찾는다.

옥스웰앤코는 영국에서 건너온 미슐랭 스타셰프 사전트Sargent가 직접 운영하는 레스토랑 겸 바로 각 층의 분위기가 주제에 따라 모두 다르게 꾸며져 있다. 편하게 맥주를 즐길 수 있는 1층과 근사한 영국식 다이닝을 즐길 수 있는 2, 3층 그리고 싱가포르의 멋진 야경을 감상할 수 있는 루프톱바로 이루어져 있다. 건물 뒤편 지하에는 비밀스러운 바가 아지트처럼 숨어있는데 이곳에서도 다양한 칵테일을 즐길 수 있다.

주소 5 Ann Siang Hill Rd. **추천메뉴** 옥스혼(Oxhorn)라거 S$12, 상그리아 S$12, 삿포로드래프트 S$12, 잉글리시에일 1병 S$15, 와인 1잔 S$12~ **영업시간** 10:00~00:00(화~일요일)/매주 월요일 휴무 **문의** (65)6438-3984 **홈페이지** www.oxwellandco.com

오붓하게 즐길 수 있는 아담한 비스트로

플럭(Pluck)

오픈키친에서 정성스럽게 만든 음식을 편안하게 즐길 수 있는 작지만 알찬 비스트로이다. 다섯 개의 테이블과 6~7명 정도 앉을 수 있는 바가 전부이지만 아늑하고 편안한 분위기가 매력적이다. 작은 부엌을 책임지고 있는 브랜든테오Brandon Teo 셰프는 바르셀로나, 런던, 샌프란시스코, 도쿄 등 세계 각지를 여행하며 자기만의 방식으로 새로운 레시피를 만들었다.

메뉴는 매번 조금씩 달라지는데 계란면과 고소한 소스로 만든 일본식 면요리나 생선과 치킨을 채소와 곁들여 만든 한국식 비빔밥 등 익숙하고 부담 없는 요리라 더욱 정감이 간다. 점심에는 스타터와 메인요리, 음료로 구성된 런치세트와 간단한 단품요리도 준비되어 있다. 배가 허락한다면 식사 후 바나나, 팝콘, 버터스카치소스와 아이스크림이 플레이트 위에 가지런히 올라가 있는 플럭만의 디저트도 시도해볼 것.

주소 90 Club St. **추천메뉴** 두 가지 코스로 구성된 런치세트 S$17.80, 구운 오징어와 감자요리 S$22, 바나나팝콘아이스크림디저트 S$13 **귀띔 한마디** 테이블 수가 많지 않은 편이라 점심이나 저녁시간에 방문할 예정이라면 예약을 하는 편이 좋다. **영업시간** 09:00~00:00(월~목요일), 10:00~01:00(금요일), 17:00~01:00(토요일)/매주 일요일 휴무 **문의** (65)6438-3984 **홈페이지** ohpluck.com

복합 엔터테인먼트 공간

스크리닝룸(Screening Room)

영화와 다이닝, 바와 작은 모임을 위한 프라이빗룸 등을 하나의 건물에 모두 갖추고 있는 복합 엔터테인먼트 공간이다. 오픈 후 획기적인 기획으로 클럽스트리트의 랜드마크가 되었다. 1층은 지중해식요리를 판매하는 레스토랑이며, 2층은 소규모 이벤트를 진행하는 프라이빗룸으로 운영한다. 3층은 영화를 감상할 수 있는 스크리닝룸으로 클래식한 영화를 선별해서 보여주기도 하고, 인디영화를 상영하는 기획전을 열기도 한다. 루프톱바에서는 싱가포르의 마천루를 배경으로 영화를 즐기며 다이닝과 바를 동시에 즐길 수 있어, 싱가포르를 대표하는 최고의 야외 바 중 하나로 손꼽힌다.

주소 12 Ann Siang Rd. **추천메뉴** 1인당 S$30~ **운영시간** 18:00~01:00(월~목요일), 18:00~03:00(금~토요일)/매주 일요일 휴무 **문의** (65)6221-1694 **홈페이지** www.screeningroom.com.sg

감각적인 퓨전 아시아요리

딩동(Dingdong)

탄종파가의 인기 레스토랑 티플링클럽Tippling Club의 리안클리프 셰프가 운영하는 아시아 퓨전레스토랑이다. 70년대를 연상케하는 복고풍 간판과 인테리어 덕분에 안시앙힐로드의 많은 레스토랑 가운데서도 단연 눈에 띈다. 서양음식이 주류인 클럽스트리트에서 아시아음식을 만날 수 있는 몇 안 되는 곳이기도 하다.

중국식 딤섬과 코코넛으로 양념한 새우요리, 으깬 달걀로 만든 롤 등 다양한 아시아요리를 근사하게 꾸며 먹기 아까울 정도이다. 어떤 메뉴를 골라야 할지 모를 땐 중국 전통의상을 깔끔하게 차려입은 스태프에게 물으면 친절하게 메뉴를 소개해 준다. 메뉴 중 딩동의 스페셜 피드미코스Feed Me는 이곳의 베스트메뉴를 조금씩 모두 맛볼 수 있도록 구성한 것이다. 쌀과 코코넛크림, 망고 등 아시아음식을 재료로 한 딩동만의 칵테일도 개성 있는 맛을 자랑한다.

주소 23 Ann Siang Rd. **추천메뉴** 베트남달걀롤(Vietnam Scotched Eggs) S$15, 조갯살배추쌈(Scallop Ceviche Wrapped in Chinese Cabbage) S$16, 3가지 코스 런치세트 S$35(월~금요일 12:00~15:00), 딩동하우스칵테일 S$17~ **영업시간** 점심 12:00~15:00(월~금요일), 저녁 18:00~00:00(월~토요일)/매주 일요일 휴무 **문의** (65)6557-0189 **홈페이지** dingdong23.strikingly.com

정통 프랑스와인을 저렴하게 마실 수 있는 곳

라까리용드안젤뤼스(Le carillon De L'Angelus)

믿고 마실 수 있는 프랑스와인 전문점이다. 카페의 이름인 '라까리용드안젤뤼스' 역시 이곳을 대표하는 프랑스와인 중 하나이다. 프랑스와인을 전문으로 하지만, 고가의 와인을 취급하는 럭셔리 레스토랑과는 거리가 멀다. 프랑스 양조장에서 공수한 샤블리Chablis, 보르도Bordeaux, 코테드론Cote de Rhone 등 이름만 들어도 설레는 하우스와인을 해피아워에는 S$8~10로 저렴하게 즐길 수 있기 때문이다.

프랑스영화 포스터와 고풍스러운 가구로 디자인한 인테리어부터 낡은 다락방을 연상케 하는 지하실까지 완벽한 프렌치 분위기를 뽐낸다. 라까리용드안젤뤼스는 2004년부터 이곳 클럽스트리트에만 4개의 프렌치레스토랑을 오픈할 만큼 프랑스요리와 와인으로 정평이 나 있다. 여행의 기분을 한껏 즐기고 싶다면 샴페인을 터트리는 것도 좋겠다. S$70선에서 시작하는 샴페인도 괜찮은 선택이다.

주소 24 Ann Siang Rd. **추천메뉴** 런치메뉴(메인메뉴&와인 1잔&커피 또는 차) S$30, 연어마카로니 S$18, 크로크무시외(햄치즈토스트) S$20, 몬테카를로샐러드 S$18, 하우스와인 1잔 S$10~ **영업시간** 12:00~01:00(월~금요일), 디너 18:00~01:00(토요일)/매주 일요일 휴무 **해피아워** 16:00~20:00 **문의** (65)6423-0353 **홈페이지** www.lecarillondelangelus.sg

다양한 와인을 부담 없이 즐길 수 있는 곳

드링크&코(Drinks&co.)

여러 가지 종류의 와인을 판매하는 바틀숍이자 와인과 커피를 즐길 수 있는 카페 겸 펍이다. 문을 열고 들어가면 아담한 크기의 홀 오른쪽에 수십 가지 종류의 와인이 진열되어 있어 눈이 휘둥그레진다. 한 병에 S$15 정도의 저렴한 와인부터 가격이 나가는 부티크와인까지 종류가 다양하며, 클래식한 종류보다는 칠레, 뉴질랜드 등 와인신생국가들의 신선한 제품이 많은 편이다.

진열대를 마주하고 있는 두 개의 테이블과 5~6명 정도가 앉을 수 있는 바 자리가 홀의 전부이지만 주변의 다른 펍과는 달리 깔끔하고 쾌적한 분위기가 매력적이다. 치즈플래터, 샌드위치 등의 간단한 음식만 판매하고 있지만 근처에 있는 스피자Spizza와 제휴하고 있어 출출하면 피자를 주문해 먹을 수 있다.

주소 44 Club St. **가격** 와인 $15~, 스피자 피자 S$22 **영업시간** 11:00~24:00/연중무휴 **문의** (65)6222-2005 **홈페이지** www.drinks andco.asia

Section 03

차이나타운에서 즐기는 쇼핑

차이나타운에 따분한 기념품만 있는 것은 아니다. 중심 거리를 걸으며 즐기는 클래식한 기념품 쇼핑은 기본이고, 질 좋은 중국제품이 산처럼 쌓여 있는 전통백화점과 골목 곳곳에 숨은 보석 같은 숍을 둘러보다 보면 시간이 가는 줄 모른다.

차 마시며 쇼핑하는 부티크카페

메이드바이 라우런자스민 Made by Lauren Jasmine ★★★★☆

라우런자스민이라는 이름 아래 카페와 디자인부티크숍을 함께 운영하고 있다. 차이나타운의 번화한 거리에서 벗어난 아모이스트리트Amoy St.에 조용하게 자리하고 있어 북적대지 않는다. 전통 숍하우스 건물에 자리한 부티크는 1층부터 3층까지 이어져 있다. 라우런자스민에서 직접 제작한 옷들과 함께 호주, 미국, 홍콩 등 해외디자이너들의 다양한 의류와 흥미로운 디자인소품을 판매한다. 시원한 패턴의 원피스가 다양하며 가격대는 S$100~200이다.

1층에 있는 카페에서는 커피와 이곳에서 직접 만든 홈메이드 디저트를 맛볼 수 있다. 동남아의 대표 음식재료인 판단pandan 잎으로 만든 수제 판단케이크와 바리스타가 직접 만드는 커피 한 잔을 즐기며 여유롭게 쇼핑을 즐길 수 있다.

주소 47 Amoy St. **영업시간** 08:00~18:00(월~금요일), 10:00~16:00(토요일)/매주 일요일 휴무 **가격** 디자인소품 S$5~, 원피스 S$100~ **문의** (65)6423-0626 **찾아가기** MRT 차이나타운(Chinatown)역 A출구로 나와 파고다스트리트(Pagoda St.)를 따라 직진 후 사우스브리지로드(South Bridge Rd.)에서 왼쪽으로 진입해 직진, 크로스스트리트(Cross St.)를 만나면 오른쪽으로 들어서서 길을 따라 내려가다 오른쪽 아모이스트리트(Amoy St.)로 진입해 조금만 걸으면 왼편에 위치. 도보 15분 거리. **홈페이지** www.facebook.com/MadeByLaurenJasmine

중국식 만물상회

유화백화점 裕華國貨, Yue Hwa Chinese Products ★★★☆☆

싱가포르에 있는 유일한 중국 전통백화점이다. 유화백화점은 홍콩에서 이미 50년이 넘은 유명한 백화점브랜드로, MRT 차이나타운역에 있는 사거리에 위치한다. 총 5층의 상점에서는 화장품과 옷, 신발, 실크제품, 중국 술과 차는 물론, 섬세한 수공예품과 보석 그리고 고가구까지 방대한 종류의 제품을 판매한다. 관광객들에게 잘 알려지지 않았지만 찬찬히 둘러보면 중국 과자와 차 종류 등 질 좋고 가격도 훌륭한 기념품을 고를 수 있다.

오래된 호텔을 복원한 건물로, 밤이면 고풍스러운 외관이 더욱 빛난다. 1997년에는 싱가포르 건축유산으로 지정되기도 했다. 지난 2014년 11월 오차드 센터포인트CentrePoint에도 새로운 매장을 오픈했다.

주소 70 Eu Tong Sen St. 영업시간 11:00~21:00(일~금요일), 11:00~22:00(토요일)/매주 월요일 휴무 가격 향수 S$30~, 스낵류 S$5~, 중국 차 S$10~ 문의 (65)6538-4222 찾아가기 MRT 차이나타운(Chinatown)역 C출구로 나와 입구를 등지고 유통센스트리트(Eu Tong Sen St.)를 따라 오른쪽으로 조금만 걸으면 왼편 어퍼크로스스트리트(Upper Cross St.)와 만나는 사거리 모퉁이에 위치. 도보 3분 거리. 홈페이지 yuehwa.com.sg

수공예 젓가락과 거울

오차드촙스틱 Orchard Chopstick ★★★☆☆

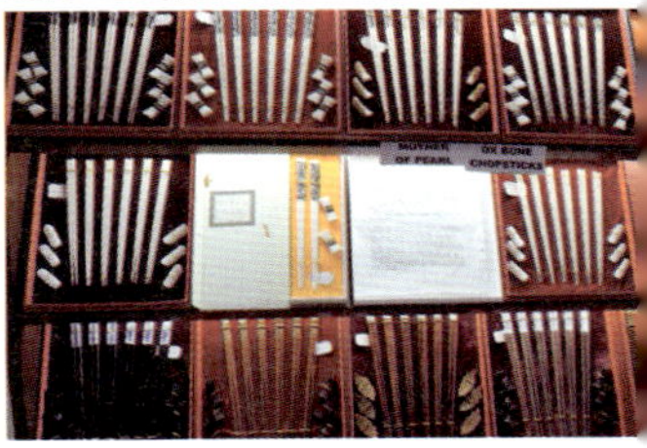

차이나타운 중심 거리에 있는 기념품숍으로 이름처럼 다양한 종류의 젓가락을 판매한다. 가게 밖에서는 저렴한 가격의 젓가락과 부채 등 흔한 기념품을 주로 팔지만 가게 안으로 들어서면 전혀 다른 젓가락 컬렉션이 구비되어 있다.

오차드촙스틱에서 판매하는 젓가락은 인도네시아와 아시아 일대에서 자라는 열대나무를 깎아 정성스럽게 만든 수공예품이다. 나무 종류에 따라 색과 향은 물론 문양이 조금씩 다르지만 모두 우아하고 아름답다. 특히 흑단이라고 불리는 에보니나무Ebony를 깎아 만든 빗과 거울세트는 가벼우면서도 단아하여 매력적이다. 저렴한 기념품보다는 전통적이면서도 세련된 선물을 찾는 사람들에게 제격이다. 가격은 보통 S$80~200이다.

주소 42 Pagoda St. 영업시간 10:00~22:00/연중휴무 가격 젓가락세트 S$80~200, 동물 캐릭터 젓가락 S$5~ 문의 (65)6423-0488 찾아가기 MRT 차이나타운(Chinatown)역 A출구로 나와 파고다스트리트(Pagoda St.)를 따라 걷다 보면 왼편에 위치. 도보 5분 거리. 홈페이지 www.hwayi.com.sg

모험소년 틴틴의 플래그십스토어

더틴틴숍 The TinTin Shop ★★★☆☆

지난 2014년 차이나타운의 파고다스트리트에 문을 연 더틴틴숍은 벨기에의 유명한 만화캐릭터 틴틴에 관한 모든 제품을 구입할 수 있는 캐릭터숍이다. 만화 틴틴의 장면들이 세세하게 그려진 귀여운 그림엽서, 가방과 노트, 열쇠고리, 연필 등의 문구류와 지금까지 출시된 틴틴 만화책시리즈를 만나볼 수 있다. 가장 눈이 가는 것은 피규어제품으로, 틴틴은 물론 〈틴틴의 모험〉에 등장하는 주변 인물까지 종류가 무척 많다. 새끼손가락 크기의 미니피규어부터 수백만 원을 호가하는 대형피규어까지 다양하다.

주소 28 Pagoda St. **영업시간** 10:00~21:00(일~목요일), 10:00~22:00(금~토요일)/연중무휴 **가격** 열쇠고리 S$10~, 머그컵 S$35~, 틴틴시리즈세트 S$90, 엽서 S$2.5~, 피규어 S$10~600 **문의** (65)8183-2210 **찾아가기** MRT 차이나타운(Chinatown)역 A출구로 나와 파고다스트리트(Pagoda St.)를 따라 내려가다 왼편에 위치. 도보 5분 거리. **홈페이지** www.tintin.sgstore.com.sg

시간을 사고파는 골동품점

동문승 東門昇, Tong Mern Sern ★★★★☆

'우리는 쓸모없는 물건을 사서 골동품으로 팝니다. 어떤 바보들은 그 물건을 사고 또 어떤 바보들은 자기 물건을 팔지요.' 간판 대신 걸려 있는 현수막에 적힌 문구가 이 알 수 없는 가게를 그대로 설명해준다. 동문승은 한마디로 오래된 물건을 사고파는 골동품점이다. 40여 년 동안 이 지역 사람들의 물건을 사고팔아 온 주인 할아버지와 그의 딸이 운영하고 있다.

가게의 바닥부터 천장까지 골동품으로 가득 차 있는데 그릇, 전구, 책 등 소소한 물건부터 식탁과 문, 자전거, 심지어 오래전 교통수단이었던 릭샤까지 볼 수 있다. 종류별

로 잘 정리된 곳이 아니기 때문에 천천히 가게 구석구석을 둘러보다 보면 생각지 못했던 물건을 발견할 수도 있다. 가격이 적혀있는 것과 없는 것이 섞여 있지만 기본적으로 흥정이 가능하다.

주소 51 Craig Rd. 영업시간 09:00~18:00/연중무휴 문의 (65)6225-5979 찾아가기 MRT 탄종파가(Tanjong Pagar)역 B출구로 나와 맥스웰로드(Maxwell Rd.)를 따라 걷다 탄종파가로드(Tanjong Pagar Rd.)를 만나면 왼쪽으로 진입, 길을 따라 내려가다 오른쪽 크레이그로드(Craig Rd.)로 들어서서 조금 걸으면 왼편에 위치. 도보 10분 거리. 홈페이지 tmsantiques.com

새콤달콤한 디자인숍
로즈시트론 Rose Citron ★★★★☆

프랑스 디자이너의 톡톡 튀는 제품을 만날 수 있는 디자인숍으로 이름처럼 상큼 발랄한 빛깔과 패턴의 제품이 매장 안을 가득 채우고 있다. 케옹색로드Keong Saik Rd.가 다이닝 거리로 인기를 얻기 훨씬 전부터 이곳에서 자리를 지키고 있던 곳으로 손님도 단골이 대부분이다.

이국적인 패턴의 원피스와 귀여운 아기 옷, 팔찌, 목걸이 등의 개성 있는 액세서리와 독특한 디자인의 가방 그리고 근사한 홈웨어까지, 지갑을 열게 만드는 제품이 다양하다. 모든 제품은 디자이너가 한 땀 한 땀 직접 만드는 핸드메이드로 세상에 단 하나밖에 없는 디자인이라는 점이 매력적이다. 특히 아름다운 무늬와 색깔을 자랑하는 쿠션과 침구류는 인테리어에 관심이 있는 사람이라면 그냥 지나치기 어려울 만큼 훌륭하다. 가격은 대부분이 S$50 이상으로 저렴한 편은 아니지만 디자인과 제품의 퀄리티가 가격의 가치를 충분히 대신한다.

주소 23 Keong Saik Rd. 영업시간 10:00~18:30(월~토요일)/매주 일요일과 공휴일 휴무 가격 쿠션 S$45~95, 컵 S$11~, 가방 S$50~, 스카프 S$90~ 문의 (65)6323-1368 찾아가기 MRT 탄종파가(Tanjong Pagar)역 B출구로 나와 맥스웰로드(Maxwell Rd.)를 따라 걷다가 맥스웰호커센터를 지나 왼쪽에 있는 닐로드(Neil Rd.)로 진입, 오른쪽에 있는 케옹색로드(Keong Saik Rd.)를 따라 조금 걸으면 왼편에 위치. 도보 10분 거리. 홈페이지 www.rosecitron.com.sg

Special 06

아주 오래된 동네, 티옹바루(Tiong Bahru)

티옹바루는 겉으로 봐서는 평범한 동네 같지만 골목골목을 걸으면 멋진 책만 골라 파는 독립서점과 스페셜티카페, 모던 비스트로와 베이커리, 독특한 물건을 파는 디자인숍이 구석구석에 자리한다. 차이나타운 서쪽에 있는 조용한 이 동네는 오래된 주거지역이었다. 덕분에 싱가포르 전체를 둘러싸고 있는 단조로운 정부아파트 HBD 대신 둥근 모양의 예쁜 테라스가 있는 단층집들이 남아있어 정겹다.

아침이면 낮과 밤에는 숨어 있던 카페와 펍에 불이 켜지고, 나이 지긋한 동네 어른들이 오래된 커피숍에 앉아 현지음식과 커피를 즐기는 소박한 풍경이 들어온다. 티옹바루는 인공적인 곳이 가득한 싱가포르에서 가장 자연스러운 하루를 보낼 수 있는 곳이다. 싱가포르의 보통 날을 경험하고 싶다면 반나절 정도 티옹바루를 천천히 즐겨보는 것이 좋다.

찾아가기 MRT 티옹바루(Tiong Bahru)역에서 나와 티옹바루로드(Tiong Bahru Rd.)를 따라 걷다가 오른편 킴퐁로드(Kim Pong Rd.)로 들어서서 직진하면 티옹바루의 중심거리인 용시악스트리트(Yong Siak St.)로 이어진다.

01. 티옹바루에서 쇼핑하기

티옹바루에는 아담하고 아늑한 서점과 귀엽고 감성적인 물건으로 가득한 디자인숍, 편집숍 등이 골목골목에 숨어 있다. 보물찾기하는 마음으로 좁은 골목들을 돌아다니며 상점을 구경해보자.

개성 있는 책을 만나는 서점

북스액추얼리(Books Actually)

싱가포르의 인디 출판문화를 이끄는 소규모 독립서점이다. 작은 서점 안을 가득 채우고 있는 책과 그 사이를 거니는 고양이들이 아늑한 분위기를 자아낸다. 문학, 수필, 예술, 여행 등 다양한 분야의 책이 있으며, 개성 있는 싱가포르의 독립잡지와 해외 인디 잡지를 만나볼 수 있다.

북스액추얼리는 서점 운영 외에도 '매스페이퍼프레스Math Paper Press'라는 독립출판사를 직접 운영하며 싱가포르 젊은 작가들의 소설과 수필, 사진집 등을 출간하고 있다. 서점 뒤편에 있는 작은 공간에서는 아기자기한 소품과 빈티지 제품들을 팔고 있다.

주소 9 Yong Siak St. 영업시간 11:00~18:00(월요일), 11:00~21:00(화~금요일), 10:00~21:00(토요일), 10:00~18:00(일요일)/연중무휴 가격 책 10S$~, 잡지 S$15~, CD S$20~, 문구류 S$5~ 문의 (65)6222-9195 홈페이지 booksactually.com

개성 넘치는 패션편집숍

나나&버드(Nana&Bird)

패션과 디자인에 일가견이 있는 두 명의 오너가 운영하는 패션편집숍이다. 동업자 조지나코와 탄치우링이 독특하고 개성 넘치는 그들만의 안목으로 재미있고 톡톡 튀는 여러 디자이너의 의상과 소품을 소개하고 있다. 다양한 쇼핑 취향을 고려해 선별한 만큼 최근 유행에 민감하거나, 독특한 취향을 가졌거나, 시크한 옷을 좋아하거나, 여성스럽고 귀여운 소품을 찾거나, 어떤 것을 찾든 마음에 드는 물건 하나쯤은 쉽게 찾을 수 있다.

주소 59 Eng Hoon St. 영업시간 1200~19:00(화~금요일), 11:00~19:00(토~일요일, 공휴일)/매주 월요일 휴무 가격 신발 S$100~, 원피스 S$150~, 파우치 S$80~ 문의 (65)9117-0430 홈페이지 shop.nanaandbird.com

북유럽 감성이 가득 담긴 디자인숍

블로썸(Bloesem)

2006년부터 '블로썸리빙Bloesem Living' 이라는 블로그를 운영한 세계적인 블로거 아이린Irene이 싱가포르에 오픈한 첫 오프로드숍이다. 아이린은 블로썸리빙을 통해 생활과 인테리어에 대한 다양한 이야기를 나눠왔다. 디자인숍 블로썸에는 디자인용품과 문구류, 핸드메이드 제품, 다양한 인테리어 소품 등 아이린의 안목과 철학이 담긴 물건들이 그녀의 블로그처럼 아늑하고 산뜻한 숍 안에 진열되어 있다.

판매라는 상품은 대부분 북유럽제품으로 이국적인 감성이 물씬 느껴진다. 블로썸은 근처 스튜디오에서 캘리그래피, 푸드스타일링, 캔들만들기 등의 다양한 클래스를 열고 있다. 수업료는 S$100~200이다.

주소 77 Seng Poh Rd. #01-81 **운영시간** 09:00~18:00(월~금요일), 11:00~19:00(토요일), 12:00~15:00(일요일)/연중무휴 **가격** 문구류 S$10~, 생활용품 S$15~, 캔들 S$40~ **문의** (65)6689-0146 **홈페이지** bloesem.blogs.com

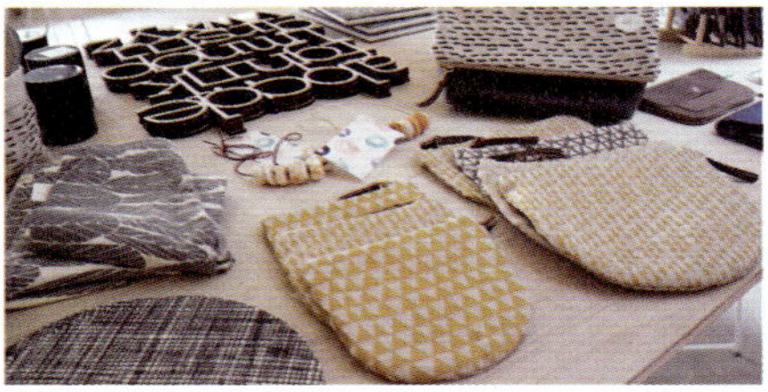

어른과 아이 모두를 위한 그림책 서점

우즈인더북스(woods in the Books)

아이들은 물론 어른들까지, 모든 사람을 위한 그림책 독립 서점이다. 전 세계의 다양한 그림책 중에서 서점 주인이 고심해서 고른 독특하고 재미있는 책을 만날 수 있다. 「틴틴의 모험」 시리즈, 프랑스삽화가 장자끄상뻬의 귀여운 그림책 등 클래식한 작품은 물론, 신진작가들의 그림동화책과 감각적인 그래픽노블까지 갖추고 있다.

책을 펼치는 순간 놀라운 이야기가 튀어나오는 팝업북도 판매하고 있으며, 「오즈의 마법사」와 「어린왕자」 등 익숙한 작품 외에도 우즈인더북스의 주인이자 아티스트인 마이크 부가 작업한 그림책도 만나볼 수 있다. 책을 좋아하는 모든 사람에게 열려 있으므로 오랫동안 머물러도 상관없다.

주소 23 Yong Siak St. **영업시간** 11:00~20:00(화~토요일), 11:00~18:00(일요일, 공휴일)/매주 월요일 휴무 **가격** 동화책 S$15~ **문의** (65)6222-9980 **홈페이지** www.woodsinthebooks.sg

02. 티옹바루의 먹거리

티옹바루는 작은 거리지만 일반 식당부터 브런치레스토랑, 디저트카페, 유명한 호커센터까지 다양한 먹을거리가 있다. 레스토랑에서 든든하게 배를 채운 뒤 커피 향 가득한 디저트카페에서 한가로운 시간을 보내보자.

맛있는 로컬푸드와 차이로 유명한 복고풍 식당

티옹바루클럽(Tiong Bahru club)

티옹바루마켓과 마주하는 사거리 모퉁이에 자리한 티옹바루클럽은 올드스쿨스타일의 복고풍 인테리어가 눈길을 끈다. 레스토랑 구석구석에 놓인 오래된 전화기와 레트로스타일의 타일, 문, 서랍장 등이 이곳의 분위기를 한껏 근사하게 만든다. 인테리어는 모던하지만 이곳의 대표메뉴는 꼬치요리 사테, 커리, 프라이드라이스 등 가정식으로 소박하게 만든 현지음식이다. 몇 가지 탭비어를 마실 때는 버거나 파스타를 먹는 것도 좋다.

티옹바루클럽의 주인은 오래전부터 싱가포르에서 차이Chai 전문숍을 오랫동안 운영해왔다. 배가 고프지 않다면 음식 대신 주인이 만드는 차 한 잔만 시켜 먹어도 좋을 듯하다.

주소 01-88 Blk 57 Eng Hoon St. **추천메뉴** 볶음밥 캄풍프라이드라이스 S$8.8, 꼬치요리 사테 S$11.8, 차이 S$6.5 **영업시간** 08:00~24:00/연중무휴 **문의** (65) 6438-0168 **홈페이지** www.facebook.com/thesingapuraclub

달콤한 컵케이크로 유명한

플레인바닐라베이커리(Plain vanilla Bakery)

용시악스트리트Yong Siak St. 끝자락에 있는 컵케이크전문 베이커리이다. 달지 않고 담백한 컵케이크 맛도 훌륭하지만 더 마음에 드는 것은 한가로운 야외테라스이다. 바구니가 달린 자전거와 널따란 나무테이블, 그 주위를 둘러싸고 있는 작은 의자가 아담한 마당에 옹기종기 놓여 있다. 티옹바루의 한적한 분위기가 그대로 느껴져 잠시 앉아 쉬고 싶은 마음이 절로 든다.

상점 안에는 신선한 빵을 만드는 모습을 그대로 볼 수 있는 오픈키친이 자리하고, 긴 진열대 위에는 알록달록한 컵케이크와 신선한 빵이 가지런히 놓여있다. 캐롯, 레드벨벳, 시나몬브라운슈가, 초콜릿컵케이크가 인기로 커피와 최고의 궁합을 자랑한다. 한입만 먹어도 머리가 아찔할 만큼 달기만 한 컵케이크와는 다르게 부드러운 버터와 크림 맛이 느껴진다. 홀랜드빌리지에도 분점이 있다.

주소 1D Yong Siak St. **추천메뉴** 컵케이크 S$3.5, 컵케이크 6개 세트 S$19 **영업시간** 11:00~20:00(화~금요일), 09:00~20:00(토요일), 09:00~18:00(일요일)/매주 월요일 휴무 **문의** (65)8363-7614 **홈페이지** www.plainvanillabakery.com

뉴욕 스타일의 브런치 전문점

오픈도어폴리시(Open Door Policy)

오픈 첫날부터 문전성시를 이뤘던 티옹바루에서 가장 잘 나가는 브런치카페이다. 최근 싱가포르에서 가장 인기 있는 레스토랑과 카페 창업자가 의기투합해 만든 프로젝트레스토랑이기 때문이다. '모두에게 열린 외교 정책'을 의미하는 오픈도어폴리시라는 이름처럼, 누구나 즐겁게 맛있는 식사를 즐기자는 단순한 신념으로 신선한 재료로 만든 알찬 메뉴를 선보인다.

햄과 치즈, 계란과 베이컨 등으로 구성된 전통적인 잉글리시블랙퍼스트부터 프렌치토스트와 아이스크림으로 구성된 산뜻한 아침식사까지, 총 10개의 메뉴를 선보이는 브런치는 토요일과 일요일에만 맛볼 수 있다. 샐러드와 스타터, 수프와 메인요리 등 단품요리가 무척 많은 편인데 '피드어스Feed Us' 메뉴를 선택하면 여럿이 나눠 먹기 좋은 메뉴를 알아서 내어준다.

주소 19 Yong Siak St. **추천메뉴** 프렌치토스트&스모크샐몬&스크램블에그(French Toast and Smoked Salmon with Scrambled Eggs) S$18+, 스모크샐몬과 스크램블드에그를 올린 이탈리아 빵 치아바타(Smoked Salmon and Scrambled Eggs on Toasted Ciabatta with Spinach and Fresh Herbs) S$ 19+, 팬케이크&블랙베리&초콜릿(Pancakes with Black Berry and Chocolate) S$17+/모든 메뉴에 텍스가 추가된다. **영업시간** 점심 12:00~15:00(월, 수~금요일), 저녁 18:00~22:00(월, 수~금요일), 브런치 11:00~15:30(토~일요일)/매주 화요일 휴무 **문의** (65)6221-9307 **홈페이지** www.odpsingapore.com

베테랑 주인이 만드는 말레이식 디저트

갈리시어패스츄리(Galicier Pastry)

젊은 카페와 모던한 레스토랑이 많은 티옹바루에서 굳건히 자리를 지키고 있는 말레이스타일의 전통 베이커리이다. 싱가포르에 정착한 1세대부터 베이커리를 시작해 지금까지 3대가 모두 한결같이 빵을 만들어왔다. 말레이와 중국의 혼합문화에서 나온 전통과자 노냐퀘Nyona Kueh를 비롯해 다양한 싱가포르 전통쿠키와 케이크, 타르트를 맛볼 수 있다.

이곳의 대표메뉴는 판단 잎과 코코넛밀크로 만든 노냐팬케이크롤인 퀘다르다르Kueh Dar Dar와, 찹쌀가루와 말레이의 대표 사탕야자인 굴라멜라카로 만든 반죽에 코코넛가루를 묻힌 오네오네Ondeh Ondeh로 달지 않고 담백한 맛이 매력적이다. 만들면 바로바로 사라지는 판단케이크 역시 놓치지 말 것. 홈메이드카야잼도 저렴하다. 처음 오는 손님에게는 성격 좋은 주인아주머니가 인기 있는 빵들을 골라 권해주거나 시식할 수 있도록 배려해주어 마치 단골집에 놀러 온 듯 마음이 푸근해진다.

주소 55 Tiong Bahru Rd. #01-39 **추천메뉴** 퀘다르다르(Kueh Dar Dar) S$0.7, 오네오네(Ondeh Ondeh) S$0.6, 판단케이크(Pandan Cake) S$6 **운영시간** 09:00~21:00(화~일요일)/매주 월요일 휴무 **문의** (65)6324-1686

낮에는 면요리 밤에는 펍

투페이스(Two Face)

낮에는 면요리를 파는 평범한 식당이지만 저녁에는 피자와 맥주를 즐길 수 있는 펍으로 변신하는, 그야말로 '두 얼굴'의 레스토랑이다. 낮에는 국물이 깔끔한 용타우푸Yong Tau Foo를 맛볼 수 있다. 용타우푸는 다진 고기로 채운 두부와 어묵 등을 넣은 국물과 소스를 비며 먹는 면요리로 구성된 중국 하카지역의 음식이다.

저녁 6시가 지나면 검은색 보드판으로 식당 가장자리를 가린 후 펍으로 변신하는데 작은 소품 하나로 분위기가 확 바뀐다. 가볍게 안주로 즐길 수 있는 메뉴로 치즈프라이드, 버팔로윙, 오징어튀김인 칼라마리 등이 있다. 새로운 재료로 만든 파스타와 피자도 시도해볼 만하다. 새우를 넣어 만든 똠얌파스타, 현지 스타일로 만든 키암헤피자Kiam He Pizza 그리고 펍의 이름처럼 두 가지 맛을 즐길 수 있는 투페이스피자도 이곳의 인기메뉴. 삿포로생맥주와 로즈, 피치, 라즈베리 등 과일 향이 나는 병맥주, 독일식 드래프트비어 등 맥주 종류도 다양하다.

주소 56 Eng Hoon St. #01-46 **추천메뉴** 투페이스피자(Two Face Pizza) S$16, 알리오올리오 머쉬룸베이컨파스타(Alio Olio Mushroom Bacon Pasta) S$14, 스파이시버팔로윙(Spacy Buffalo Wing) S$8, 삿포로드래프트비어 S$8, 프루츠비어(Fruits Beer) S$10 **영업시간** 17:00~23:00(화~목요일), 17:00~00:00(금~토요일), 14:30~22:00(일요일)/매주 월요일 휴무 **문의** (65)6536-0024 **홈페이지** www.facebook.com/twofacepizza

일본식 코스요리 오마세키 전문점

빈초(Bincho)

티옹바루에는 두 얼굴의 레스토랑이 한 곳 더 있다. 이곳의 변신은 투페이스 보다 더 극적이다. 원래 이곳은 70년이 넘은 후아비Hua Bee라는 이름의 오래된 식당이다. 1940년대부터 납작한 면으로 만든 돼지고기 면요리 미폭Mee Pok으로 유명했다. 낮에는 야외테이블에 앉아 국수나 커피를 즐기는 현지인의 한적한 모습을 볼 수 있다. 하지만 밤이 되면 식당 안쪽에 모던한 인테리어의 일본식 레스토랑 빈초가 문을 연다. 입구 역시 정문이 아닌 골목에 있는 쪽문으로 바뀌는데 이곳으로 싱가포르의 힙스터들이 찾아든다.

빈초는 주방장이 재량에 따라 코스요리를 선보이는 오마세키Omaseki 전문점이다. 4가지 종류의 오마세키메뉴와 핫팟요리 중에서 고를 수 있는데 닭의 여러 부위를 이용한 요리가 주를 이룬다. 이곳의 칵테일은 싱가포르의 유명 바 더라이브러리의 바텐더가 자문을 맡고 있어 믿고 마실 만하다.

주소 78 Moh Guan #01-19 **추천메뉴** Hanabi S$50, 코마치(Komachi) S$65, 빈초(Bincho) S$130 **운영시간** 점심 12:00~15:00, 저녁 18:00~늦은 밤(화~일요일)/매주 월요일 휴무 **문의** (65)6438-4567 **홈페이지** www.bincho.com.sg

맛있는 베이커리 종류가 다양한

티옹바루베이커리(Tiong Bahru Bakery)

티옹바루는 물론 싱가포르에서 가장 핫한 베이커리 중 하나이다. 잘 나가는 레스토랑을 운영하는 유명 기업가와 TV쇼 진행은 물론 9권 이상의 제빵 관련 책을 낸 인기 셰프 곤트란체리어, 티옹바루에서 가장 오래된 카페의 헤드바리스타인 해리그로버가 손을 잡아 2012년 문을 열자마자 큰 인기를 얻었다.

크루아상, 바게트, 프랑스케이크 쿠안아망Kouign-Amann 등 프랑스베이커리를 기본으로 하지만 판단플랜Pandan Flan이나 파인애플코코넛케이크 같은 현지 재료를 이용한 케이크도 만날 수 있다. 특히 크루아상과 오징어먹물빵은 쇼케이스에 진열되어 있을 틈도 없이 사라질 만큼 인기가 높다. 주말에는 온종일 현지인은 물론 관광객까지 가득 차 북적거린다. 평일 아침 일찍 찾으면 호젓한 분위기에서 여유 있는 시간을 보낼 수 있다.

주소 56 Eng Hoon St. **추천메뉴** 크루아상 S$2.50, 쿠안아망(Kouign-Amann) S$3.50, 초콜릿브라우니 S$5, 오징어먹물샌드위치(Squid Ink Sandwich) S$8.50 **영업시간** 08:00~20:00/연중무휴 **문의** (65)6220-3430 **홈페이지** www.tiong bahrubakery.com

커피와 다양한 와인을 즐길 수 있는 감각적인 카페

P.S카페쁘띠(P.S cafe Petit)

P.S카페는 싱가포르의 유명한 카페체인점으로 클럽스트리트와 뎀시힐 등 트렌디한 다이닝스폿에서 늘 만날 수 있다. 특유의 모던하면서도 클래식한 인테리어가 돋보이는데, 거무칙칙한 외관과는 달리 안쪽에는 포근하고 분위기 있는 좌석이 마련되어 있다.

티옹바루점은 다른 지점과 메뉴 구성이 조금 다르다. 테이크아웃이 가능한 피자메뉴

가 다양하며, 80여 개의 저렴한 와인이 벽면을 한가득 채우고 있다. P.S카페가 자랑하는 케이크와 머핀 등 다양한 베이커리도 입구부터 풍성하게 진열되어 있다. 특히 티옹바루점에는 P.S카페의 모든 지점에서 판매하는 빵을 만드는 오픈키친이 있어 어느 매장에서보다 가장 신선한 빵을 맛볼 수 있다.

주소 78 Guan Chuan St. 영업시간 11:00~22:30/연중무휴 가격 피자 S$20~, 와인 S$30~ 문의 (65)9226-7088 홈페이지 www.pscafe.com

이름난 맛집이 가득한 호커센터

티옹바루푸드마켓(Tiong Bahru Food Market)

티옹바루 사람들의 삼시세끼를 책임지는 호커센터이다. 시내 중심에 위치하고 있지는 않지만 일부러 이곳까지 찾아오는 사람이 많을 정도로 다양하고 맛있는 음식이 가득한 곳이다. 티옹바루마켓 건물 2층 전체를 사용하고 있어 규모가 크며 쾌적하다.

티옹바루리홍키 캔토니즈로스티드Tiong Bahru Lee Hong Kee Cantonese Roasted(#02-60)는 언제나 긴 줄이 늘어서는 곳으로 차슈와 로스티드포크가 훌륭하다. 또한 티옹바루하이나니즈 본리스치킨라이스Tiong Bahru Hainanese Boneless Chicken Rice(#02-82)는 아주 맛있는 치킨라이스를 파는 곳이며, 데이지드림키친Daisy Dream Kitchen(#02-36)은 호커센터에서는 드물게 페라나칸음식을 맛볼 수 있는 곳 중 하나이다. 그 밖에 돼지갈비와 새우누들로 정평이 나 있는 포크립프론누들Pork Ribs Prawn Noodle(#02-31)과 돼지 내장 수프를 전문으로 하는 코브라더스 피그올간수프Koh Brothers Pig Organ Soup(#02-29)도 시원한 국물 맛으로 인기가 좋다. 마지막으로 싱가포르식 찐빵인 츠위쿠이Chwee Kueh를 파는 지안보츠위쿠이Jian Bo Chwee Kueh(#02-05)도 맛으로 명성이 자자하다.

주소 30 Seng Poh Rd. 영업시간 08:00~21:30(상점에 따라 조금씩 다름)/연중무휴 가격 S$5~ 홈페이지 www.facebook.com/TiongBahruHawkerCentre

Chapter 02

아랍과 로컬문화의 기분 좋은 만남, 부기스&캄퐁글램

Bugis&Kampong Glam

- 관광: ★★☆☆☆
- 음식: ★★★☆☆
- 쇼핑: ★★★★☆

말레이문화의 발원지이자 싱가포르 이슬람의 상징인 술탄모스크가 웅장하게 자리한 부기스와 캄퐁글램은 싱가포르의 젊은 문화가 숨 쉬는 곳이다. 쇼핑몰과 스트리트마켓이 있는 부기스는 데이트와 쇼핑을 즐기려는 싱가포르의 젊은이들과 관광객들로 언제나 활기차다. 아름다운 이슬람사원이 있는 캄퐁글램은 이국적인 이슬람문화와 몇 년 전부터 이곳으로 몰려든 젊은 로컬디자이너의 숍들이 어우러져 독특한 분위기를 풍긴다. 작은 골목 하나하나가 개성 넘치는 색깔로 가득 차 있어 새로운 길로 접어들 때마다 색다른 기분을 느낄 수 있다.

부기스&캄퐁글램을 이어주는 교통편

MRT 부기스Bugis역에서 여정을 시작하면 부기스역과 이어져 있는 쇼핑몰과 부기스스트리트를 돌아본 후 자연스럽게 캄퐁글램지역으로 이동할 수 있다. 부기스에서 캄퐁글램의 중심인 술탄모스크나 쇼핑 거리 하지래인까지는 걸어서 5분 거리로 무척 가깝다. 캄퐁글램지역에서 여정을 시작하고 싶다면 MRT 라벤더Lavender역을 이용해도 도보로 5분 이내에 닿을 수 있다.

부기스&캄퐁글램에서 이것만은 꼭 해보자

1. 부기스스트리트에서 길거리 음식 먹으며 기념품 구경하기
2. 해 질 무렵 아름다운 사원 술탄모스크의 야경 사진에 담기
3. 하지래인에서 로컬디자이너숍과 카페를 구경하며 유유자적한 시간 보내기

사진으로 미리 살펴보는 부기스&캄퐁글램 베스트코스

부기스&캄퐁글램지역은 다채로운 문화와 음식을 즐길 수 있는 곳이다. 이슬람문화를 느낄 수 있는 캄퐁글램지역에서 일정을 시작해 사원과 헤리티지센터를 둘러본 후 하지래인과 부기스스트리트에서 흥미로운 현지 물건들 위주로 신나는 쇼핑을 즐기자. 일정을 모두 마치면 식도락 거리 리앙시아스트리트에서 든든하게 배를 채우자.

1 **말레이문화 엿보기&거리에서 즐기는 쇼핑**(예상 소요시간 5시간 이상)

Go!

술탄모스크
30분 코스

→ 3분

부소라 스트리트
20분 코스

→ 5분

잠잠 (점심)
30분 코스

→ 3분

말레이 헤리티지센터
1시간 코스

→ 3분

메종이코쿠
30분 코스

→ 5분

하지래인
1시간 코스

→ 10분

관임사원
30분 코스

→ 5분

부기스 스트리트
30분 코스

→ 5분

리앙시아 스트리트
30분 코스

2 **다양한 쇼핑과 느긋한 저녁 식사 코스**(예상 소요시간 5시간 이상)

Go!

부기스 스트리트
30분 코스

→ 3분

부기스플러스
30분 코스

→ 5분

신기원 (점심)
30분 코스

→ 10분

술탄모스크
30분 코스

→ 3분

부소라스트리트
30분 코스

→ 5분

하지래인
1시간 코스

→ 3분

발리래인
30분 코스

→ 5분

시미트리 (저녁)
1시간 코스

Bugis&Kampong Glam
부기스&캄퐁글램

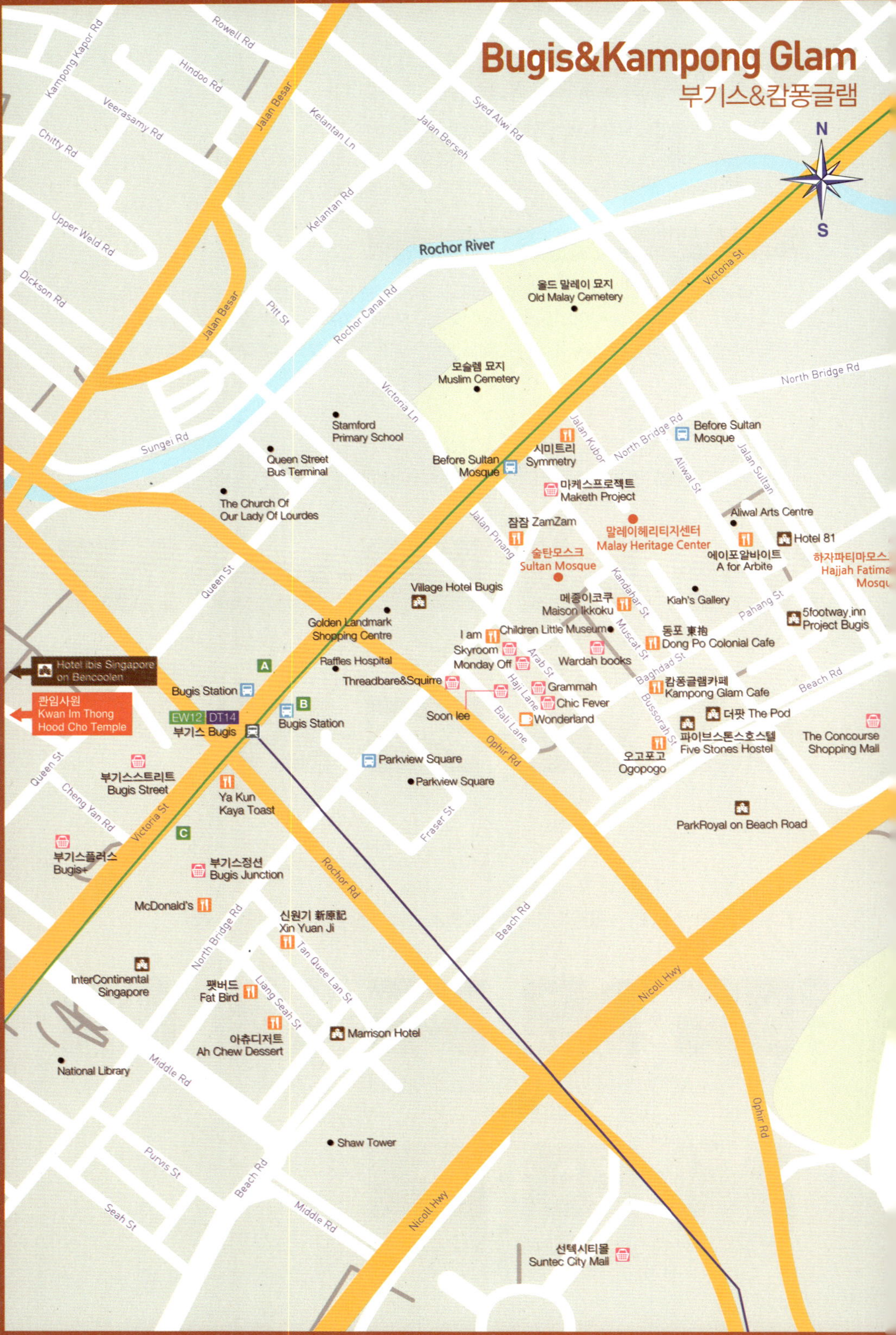
N
S
Rowell Rd
Kampong Kapor Rd
Hindoo Rd
Veerasamy Rd
Jalan Besar
Kelantan Ln
Jalan Berseh
Syed Alwi Rd
Chitty Rd
Upper Weld Rd
Kelantan Rd
Rochor River
Dickson Rd
Pitt St
Rochor Canal Rd
Victoria St
올드 말레이 묘지
Old Malay Cemetery
모슬렘 묘지
Muslim Cemetery
North Bridge Rd
Victoria Ln
Stamford
Primary School
Sungei Rd
Queen Street
Bus Terminal
Before Sultan
Mosque
시미트리
Symmetry
Jalan Kubor
Before Sultan
Mosque
Aliwal St
Jalan Sultan
The Church Of
Our Lady Of Lourdes
마케스프로젝트
Maketh Project
Aliwal Arts Centre
잠잠 ZamZam
Jalan Pinang
말레이헤리티지센터
Malay Heritage Center
Hotel 81
에이포알바이트
A for Arbite
술탄모스크
Sultan Mosque
Queen St
Village Hotel Bugis
메종이코쿠
Maison Ikkoku
Kandahar St
Kiah's Gallery
Pahang St
5footway.inn
Project Bugis
Golden Landmark
Shopping Centre
I am
Children Little Museum
동포 東抱
Dong Po Colonial Cafe
Muscat St
Skyroom
Monday Off
Wardah books
Arab St
Hotel ibis Singapore
on Bencoolen
Raffles Hospital
Threadbare&Squirre
Baghdad St
캄퐁글램카페
Kampong Glam Cafe
Beach Rd
Bugis Station
Grammah
Haji Lane
Chic Fever
관임사원
Kwan Im Thong
Hood Cho Temple
EW12
DT14
부기스 Bugis
Bugis Station
Soon lee
Bali Lane
Wonderland
더팟 The Pod
Bussorah St
파이브스톤스호스텔
Five Stones Hostel
The Concourse
Shopping Mall
Ophir Rd
Parkview Square
오고포고
Ogopogo
Queen St
부기스스트리트
Bugis Street
Parkview Square
Ya Kun
Kaya Toast
Cheng Yan Rd
Fraser St
ParkRoyal on Beach Road
Victoria St
부기스플러스
Bugis+
부기스정션
Bugis Junction
Rochor Rd
McDonald's
신원기 新原記
Xin Yuan Ji
Beach Rd
North Bridge Rd
Tan Quee Lan St
Nicoll Hwy
InterContinental
Singapore
팻버드
Fat Bird
Liang Seah St
아츄디저트
Ah Chew Dessert
Marrison Hotel
National Library
Middle Rd
Ophir Rd
Shaw Tower
Purvis St
Beach Rd
Seah St
Middle Rd
Nicoll Hwy
선텍시티몰
Suntec City Mall

Section 04

부기스&캄퐁글램에서 반드시 둘러봐야 할 명소

부기스와 캄퐁글램은 싱가포르의 말레이문화와 이슬람문화가 시작된 곳이다. 싱가포르에 처음 찾아왔던 말레이 사람들의 옛이야기를 간직하고 있는 유서 깊은 헤리티지센터와 싱가포르에서 가장 오래된 화려한 모스크 등 말레이문화와 관련한 명소가 많다. 볼거리가 많은 곳은 아니지만 그동안 잘 몰랐던 말레이와 이슬람문화를 경험해볼 수 있다.

싱가포르 이슬람의 아이콘

술탄모스크 Sultan Mosque ★★★★★

싱가포르에 있는 가장 크고 오래된 이슬람사원으로 '마지드술탄Masjid Sultan'으로 불리기도 한다. 1825년 싱가포르 최초의 술탄이었던 술탄 후세인샤Hussein shah가 동인도회사의 기부금을 받아 지었다. 초창기 사원의 모습은 소박한 편이었지만 1924년 건축가 데니스샌트리Denis Santry가 5년에 걸쳐 보수공사를 하여 번쩍거리는 황금돔과 높은 첨탑을 자랑하는 화려한 모습으로 완성됐다.

술탄모스크는 황금으로 장식된 외관도 무척 화려하지만 내부는 더욱 장관이다. 무려 5천 명의 신도를 한꺼번에 수용할 수 있는 거대한 기도실이 보는 이를 압도한다. 특히 술탄모스크의 돔 아랫부분을 장식하고 있는 유리는 사원을 지을 당시 가난한 모슬렘신도들이 기부한 유리병을 모아 쓴 것이라 더욱 의미가 깊다. 술탄모스크는 밤에 더욱 빛을 발하는데, 달빛 아래 반짝이는 황금 돔과 함께 모스크의 신비로운 매력을 한껏 뽐낸다. 매년 6~7월 라마단에는 모스크 주변에서 음식축제가 열려 다양한 말레이음식과 이슬람음식을 맛볼 수 있다.

주소 3 Muscat St. **귀띔 한마디** 민소매나 반바지를 입었을 경우 사원에서 빌려주는 가운을 입고 입장해야 한다. **입장료** 무료입장 **운영시간** 09:30~12:00, 14:00~16:00(월~일요일), 14:30~16:00(금요일)/연중무휴 **문의** (65)6293-4405 **찾아가기** MRT 부기스(Bugis)역 B출구로 나와 래플스병원(Raffles Hospital) 쪽으로 직진 후 오피어로드(Orhir Rd.)를 만나면 오른쪽으로 진입해 직진, 노스브리지로드(North Bridge Rd.)에서 왼쪽으로 진입해 5분 정도 걸으면 아랍스트리트(Arab St.)를 지나 오른편에 위치. **홈페이지** sultanmosque.sg

말레이에 관한 모든 것
말레이헤리티지센터 Malay Heritage Centre ★★★★☆

술탄모스크와 이웃하고 있는 말레이헤리티지센터는 160년 전 싱가포르의 말레이술탄왕실이었던 '이스타나캄퐁글램Istana Kampong Glam'이 있던 자리이다. 왕국이 사라지고 오랜 시간이 흐른 지금도 왕실의 위엄과 우아함이 고요한 정원과 건물 안에 그대로 남아있는 아름다운 곳이다. 건물은 2층으로 되어 있으며 입구에서 신발을 벗고 들어가야 한다.

말레이헤리티지센터는 1819년 이전 작은 항구 마을이었던 캄퐁글램의 옛 모습을 비롯해, 무역을 위해 인도네시아에서 온 부기스 사람들의 이야기 등 다양한 말레이문화를 역사적인 유물과 첨단 인터랙티브미디어 등을 통해 보여준다. 메인 건물 뒤편에 있는 갤러리에서는 말레이와 관련한 다양한 예술전시가 열린다. 건물과 야외정원이 무척 아름다워 굳이 박물관에 들어가지 않더라도 잠시 쉬며 옛 술탄왕국의 분위기를 느끼기에 좋다.

주소 85 Sultan Gate. **귀띔 한마디** 말레이헤리티지센터 티켓을 구입하면 올드시티에 있는 아시아문명박물관을 무료로 입장할 수 있는 티켓을 준다. **운영시간** 10:00~18:00(화~일요일)/매주 월요일 휴무 **입장료** 어른 S$4, 학생 S$2, 노인(60세 이상) S$2/6세 이하는 무료입장 **문의** (65)6391-0450 **찾아가기** 술탄모스크에서 칸다하르스트리트(Kandahar St.) 방향으로 나가면 맞은편에 위치. **홈페이지** www.malayheritage.org.sg

소원이 이뤄지는 중국사원
관임사원 观音堂佛祖庙, Kwan Im Thong Hood Cho Temple ★★★☆☆

시끌벅적한 부기스스트리트를 빠져나오면 화려한 꽃과 향냄새가 가득한 독특한 사원 거리를 만난다. 워터루스트리트Waterloo St.에 있는 콴임사원은 싱가포르 내 중국인들에게 사랑받는 전통 중국사원이다. 1884년에 지어졌으며 자비를 상징하는 관음부처에게 소원을 빌면 행운이 찾아온다는 강한 믿음 덕분에 매일 수많은 사람이 이곳을 방문해 늘 문전성시를 이룬다.

북적거리는 틈에서도 향을 머리 위로 올려 정성스럽게 기도를 올리는 사람들의 모습이 무척 인상적이다. 중국의 새해 전날에는 사원 문을 밤새 열어두는데, 이날은 사원에 들어가기 위한 사람들로 워터루스트리트 전체가 장사진을 이룬다. 관임사원에서 가장 인기 있는 것은 나무점괘로 100개의 나무막대가 든 통을 흔들어 점을 본다. 결과가 꽤 신통하다고 알려졌으니 한 번쯤 시도해 보는 것도 좋을 듯하다.

주소 178 Waterloo St. 귀띔 한마디 다른 사원과 달리 내부 사진촬영이 금지되어 있으니 유의하자. 입장료 무료입장 운영시간 06:00~18:00/연중무휴 문의 (65)6337-3965 찾아가기 MRT 부기스(Bugis)역 A출구로 나와 부기스스트리트(Bugis St.)를 통과해 퀸스트리트(Queen St.)를 건너 직진 후 왼쪽에 있는 워터루스트리트(Waterloo St.)로 진입해 조금만 걸으면 오른편에 위치.

동서양문화가 혼합된 모스크

하자파티마모스크 Hajjah Fatimah Mosque ★★★☆☆

부유한 부기족이었던 술탄과 결혼한 믈라카출신 말레이 여성의 이름을 딴 사원으로 1846년에 지어졌다. 사원의 부지는 하자파티마가 살던 집이었는데, 불이 났음에도 집이 무사하자 이곳에 이슬람사원을 짓기로 마음먹는다. 사원은 기도실과 하자파티마의 묘, 욕실, 여러 채의 별관과 정원 등으로 구성되어 있다.
하자파티마모스크는 여타 모슬렘사원과는 달리 여성의 이름을 사용한 것과 동서양이 혼합된 독특한 건축양식이 특징이다. 건축가는 영국인이라는 사실 외에는 알려진 바가 없는데 말레이와 중국, 영국의 건축요소가 모두 혼합되어 이국적인 느낌이 물씬 풍긴다. 몇 년 전부터 모스크의 첨탑이 조금씩 기울기 시작해 요즘은 '기울어진 타워'라는 재미있는 별명으로 불리기도 한다.

주소 4001 Beach Rd. 입장료 무료입장 운영시간 09:00~21:00/연중무휴 문의 (65)6297-2774 찾아가기 MRT 라벤더(Lavender)역에서 칼랑로드(Kallang Rd.)를 따라 아랍스트리트(Arab St.) 쪽으로 내려오다 잘란술탄(Jalan Sultan)으로 진입해 직진, 비치로드(Beach Rd.)에서 다시 왼쪽으로 들어서서 조금만 걸으면 왼편에 위치. 도보로 15분 거리.

Section 05

부기스&캄퐁글램에서 먹어봐야 할 것들

캄퐁글램은 술탄모스크를 중심으로 중동, 할랄음식 등 전통 이슬람음식을 맛볼 수 있는 레스토랑이 모여 있어 말레이문화를 경험해보고 싶은 사람들에게 더없이 좋은 곳이다. 조금 색다른 장소를 원한다면 골목 구석구석에 자리한 작은 카페와 레스토랑을 찾아보는 것도 좋을 것이다. MRT 부기스역에는 각종 프랜차이스 음식점이 모여 있어 간단하게 끼니를 때우기에 좋다.

할랄 인도음식의 원조
잠잠 ZamZam ★★★★☆

100년이 넘은 전통 할랄 인도음식점으로 현지인과 관광객 모두에게 사랑 받는 캄퐁글램의 상징과도 같은 곳이다. 할랄Halal음식이란 이슬람의례에 따라 도살되고 가공된 음식을 말한다. 술탄모스크 건너편에 있는 잠잠의 허름한 외관과 단순하게 상호만 적힌 노란색 간판에서 오랜 세월의 기운이 느껴진다.

잠잠의 대표메뉴는 무르타박Murtabak으로 얇은 반죽 위에 고기, 양파, 여러 가지 채소를 넣은 후 기름에 부친 이슬람요리이다. 고기 종류에 따라 맛은 조금씩 다르지만 매콤한 향미가 있어 느끼하지 않다. 상큼한 라임주스를 곁들이거나 함께 나오는 오이피클이나 커리소스와 같이 먹으면 궁합이 딱 맞는다. 양이 많은 편이라 작은 크기를 시켜도 배가 든든하다. 그 밖에도 향신료에 잰 고기에 계란과 채소를 넣고 생쌀과 푹 찐 인도식 전통요리 비리야니Biryani와 피시헤드커리 등 메뉴가 다양하다.

주소 697 North Bridge Rd. **추천메뉴** 양고기, 닭고기, 생선 중에 고를 수 있는 무르타박(Murtabak) S$5~12, 인도식 전통 볶음밥 비리야니(Biryani) S$6.5, 피시헤드커리(Fish Head Curry) S$5 **영업시간** 08:00~23:00/연중무휴 **문의** (65)6298-6320 **찾아가기** MRT 부기스(Bugis)역 B출구로 나와 빅토리아스트리트(Victoria St.)를 따라 직진 후 아랍스트리트(Arab St.)에서 오른쪽으로 들어서서 직진하면 노스브리지로드(Noth Bridge Rd.)와 만나는 사거리 모퉁이에 위치.

피시누들의 감동적인 맛

신원기 新原記, Xin Yuan Ji ★★★★★ 추천

부기스지역에서 가장 유명한 음식점으로, 해물전골과 다양한 면요리를 전문으로 한다. 여럿이 갔다면 단연 해물전골을 맛보는 것이 좋다. 대표적인 전골요리로는 도미 대가리를 넣어 만든 레드스내퍼 피시헤드스팀보트Red Snapper Fish Head Steamboat로, 우리나라의 신선로 같은 냄비에 해산물과 채소를 넣고 끓여 생선살이 부드럽고 국물은 시원하다.

또 하나의 인기메뉴는 면요리 중 하나인 프라이드 피시비훈Fried Fish Beehoon으로 국물에 우유를 넣어 먹으면 담백한 생선 맛과 고소한 국물이 최고의 궁합을 이룬다. 점심과 저녁시간에는 언제나 긴 줄이 늘어서는데, 테이블 회전이 빠른 데다 베테랑 종업원들의 노련한 서빙 덕분에 그리 오래 기다리지는 않는다.

주소 31 Tan Quee Lan St. 추천메뉴 피시헤드스팀보트(Fish Head Steamboat) S$30~60, 프라이드피시비훈(Fried Fish Beehoon) S$6 영업시간 11:00~01:00/연중무휴 문의 (65)6334-4086 찾아가기 MRT 부기스(Bugis)역 C출구로 나와 부기스정션(Bugis Junction) 앞에서 노스브리지로드(North Bridge Rd.)를 건너 바로 앞에 있는 탄퀴랜스트리트(Tan Quee Lan St.)에 들어서면 오른편에 위치. 홈페이지 xinyuanji.com.sg

야외에서 즐기는 말레이음식

캄퐁글램카페 Kampong Glam Cafe ★★★☆☆

캄퐁글램의 정중앙에서 10년이 넘게 자리를 지킨 이 카페는 아랍스트리트의 분위기를 가장 잘 느낄 수 있는 곳이다. 낮과 밤의 분위기가 조금 다른데, 야외에서 음식을 즐기는 사람들로 활기가 넘치는 저녁시간이 더 좋다.

캄퐁글램에 자리한 만큼 인도네시아식 볶음밥 나시고랭Nasi Goreng, 말레이 전통 아침식사 나시레막Nasi Remak 등 말레이 스타일의 현지음식이 주를 이룬다. 이 밖에도 치킨요리와 피시너깃 등 간단한 스낵도 있다. 배가 고프지 않다면 말레이 전통디저트인 말레이퀘이Maly Kuih나 브라우니 등의 디저트와 함께 코피Kopi나 말레이 전통 밀크티인 테타릭Teh Tarik을 시켜 여유 있게 시간을 보내도 좋다. 매일 아침 일찍 문을 열고 늦은 새벽에 문을 닫아 언제 찾아도 반겨준다.

주소 17 Bussorah St. 추천메뉴 나시고랭 S$3.50, 나시레막 S$4.20 영업시간 08:00~02:00/연중무휴 문의 (65)6294-1697 찾아가기 부소라스트리트(Bussorah St.)에서 술탄모스크 반대방향으로 걸으면 바그다드스트리트(Baghdad St.)와 만나는 사거리 모퉁이에 위치. 홈페이지 www.kgglamcafe.com

캄퐁글램의 부티크카페

메종이코쿠 Maison Ikkoku ★★★☆☆

1986년 일본의 인기 애니메이션 제목에서 이름을 딴 메종이코쿠는 캄퐁글램의 중심 거리 부소라스트리트 바로 옆 칸다하르스트리트Kandahar St.에 자리한다. 몇 년 전부터 칸다하르스트리트에 젊은 오너들의 모던한 레스토랑이 들어서고 있는데, 2012년 메종이코쿠의 등장이 큰 역할을 했다.
전형적인 숍하우스의 1층은 카페로, 2층은 칵테일 바로, 3층은 캄퐁글램의 아름다운 야경을 볼 수 있는 루프톱바로 운영하고 있다. 카페에서는 도쿄의 유명한 카페 스트리머커피Streamer Coffee컴퍼니를 운영하는 사와다히로시에게 직접 교육받은 바리스타들이 정성 들여 커피를 만들며, 이들이 직접 로스팅한 원두도 함께 판매한다. 주말에는 올데이위크엔드블랙퍼스트All Day Weekend Breakfast메뉴를 맛볼 수 있다. 15개가 넘는 다양한 블랙퍼스트는 S$15~20로 다른 브런치레스토랑에 비해 저렴한 편이다.

주소 20 Kandahar St. **추천메뉴** 카페라테 S$5, 그레이프비타겐케이크(Grape Vitagen Cake) S$8.50, 행오버오믈렛(Hangover Omelette) S$16, 프렌치토스트 위드베리(French Toast with Berries) S$16 **영업시간** 09:00~21:00(월~목요일), 09:00~23:00(금~토요일), 09:00~19:00(일요일)/연중무휴 **문의** (65)6294-0078 **찾아가기** 술탄모스크와 말레이헤리티지센터 사이에 있는 칸다하르스트리트(Kandahar St.) 중간쯤 위치. **홈페이지** www.maison-ikkoku.net

물담배 한 모금 하실래요

오고포고 Ogopogo ★★★☆☆

부소라스트리트 끝자락에 위치한 카페 오고포고는 물담배 시샤Shisha를 피울 수 있는 카페이다. 부소라스트리트에서 시샤를 피우고 싶지만 이슬람 전통음식점이 다소 부담스럽다면 주저 없이 가볼 만한 곳이다. 음식 종류도 다양한데 피자와 파스타 등의 이탈리아음식과 다양한 중동음식, 버거까지 갖추고 있어 식성과 취향이 전혀 다른 사람들이 함께 와도 문제가 없다.
특히 하무스샤와르마Hummus Shawarma는 중동음식을 처음 접하는 사람들에게 좋은 간단한 스낵으로, 중동 전통소스 하무스에 찍어 먹는데 고소한 맛이 매력적이다. 카페메뉴와 주류 외에도 직접 만든 톡톡 튀는 과일 향의 사이다Cider가 많은데 청량한 맛이 더운 날씨를 잠시 잊게 한다.

주소 73 Bussorah St. **추천메뉴** 커피&케이크세트(월~금요일 19:00 이전) S$8.9, 해피아워 프로모션(드래프트비어와 사이다 2잔, 월~목요일 17:00~19:00) S$20 **영업시간** 12:00~늦은 밤/연중무휴 **문의** (65)6295-1339 **찾아가기** 부소라스트리트(Bussorah St.)에서 술탄모스크와 반대방향으로 내려가면 길 끝 오른편에 위치. **홈페이지** ogopogo.sg

코피가 있는 전통 베이커리카페
동포 東抱, Dong Po Colonial Cafe ★★★★★ 추천

1950년대 스타일의 개성 있는 싱가포르 전통 베이커리카페이다. 에스프레소와 서양식 베이커리가 늘어나고 있는 싱가포르에서 독특하게 전통 코피Kopi와 카야토스트, 전통 베이커리를 고수하고 있다. 처음 싱가포르에 정착한 증조할아버지부터 온 가족이 빵집을 해온 제빵사집안의 3세대인 젊은 사장은, 세련된 베이커리를 여는 대신 집안의 전통을 그대로 이어가기로 했다. 실제로 할아버지와 아버지 가게에서 사용했던 오래된 물건들을 인테리어 소품으로 사용했다.

그가 만드는 버터케이크와 마카롱타르트, 쿠키, 컵케이크 등은 모두 1950년대 오차드로드에 처음 빵집을 냈던 할아버지의 레시피를 그대로 따랐다. 전통 레시피로 만든 홈메이드카야잼과 코피와 함께 먹는 카야토스트는 50년을 이어온 제빵사집안의 자부심이 그대로 느껴질 만큼 고소하고 진한 맛이 일품이다.

주소 56 Kandahar St. 추천메뉴 카야토스트&코피세트 S$3.50, 쿠키 S$1.9, 차 S$1.9, 버터푸딩 S$2 영업시간 08:00~20:00/연중무휴 문의 (65)6398-1318 찾아가기 술탄모스크와 말레이헤리티지센터 사이에 있는 칸다하르스트리트(Kandahar St.)에서 술탄모스크 반대방향으로 내려가면 길 끝 왼편에 위치.

싱가포르의 리틀타이
골든마일콤플렉스 Golden Mile Complex ★★★☆☆

태국에 관한 모든 것을 사고 먹을 수 있는 싱가포르의 리틀타이이다. 처음에는 워홉콤플렉스Woh Hup Complex라는 이름으로 불렸던 이 쇼핑몰은 1, 2층에 400여 개의 상점이 들어서 있다. 거대한 건물은 계단식 테라스로 지은 다소 못생긴 외관 때문에 한때 도시의 미관을 망치는 건물 1순위로 꼽히기도 했다.

리틀타이라는 별명에 걸맞게 1, 2층 모두 태국 슈퍼마켓과 음식점, 트랜스젠더바와 나이트클럽 등으로 빼곡히 채워져 있고, 건물을 드나드는 사람 역시 대부분 태국사람이다. 깨끗하고 세련된 쇼핑몰은 아니지만 태국의 맛을 저렴하게 즐길 수 있다. 건물 1층에는 말레이시아 전역으로 가는 버스여행사와 환전소 등이 많으며, 말레이시아로 가는 많은 버스가 이곳에서 출발한다.

주소 5001 Beach Rd. 찾아가기 MRT 라벤더(Lavender)역에서 내려 크로포드스트리트(Crawford St.)를 따라 로코르리버(Rochor River) 쪽으로 직진, 비치로드(Beach Rd.)에서 오른쪽으로 들어서서 조금만 걸으면 왼편에 위치. 도보 15분 거리.

가벼운 브런치와 독특한 퓨전요리
에이포알바이트 A for Arbite ★★★☆☆

캄퐁글램의 알리왈아트센터Aliwal Art Centre 안에 있는 레스토랑으로, 세랑군가든Setangoon Garden에 있는 인기 레스토랑 알바이트Arbite의 분점이다. 북적한 중심 거리에서 한 블록 떨어져 있어 마음먹고 찾지 않으면 들어서지 않을 길이지만, 새로운 레스토랑을 찾아다니는 트렌드세터들 사이에서는 이미 잘 알려져 있어 주말 저녁에는 퍽 붐빈다.

'열심히 일하고 잘 살자(Work Hard, Live Well)'라는 레스토랑의 표어처럼 열심히 일한 당신을 위해 맛있는 음식을 만드는 것이 이들의 모토이다. 동서양 모든 재료를 이용해 퓨전음식을 '창조'하기 때문에 메뉴판에서 평범한 요리 이름을 찾아보기가 어렵다. 인기메뉴 역시 락사Laksa로 만든 샐러드, 양고기버거, 오징어먹물과 랍스터로 만든 파스타 등 창의적인 요리가 대부분이다. 이른 점심시간에는 간단하게 즐길 수 있는 연어와 계란요리나 블랙퍼스트메뉴가 좋다.

주소 28 Aliwal St. #01-01 **추천메뉴** 락사누들로 만든 락사샐러드(Laksa Salad) S$15, 계란과 게살파스타(Salted Egg Crab Pasta) S$22, 양고기버거(Lamb Burger) S$22, 직접 만든 스페셜티드링크 S$4~8 **영업시간** 11:30~15:00, 18:00~22:30(화~금요일), 11:00~22:30(토~일요일)/매주 월요일 휴무 **문의** (65)8321-2252 **찾아가기** 말레이헤리티지센터에서 술탄모스크 반대방향으로 한 블록 더 가면 있는 알리왈스트리트(Aliwal St.)의 알리왈아트센터(Aliwal Art Centre) 1층에 위치. **홈페이지** www.arbite.com.sg

중국식 매운닭볶음 전문
팻버드 Fat Bird ★★★☆☆

치킨팟Chicken Pot을 전문으로 하는 음식점이다. 치킨팟은 언뜻 보면 한국의 닭갈비나 닭볶음이 생각나는데 실제로 한국음식에 영향을 받아 탄생한 중국식 닭볶음탕이다. 보기와 달리 맛은 한국 닭볶음탕과는 전혀 다르다.

자작한 매운 양념에 채소 등을 넣고 닭고기를 볶아 바닥이 깊은 냄비에 담아 나오는데, 고기가 연하고 양념 국물이 진해 밥 한 그릇을 뚝딱 해치울 수 있다. 특히 기름진 음식이 많은 싱가포르에서 매운 음식이 그리워질 때 찾아가면 허한 속을 달래준다. 두부나 채소를 추가할 수 있으며 주문할 때 매운 정도를 미리 정해 말하면 그에 맞춰 요리해준다. 중간 사이즈를 시키면 2명이 먹기에 충분하다.

주소 1 Liang Seah St. #01-15/16 **추천메뉴** 치킨팟 중간 사이즈 S$26(런치 S$19) **영업시간** 12:00~22:30(월~금요일), 08:00~22:30(토~일요일, 공휴일)/연중무휴 **문의** (65)6225-0302 **찾아가기** MRT 부기스(Bugis)역 C출구로 나와 노스브리지로드(North Bridge Rd.)를 건너 리앙시아스트리트(Liang Seah St.)로 들어가 조금만 걸으면 오른편에 위치. 도보 5분 거리.

건강하고 맛있는 디저트 전문점
아츄디저트 Ah Chew Dessert ★★★★☆

아츄디저트는 두꺼운 나무 식탁과 의자, 차분한 색깔의 벽돌 등 중국풍으로 실내를 장식하여 무척 고풍스럽다. 이곳의 인기메뉴 중 하나는 달걀을 베이스로 한 중국식 푸딩 밀크스팀드에그Milk Steamed Egg로 기호에 따라 초콜릿과 팥, 생강 등을 얹어 먹을 수 있다. 야자나무의 찐득한 전분에 여러 가지 과일을 넣어 나오는 사고Sago메뉴는 과일과 함께 아이스크림을 떠먹으면 입속에서 부드럽게 녹는 맛이 일품이다. 대부분의 메뉴는 차가운 것과 뜨거운 것 중에서 고를 수 있다. 또한 고소한 땅콩가루를 입힌 따뜻한 모찌를 함께 먹으면 금세 속이 든든해진다.

주소 1 Liang Seah St. **추천메뉴** 두리안망고사고(Durian Mango Sago) S$5, 밀크스팀드에그(Milk Steamed Egg) S$3, 모찌 S$2.20 **영업시간** 12:30~23:30(월~목요일), 12:00~00:30(금요일), 13:30~23:30(토~일요일)/연중무휴 **문의** (65)6339-8198 **찾아가기** MRT 부기스(Bugis)역 C출구로 나와 노스브리지로드(North Bridge Rd.)를 건너면 바로 보이는 리앙시아스트리트(Liang Seah St.)로 들어가 조금만 걸으면 오른편에 위치. **홈페이지** ahchewdesserts.sginfo.mobi

근사한 브런치를 즐길 수 있는
시미트리 Symmetry ★★★★☆

주말 브런치카페 시미트리는 중심 거리에서 떨어진 작은 골목인 잘란쿠보루Jalan Kubor에 있어 애써 찾아가야 하지만, 주말에는 자리가 없을 정도로 인기가 많다. 거친 벽돌로 만든 벽과 나무테이블, 빈티지한 쿠션 등 자유로운 느낌의 푸근한 인테리어가 마음을 편안하게 한다.

싱가포르에 우후죽순 생기는 브런치카페 중에서도 시미트리가 사랑 받는 이유는 단연 음식의 질 덕분이다. 브런치를 포함한 메인메뉴 대부분이 S$15~38로 저렴한 편은 아니지만 돈이 아깝지 않을 만큼 수준급의 요리를 내놓는다. 주말 낮에는 에그베네딕트, 프렌치토스트 등 클래식한 브런치를, 점심에는 파스타와 샐러드를, 저녁에는 18시간 이상 숙성시켜 만든 비프립요리나 고급 생선요리인 베러먼디Barramundi 등의 요리를 선보인다.

주소 9 Jalan Kubor #01-01 **추천메뉴** 빅블랙퍼스트(Big Breakfast) S$24, 시미트리에그베네딕트(Symmetry Egg Benedict) S$20, 펜네(Penne) S$22 **영업시간** 11:00~23:00(화~목요일), 11:00~00:00(금~토요일), 11:00~19:00(일요일)/매주 월요일 휴무 **문의** (65)6291-9901 **찾아가기** MRT 부기스(Bugis)역에서 내려 술탄모스크를 지나 노스브리지로드(North Bridge Rd.)를 따라 100m 정도 직진한 후 왼쪽에 있는 잘란쿠보르(Jln. Kubor)로 진입해 조금만 걸으면 왼편에 위치. **홈페이지** symmetry.com.sg

Section 06

부기스&캄퐁글램에서 즐기는 쇼핑

부기스와 캄퐁글램에서 즐기는 쇼핑은 팔레트처럼 다채롭다. 가장 대중적인 쇼핑몰 부기스정션에서 시간을 보낼 수도 있고, 부기스스트리트에서 관광객의 기분을 한껏 느낄 수도 있다. 또 로컬디자이너의 숍이 모여 있는 하지래인에는 재미난 숍이 옹기종기 모여 있어 쇼핑하는 재미가 있다.

가장 대중적인 쇼핑몰

부기스정션 Bugis Junction ★★★☆☆

싱가포르의 젊은 층에게 인기가 많은 대중적인 쇼핑몰이다. 고가의 명품보다는 중저가브랜드와 익숙한 레스토랑이 많은 부담 없는 곳이다. 1995년 유리로 천장을 만드는 새로운 건축기법을 이용해 야심차게 쇼핑몰 문을 열었다. 유리를 통해 들어오는 햇빛 덕분에 쇼핑몰 전체가 산뜻하고 경쾌한 느낌이 든다.

1층에는 액세서리, 가방 등 잡화를 파는 작은 숍들이 있어 아기자기한 분위기가 느껴진다. 규모는 크지 않지만 키노쿠니야Kinokuniya서점과 콜드스토레지Cold Storage슈퍼마켓을 비롯해서 무지Muji, 크랩트리&애블린Crabtree&Evelyn, 데씨구엘Desigual, 찰스앤키스, 망고 등 보편적인 브랜드가 입점해 있다. 특히 토스트박스, 야쿤토스트, 올드창키Old Chang Kee, tcc 등 대표적인 싱가포르 프랜차이즈가 몰려 있어 가볍게 들리기 좋다. 3층에 있는 푸드정션도 음식 종류가 다양하고 쾌적해 점심 한 끼 정도를 간단히 해결하기에 부담 없다.

주소 200 Victoria St. **영업시간** 10:00~22:00/연중무휴 **문의** (65)6557-6557 **찾아가기** MRT 부기스(Bugis)역 C출구와 연결. **홈페이지** www.bugisjunction-mall.com.sg

부기스정션 층별 주요 매장

층수	매장명
지하 1층	BreadTalk, Cold Storage, Eu Yan Sang, Old Chang Kee, The Soup Spoon, Ya Kun Kaya Toast, Yoshinoya
1층	Accessorize, Charles&Keith, Crabtree&Evelyn, HoneyMoon Dessert, Mango, Pandora, Starbucks, tcc, Topshop/Topman
2층	Adidas, Billabong, Converse, New Balance
3층	Books Kinokuniya, Dolce Tokyo, Food Junction, Muji
4층	Everything with Fries, Shaw Theatres, 18 Chefs

싱가포르 최대 스트리트마켓

부기스스트리트 Bugis Street ★★★☆☆

1950년부터 이름을 날렸던 부기스스트리트는 당시 싱가포르에 온 관광객과 선원, 군인들을 유혹하는 거리로 유명했고, 밤이 되면 길거리음식과 저렴한 물건을 파는 야시장으로 호황을 누렸다. 수십 년이 지난 지금, 이전의 퇴폐적인 분위기에서 활기 넘치는 시장으로 새 단장을 했다.

현재 부기스스트리트는 800여 개의 점포가 들어선 싱가포르 최대의 스트리트마켓이다. 옷, 신발, 액세서리, 화장품, 전자제품은 물론 온갖 종류의 기념품을 팔고 있으며 헤어살롱과 네일숍, 성인용품숍까지 갖가지 상점이 들어서 있다. 저렴한 가격과 맛있는 냄새로 무장한 길거리음식도 곳곳에서 만날 수 있다. 에스컬레이터로 연결된 2층은 동대문의 보세쇼핑몰과 비슷한 옷가게로 채워져 있는데 한국제품도 많이 눈에 띈다. 입구부터 수많은 사람으로 북적거리지만 싱가포르에서 흔하지 않은 시장 분위기를 느낄 수 있다.

주소 3 New Bugis St. 영업시간 11:00~22:00/연중무휴 문의 (65)6338-9513 찾아가기 MRT 부기스(Bugis)역 C출구로 나오면 빅토리아스트리트(Victoria St.) 건너편에 위치. 홈페이지 www.bugis-street.com

한적한 쇼핑몰

부기스플러스 Bugis+ ★★☆☆☆

2012년 쇼핑몰 '일루마'가 부기스플러스로 이름을 바꾸고 새롭게 문을 열었다. 빛과 조명을 테마로 한 크리스털 건물은 부기스에서 단연 돋보이는 화려함을 자랑한다. 부기스정션과 다리로 연결되어 있어 이동 역시 편리해졌지만 여전히 사람이 많지 않은 편이다.

세포라Sephora, 망고터치Mango Touch, 버쉬카Bershka 등의 패션 매장이 입점해 있고, 싱가포르에서 가장 큰 규모의 유니클로매장이 있다. 쇼핑장소로는 큰 매력이 없지만 공차Gong Cha Royal Café, 크리스탈제이드카페Crystal Jade Viet Café, 타이익스프레스Thai Express, 커피빈 등 인기 레스토랑이 있어 한적하게 식사할 수 있다.

주소 201 Victoria St. 영업시간 10:00~22:00/연중무휴 문의 (65)6538-4222 찾아가기 MRT 부기스(Bugis)역 C출구로 나와 길을 건너면 부기스스트리트(Bugis St.) 입구 왼편에 위치. 부기스정션(Bugis Junction)과 연결. 홈페이지 www.bugisplus.com.sg

이슬람 전문서점
와다북스 Wardah Books ★★★☆☆

캄퐁글램의 중심 거리인 부소라스트리트Bussorah St.에 있는 이슬람 전문서점이다. 이국적인 레스토랑과 상점들 사이에 조용히 자리한 와다북스의 내부에 들어서면 마치 작은 모스크에 들어온 것처럼 마음이 경건해지는 기분이 든다. 규모는 작지만 양쪽 벽과 낮은 선반 속 책장에 모슬렘과 관련한 예술, 역사, 교육, 철학, 이슬람에 관한 규율과 성경에 대한 책이 정갈하게 정리되어 있다.

특히 어린이들을 위한 이슬람 관련 동화책과 코란을 외우는 귀여운 인형들도 판매한다. 모슬렘이 아니더라도 평소 이슬람에 대해 궁금했던 사람에게 많은 궁금증을 풀어줄 수 있는 곳이다.

주소 58 Bussorah St. 영업시간 10:00~21:00(월~토요일), 10:00~18:00(일요일&공휴일)/연중무휴 문의 (65)6297-1232 찾아가기 술탄모스크 앞에 있는 부소라스트리트(Bussorah St.) 중간에 위치. 홈페이지 www.wardahbooks.com

크고 작은 소품을 만드는 가죽공방
마케스프로젝트 Maketh Project ★★★★☆

최근 하지래인 외에도 골목 구석구석에 많은 젊은 로컬디자이너가 다양한 공방을 운영하고 있다. 그중에서 마케스프로젝트는 가죽을 이용해 다양한 소품을 만드는 가죽공방이다. 동갑내기 여성창업자 리나, 아디나, 조엘은 이전부터 포레스트차일드Forest Child라는 브랜드를 통해 주문제작 핸드메이드 가죽제품을 만들어 온 베테랑이다.

마케스프로젝트는 쉽고 간단하게 만들 수 있는 가죽공예클래스를 진행하고 있다. 만들기에는 전혀 소질이 없는 초보자들도 카드지갑이나 키체인, 파우치 등 단순한 디자인으로 시작해볼 수 있다. 또 공예에 관심이 많은 사람은 가방이나 신발 등 조금 더 전문적인 코스로 진행한다. 수업은 3시간 정도로, 원한다면 조금 더 머물러도 상관없다. 흔한 물건을 사는 것보다 현지인들과 함께 새로운 물건을 만들어보고 싶다면 들러보기를 추천한다.

주소 751 North Bridge Rd. #02-02 귀띔 한마디 수업을 원할 경우 이메일(makethproject@gmail.com)이나 전화로 미리 시간을 정해야 한다. 가능한 원하는 시간에 맞춰준다. 영업시간 11:00~21:00(토~목요일)/매주 금요일 휴무 문의 (65)6538-4222 찾아가기 MRT 부기스(Bugis)역 B출구로 나와 술탄모스크를 지나 노스브리지로드(North Bridge Rd.)를 따라 도보로 5분 정도 직진, 왼쪽에 있는 잘란클레덱(Jln. Kledek)으로 들어서면 오른편 하얀 건물 2층에 위치. 홈페이지 www.facebook.com/makethproject

Special 07

로컬디자이너의 놀이터, 하지래인(Haji Lane)

한때 낡은 숍하우스로 이루어진 좁고 어두운 골목길이었던 하지래인은 2005년부터 로컬디자이너들과 젊고 모험심 강한 사업가들이 하나둘 둥지를 틀면서 싱가포르에서 가장 번화한 로컬디자인숍 거리가 되었다. 천편일률적인 브랜드로 가득한 쇼핑몰에서의 쇼핑이 지루해진 사람들이 자유분방하고 기발한 로컬디자이너숍과 부티크숍, 인디카페와 펍 등을 구경하기 위해 하지래인으로 몰려들기 시작했다. 하지래인의 영향으로 바로 옆 발리래인을 비롯해 캄퐁글램지역의 거리거리가 인디로컬숍으로 변화하기 시작했다.

하지래인의 입구에는 이 거리의 상징이 된 독특한 벽화가 건물 전체에 근사하게 색칠되어 있다. 해가 지고 어둑어둑해지면 길가의 테이블에 앉아 가볍게 맥주를 마시고 시샤를 즐기는 자유로움이 골목을 가득 채운다. 주말에는 이곳의 숍들과 로컬디자이너들이 참여하는 플리마켓이 열리고 때로는 다양한 이벤트가 진행되기도 한다. 낮보다는 저녁에, 평일보다는 주말에 하지래인의 생생한 분위기를 한껏 즐길 수 있다.

찾아가기 MRT 부기스(Bugis)역 B출구로 나와 래플스병원(Raffles Hospital) 쪽으로 직진 후 오피어로드(Orhir Rd.)를 만나면 오른쪽으로 진입해 직진, 노스브리지로드(North Bridge Rd.)에서 왼쪽으로 진입해 걸으면 오른편에 하지래인(Haji Lane)으로 들어서는 골목입구가 보인다.

사랑스러운 아이템이 많은

순리(Soon Lee)

패션에 조금이라도 관심이 있는 사람이라면 잠깐만 둘러봐도 마음에 쏙 들어 할 여성전문 패션숍이다. 여성스러운 아이템이 주를 이루는데 산뜻한 블라우스와 원피스, 귀여운 스커트, 재킷, 가방과 액세서리까지 순리만의 우아하면서도 귀여운 취향을 듬뿍 담은 아이템이 가득하다. 덕분에 단골과 마니아가 많다. 어디에서도 본 적 없는 독특한 디자인을 자랑하는 구두 컬렉션을 비롯해 케이트스페이드Kate Spade의 문구류와 시계 등 센스 있는 액세서리 소품도 빼놓지 않고 챙겨 놓았다.

주소 73 Haji Lane **영업시간** 1200~21:00/연중무휴 **가격** 원피스 S$80~, 신발 S$100~ **홈페이지** soonlee.sg

재기발랄한 디자인소품이 다양한

그랜마(Grammah)

빈티지 제품과 로컬디자이너의 재기발랄한 소품을 다루는 디자인편집숍이다. 복고풍의 취향을 다룬다 하여 할머니라는 뜻의 그랜마라는 귀여운 이름을 붙였다. 빈티지한 색깔과 패턴의 오래된 도시락통, 70년대 중국의 다양한 아이콘을 그려 넣은 철제 컵, 턴테이블, 구제 옷과 에코백, 파우치 등 정감 있는 디자인소품이 조그만 숍하우스 1층과 2층에 앙증맞게 진열되어 있다. 그랜마와 나란히 이어져 있는 모드퍼레이드Modparade 매장은 그랜마에서 운영하는 로컬디자인 의류매장으로 심플하면서도 개성 있는 티셔츠와 청바지, 스커트 등 기본 아이템이 많다.

주소 66 Haji Lane **영업시간** 12:00~20:00(일~목요일), 12:00~21:00(금~토요일)/매주 월요일 휴무 **가격** 물통 S$8.5~, 파우치 S$10~, 머그컵 S$12~ **문의** (65)6299-0384 **홈페이지** www.facebook.com/Grammah.sg

갖고 싶은 소소한 물건이 가득한

먼데이오프(Monday Off)

디자이너와 전업 작가인 두 친구가 함께 차린 디자인숍으로 하지레인에 있는 많은 숍 중에서도 단연 인기가 많다. 두 사람의 센스 있는 안목으로 로컬디자이너들은 물론 한국과 일본 등 해외디자이너의 제품들을 선별해 판매하기 때문이다.

산뜻하게 집 안을 꾸밀 수 있는 쿠션과 컵 등의 간단한 생활용품과 다양한 디자인소품, 액세서리와 향초, 지갑과 파우치 등 다양한 제품을 판매한다. 또한 엽서와 달력, 포스터 등 이들이 직접 제작한 물건도 판매하고 있다. 최근에는 집이나 사무실 인테리어 컨설팅디자인서비스도 함께 진행하고 있다. 숍의 이름처럼 월요일에는 문을 닫는다.

주소 76 Haji Lane **영업시간** 12:00~20:00(화~일요일)/매주 월요일 휴무 **가격** 에코백 S$20, 달력 S$8~, 포스터 S$10~ **문의** (65)8200-7100 **홈페이지** www.mondays-off.com

모던하고 심플한 스타일의 편집숍

스리드베어&스퀘럴(Threadbare&Squirrel)

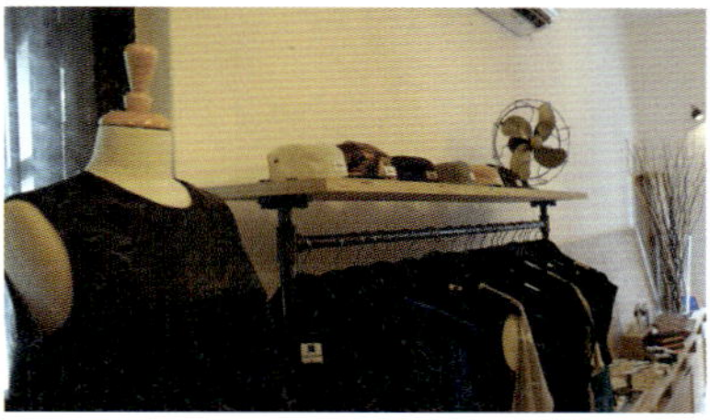

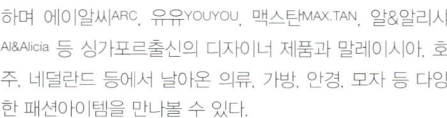

발리레인Bali Lane 초입에 있는 모던한 2층 건물에 자리한 패션편집숍으로, 주로 로컬디자이너의 제품을 판매한다. 군더더기 하나 없이 블랙을 테마로 깔끔하게 꾸민 외관과 인테리어처럼, 스리드배어&스퀘럴에서 판매하는 옷들도 대체로 모던하고 심플하다. 여성의류와 남성의류를 모두 취급하며 에이알씨ARC, 유유YOUYOU, 맥스탄MAX.TAN, 알&알리샤Al&Alicia 등 싱가포르출신의 디자이너 제품과 말레이시아, 호주, 네덜란드 등에서 날아온 의류, 가방, 안경, 모자 등 다양한 패션아이템을 만나볼 수 있다.

주소 660 North Bridge Rd. **영업시간** 12:30~20:30/연중무휴 **가격** 액세서리 S$20~, 원피스 40S$~ **문의** (65)6396-6738 **홈페이지** threadbareandsquirrel.com

저렴하고 괜찮은 물건이 가득한

칙피버(Chic Fever)

마치 다락방에 올라가는 기분으로 좁은 나무계단을 오르면 보물창고 같은 칙피버 매장이 나온다. 해외여행을 좋아하는 주인이 전 세계를 돌아다니며 마음에 드는 예쁜 물건을 모으다 보니 숍까지 오픈하게 되었다. 화려한 옷보다는 실용적이고 무난한 원피스가 많은데 가격도 저렴한 편이라 쉽게 지갑이 열린다. 그 밖에 가볍게 신고 다닐만한 샌들과 크고 작은 크기의 가죽가방이 다양해 볼거리가 많다. 빈티지한 물통이나 열쇠고리, 액세서리 등 귀여운 소품들을 구경하는 재미도 쏠쏠하다.

주소 56A Haji Lane **가격** 원피스 S$30~ **영업시간** 10:00~20:00

가죽가방 전문점

스카이룸(Skyroom)

하지래인에서 오랜 시간 자리를 지킨 숍으로 가죽가방을 전문으로 한다. 퀄리티가 좋은 중저가의 가방이 많은 편인데 대부분 한국, 홍콩, 일본 등에서 수입하기 때문에 낯익은 제품도 눈에 띈다. 가죽가방뿐만 아니라 흔치 않은 일본풍 의류와 독특한 디자인의 신발이 눈길을 끈다.
그 밖에 선물용으로 좋은 작은 파우치와 지갑, 쿠션 등도 구입할 수 있다. 다른 매장에 비해 가죽이나 디자인이 좋은 만큼 가격은 비싼 편이다. 리버사이드의 쇼핑몰에 또 하나의 매장이 있다.

주소 84 Haji Lane **영업시간** 11:00~22:00/연중무휴 **가격** 가방 S$60~ **문의** (65)6392-4533 **홈페이지** skyroom.com.sg

맛있는 케이크를 파는 동화 같은 카페

원더랜드(Wonderland)

이름처럼 동화책 그림 같은 테라스가 아름다워 하지래인을 걷다 보면 한 번쯤 걸음을 멈추고 들여다보게 하는 카페 겸 디자인숍이다. 이벤트전문기업에서 오픈한 숍답게 동화 「이상한 나라의 앨리스」의 원더랜드를 꼭 빼닮은 인테리어가 인상적이다. 1층 카페에서는 로즈블로썸Rose Blossom, 굴라믈라카Gula Malaka 등 달지 않으면서도 현지 맛이 물씬 나는 원더랜드케이크를 맛볼 수 있다. 또한 싱가포르 티 전문 브랜드 클리퍼Clipper의 다양한 차도 마실 수 있다.
2층은 디자인숍으로 쿠션이나 양초 같은 생활용품과 옷, 액세서리 등이 예쁘게 진열되어 있어 보고만 있어도 기분이 좋아진다.

주소 37 Haji Lane **영업시간** 10:00~20:00/연중무휴 **가격** 컵케이크 S$3.5~, 문구류 및 잡지 S$8~, 생활용품 S$20~ **문의** (65)6299-5848 **홈페이지** www.wonderland.com.sg

활기 넘치는 하지래인의 대표 레스토랑

아이엠(I am)

언제나 북적거리는 레스토랑 겸 카페이다. 하지래인이 시작되는 입구에 자리하고 있어 도로와 골목이 바라다보이는 자리가 인기가 좋다. 사업차 네덜란드에 갔다가 네덜란드에 흠뻑 빠진 창업자는 싱가포르에 돌아오자마자 유럽식 레스토랑을 오픈했다. 'I am'이라는 이름 역시 암스테르담의 도시 아이콘인 'I amsterdam'에서 따온 것이다.

메인메뉴는 프라이&마요로 두툼한 감자튀김을 마요네즈에 찍어 먹는다. 그 밖에 피자와 버거, 피시앤칩스 등 고칼로리 음식이 다양하다. 또한 사장의 어머니가 집에서 직접 구워 내놓는 리얼홈메이드 케이크 등도 유명하다.

주소 674 North Bridge Rd. #01-01 **영업시간** 11:00~23:00(월~목요일), 11:00~01:00(금~토요일), 11:00~23:00(일요일)/연중무휴 **가격** 버거 S$ 14~, 파스타 S$15, 양고기 스튜 S$24~ **문의** (65) 6295-5509 **홈페이지** www.iam.com.sg

심플하고 차분한 디자인 소품을 만나는

샐러드숍(Salad Shop)

엄선된 디자인제품으로만 채워놓은 라이프스타일 편집숍이다. 캔들, 쿠션, 장식품 등의 생활용품부터 시계, 주얼리 등의 액세서리와 옷까지, 다루는 제품이 다양하다. 종류는 다르지만 모든 제품에 주인의 안목이 일관되게 녹아있다. 화려하고 아기자기한 느낌보다는 대부분 심플하고 차분한 스타일이라 샐러드숍의 취향에 맞는 사람이라면 시간 가는 줄 모르고 오래 머무르게 될 것이다.

제품의 퀄리티가 좋은 만큼 다른 숍에 비해 가격은 꽤 비싼 편이다. 동양적인 패턴과 이미지가 그려진 투박한 그릇과 은으로 만든 심플한 팔찌, 반지 등이 눈에 띄며, 편안한 기분을 느끼게 해주는 향초 종류도 다양하다.

주소 25 Haji Lane **영업시간** 12:00~20:00(월~일요일), 12:00~21:00(토요일)/연중무휴 **가격** 목걸이 S$49~, 귀걸이 S$30~, 캔들 S$39~ **문의** (65)6299-5805 **홈페이지** www.the-salad-store.blogspot.kr

Chapter 03

이국적인 인도를 만나는 시간, 리틀인디아

Little India

관광 ★★★☆☆
음식 ★★★★☆
쇼핑 ★★★★☆

1800년대 레플스경을 경비하던 인도 경비군이 모여 살기 시작해 거대한 인도 커뮤니티를 이룬 리틀인디아지역은 화려함과 이국적인 색깔이 가득한 곳이다. MRT 리틀인디아역에서 내리면 거리거리의 오래된 건물과 곳곳에 숨어있는 독특한 사원, 코끝을 찌르는 향신료가 가득한 재래시장 등 활기차고 생동감 넘치는 분위기에 덩달아 기분이 좋아진다. 특별한 계획을 세우지 않아도 세랑군로드를 따라 걸으면 오래된 인도음식점과 가장 유명한 힌두사원, 다양한 기념품을 살 수 있는 상점 등을 자연스럽게 구경할 수 있다.

리틀인디아를 이어주는 교통편

MRT 리틀인디아Little India역에서 내려 세랑군로드Serangoon Rd.를 따라 파러파크Farrer Park역까지 걷는 20분 남짓 거리에 대부분의 명소와 레스토랑, 쇼핑숍이 모두 몰려있다. 중심 거리와 이어지는 작은 골목들도 산책하듯 걷다 보면 오래된 숍하우스 건물과 새로 생긴 카페 등 숨은 보석들을 발견할 수 있다.

리틀인디아에서 이것만은 꼭 해보자

1. 호커센터와 오래된 인도레스토랑에서 정통 인도음식 먹어보기
2. 힌두사원에서 이국적인 힌두교문화와 의식 배워보기
3. 세랑군로드 양쪽으로 이어지는 작은 골목골목을 걸으며 오래된 건물과 작은 인도상점 구경하기
4. 테카센터 재래상점과 무스타파센터, 선게이로드 도둑시장에서 저렴한 물건 쇼핑하기

사진으로 미리 살펴보는 리틀인디아 베스트코스

MRT 리틀인디아역에서 내리자마자 인도 특유의 향과 색들이 여행자를 사로잡는다. 이국적인 사원과 레스토랑이 줄줄이 늘어서 있는 세랑군로드Serangoon Rd.를 따라 걸으며 리틀인디아의 매력에 취해보자. 여정의 마지막은 최근 카페 거리로 핫한 라벤더스트리트Lavender St.에서 커피로 마무리하는 것도 좋다.

1 이국적인 사원과 음식을 즐기는 하루(예상 소요시간 5시간 이상)

Go!

테카센터
30분 코스

→ 3분

리틀인디아 아케이드
30분 코스

→ 5분

아즈미
30분 코스

→ 동일 장소

세랑군로드 산책
30분 코스

→ 5분

스리비라마칼리 암만사원
30분 코스

→ 10분

무스타파센터
30분 코스

→ 7분

스리스리니바사 페루말사원
30분 코스

→ 7분

롱산시사원
30분 코스

→ 2분

시카무니부다가야 사원
30분 코스

→ 10분

라벤더스트리트 카페
30분 코스

2 리틀인디아의 숨은 골목 구석까지 찾아가는 코스(예상 소요시간 5시간 이상)

Go!

테카센터
30분 코스

→ 3분

리틀인디아 아케이드
30분 코스

→ 5분

스리비라마칼리 암만사원
30분 코스

→ 동일 장소

세랑군로드 산책
30분 코스

→ 5분

던롭스트리트 산책
20분 코스

→ 3분

압둘가푸르사원
20분 코스

→ 5분

로우즈카페
30분 코스

→ 10분

시저컷커리라이스
30분 코스

→ 10분

무스타파센터
30분 코스

→ 3분

선게이로드 벼룩시장
30분 코스

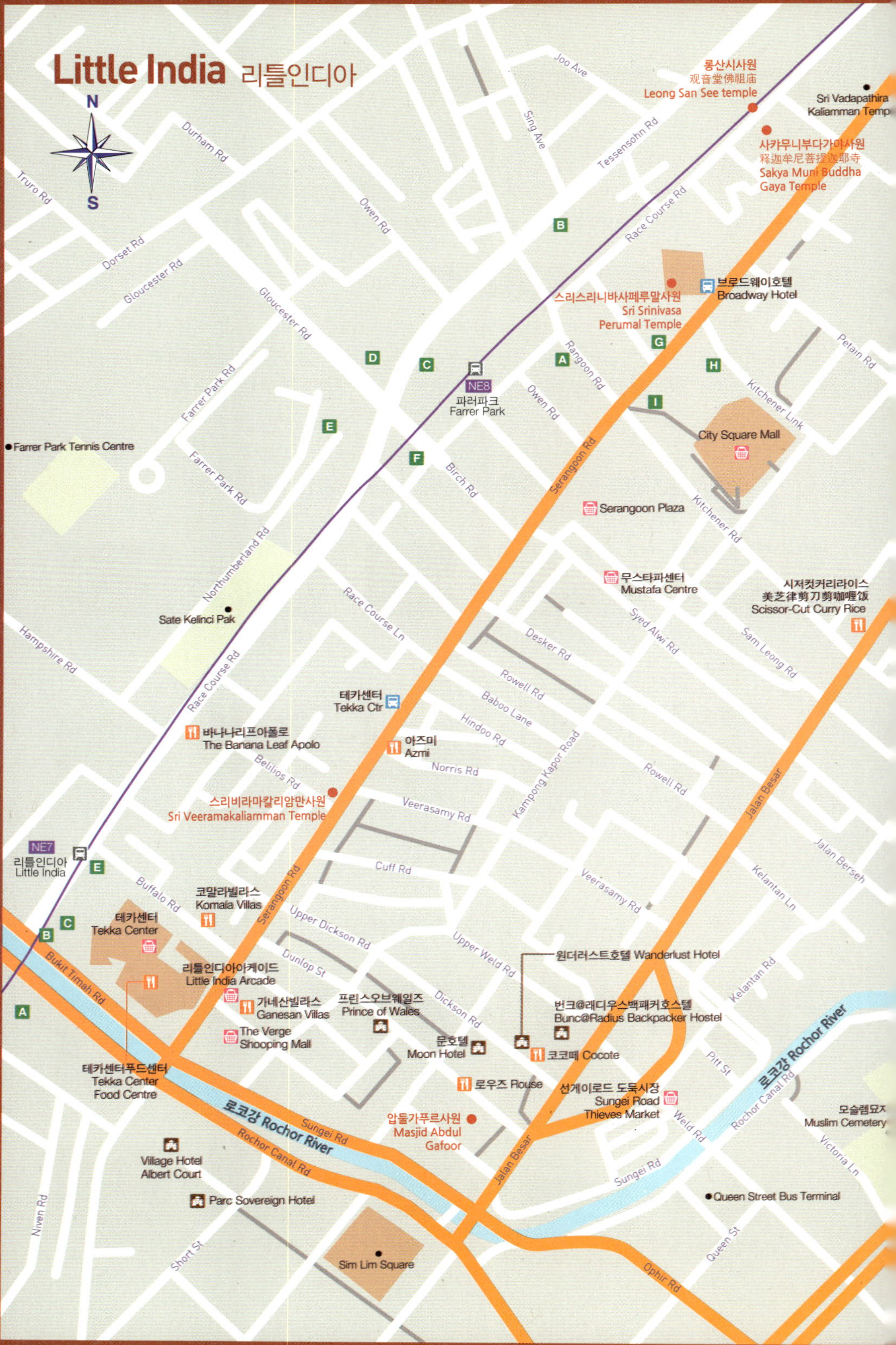

Little India 리틀인디아
N
S
롱산시사원
观音堂佛祖庙
Leong San See temple
Sri Vadapathira Kaliamman Temp
사카무니부다가야사원
释迦牟尼菩提迦耶寺
Sakya Muni Buddha Gaya Temple
브로드웨이호텔
Broadway Hotel
스리스리니바사페루말사원
Sri Srinivasa Perumal Temple
NE8
파러파크
Farrer Park
City Square Mall
Serangoon Plaza
무스타파센터
Mustafa Centre
시저컷커리라이스
美芝律剪刀剪咖喱饭
Scissor-Cut Curry Rice
Farrer Park Tennis Centre
Sate Kelinci Pak
테카센터
Tekka Ctr
바나나리프아폴로
The Banana Leaf Apolo
아즈미
Azmi
스리비라마칼리암만사원
Sri Veeramakaliamman Temple
NE7
리틀인디아
Little India
코말라빌라스
Komala Villas
테카센터
Tekka Center
리틀인디아아케이드
Little India Arcade
가네산빌라스
Ganesan Villas
프린스오브웨일즈
Prince of Wales
The Verge
Shooping Mall
테카센터푸드센터
Tekka Center
Food Centre
문호텔
Moon Hotel
원더러스트호텔 Wanderlust Hotel
번크@래디우스백패커호스텔
Bunc@Radius Backpacker Hostel
코코떼 Cocote
로우즈 Rouse
선게이로드 도둑시장
Sungei Road
Thieves Market
압둘가푸르사원
Masjid Abdul
Gafoor
로코강 Rochor River
모슬렘묘지
Muslim Cemetery
Village Hotel
Albert Court
Parc Sovereign Hotel
Sim Lim Square
Queen Street Bus Terminal
Joo Ave
Sing Ave
Tessensohn Rd
Race Course Rd
Durham Rd
Truro Rd
Owen Rd
Dorset Rd
Gloucester Rd
Rangoon Rd
Petain Rd
Kitchener Link
Farrer Park Rd
Birch Rd
Serangoon Rd
Kitchener Rd
Northumberland Rd
Race Course Ln
Desker Rd
Syed Alwi Rd
Sam Leong Rd
Hampshire Rd
Rowell Rd
Baboo Lane
Hindoo Rd
Norris Rd
Belilios Rd
Kampong Kapor Road
Veerasamy Rd
Jalan Besar
Jalan Berseh
Cuff Rd
Kelantan Ln
Buffalo Rd
Upper Dickson Rd
Dunlop St
Upper Weld Rd
Dickson Rd
Bukit Timah Rd
Kelantan Rd
Pitt St
Rochor Canal Rd
Sungei Rd
Weld Rd
Victoria Ln
Niven Rd
Short St
Queen St
Ophir Rd
A
B
C
D
E
F
G
H
I

Section 07

리틀인디아에서 반드시 둘러봐야 할 명소

리틀인디아의 백미는 화려함과 이국적인 면모를 동시에 자랑하는 힌두사원이다. 사원 전체를 장식한 화려하고 선명한 색깔과 인도의 진한 향기, 기이하면서도 섬뜩한 조각상 등의 독특한 풍경이 보는 이를 순식간에 압도한다. 작은 골목에도 다양한 문화가 뒤섞여 독특한 개성을 풍기는 중국사원과 이슬람모스크 등이 보물처럼 숨어 있다.

힌두교의 모든 것을 볼 수 있는 화려한 사원

스리비라마칼리암만사원

Sri Veeramakaliamman Temple ★★★★★

리틀인디아의 랜드마크로 불리는 스리비라마칼리암만사원은 싱가포르의 역사 깊은 힌두사원이자 화려함을 자랑하는 사원이다. 힌두교 여신 중 가장 포악한 신으로 그려지는 칼리Kali를 모시는 사원으로, 1855년 인도이민자들이 새로운 땅에서의 안전과 마음의 평화를 기원하기 위해 지었다.

사원에 들어서면 네 개의 팔에 각기 다른 무기를 들고 있는 칼리신을 비롯해 다신교인 힌두교를 상징하는 독특한 석상들을 볼 수 있다. 힌두교의 종교의식과 의상, 진한 향기와 분위기는 색다른 종교문화를 잘 느끼게 해준다. 관광객도 많지만 실제 힌두교 신자가 많이 방문하는 사원으로, 진지한 모습으로 기도하는 사람들의 모습을 쉽게 볼 수 있다. 신발을 벗고 입장해야하며 전통 나팔을 들고 시간을 알리는 종교행사를 일정시간마다 진행한다.

주소 141 Serangoon Rd. **귀띔 한마디** 신도들을 위해 때때로 음식을 무료로 나눠주기도 하는데, 인도음식을 맛볼 수 있는 좋은 기회이다. **입장료** 무료입장 **운영시간** 04:30~21:30/연중무휴 **문의** (65)6295-4538 **찾아가기** MRT 리틀인디아(Little India)역에서 테카센터(Tekka Centre) 방향으로 나와 세랑군로드(Serangoon Rd.)를 따라 걸으면 왼편에 위치. 도보 5분 거리. **홈페이지** www.sriveeramakaliamman.com

한적하고 고요한 힌두사원

스리스리니바사 페루말사원

Sri Srinivasa Perumal Temple ★★★★☆

1850년대에 지은 힌두사원으로 유지의 신인 비슈누Vishnu를 모시는 곳이다. 그래서인지 자신의 부를 유지하고자 하는 힌두교 부유층이 많이 찾는 곳이라고 한다. 언제나 관광객과 신도들로 장사진을 이루는 스리비라마칼리암만사원과 달리 조용하고 한적해 잠시 숨을 돌리며 천천히 둘러보기에 좋다.

힌두사원 입구에 있는 탑 모양을 고푸람Gopuram이라고 부르는데, 20m에 이르는 스리스리니바사 페루말사원의 고푸람은 총 5개 층으로 이루어져 있으며 비슈누신을 상징하는 다양한 석상으로 채워져 있다. 다른 힌두사원에 비해 내부 역시 덜 화려한 편이지만, 지구에 있는 9개 행성을 표현한 천장의 그림들이 무척 아름답다. 스리스리니바사 페루말사원은 매년 1월 말~2월 초에 열리는 힌두교 행사인 타이푸삼Thaipusam 축제 퍼레이드의 출발점으로, 축제 동안에는 커다란 꼬챙이로 혀와 볼을 뚫고 화려한 새장으로 몸을 장식한 힌두교도의 독특한 의상과 종교의식을 볼 수 있다.

주소 397 Serangoon Rd. **운영시간** 06:30~12:00, 18:00~21:00/연중무휴 **입장료** 무료입장 **문의** (65)6298-5771 **찾아가기** MRT 파러파크(Farrer Park)역에서 세랑군로드(Serangoon Rd.) 방향으로 나와 길을 따라 걸으면 왼편에 위치. 도보 5분 거리.

화려한 용과 공자상이 있는 도교사원

룽산시사원 观音堂佛祖庙, Leong San See Temple ★★★☆☆

19세기에 지은 도교사원으로 '용의 산'이라는 이름처럼, 낮은 지붕 위에는 화려하게 춤추는 무시무시한 용들과 날개 달린 사람 등 환상적인 창조물들이 조각되어 있다. 단층이라 규모는 작지만 종교적인 열정과 작은 사원에서 뿜어내는 독특한 분위기가 인상적이다. 다른 사원처럼 초기 중국 이민자들이 삶의 안정과 평화를 기도하기 위해 지었다.

사원 안쪽에는 꽃과 불사조, 새 등으로 아름답게 장식된 틀 안에 부처상이 평화롭게 자리한다. 부처상 옆에는 공자상이 있는데, 많은 중국인이 자녀들을 데려와 아이의 지성과 효심을 기도하는 곳으로 유명하다. 사원 뒤쪽에 있는 사당은 선조들을 모시는 곳으로 이곳이 처음 문을 열었을 때부터 사원 관리에 힘썼던 신도들의 이름이 적혀 있다.

주소 371 Race Course Rd. **입장료** 무료입장 **운영시간** 07:30~17:00/연중무휴 **문의** (65)6337-3965 **찾아가기** MRT 파러파크(Farrer Park)역에서 레이스코스로드(Race Course Rd.) 방향으로 나와 걸으면 왼편에 위치.

거대한 와불상이 있는 태국식 불교사원

사캬무니부다가야사원

释迦牟尼菩提迦耶寺, Sakya Muni Buddha Gaya Temple ★★★☆☆

1927년 태국인 승려 부티사라Vutthisara가 세운 사원으로 싱가포르에 있는 다른 불교사원과 달리 태국 느낌이 강하다. 사원 안으로 들어가면 아담한 외관과 달리 거대한 와불상이 길게 뻗은 복도 안쪽에 웅장하게 자리하고 있다. 가까이에서 보면 와불상 위에 부처의 생애를 담은 벽화와 부처의 여러 가지 모습이 섬세하게 그려져 있다. 와불상은 수많은 작은 전구로 둘러싸여 있는데 밤이 되면 조명이 켜져 더욱 화려하게 빛난다. 사캬무니부다가야 대신 천등사원이라고 불리는 것도 그 때문이다. 매년 석가탄신일에는 헌금을 모아 나뭇잎 모양의 금을 만들어 작은 부처상 위에 입히기도 하는데 와불상 전체가 황금빛으로 번쩍거리는 장관을 연출한다.

주소 366 Race Course Rd. 입장료 무료입장 운영시간 08:00~16:45/연중무휴 문의 (65)6294-0714 찾아가기 MRT 파러파크(Farrer Park)역에서 레이스코스로드(Race Course Rd.) 방향으로 나와 걸으면 오른편에 위치. 롱산시사원 건너편.

화려한 중동을 닮은 모스크

압둘가푸르사원 Masjid Abdul Gafoor ★★★☆☆

독특한 이슬람사원인 압둘가푸르사원이 있는 거리는, 오래전 인도상인들과 파러파크Farrer Park 경주로에서 일하던 사람들의 경제활동이 활발히 이루어졌던 캄퐁카포르Kampong Kapor지역이다. 압둘가푸르사원은 1910년에 지은 이슬람사원으로, 규모가 크지 않고 후미진 곳에 있지만 독특한 건축양식으로 유명하다. 처음 건물을 보는 순간 어떤 사원인지 쉽게 파악하기 어려울 만큼 이국적이다.

정문에 있는 해시계는 이슬람의 유일무이한 해시계로 아름다운 아랍어와 함께 25개의 가오리 장식으로 이루어져 있다. 건물 첨탑마다 달린 별과 달 조각, 모스크를 밝게 빛내는 원색의 외관을 보고 있으면 마치 화려한 중동에 온 것 같은 착각이 든다. 정문에 들어서면 마당 한가운데서부터 신발을 벗는 경계선이 그어져 있다. 사원 내부에는 모슬렘 예언자들의 계보를 표시한 흥미로운 가계도가 있다.

주소 4001 Beach Rd. 입장료 무료입장 운영시간 09:00~21:00/연중무휴 문의 (65)6297-2774 찾아가기 MRT 리틀인디아(Little India)역에서 세랑군로드(Serangoon Rd.)를 따라 걷다가 오른쪽에 있는 던롭스트리트(Dunlop St.)로 꺾어 길을 따라 7분 정도 걸으면 길 끝 오른편에 위치.

Section 08

리틀인디아에서 먹어봐야 할 것들

리틀인디아는 인도음식과 모슬렘을 위한 할랄Hala요리, 베지테리언요리를 한자리에서 맛볼 수 있는 장소이다. 수십 년 동안 최고의 인도음식을 만들어온 전통 레스토랑과 리틀인디아의 호커센터 등에서 이국적인 인도음식에 도전해보자.

가위로 잘라 만드는 독특한 커리의 맛

시저컷커리라이스

美芝律剪刀剪咖喱饭, Scissor-Cut Curry Rice ★★★★★ 추천

허름한 건물에 가위가 그려진 독특한 간판이 눈에 띄는 이곳은 중국 남부식 커리를 전문으로 한다. 80년 동안 3대에 걸쳐 운영하고 있는 시저컷커리라이스의 대표메뉴 컷커리라이스는 싱가포르 식민지 시대부터 지금까지 한결같은 맛으로 사랑받고 있는 요리이다. 싱가포르 사람들이 '가장 불쾌하게 생긴 가장 맛있는 음식'이라고 부를 정도로, 컷커리라이스는 여러 재료를 아무렇게나 넣고 소스만 뿌린 것 같은 엉성한 모습 때문에 보기에는 전혀 맛있어 보이지 않는다. 하지만 한 숟가락을 입에 넣는 순간 놀라운 반전이 기다린다.

컷커리라이스는 쫀득쫀득한 찰밥 위에 납작하게 튀긴 돼지고기와 삶은 양배추, 계란 등을 한입 크기에 맞게 가위로 썩둑 썩둑 잘라 얹고 그 위에 독특한 풍미의 하이난식 커리소스를 뿌린 것이다. 커리와 함께 들어가는 20여 가지 재료로 만든 소스의 레시피는 지난 80년 동안 어디에도 공개되지 않았다고 한다. 식사시간에는 언제나 예외 없이 긴 줄이 늘어서는데, 80년을 이어온 레스토랑의 노련한 서빙 실력 덕분에 그리 오래 기다리지는 않는다.

주소 229 Jalan Besar **추천메뉴** 기본 커리 S$5~, 삶은 돼지고기(Braised Pork) S$1, 바삭한 돼지고기(Crispi Pork Chop) S$1, 볶은 양배추(Fried Cabbage) S$0.6, 새우롤(Prawn Roll) S$0.6, 계란(Fried Egg) S$0.6 **영업시간** 11:00~03:30/연중무휴 **문의** (65)9826-1464 **찾아가기** MRT 파러파크(Farrer Park)역에서 나와 키치너로드(Kichener Rd.)를 따라 걸으면 잘란비자르(Jln. Beasr)와 만나는 모퉁이 왼편에 위치.

다양한 인도음식을 한번에 맛볼 수 있는
테카센터푸드센터 Tekka Centre Food Centre ★★★★☆

리틀인디아를 대표하는 호커센터로 남인도, 북인도음식을 비롯한 다양한 베지테리언요리와 말레이요리 등이 주를 이룬다. 덕분에 호커센터에 들어가는 순간 특유의 향신료 냄새와 노릇하게 익는 난Naan, 프라타Prata 등 인도식 빵의 고소한 냄새로 가득하다.

테카센터푸드센터의 대표적인 요리는 인도식 볶음밥 치킨브리야니Chicken Biryani이다. 그중에서도 사마즈테카덤브리야니Samad's Tekka Dum Biryani는 수북이 쌓인 볶음밥 위에 바싹 구운 치킨이 얹어 나오는데, 새콤달콤한 커리소스에 찍어 먹으면 간이 제대로 맞는다. 인도사람들의 아침식사나 간식으로 유명한 파라타Parata 역시 인기메뉴 중 하나이다. 입구에 바로 보이는 알라맘로얄프라타Ar Rahmam Royal Prata에서는 갈릭프라타, 초콜릿프라타, 스트로베리프라타, 오믈릿프라타 등 다양한 종류의 프라타를 맛볼 수 있는데, 적당히 느끼하고 고소하여 더위로 지친 몸을 에너지로 채워준다.

주소 697 North Bridge Rd. **추천메뉴** 치킨브리야니(Chicken Biryani) S$4, 인도식 빵 프라타(Parata) S$3~ **귀띔 한마디** 호커센터 중간중간에 세면대가 있으니, 마음껏 손으로 먹은 뒤 깨끗이 씻자. **영업시간** 08:00~23:00/연중무휴 **문의** (65)6298-6320 **찾아가기** MRT 리틀인디아(Little India)역에서 테카센터(Tekka Centre)와 바로 연결되어 있다.

인도 정통 채식요리
코말라빌라스 Komala Villas ★★★★☆

인도 전통 베지테리언요리를 맛볼 수 있는 레스토랑이다. 인도에서 이민 온 사장이 1947년 오픈한 이래 꾸준히 인도음식을 만들어온 곳이다. 남부 및 북부 인도음식을 두루 맛볼 수 있어 더욱 좋다. 바나나 잎 위에 밥과 몇 가지 반찬이 나오는 라이스메뉴를 비롯해 인도식 볶음밥 브리야니, 탄두리치킨요리, 밀가루 빵 차파티Chapatti, 쌀과 검은콩 반죽을 구운 남인도요리인 도사이Dosai 등을 기본으로 한다.

특히 다양한 종류의 도사이를 맛볼 수 있는데, 종류에 따라 고깔이나 둥그런 뻥튀기처럼 재밌는 모양으로 나와 눈도 즐겁다. 기름에 튀기지 않아 담백한 도사이는 시큼한 요거트와 망고 향이 어우러진 망고라씨Mango Lassi나 인도식 커피와 함께 먹으면 더욱 좋다.

주소 12/14 Buffalo Rd. **추천메뉴** 도사이(Dosai) S$3~, 차파티(Chapatti) S$2~, 망고라씨(Mango Lassi) S$2~ **영업시간** 08:00~02:00/연중무휴 **문의** (65)6294-1697 **찾아가기** MRT 리틀인디아(Little India)역에서 세랑군로드(Serangoon Rd.)로 나와 왼쪽의 버팔로로드(Buffalo Rd.)로 진입해 조금만 걸으면 오른편에 위치. **홈페이지** komalavilas.com.sg

할랄음식을 먹을 수 있는 카페

로우즈 Rouse ★★★☆☆

리틀인디아의 중심에서 조금 떨어진 던롭스트리트Dunlop St. 끝에 위치한 로우즈는 리틀인디아에서 보기 드문 독특한 느낌의 카페이다. 철물점이었던 오래된 건물 1층에 자리하고 있어 자세히 보지 않으면 지나치기 쉽다. 하지만 일단 문을 열고 들어가면 그대로 드러나 있는 콘크리트 벽과 믹스매치한 빈티지가구, 해진 밧줄에 묶어 놓은 전구 등 세련된 인테리어가 돋보이는 곳이다.

로우즈의 메뉴는 모두 이슬람 율법에 따라 만든 할랄Halal음식이다. 덕분에 히잡을 쓰고 온 모슬렘 여성들이 자주 눈에 띈다. 이곳의 메인메뉴인 구운 소고기로 만든 오픈페이스드 로스트비프샌드위치Open-faced Roast Beef Sandwich와 두툼한 게살로 만든 크래비패티Crabby Patty는 건강한 맛이 그대로 느껴져 가장 인기가 많다. 언제나 공들여 내리는 더치콜로니 커피나 싱가포르 차브랜드인 1872클리퍼 티와 함께 마시면 더할 나위 없다.

주소 36 Dunlop St. **추천메뉴** 오픈페이스드 로스트비프샌드위치(Open-faced Roast Beef Sandwich) S$15.9, 크래비패티(Crabby Patty) S$18~, 더치콜로니(Dutch Colony)커피 S$5.5~ **영업시간** 11:00~21:00(월~목요일), 11:00~23:00(금~토요일), 10:00~19:00(일요일)/연중무휴 **문의** (65)6292-2642 **찾아가기** MRT 리틀인디아(Little India)역에서 세랑군로드(Serangoon Rd.)를 따라 걷다가 오른쪽에 있는 던롭스트리트(Dunlop St.)로 들어서서 길을 따라 7분 정도 걸으면 길 끝 오른편에 위치. **홈페이지** www.facebook.com/rouseondunlop

달콤한 인도 전통디저트

가네산빌라스 Ganesan Vilas ★★★☆☆

리틀인디아아케이드 안에 있는 인도 전통디저트숍이다. 형형색색의 작고 귀여운 모양의 디저트가 진열되어 있어 바라보기만 해도 기분이 즐거워진다. 인도 디저트는 대부분 설탕이 다량 함유되어 있어 단 것을 좋아하지 않는 사람에게는 다소 부담스러울 수 있지만 한두 개 정도는 모자란 혈당을 채우기에 더없이 좋다.

대표적인 인기메뉴로는 콩 반죽에 버터를 듬뿍 넣어 작은 공처럼 만든 지볼Ghee Ball, 코코넛과 밀가루반죽에 설탕을 넣어 만든 라두Ladoo, 고체우유와 밀가루반죽으로 동그랗게 빵을 만든 후 설탕시럽에 푹 담갔다 뺀 굴랍자문Gulab Jamun 등이 있다. 테이블은 따로 없으며 테이크아웃만 가능하다.

주소 48 Serangoon Rd. #01-08 **추천메뉴** 지볼(Ghee Ball) S$1, 라두(Ladoo) S$1, 굴랍자문(Gulab Jamun) S$1 **영업시간** 09:00~22:00 **문의** (65)6297-5457 **찾아가기** MRT 리틀인디아(Little India)역에서 세랑군로드(Serangoon Rd.) 방향으로 나오면 테카센터(Tekka Centre) 바로 맞은편 리틀인디아아케이드 안에 위치.

최고의 차파티를 맛볼 수 있는 곳

아즈미 Azmi ★★★★★ 추천

최고의 차파티를 먹을 수 있는 레스토랑이다. 인도 모슬렘 할아버지가 마른 솥뚜껑 위에 척척 구워내는 담백한 차파티는 기름 0%인데도 씹으면 씹을수록 달고 고소한 맛이 난다. 여기에 키마Kheema라는 다진 돼지고기커리소스와 양고기커리소스를 찍어 먹는데, 강한 향신료 향과 매운맛이 동시에 느껴진다. 외국인을 배려해 가벼운 포크를 주긴 하지만 손으로 힘차게 찢은 후에 원하는 만큼 소스에 푹 담가 먹는 것이 더 맛있게 즐길 수 있는 방법이다. 음료는 맞은편 가게에서 사 먹으면 되는데 시원한 맥주나 인도 전통음료인 라씨Lassi와 가장 잘 어울린다. 차파티와 함께 제공되는 양파피클과 라임은 무료이다.

주소 168 Serangoon Rd. 추천메뉴 차파티 S$0.8, 양고기커리소스(Mutton Kheema) S$3.2~, 치킨커리소스 S$4 영업시간 08:00~20:00/연중무휴 문의 (65)6398-1318 찾아가기 MRT 리틀인디아(Little India)역에서 나와 세랑군로드(Serangoon Rd.)를 따라 조금만 걸으면 오른쪽 노리스로드(Norris Rd.)와 만나는 모퉁이에 위치.

캐주얼한 프렌치다이닝

코코떼 Cocote ★★★★☆

원더러스트호텔 1층에 입점해 있으며 오픈 직후부터 싱가포르 미식가들이 드나들던 곳으로, 맛과 가격 모두 훌륭하다는 평가가 지배적이다. 코코떼의 큰 장점 중 하나는 언제나 격식을 차려야 할 것 같은 다른 프렌치레스토랑과 달리, 캐주얼한 인테리어 덕분에 부담 없이 드나들 수 있다는 점이다.

음식 역시 인테리어를 닮아 창의적이고 자유롭다. 정통 프랑스요리에 셰프 안토니의 아이디어가 가득 담긴 창의적인 요리가 무궁무진하다. 또한 샌드위치나 샐러드 등이 다양해 가벼운 식사를 하기에도 좋다. 특히 평일 점심코스는 S$28로 3가지 코스의 프랑스요리를 맛볼 수 있다. 애피타이저, 메인요리, 디저트로 구성된 점심코스는 코스마다 5개의 요리 중에서 고를 수 있어 여럿이 가면 다양한 종류의 프랑스요리를 맛볼 수 있다.

주소 2 Dickson Rd. 추천메뉴 홍합수프(Mussels) S$18, 소고기 토시살 스테이크(Pan Seared Steak Onglet) S$32, 대구구이(Whole Roasted Seabass) S$48 영업시간 12:00~14:30, 18:00~22:00(월, 수~금요일), 12:00~22:00(토~일)/매주 화요일 휴무 문의 (65)6298-1188 찾아가기 MRT 리틀인디아(Little India)역에서 세랑군로드(Serangoon Rd.)를 따라 걷다가 오른쪽의 어퍼딕슨로드(Upper Dickson Rd.)로 진입, 길을 따라 딕슨로드(Dickson Rd.) 끝까지 가면 왼쪽 원더러스트(Wonderlust)호텔 1층에 위치. 홈페이지 restaurantcocotte.com

Section 09

리틀인디아에서 즐기는 쇼핑

리틀인디아에는 인도의 오랜 전통과 특유의 문화를 느낄 수 있는 쇼핑플레이스가 다양하다. 싱가포르에 거주하는 인도사람들의 생활과 가장 밀접한 테카센터, 인도의 전통문화를 오롯이 느낄 수 있는 리틀인디아아케이드 그리고 거대한 규모의 무스타파센터 등에서 인도의 진한 색을 느껴보자.

24시간 잠들지 않는 거대한 규모의 쇼핑센터

무스타파센터 Mustafa Centre ★★★★★ 추천

리틀인디아를 대표하는 최고의 쇼핑플레이스이다. 일 년 365일 24시간 내내 문을 열어 새벽에도 쇼핑을 즐길 수 있다. 현대적이고 세련된 여타 쇼핑몰과는 분위기가 사뭇 다르지만, 물건 종류가 많고 규모가 큰 일명 '없는 것이 없는' 마켓이다. 1층에는 카메라, 휴대전화 등의 전자제품을 비롯해 시계, 화장품, 의약품, 향수 등을 갖추고 있다. 2층에는 가방과 의류, 생활용품 그리고 각종 식료품을, 지하에는 신발과 의류, 가전제품, 장난감 등을 갖추고 있다.

무스타파센터는 싱가포르의 필수 기념품으로 손꼽히는 제품이 모두 있어 한국으로 돌아가기 전 기념품 쇼핑을 한번에 해결할 수 있다. 히말라야Himalaya크림, 호랑이크림, 옥스AXE오일 등의 뷰티제품과 의약품, 각종 차, 야쿤잼, 부엉이커피Owl Coffee, 향신료와 가공식품 등 다양한 기념품을 판매하다. 몇 가지 향수는 면세점과 비교해도 훨씬 저렴하다. 1층에는 비자발급 서비스와 버스, 항공표, 여행상품 등을 판매하는 에이전시가 많다. 관광객은 물론 현지인까지 많이 찾아 언제나 북적이므로 편하게 쇼핑하고 싶다면 주말은 가능한 피하는 편이 좋다.

주소 145 Syed Alwi Rd. **영업시간** 24시간 오픈/연중무휴 **문의** (65)6295-5855 **찾아가기** MRT 파러파크(Farrer Park)역에서 나와 세랑군로드(Serangoon Rd.)를 따라 걷다가 왼쪽에 있는 세랑군플라자(Serangoon Plaza) 건물이 있는 골목으로 들어가면 왼편에 위치. **홈페이지** www.mustafa.com.sg

수공예품과 소소한 물건을 파는 시장

리틀인디아아케이드 Little India Arcade ★★★☆☆

1920년대 스타일의 숍하우스 건물에 작은 인도를 담아 놓은 리틀인디아 속의 또 다른 인도이다. 세랑군로드를 따라 상점이 길게 늘어서 있는 건물 안에는 인도 여성의 전통 의상인 사리와 저렴한 전자제품, 금으로 만든 인도 특유의 화려한 주얼리 등을 파는 숍들이 입점해있다. 건물 안쪽에는 이국적인 무늬와 색으로 치장한 인도 수공예품과 저렴한 신발, 옷 등을 파는 가게를 비롯해 네일케어와 헤어, 마사지, 헤나타투 등을 받을 수 있는 뷰티살롱, 인도 전통디저트 가게가 있어 많은 관광객이 찾는다. 꼭 물건을 사지 않더라도 길을 따라 걸으며 구경만 해도 흥미롭고 즐겁다. 다양한 인도음식을 맛볼 수 있는 인기 레스토랑인 바나나리프아폴로Banana Leaf Apolo 2호점도 아케이드 내에 있다.

주소 48 Serangoon Rd. **영업시간** 09:00~22:00/연중무휴 **문의** (65)6295-5998 **찾아가기** MRT 리틀인디아(Little India)역에서 세랑군로드(Serangoon Rd.) 방향으로 나오면 테카센터(Tekka Centre) 맞은편에 위치.

인도사람들의 생활밀착형 쇼핑센터

테카센터 Tekka Centre ★★★☆☆

리틀인디아역과 곧바로 이어져 있는 테카센터는 재래시장, 푸드센터, 쇼핑몰을 겸하고 있는 복합쇼핑센터이다. 이곳에는 중국인, 인도인, 말레이인 등 다양한 인종이 뒤섞여 있어 싱가포르의 다문화적인 특색을 느낄 수 있다.

테카센터는 의류와 철물, 공구, 생활용품 등 일상생활에 필요한 물건을 파는 숍이 대부분이며, 근처 사원에 가기 전에 들르는 종교용품점이나 수선을 전문으로 하는 양복점도 여럿 있다. 1층 재래시장에서는 인도에서 수입해 온 채소와 과일, 스리랑카산 해산물 등 싱싱한 식재료를 판매하는데 주로 이른 아침부터 문을 연다. 1층에 자리한 호커센터에는 남인도, 북인도요리를 비롯해 중국요리와 말레이요리까지 다양한 모슬렘음식을 판매한다.

주소 665 Buffalo Rd. **영업시간** 06:30~21:00/연중무휴 **찾아가기** MRT 리틀인디아(Little India)역과 바로 이어져 있다.

독특한 벼룩시장

선게이로드도둑시장

Sungei Road Thieves Market ★★★★★ 추천

1930년부터 시작된 아주 오래된 벼룩시장이다. 도둑시장이라는 이름이 붙은 이유는 이전에 이곳이 주로 장물을 팔던 곳이었기 때문이었다. 당시에는 우스갯소리로 '물건이 없어지면 도둑시장에서 찾을 수 있다'는 말을 할 정도였다고 한다. 물론 지금은 합법적이고 공정한 물건만 판매한다.

아랍스트리트와 리틀인디아 사이에 위치한 이곳은 북적거리는 두 지역 사이에 마치 비밀스러운 아지트처럼 숨어 있다. 헌 옷과 신발, 낡은 오디오와 비디오테이프, 헌책, 이제는 찾아볼 수 없는 동전과 화폐, 오래된 카메라와 휴대전화까지, 팔고 있는 상품의 종류는 무궁무진하다. 운이 좋으면 마음에 드는 물건을 찾을 수 있지만 그렇지 못해도 상관없다. 인공적인 쇼핑몰에서 벗어나 싱가포르의 민낯을 발견할 수 있는 기분 좋은 시간이 될 것이다. 야외에 있는 벼룩시장이므로 해가 뜨거운 시간을 피해 오후 4~5시쯤에 가는 것이 좋다.

주소 Sungei Rd. 영업시간 11:00~19:00/연중무휴 찾아가기 MRT 부기스(Bugis)역 A출구로 나와 부기스빌리지 방향으로 로코르로드(Rochor Rd.)를 따라 직진, 잘란브사르(Jalan Besar)를 만나면 오른쪽으로 진입하여 로코르강(Rochor River)을 건너면 왼편에 시장이 보인다.

Special 08

숨은 카페 거리, 라벤더스트리트&랑군로드 (Lavender Street&Rangoon Road)

최근 몇 년 사이 싱가포르에 커피 바람이 불었다. 오차드로드나 마리나베이 같은 중심지역이 아닌 리틀 인디아 근처의 조용한 골목에도 작은 카페가 하나씩 문을 열기 시작해, 입소문을 타고 사람들이 몰려들기 시작했다. 그중 하나는 라벤더스트리트Lavender St.지역으로, 얼마 전까지만 해도 공업용기계를 파는 상점이 모여 있는 거리였다. 문을 닫은 기계상점 자리에 카페가 하나둘 들어오기 시작하면서 자연스럽게 카페 거리가 조성되었다. 커다란 스타디움이 있는 것을 빼면 특별할 것 없는 동네지만, 평범한 거리 곳곳에 숨어있는 유서 깊은 건물과 독특한 카페를 찾는 재미가 있다.

MRT 파러파크Farrer Park역에서 가까운 랑군로드Rangoon Rd. 역시 새로운 카페 거리이다. 오래된 식당과 사무실 등이 드문드문 있는 평범한 동네였던 이곳에도 몇 년 전부터 커피숍과 레스토랑, 디저트카페 등 감각적이고 개성 있는 독립 숍이 들어오면서 새로운 카페문화의 격전지로 떠올랐다. 복잡한 관광지에서 벗어나 싱가포르의 커피문화를 느껴보고 싶다면 커피 향을 따라 라벤더스트리트와 랑군로드를 천천히 거닐어보자.

찾아가기 ① 라벤더스트리트 : MRT 라벤더(Lavender)역 B출구로 나와 혼로드(Horne Rd.)를 따라 올라가면 다양한 카페를 만날 수 있다. ② 랑군로드 : MRT 파러파크(Farrer Park)역 B출구로 나오면 테센손로드(Tessensohn Rd.) 맞은편에 랑군로드가 보인다.

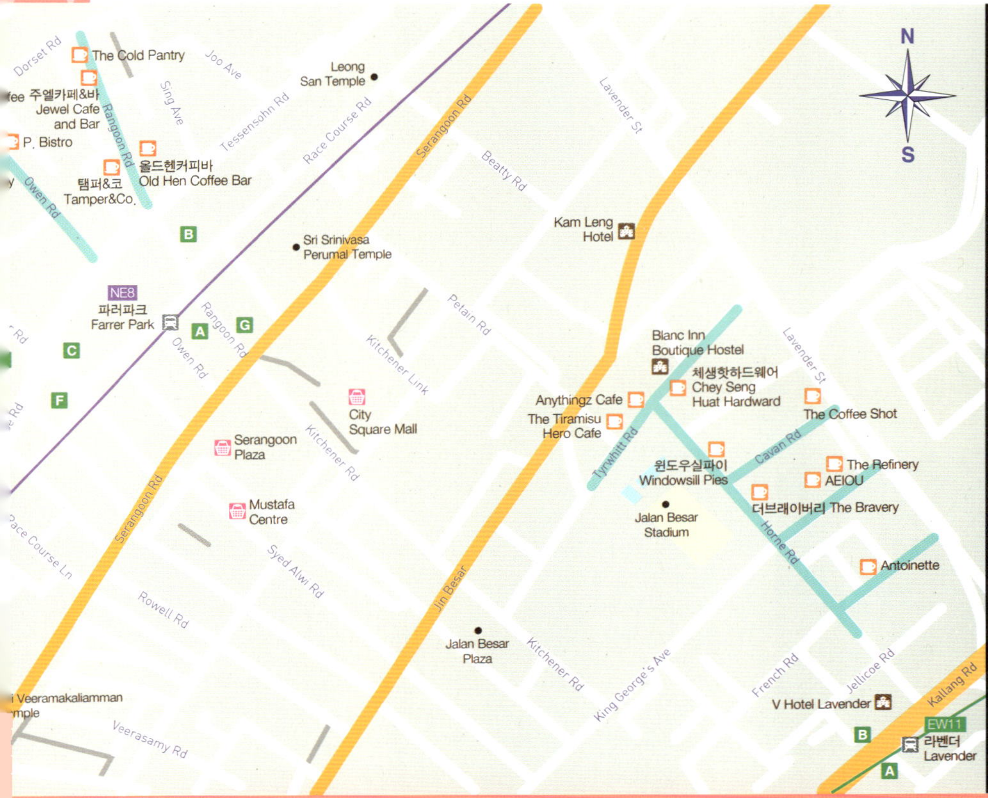

Lavender Street&Rangoon Road 라벤더스트리트&랑군로드

공업용기계 상점이 핫한 카페로,

체생핫하드웨어(Chey Seng Huat Hardware)

싱가포르의 커피문화를 주도한 파파팔레타Papa Palheta컴퍼니가 만든 커피숍이다. 공업용기계를 팔던 가게의 이름과 외관을 그대로 살린 덕분에 밖에서 보면 카페인 줄 모르고 그냥 지나치기 쉽다. 하지만 육중한 철문을 열고 들어서는 순간 감각적인 인테리어가 눈길을 사로잡는다.

이곳은 원두 공수는 물론 직접 로스팅까지 해서 싱가포르 전역과 말레이시아에 원두를 공급하는 싱가포르 커피 1세대이다. 1층은 바와 테이블로 꾸민 커피숍으로 직접 로스팅한 원두도 판매한다. 살라미샌드위치, 햄오믈렛 등 간단한 스낵과 빵도 맛볼 수 있다. 2층은 제너럴컴퍼니에서 운영하는 디자인숍으로 로컬디자이너들이 직접 만든 지갑, 가방 등 다양한 소품을 판매한다.

주소 150 Tywhitt Rd. **영업시간** 09:00~19:00(화~금요일), 09:00~22:00(토~일요일)/매주 월요일 휴무 **가격** 에스프레소 S$4, 차가운 핸드드립 더치커피 콜드브루드(Cold Brewed) S$6, BLT샌드위치(BLT Sandwich) S$11 **문의** (65)6396-0609 **홈페이지** www.cshhcoffee.com **문의** (65)8200-7100

자유로운 분위기가 매력적인

더브래이버리(The Bravery)

카페라는 간판조차 없는 허름한 건물에 있는 더브래이버리는 현지인보다 여행자가 많이 모이는 카페이다. 과연 카페가 맞는지 의심스러운 마음으로 문을 열고 들어서면, 정중앙에 놓인 말 한 마리와 함께 노출된 콘크리트 벽, 허름한 테이블과 의자 등 자유롭게 꾸며진 공간이 낯선 손님을 반갑게 맞이한다. 더브래이버리의 대표메뉴인 따뜻한 라벤더라테Lavender Latte를 비롯해 에스프레소, 아이스라테 등 간단한 커피메뉴를 즐길 수 있다. 또한 간단한 빵 외에도 토스트, 샌드위치와 케이크 등 간식거리도 알차게 갖추고 있다.

주소 66 Horne Rd. **운영시간** 09:00~19:00(월~금요일), 08:00~20:00(토~일요일)/매주 화요일 휴무 **가격** 커피 S$3.5~, 토스트 S$6~, 샌드위치 S$14 **문의** (65)6225-4387 **홈페이지** thebravery.com.sg/#home

맛있는 파이 천국

윈도우실파이(Windowsill Pies)

카페 이름이 말해주듯 다양한 영국식 파이를 전문으로 하는 카페이다. 라벤더스트리트에 있는 시크한 분위기의 여타 커피숍과는 다른 아기자기함이 오히려 눈에 띈다. 나무를 콘셉트로 하여, 그릇을 비롯해 내부 진열까지 모두 나무를 사용해 안락한 느낌이다. 윈도우실파이의 나무문을 열고 들어서면 기다란 진열장을 채운 형형색색의 파이가 눈과 코를 사로잡는다. 바나나, 레몬, 초콜릿마시멜로, 라임, 애플, 호박 등 10개 이상의 홈메이드파이를 선보인다. 커피는 대부분 S$6 이상으로 저렴한 편은 아니지만, 정성스럽게 만든 파이만큼은 기대 이상의 맛을 자랑한다.

주소 78 Horne Rd. **영업시간** 11:00~21:30(화~목요일), 11:00~22:30(금요일), 10:00~22:30(토요일), 10:00~21:30(일요일)/매주 월요일 휴무 **가격** 파이 S$7~, 커피 S$6~ **문의** (65)9004-7827 **홈페이지** windowsillpies.sg

랑군로드의 모던한 커피전문점

주얼카페&바(Jewel cafe and Bar)

랑군로드에서 가장 눈에 띄는 2층 건물의 모던한 카페이다. 메탈 느낌의 천장과 하얀 벽돌의 인테리어가 깔끔하고 시원하다. 롱블랙커피를 비롯해 드립커피 등 다양한 종류의 커피를 선보이며, 상그리아와 다양한 칵테일 등의 바메뉴도 낮부터 저녁까지 즐길 수 있다. 커피만 전문으로 하는 다른 카페와 달리 끼니를 해결할 만한 메뉴가 꽤 많은 편이다. 버거와 홈메이드 그래놀라, 요거트, 말린 사과 등을 촘촘히 그릇 위에 정리해 놓은 브런치메뉴도 맛볼 수 있다.

주소 129 Rangoon Rd. **영업시간** 09:00~22:00(화~목요일), 09:00~00:00(금~토요일), 09:00~22:00(일요일)/매주 월요일 휴무 **가격** 커피 S$5.50~, 상그리아 S$16~, 버거 S$18~ **문의** (65)6298-9216 **홈페이지** www.facebook.com/JewelCafeAndBar

풍성한 브런치메뉴와 맛있는 커피

탬퍼&코(Tamper&co.)

랑군로드에서 전통 스타일의 코피와 모던한 커피를 모두 선보이며 입지를 다졌던 '라카페'가 2015년 봄, 새로운 콘셉트로 다시 문을 열었다. 다양한 커피메뉴에 맛있는 베이커리와 풍성한 브런치메뉴를 추가했다. 에그베네딕트, 파스타, 토스트 등 간단하게 허기를 채울 수 있는 메뉴가 많으며, 티라미수 등의 케이크와 와플 등 디저트도 다양하다. 갈색 유리병에 담아주는 콜드브루클래식Cold Brew Classic커피는 어떤 메뉴와도 잘 어울린다.

주소 88 Rangoon Rd. **영업시간** 10:00~22:00(월-목요일, 일요일), 10:00~00:00(금~토요일)/연중무휴 **가격** 에그베네딕트 S$18, 콜드브루클래식 S$6.50 **문의** (65)6341-7525 **홈페이지** www.facebook.com/tamperandco

작고 심플한 동네 카페

올드헨커피바(OLD HEN COFFEE BAR)

최근 랑군로드에 문을 연 신생 커피숍으로 기본적인 커피메뉴에 집중한다. 카푸치노, 라테, 플랫화이트 그리고 더운 날 먹으면 그만인 핸드드립 콜드브루Cold Brew까지. 빵메뉴는 인기 있는 베이커리 크레메코우쳐베이커리Kreme Couture Bakery 제품으로, 그중에서도 레드벨벳케이크는 오후가 되기 전에 동난다. 메뉴나 인테리어가 특별하진 않지만 부담 없는 분위기로, 커피와 함께 새로 나온 잡지를 뒤적이며 시간을 보내기 좋아 관광객보다는 근처의 현지인이 많이 찾는다.

주소 88 Rangoon Rd. **영업시간** 12:00~22:00(월~금요일), 10:00~22:00(토~일요일)/매주 화요일 휴무 **가격** 커피 S$4~, 케이크 S$6~, 와플 S$9~ **문의** (65)6341-5458 **홈페이지** oldhencoffee.com

Part
04

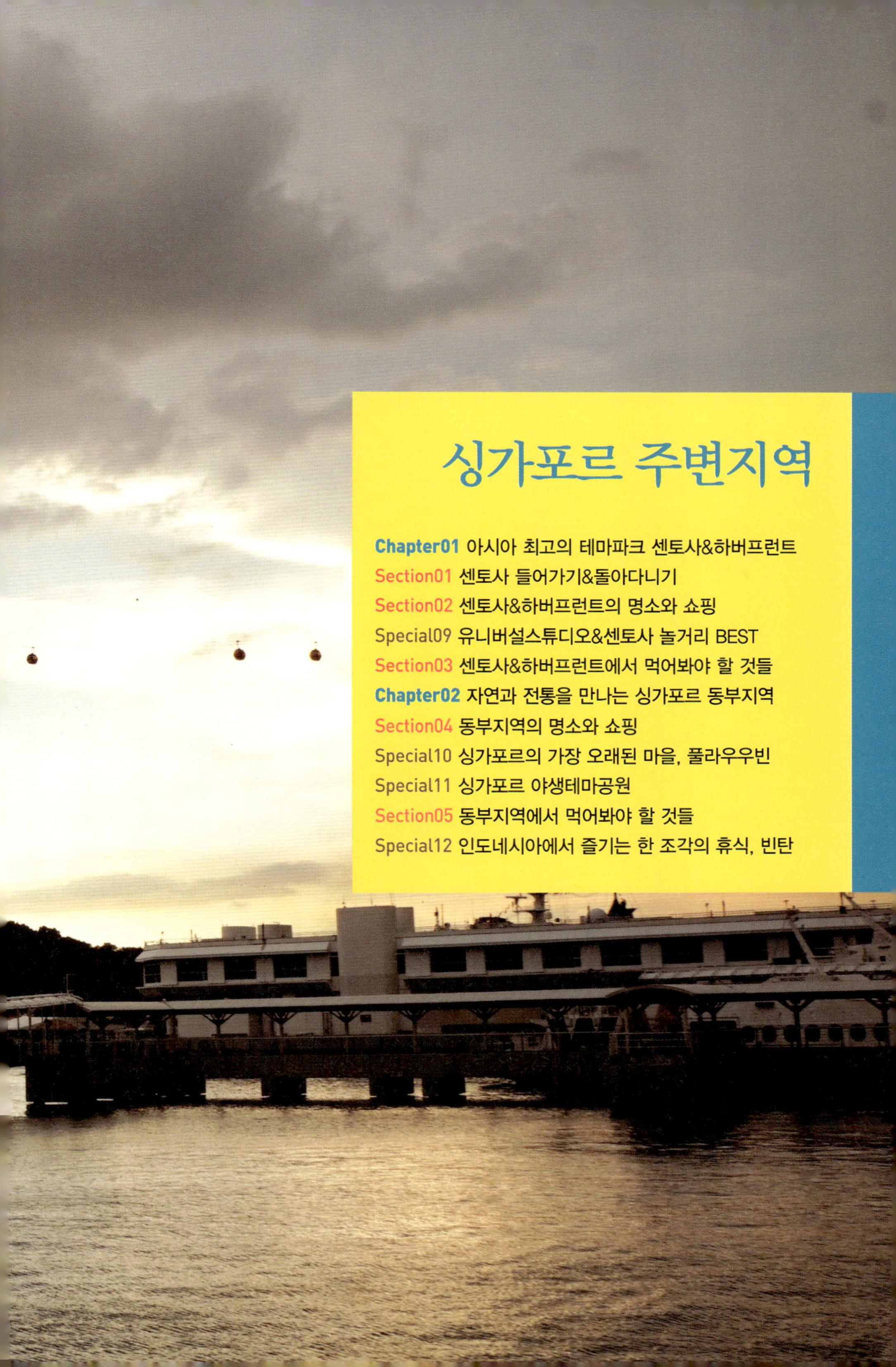

싱가포르 주변지역

Chapter01 아시아 최고의 테마파크 센토사&하버프런트
Section01 센토사 들어가기&돌아다니기
Section02 센토사&하버프런트의 명소와 쇼핑
Special09 유니버설스튜디오&센토사 놀거리 BEST
Section03 센토사&하버프런트에서 먹어봐야 할 것들
Chapter02 자연과 전통을 만나는 싱가포르 동부지역
Section04 동부지역의 명소와 쇼핑
Special10 싱가포르의 가장 오래된 마을, 풀라우우빈
Special11 싱가포르 야생테마공원
Section05 동부지역에서 먹어봐야 할 것들
Special12 인도네시아에서 즐기는 한 조각의 휴식, 빈탄

Chapter 01

아시아 최고의 테마파크 센토사& 하버프런트

Sentosa&Hbourfront

(카메라) ★★★★★
(식당) ★★★★☆
(쇼핑) ★★★☆☆

싱가포르 남쪽 끝에서 800m 떨어진 곳에 위치한 작은 섬 센토사는 싱가폴의 관광과 인공물 발명 능력을 집대성한 곳이다. 싱가포르정부는 1970년대까지 영국군의 군사기지였던 땅을 테마파크로 바꾼다는 기획을 실행에 옮겼고 1972년 인공해변과 리조트, 자연테마공원과 박물관 등을 갖춘 놀이공원을 선보였다. 이후 여러 번의 리노베이션을 거치고 새로운 놀이기구들을 더해, 지금은 거대한 해양테마파크와 유니버설스튜디오 등이 들어선 아시아 최고의 테마파크로 입지를 다지고 있다. 종일 즐겨도 모자랄 신나고 재밌는 시설이 쌓여 있어 여행일정에 따라 하루 정도를 할애하거나 센토사 내에서 숙박하는 것도 좋다.

하버프런트와 마운트페이버는 바다를 가운데 두고 거대한 테마파크 센토사와 마주하고 있다. 하버프런트에는 주말나들이 장소로 인기 있는 쇼핑몰 비보시티와 센토사로 가기 위한 케이블카와 모노레일정류장이 있다. 바다를 바라보며 멋진 능선을 그리고 있는 마운트페이버에는 전망대와 레스토랑, 이국적인 산책로가 펼쳐져 있으니 센토사에서 신나는 하루를 보낸 후 이곳에서 낭만적인 저녁을 즐기자.

센토사&하버프런트를 이어주는 교통편

MRT 하버프런트Harbour Front역은 센토사로 들어가는 모든 교통편의 요충지이자 마운트페이버피크 등 근처 지역으로 가기 위한 중심점이 되는 곳이다. 그만큼 출입구가 많고 복잡하지만 이정표가 잘 정리되어 있어 가고자 하는 곳을 쉽게 찾을 수 있다. 센토사 내에서는 섬 구석구석을 연결하는 센토사익스프레스와 비치트램, 버스를 무료로 이용할 수 있다. 센토사 이외에 마운트페이버피크, 핸더슨웨이브 등 교통편이 조금 불편한 지역은 하버프런트에서 택시를 타면 5~10분 안에 도착하므로 도보나 버스를 이용해 괜한 에너지를 낭비하는 것보다는 택시를 타는 편이 좋다.

센토사&하버프런트에서 이것만은 꼭 해보자

1. 비보시티의 핫한 레스토랑에서 든든히 배 채우기
2. 마리나베이만큼 아름다운 야경을 선보이는 마운트페이버피크에서 근사한 저녁시간 보내기
3. 센토사에서 한나절 혹은 온종일 신나게 놀아보기
4. 싱가포르의 남쪽 바다를 따라 늘어선 사우던리지 트레일코스를 걸으며 아름다운 자연 즐기기

사진으로 미리 살펴보는 센토사&하버프런트 베스트코스

센토사는 하루가 모자랄 만큼 다양한 놀거리와 탈거리로 가득하다. 취향에 맞는 놀거리와 탈거리를 골라 마음껏 즐겨보고 저녁에는 멋진 쇼와 야경을 즐길 수 있는 코스로 마무리하자.

1 신나는 놀이기구와 멋진 야경(예상 소요시간 7시간 이상)

Go!

하버프런트(비보시티)
30분 코스

→ 10분

유니버설스튜디오
4시간 코스

→ 10분

멀라이언상
20분 코스

→ 7분

루지&스카이라이드
1시간 코스

→ 5분

실로소비치
30분 코스

→ 5분

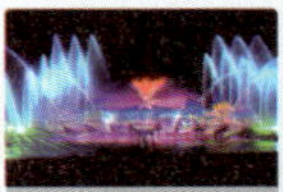
윙스오브타임
20분 코스

→ 10분

마운트페이버
1시간 이상 코스

2 바다와 함께하는 액티브한 하루(예상 소요시간 8시간 이상)

Go!

하버프런트(비보시티)
30분 코스

→ 10분

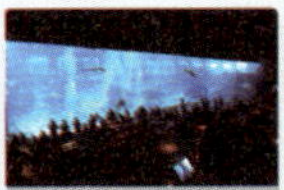
SEA 아쿠아리움
2시간 코스

→ 10분

말레이시안 푸드스트리트
1시간 코스

→ 10분

메가집 어드벤처파크
2시간 코스

→ 10분

웨이브하우스
1시간 코스

→ 15분

탄종비치클럽
1시간 코스

→

크레인댄스
30분 코스

Sentosa 센토사
N
S
센토사코브 Sentosa Cove
Brani Island
Tanjong Golf Course
Allanbrooke Rd
Serapong Golf Club
탄종비치클럽 Tanjong Beach Club
탄종비치 Tanjong Beach
Tanjong Beach Walk
탄종비치 Tanjong Beach
Gateway Ave
센토사 스테이션 Sentosa Station
Sentosa Gateway
카펠라싱가포르 Capella Singapore
하버프론트 워크 Harbourfront Walk
말레이시안푸드스트리트 Malaysian Food Street
유니버설스튜디오 Universal Studio
Artillery Ave
워터프런트 Waterfront Station
크레인댄스 Crane Dance
Amara Sanctuary Resort Sentosa
팔라완비치 Palawan Beach
리조트 월드 센토사 Resort World Sentosa
조엘로부숑레스토랑 Joël Robuchon Restaurant
Southernmost Point of Continental Asia
Port of Lost Wonder
S.E.A.아쿠아리움 S.E.A. Aquarium
임비아 Imbia Staion
카지노 Casino
모벤픽헤리티지호텔센토사 Movenpick Heritage Hotel Sentosa
센토사멀라이언 Sentosa Melion
돌핀아일랜드 Dolphin island
하드록호텔 Hard Rock Hotel
고그린세그웨이 에코어드벤처 Gogreen Segway Eco Adventure
센토사 Sentosa Station
멀라이언 Merlion Station
비치 Beach Staion
비치 Beach Station
Tiger Sky Tower
어드벤처코브워터파크 Adventure Cove Waterpark
Butterfly Park& Insect Kingdom
이미지오브 싱가포르 Image of Singapore Live
테이스트오브아시아 Taste of Asia
윙스오브타임 Wings of Time
하버프론트 스테이션 Harbourfront Station
플래임&샌드바 Flame & Sand Bar
아이플라이싱가포르 iFly Singapore
코스티즈 Coastes
임비아룩아웃 Imbia Lookout Station
메가집어드벤처파크 MegaZip Adventure Park
아주라비치클럽 Azzurra Beach Club
루지&스카이라이드 Luge&Skyride
맘보비치클럽 Mambo Beach Club
웨이브하우스 Wave House
실로소비치 Siloso Beach
실로소포인트 Siloso Point Station
Underwater World
실로소포인트 Siloso Point
트라피자 Trapizza
샹그리라라사 센토사리조트&스파 Shangri-La's Rasa Sentosa Resort&Spa
Fort Siloso
비치트램
케이블카
센토사익스프레스

센토사 들어가기&돌아다니기

센토사로 들어가는 방법과, 섬 안을 돌아다니는 방법은 무척 다양하다. 케이블카, 모노레일, 비치트램 등 재미있는 이동수단이 많아 놀이기구를 타듯 즐거운 마음으로 이동할 수 있다. 요금과 이동시간, 출발 장소 등을 고려해 다양한 교통수단을 효율적으로 이용해보자.

센토사로 들어가기

센토사로 이동할 교통수단은 케이블카, 센토사익스프레스(모노레일), 택시 등으로 다양하다. 센토사익스프레스는 가장 저렴한 가격으로 가장 빠르게 센토사로 이동할 수 있으며, 케이블카는 가격은 조금 비싸지만 아찔하면서도 낭만적인 기분을 마음껏 느낄 수 있다. 매주 금~일요일, 공휴일 18:00~21:00에는 센토사익스프레스 비치스테이션Beach Station에서 MRT 하버프런트역까지 셔틀버스가 무료로 운행한다.

케이블카(Cable Car)

센토사로 들어가는 가장 드라마틱한 방법이다. 싱가포르의 넓은 바다와 리조트월드 센토사, 유니버설스튜디오가 발밑으로 펼쳐져 짜릿함을 느끼며 아름다운 경치를 둘러볼 수 있다. 마운트페이버에서 센토사섬을 잇는 마운트페이버라인Mount Faber Line(마운트페이버스테이션Mount Faber Station – 하버프런트스테이션HarbourFront Station – 센토사스테이션Sentosa Station)을 타면 되는데, 하버프런트스테이션은 MRT 하버프런트역과 연결되어 있으며 B출구 하버프런트 타워2의 15층에서 찾을 수 있다.

또한 최근 새로 개설한 센토사라인Sentosa Line으로 센토사섬 내를 이동할 수 있다. 마운트페이버라인의 센토사스테이션에서 센토사라인의 임비아룩아웃스테이션까지는 도보 5분 거리로, 센토사 내에서 케이블카를 타고 이동할 예정이라면 센토사스테이션에서 내려서 갈아타야 한다.

운행시간 08:45~22:00(마지막 탑승 21:30) 가격 마운트페이버라인+센토사라인 스카이패스(왕복) 어른 S$29, 어린이 S$18(3~12세), 센토사라인 싱글패스(편도) 어른 S$13, 어린이 S$8/각 티켓에 S$10를 추가하면 케이블카를 종일 무제한으로 이용할 수 있으며 케이블카와 관련된 비공개 장소들을 소개하는 백오브하우스(Back of House) 투어를 받을 수 있다. 케이블카 티켓카운터 ① 마운트페이버의 페이버피크 건물 ② 하버프런트 타워2 15층 ③ 센토사섬 임비아룩아웃 기프트숍 바로 옆 홈페이지 www.singaporecablecar.com.sg

센토사익스프레스(Sentosa Express)

센토사로 들어가는 가장 빠르고 쉬운 방법이다. 센토사익스프레스는 MRT 하버프런트역에서 나와 비보시티 쇼핑몰 3층에서 탈 수 있다. 이지링크카드를 사용하거나 센토사익스프레스 탑승장에서 S$4에 티켓을 구입하여 탑승할 수 있다. 센토사스테이션, 워터프런트스테이션, 임비아스테이션, 비치스테이션까지 총 4개의 역으로 이루어져 있다. 일단 티켓을 사서 센토사에 들어가면 섬 내에서는 센토사익스프레스를 몇 번이고 무료로 이용할 수 있다.

운행시간 07:00~24:00 가격 S$4

센토사보드워크(Sentosa Boardwalk)

센토사와 하버프런트의 거리는 800m 정도로, 걸어서도 갈 수 있다. MRT 하버프런트역에서 내려 비보시티 워터프런트 프로메네이드와 연결된 센토사보드워크Sentosa Boardwalk를 따라 산책하는 기분으로 걸으면 20분 정도 걸린다. 해가 뜨거운 한낮보다는 초저녁이나 이른 아침에 경치를 구경하며 걷는 것도 좋다.

운행시간 24시간 가격 무료(2015년 12월 31일까지)

택시(Taxi)

짐이 많다면 복잡한 트램보다는 택시를 이용하는 편이 좋을 수 있다. 단, 차량입장료를 따로 지불해야 한다. 주중, 주말 그리고 시간대에 따라 S$2~6까지 가격이 조금씩 다른데, 평일 17:00~06:59에는 무료로 입장할 수 있다. 센토사에 있는 호텔에서 묵을 경우 호텔 바우처를 보여주면 차량입장료가 무료이다.

센토사 돌아다니기

센토사 내에서 이용할 수 있는 교통수단은 크게 4가지로 센토사익스프레스, 비치트램, 센토사버스, 케이블카가 있으며 케이블카를 제외하면 무료로 마음껏 이용할 수 있다.

센토사익스프레스(Sentosa Express)

비보시티 쇼핑몰 3층에 있는 센토사역과 센토사섬을 연결하는 모노레일이다. 센토사스테이션Sentosa Station – 워터프런트스테이션Waterfront Station – 임비아스테이션Imbia Station – 비치스테이션Beach Station의 노선으로, 센토사의 주요한 지역을 잇고 있어 이동하기 좋다.

운행시간 07:00~24:00/5분마다 운행

비치트램(Beach Trams)

이름처럼 동서로 길게 뻗은 해변 곳곳을 운행한다. 목적지에 따라 비치스테이션에서 실로소비치 방향으로 가는 트램과 탄종비치 방향으로 가는 트램을 구별해서 타야 한다.

운행시간 09:00~22:30(일~금요일), 09:00~24:00(토요일)/10분마다 운행

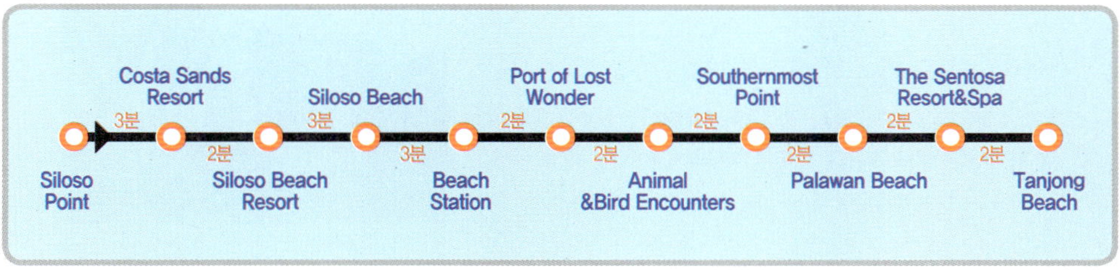

센토사버스(Sentosa Bus)

BUS1, BUS2, BUS3의 3개 노선이 있으며 트램이나 센토사익스프레스(모노레일)로 갈 수 없는 센토사의 구석구석을 모두 연결하고 있어 유용하다.

운행시간 BUS1 07:00~22:30(일~금요일), 07:00~24:00(토요일)/10~15분마다 운행 BUS2 09:00~22:30(매일)/15~20분마다 운행 BUS3 08:00~22:30(매일)/35분마다 운행

케이블카(Cable Car)

새로 생긴 센토사라인을 이용해 센토사 섬을 이동할 수 있다. 멀라이언스테이션Merlion Station, 임비아룩아웃스테이션Imbia lookout Station, 실로소포인트스테이션Siloso Point Station의 3개 역이 있으며, 케이블카를 타고 들어오지 않았더라도 임비아룩 티켓카운터에서 싱글라이드 티켓을 구입해 센토사라인만 따로 이용할 수 있다.

운행시간 08:45~22:00(마지막 탑승 21:30) 가격 센토사라인 싱글패스(편도) 어른 S$13, 어린이 S$8/티켓에 S$10를 추가하면 케이블카를 종일 무제한 이용.

Section 02

센토사&하버프런트의 명소와 쇼핑

센토사는 온종일 돌아다녀도 다 둘러보지 못할 만큼 많은 볼거리로 가득 차 있다. 크게 다양한 액티비티를 즐길 수 있는 해변과 신나는 놀이기구로 가득한 유니버설스튜디오, 바다를 테마로 하는 거대한 해양테마파크로 나눌 수 있다. 한나절에서 하루 정도만 센토사에 있을 예정이라면 센토사의 놀거리를 꼼꼼히 살펴본 후 가보고 싶은 곳들을 미리 정해 놓아야 효율적인 동선과 일정을 짤 수 있다. 센토사 맞은편에는 싱가포르의 남쪽 바다를 따라 크고 작은 언덕이 길고 푸른 공원을 이루고 있다. 이곳에서는 시끌벅적한 센토사와는 반대로 조용하고 평화로운 숲 속에서 센토사를 배경으로 하는 멋진 풍광을 음미하며 산책을 하거나 언덕 위의 레스토랑에서 호젓한 시간을 보낼 수 있다.

센토사의 해변 3곳, 실로소비치&팔라완비치&탄종비치

Siloso Beach&Palawan Beach&Tanjong Beach ★★★★☆

3.2km에 걸쳐 펼쳐져 있는 넓은 해변으로 실로소비치Siloso Beach, 팔라완비치Palawan Beach, 탄종비치Tanjong Beach의 3개 구역으로 나뉘어 있다. 가장 많은 사람이 찾는 실로소비치는 해변을 따라 다양한 레스토랑과 바가 자리하고 있다. 모래 위에서 발리볼을 하거나 인공파도에 몸을 맡기고 해수욕을 즐길 수 있으며 카야킹, 사이클링, 롤러블레이딩 등 여러 가지 액티비티를 즐길 수 있다. 주말 밤에는 해변 주변의 바와 클럽에서 신나는 파티가 열려 뜨거운 밤을 보낼 수 있다.

팔라완비치는 아이들과 가족단위의 여행객을 위해 최적화된 장소이다. 아시아 최남단 바다를 볼 수 있는 전망대로 이어지는 아찔한 그물다리와 어린이들을 위한 작은 워터파크인 포트오브로스트원더Port of Lost Wonder, 스낵바와 쇼핑숍 등이 해변을 둘러싸고 있다. 주말과 공휴일에는 팔라완비치 내에서 어린이들을 위한 다양한 행사가 열린다.

탄종비치는 센토사 가장 깊숙한 곳에 자리하고 있어 대체로 조용하고 한적하다. 별다른 시설물은 없지만 오히려 조용하게 책을 읽거나 선탠을 하며 여유로운 시간을 보내고 싶다면 탄종비치가 가장 적합하다.

가격 무료입장 찾아가기 센토사익스프레스(Sentosa Express)를 타고 비치스테이션(Beach Station)에서 하차 후 도보 혹은 비치스테이션에서 비치트램(Beach Tram)으로 갈아탄 후 실로소비치/팔라완비치/탄종비치역에서 하차.

삼색 매력의 센토사 비치클럽

1. 탄종비치클럽(Tanjong Beach Club)

감각적인 인테리어, 기분 좋은 라운지 음악, 아담한 실내풀장 그리고 고요한 바다가 눈앞에 펼쳐져 있는 최고의 비치 클럽이다. 이른 시간부터 문을 여는데 런치, 디너, 주말 브런치까지 다양한 식사메뉴가 있어 낮에는 한가롭게 바다를 보며 식사를 즐기거나 클럽 안에 있는 실내 풀에 발을 담그는 여유로운 시간을 보내기에 좋다. 탄종비치클럽은 밤이 되면 음악이 바뀌면서 화려한 바 분위기로 변신하다. 밤바다와 별빛을 배경으로 야외 파라솔에 앉아 맥주나 칵테일을 즐길 수 있다. 금요일이나 주말 밤에는 여러 가지 파티가 열리기도 하는데, 일반 입장객을 받지 않는 경우도 있으니 홈페이지를 통해 미리 알아보고 가는 것이 좋다.

주소 120 Tanjong Beach Walk **영업시간** 11:00~23:00(화~금요일), 10:00~24:00(토~일요일)/매주 월요일 휴무 **문의** (65)9750-5323 **찾아가기** 센토사익스프레스(Sentosa Express)를 타고 비치스테이션(Beach Station)에서 하차 후 도보 혹은 비치스테이션에서 비치트램(Beach Tram)으로 갈아탄 후 탄종비치역에서 하차. **홈페이지** www.tanjongbeachclub.com

2. 아주라비치클럽(Azzurra Beach Club)

센토사에서 가장 활기찬 해변인 실로소비치 중심에 있는 아주라비치클럽은 낮과 밤 상관없이 신나는 음악과 상기된 표정의 사람들로 늘 활기가 넘친다. 식사를 즐길 수 있는 실내 공간이 있지만, 해가 지면 대부분 선베드가 여기저기 깔린 야외에 나와 칵테일이나 맥주를 홀짝이며 시원한 밤을 즐긴다. 또한 야외에는 자쿠지와 풀장이 있어 물속에 몸을 담그고 눈앞에 펼쳐진 시원한 바다와 항구를 바라볼 수 있다. 특히 밤에는 실내 클럽인 더하렘(The Harem)에서 세계적으로 유명한 DJ가 선사하는 신나는 음악에 맞춰 뜨거운 파티가 열린다.

주소 46 Siloso Beach Walk **영업시간** 10:00~22:00(월~목요일), 10:00~02:00(금~일요일)/연중무휴 **문의** (65)6270-8003 **찾아가기** 센토사익스프레스(Sentosa Express)를 타고 비치스테이션(Beach Station)에서 하차 후 도보 혹은 비치스테이션에서 비치트램(Beach Tram)으로 갈아탄 후 실로소비치역에서 하차. **홈페이지** www.facebook.com/AzzuraLifestyle

3. 맘보비치클럽(Mambo Beach Club)

아주라비치클럽과 함께 실로소비치에 자리한 오래된 비치클럽 중 하나이다. 1950년대 캐리비언해변을 콘셉트로 하며 다른 비치클럽에 비해 차분하고 조용한 분위기라 낮 시간에는 가족들이 함께 즐기기에도 좋다. 야외에는 널찍한 선베드로 둘러싸인 실내풀장이 있어 해수욕 대신 이곳에서 여유롭게 수영을 즐길 수 있다. 특히 그릴요리와 바비큐요리가 유명해 저녁에는 시원한 맥주와 함께 든든한 한 끼를 먹을 수 있다.

주소 40 Siloso Beach Walk **영업시간** 11:00~22:00(월~목요일), 10:00~02:00(금~일요일)/연중무휴 **문의** (65)6276-6270 **찾아가기** 센토사익스프레스(Sentosa Express)를 타고 비치스테이션(Beach Station)에서 하차 후 도보 혹은 비치스테이션에서 비치트램(Beach Tram)으로 갈아탄 후 실로소비치역에서 하차. **홈페이지** www.facebook.com/mambosg

파도 위에서 즐기는 인공서핑
웨이브하우스 Wave House ★★★★☆

신나게 파도를 타는 서핑을 해보고 싶은 사람이라면 주저 없이 가야 할 곳. 웨이브하우스는 인공서핑을 즐길 수 있는 최고의 라이딩 시설을 갖추고 있다. 초보자들을 위한 플로우라이더Flowrider와 실력자들을 위한 플로우배럴Flowbarrel의 2가지 종류가 있다. 1시간 단위로 이용할 수 있으며, 초보자의 경우 강사의 코치를 받으며 서핑을 즐길 수 있다.

생각보다 쉽지 않아 물을 먹거나 넘어지기가 일쑤이지만 서핑을 즐기는 사람들과 함께 어울려 웃고 즐기다보면 한 시간이 모자라게 느껴질 만큼 즐거운 시간을 보낼 수 있다. 웨이브하우스 내에서는 레스토랑과 바를 함께 운영하고 있어, 저녁이 되면 서핑을 즐기는 사람들을 구경하며 음식과 술을 즐기려는 사람들로 언제나 북적거린다. 주말에는 사람이 많아 기다려야하는 경우가 많으니 예약을 해두는 편이 좋다.

주소 36 Siloso Beach Walk 영업시간 플로우라이더 10:30~22:00, 플로우배럴 11:00~22:00/연중무휴 가격 플로우라이더 S$35/1시간(평일), S$40/1시간(주말), 플로우배럴 S$30/30분(매일) 문의 (65)6377-3113 찾아가기 센토사익스프레스(Sentosa Express)를 타고 비치스테이션(Beach Station)에서 하차 후 도보 혹은 비치스테이션에서 비치트램(Beach Tram)으로 갈아탄 후 실로소비치(Siloso Beach)역에서 하차. 홈페이지 www.wavehousesentosa.com

요트가 떠 있는 마을
센토사코브 Sentosa Cove ★★★☆☆

센토사섬 가장 안쪽에 자리한 센토사코브는 고급 주택단지가 모여 있는 곳이다. 식민지 시절 영국군이 주둔했던 곳으로, 싱가포르정부가 1970년대부터 세계 각국의 부호들을 끌어들이기 위해 최고급 휴양지를 조성했다. 한 채에 200억 원이 넘는 초호화 주택과 수십억 달러에 이르는 요트, 외제차가 곳곳에 가득하다.

특별한 볼거리가 있는 곳은 아니지만 해 질 무렵 요트가 정박된 항구를 한가로이 산책하거나 길을 따라 늘어서 있는 레스토랑에서 항구를 바라보며 여유롭게 식사를 즐길 수 있다. 특히 이곳에는 W호텔이 자리하고 있어 센토사에서 종일 신나는 시간을 보낸 후 다음 날은 센토사코브와 W호텔에서 느긋한 시간을 보내는 것도 좋다.

주소 1 Cove Ave. #02-05 찾아가기 센토사익스프레스(Sentosa Express)를 타고 비치스테이션(Beach Station)에서 하차 후 센토사버스 3번을 타고 센토사코브빌리지(Sentosa Cove Village)역에서 하차. 홈페이지 www.sentosacove.com

싱가포르에서 가장 큰 멀라이언상

센토사멀라이언 Sentosa Merlion ★★★☆☆

사자 머리에 물고기 꼬리를 가진 멀라이언상은 싱가포르가 작은 어촌 마을에서 시작된 곳이라는 사실을 상징하는 전설 속 상상의 동물이다. 싱가포르의 'Singa'는 산스크리트어로 사자를 뜻하는데 싱가포르에 처음 도착했던 왕자가 발견한 동물이 사자를 닮았다는 데서 기원했다. 멀라이언상은 마리나베이에서도 볼 수 있는데 센토사의 멀라이언상은 37m 높이로, 마리나베이의 멀라이언상 보다 무려 5배가 큰 거대한 규모를 자랑한다.

전설 속에서 오랫동안 싱가포르 사람들의 안위를 지켜준 수호신 멀라이언은 늠름하고 웅장하다. 멀라이언상 안으로 들어가 사자의 머리에 해당하는 부분까지 올라가면 사자의 벌어진 입을 통해 센토사의 전경이 한눈에 내려다보인다. 카페와 기념품을 판매하는 상점이 있어 잠시 쉬어가기에 좋다.

운영시간 10:00~20:00(마지막 입장 19:30) 가격 성인 S$12, 어린이(3~12세) 및 60세 이상 S$9 문의 (65)1800-736-8672 찾아가기 센토사익스프레스(Sentosa Express)를 타고 임비아스테이션(Imbia Station)에서 하차. 홈페이지 merlion.sentosa.com.sg

짜릿한 놀이기구로 가득한

어드벤처코브워터파크 Adventure Cove Waterpark ★★★☆☆

리조트월드 센토사 내에 있는 워터파크로 종일 놀아도 지루하지 않을 놀이기구가 알차게 들어서 있다. 동남아 최초 수력자기장을 이용한 롤러코스터를 비롯한 다양한 종류의 워터슬라이드, 튜브를 타고 열대정글과 희귀한 물고기들이 사는 작은 동굴 등을 여행하는 어드벤처리버Adventure River, 최대 2.2m 높이의 인공파도가 15분 간격으로 작동하는 블루워터베이Bluewater Bay, 컴컴한 통로를 따라 급류를 타며 수영장으로 진격하는 파이프라인플런지Pipeline Plunge 등 짜릿한 놀이기구를 마음껏 즐길 수 있다.

주소 8 Sentosa Gateway 영업시간 10:00~18:00/연중무휴 가격 원데이패스(One Day Pass) 성인 S$36, 어린이(4~12세) 및 60세 이상 S$26 문의 (65)6577-8888 찾아가기 센토사익스프레스(Sentosa Express)를 타고 워터프런트스테이션(Waterfront Station)에서 하차. 홈페이지 www.rwsentosa.com

이 세상 모든 바다를 담은

S.E.A.아쿠아리움 S.E.A. Aquarium ★★★☆☆

수중 세계의 신비로움과 아름다움을 만끽할 수 있는 거대한 아쿠아리움이다. 아시아 해양생물에 관한 흥미로운 이야기를 담고 있는 해양체험박물관Marine Experiential Museum을 비롯해, 세계 각지의 바다, 호수, 강 등 49개 서식지에 사는 800여 종의 다양한 해양생물 약 10여 만 마리를 보유하고 있는 초대형 수족관이 있다.

10개의 테마존으로 나뉘어있는데 인도네시아의 카리마타와 자바해Strait Karimata and Java Sea, 믈라카해협과 안다만해Strait of Melaka and Andaman Sea, 벵골만과 라카디브해Bay of Bengal and Laccadive Sea 등 서식지의 특색에 따라 각기 다른 분위기와 이야기로 꾸며져 있어 무척 흥미롭다. 특히 오픈오션Open Ocean 구역에 있는 수족관은 극장 스크린 2배에 가까운 크기로, 압도적인 바다 풍경을 선사한다.

주소 8 Sentosa Gateway 영업시간 10:00~19:00/연중무휴 가격 원데이패스(One Day Pass) 성인 S$32, 어린이(4~12세) 및 60세 이상 S$22 문의 (65)6338-1766 찾아가기 센토사익스프레스(Sentosa Express)를 타고 워터프런트스테이션(Waterfront Station)에서 하차. 홈페이지 www.rwsentosa.com

돌고래와 함께하는 다양한 체험

돌핀아일랜드 Dolphin Island ★★★☆☆

평소 봐오던 평범한 돌고래쇼 수준을 생각한다면 오산이다. 돌핀아일랜드는 차원이 다른 돌고래 체험프로그램을 선보인다. 5명으로 제한되는 소규모로 진행되며 돌고래와 직접 몸으로 교감할 수 있다. 수영 실력 여부에 따라 돌핀옵저버, 돌핀디스커버리, 돌핀어드벤처 등 각기 다른 내용의 체험프로그램으로 나뉜다.

물속에 들어갈 용기를 냈다면 돌고래를 만져보고 악수나 포옹을 해볼 수 있고, 수영을 잘하는 사람이라면 돌고래와 수영할 수 있는 멋진 경험도 할 수 있다. 가격은 비싼 편이지만 동물을 좋아하는 사람에게는 후회 없는 좋은 추억이 될 것이다.

주소 8 Sentosa Gateway 영업시간 10:00~19:00/연중무휴 가격 돌핀오브저버 성인 S$58, 어린이 S$48/돌핀디스커버리 성인 S$98, 어린이 S$88 문의 (65)6338-1766 찾아가기 센토사익스프레스(Sentosa Express)를 타고 워터프런트스테이션(Waterfront Station)에서 하차. 홈페이지 www.rwsentosa.com

놀이공원 같은 역사박물관
이미지오브싱가포르 Image of Singapore Live ★★★☆☆

작은 어촌이었던 200년 전부터 현재에 이르기까지 변화무쌍한 싱가포르 역사를 보여주는 갤러리 겸 박물관이다. 섬 전체가 놀이공원인 센토사에 자리하고 있는 만큼 그렇고 그런 박물관과는 차원이 다르니 괜한 선입견은 버리는 편이 좋다. 3D영상, 실제 사람과 구별하기 힘든 생생한 밀랍인형, 실제 배우들이 꾸미는 공연 등 전시에 사용할 수 있는 흥미로운 방식이 총동원되어 있다.
특히 싱가포르의 역사 속 항구의 풍경부터 세계적인 레이싱대회인 F1 개최지까지의 역사를 보트를 타고 둘러보는 보트라이딩은 놀이기구를 즐기는 듯 흥미롭다. 역사 공부라기보다는 새로운 놀이공원에 들어왔다는 기분으로 즐기면 유익한 정보와 즐거운 시간을 동시에 얻게 될 것이다.

운영시간 10:00~19:30(월~금요일), 10:00~21:00(토~일요일, 공휴일) 가격 성인 S$15, 60세 이상 S$12, 어린이(3~12세) S$10 찾아가기 센토사익스프레스(Sentosa Express)를 타고 임비아스테이션(Imbia Station)에서 하차. 홈페이지 www.imagesofsingaporelive.com

크레인으로 꾸미는 독특한 쇼
크레인댄스 Crane Dance ★★★★★

할리우드를 대표하는 무대설계자 제리미레일튼의 설치작품으로, 한 쌍의 두루미가 춤추는 듯한 거대한 철골구조물이 펼치는 놀라운 쇼를 볼 수 있다. 사랑에 빠진 두 개의 크레인이 결국 아름다운 새로 변신한다는 독특한 스토리로 웅장한 음악과 화려한 조명, 분수쇼 그리고 하이라이트를 장식하는 불꽃쇼까지 첨단기술이 어우러져 지금까지 본 적 없던 흥미로운 장면을 연출해낸다. 밤 9시부터 10분간 진행되며 무료로 입장할 수 있다. 쇼가 열리는 날이 정해져 있으니 홈페이지를 통해 미리 확인하자.

운영시간 21:00 가격 무료입장 찾아가기 센토사익스프레스(Sentosa Express)를 타고 워터프런트스테이션(Waterfront Station)에서 하차. 홈페이지 www.rwsentosa.com

실로소비치에서 펼쳐지는 놀라운 멀티미디어쇼
윙스오브타임 Wings of Time ★★★☆☆

2007년 시작되어 큰 인기를 얻었던 송즈오브더시Songs of the Sea의 후속작으로, 실로소비치에서 펼쳐지는 환상적인 해상 멀티미디어쇼이다. 두 주인공 레이첼과 필릭스가 샤바즈라는 이름의 거대한 새와 함께 시공간을 뛰어넘는 여행을 펼치는 스토리로, 50m가 넘는 대형 LED스크린과 거대한 크기의 워터스크린을 이용해 놀라운 쇼를 펼친다.

송즈오브더시 공연 때부터 호평받던 화려한 분수와 레이저퍼포먼스도 여전히 볼 수 있으며 여기에 3D비디오 효과까지 더해져 더욱 풍성한 쇼로 업그레이드됐다. 춤과 노래, 시원한 물줄기와 화려한 레이저가 쉴 새 없이 무대를 수놓는 윙스오브타임은 30분 정도 진행되며 날씨에 따라 간혹 공연이 취소되기도 하니 미리 확인하자.

운영시간 19:40, 20:40, 21:40(토요일) **가격** S$18 **찾아가기** 센토사익스프레스(Sentosa Express)를 타고 비치스테이션(Beach Station)에서 하차. **홈페이지** www.wingsoftime.com.sg

영화 속 이야기로 가득한 놀이공원
유니버설스튜디오 Universal Studio ★★★★★

동남아시아에서 유일한 유니버설스튜디오 테마파크이다. 총 24개의 놀이기구 중 18개는 싱가포르에서만 제작되어 다른 나라에서 이미 유니버설스튜디오를 경험한 사람들이라도 새로운 즐거움을 느낄 수 있다.

영화와 관련된 7개 구역을 만날 수 있는데 할리우드Hollywood, 뉴욕New York, 사이파이시티Si-fi City, 고대 이집트Ancient City, 잃어버린 세계Lost World, 아주 먼 왕국Far Far Away, 마다가스카Madagascar 구역이 자연스럽게 연결되어 있다. 각 구역에는 영화 속 모습 그대로 재현해 놓은 건물과 영화를 주제로 한 놀이기구들이 있어 영화 속에 들어온 듯 흥미롭다.

주소 8 Sentosa Gateway **가격** 1일 자유이용권 원데이패스(One Day Pass) 성인(13~59세) S$74, 어린이(4~12세) S$54, 60세 이상 S$36/줄을 서지 않고 바로 탈 수 있는 유니버설익스프레스(Universal Express) S$30(놀이기구 1개 해당)/유니버설익스프레스 얼티메이티드(Universal Express Ultimated) S$50(모든 놀이기구 해당) **영업시간** 10:00~19:00(일~금요일), 10:00~20:00(토요일)/연중무휴 **문의** (65)6577-8888 **찾아가기** 센토사익스프레스(Sentosa Express)를 타고 워터프런트스테이션(Waterfront Station)에서 하차. **홈페이지** www.rwsentosa.com

센토사를 바라보는 아름다운 전망대

페이버피크 Faber Peak ★★★★★

마운트페이버는 싱가포르에서 두 번째로 높은 산으로 싱가포르 센토사섬을 마주 보고 있다. 산 정상인 페이버피크Faber Peak는 센토사로 이어지는 케이블카정류장이자 하버프런트와 센토사의 멋진 풍경을 가장 높은 곳에서 내려다볼 수 있는 전망대이기도 하다. 아름다운 풍광을 바라보며 식사를 즐길 수 있는 레스토랑과 바가 있어 데이트코스로도 인기가 좋다.

한국의 남산타워에 있는 자물쇠에서 착안해 마운트페이버피크에 온 것을 기념할 만한 작은 아이디어를 생각해냈는데, 바로 황금색의 작은 종이다. 밤이 되면 테라스 난간에 매달아 놓은 종들이 화려하게 빛을 내 무척 아름답다. 마운트페이버파크를 시작으로 싱가포르의 남쪽 해변을 따라 텔록블랑가힐파크Telok Blangah Hill Park, 호트파크HortPark, 켄트리지파크Kent Ridge Park, 라브라도르자연보호구역Labrador Nature Reserve이 거대한 남쪽 산마루를 이루고 있다. 이 4개의 공원은 모두 연결되어 있어 싱가포르 사람들은 조깅코스나 산책로로 이용한다.

주소 109 Mount Faber Rd. 입장료 무료 운영시간 09:00~23:30/연중무휴 문의 (65)6270-8855 찾아가기 MRT 하버프런트(Harbour Front)역에서 택시로 5~7분거리. 홈페이지 www.faberpeaksingapore.com

하버프런트와 센토사에서 즐기는 나이트라이프

세인트제임스 파워스테이션(Saint James Power Station)

1970년대까지 싱가포르의 석탄공장이었던 곳을 개조해 2006년 거대한 엔터테인먼트 허브로 새롭게 오픈했다. 각기 다른 음악 장르와 분위기를 갖춘 라이브바와 클럽 12개가 있다. R&B음악이 강세인 더보일러룸(The Boiler Room), 라틴음악이 주를 이루는 모비다(Movida), 중국팝음악을 들을 수 있는 드래곤플라이(Dragonfly)등이 있다. 가장 인기 있는 음악 40곡을 라이브연주로 듣고 싶다면 더기그(The Gig)로, 신나는 가라오케를 즐기고 싶다면 모노(Mono)로, 내일이 없을 것처럼 춤을 추고 싶다면 파워하우스(Power House)로 향하면 된다. 각 클럽은 장소와 시간대가 모두 다르므로 가기 전에 확인해야 한다. 세인트제임스 파워스테이션 1층 야외에는 재미난 푸드코트가 열린다. 라이브바와 클럽에서 신나는 에너지를 발산했다면 이곳에 들러 맛있는 로컬음식으로 배를 채운 후 다른 바나 클럽으로 이동하는 것도 좋다.

주소 3 Sentosa Gateway 영업시간 21:00~04:00(바에 따라 시간과 휴일 상이)/연중무휴 가격 각 라이브바에 따라 무료에서 S$20까지 상이 문의 (65)6270-7676 찾아가기 MRT 하버프런트(Habor Front)역에서 연결되는 비보시티 쇼핑몰 2층에서 이정표를 따라가면 링크브릿지로 연결. 홈페이지 www.facebook.com/StJamesPowerStationSG

주크아웃(ZOUKOUT)

주크아웃은 주크(Zouk)에서 주최하는 대규모 댄스 페스티벌이다. 2000년부터 매년 12월 센토사에서 열리는 페스티벌로, 15년 이상의 역사를 자랑한다. 다양한 민족의 싱가포르인은 물론 동남아, 유럽, 미주 등 전 세계 사람들이 모두 모여 늦은 밤부터 다음 날 아침까지 신나는 파티를 즐긴다. 클럽 마니아라면 세계적인 DJ들이 총출동해 최고의 음악을 선사하는 이 축제를 놓치지 말자. 당일 예매도 가능하지만 주크아웃을 제대로 경험하고 싶다면 안전하게 미리 표를 예매하도록 하자. 12월에 여행 계획을 세우고 있다면 아시아 최대 규모의 비치파티를 즐겨보자.

홈페이지 www.zoukout.com

현대미술갤러리 마을

길먼배락스 Gillman Barracks ★★★☆☆

영국군의 막사였던 지역을 정부에서 인수해 2012년 현대미술갤러리지역으로 변신시켰다. 총 17개의 크고 작은 국제갤러리를 비롯해 레스토랑과 카페, 현대미술센터가 입점해 있다. 영국군이 캠프로 사용했던 건물과 구조를 그대로 유지했으며, 군데군데 있는 오래된 식민지시대의 건물을 갤러리로 사용하고 있다.

필리핀 아티스트 알프레도&이자벨아킬리잔Alfredo and Isabel Aquilizan, 베트남 아티스트 히먼청Heman Chong, 일본 일러스트레이터 요시토모나라Yoshimoto Nara 등 아시아에서 활동하고 있는 현대미술작가들과 신인작가들의 작품을 만나볼 수 있다. 각 갤러리에서 상시로 진행하는 전시를 비롯해 싱가포르비엔날레, 아트스테이지싱가포르 등 예술 관련 행사들이 이곳에서 열린다. 조용하게 전시에 집중하고 싶다면 평일 낮에 가는 것을 추천한다.

주소 9 Lock Rd. 입장료 무료입장 운영시간 10:00~18:00(갤러리마다 상이)/매주 월요일과 공휴일 휴무 찾아가기 MRT 하버프런트(Harbour Front)역 또는 래브라도르파크(Labrador Park)역에서 택시로 3분. 홈페이지 gillmanbarracks.com

아름다운 일몰을 볼 수 있는 운치 있는 다리

핸더슨웨이브 Henderson Waves ★★★★☆

총 274m, 지상 36m에 설치된 이 다리는 싱가포르 다리 중 가장 높은 곳에 있다. 다리를 만든 사람의 이름과 그 모양을 따서 이름을 지었으며 동남아시아에서만 자라는 나무를 공수해 만들었다. 파도를 본떠 만든 곡선의 다리 위에는 철골로 만든 아치형 덮개가 있어 그 안에서 잠시 앉아 쉬거나 풍경을 바라볼 수 있다. 세계에서 가장 독특한 다리 10개 중 하나로 손꼽히는 핸더슨웨이브는 밤이 되어 조명이 들어오면 더욱 아름답다.

마운트페이버와 텔록블랑가힐파크를 잇는 역할을 하는 도보용 다리로, 공원에서 조깅이나 산책하는 사람들이 지나다닌다. 다리 모양 그대로도 아름답지만 일몰 시간에 다리에서 바라보는 석양이 무척 아름답다. 멀리 보이는 항구와 높은 빌딩 사이에 우거진 초목이 지는 태양에 붉게 물드는 모습은 싱가포르 그 어디에서 보는 풍경보다 아름답다. 주말에는 관광객뿐만 아니라 산책을 즐기는 가족과 커플이 많은 편이므로, 평일 저녁 6시쯤 찾으면 고요한 분위기에서 일몰을 오롯이 느낄 수 있다.

주소 60 Hill St. 입장료 무료입장 운영시간 07:00~19:00/연중무휴 찾아가기 MRT 텔록블랑가(Telok Blangah)역에서 나와 핸더슨로드(Henderson Rd.)를 따라 걸으면 정면에 위치. 도보로 15분 거리.

먹고, 사고, 즐기는 가족적인 쇼핑몰

비보시티 Vivo City ★★★★★

비보시티는 다양한 쇼핑숍, 레스토랑, 푸드코트 그리고 센토사로 연결되는 모노레일정류장까지 갖추고 있다. 현지인이 많이 찾는 쇼핑몰로, 주말에는 싱가포르의 다양한 일상을 한눈에 볼 수 있다. 패션, 잡화, 서적, 스포츠, 전자제품, 생활용품 등 모든 종류의 매장을 갖추고 있어, 매장 수와 규모는 싱가포르 내의 어떤 몰과 비교해도 뒤지지 않는다. 또 시즌마다 다양한 이벤트가 열려 몰의 중앙이 늘 시끌벅적하다. 비보시티는 하버프런트와 마주보는 산책로가 좋다. 특히 해 질 무렵 강을 따라 걸으면 멀리 보이는 센토사와 하늘 위로 움직이는 케이블카가 멋진 광경을 연출한다. 주말 오후에는 작은 벼룩시장이 열려 소소한 재미를 느낄 수 있다.

주소 1 Harbour Front Walk 영업시간 10:00~22:00(매장에 따라 상이)/연중무휴 문의 (65)6377-6870 찾아가기 MRT 하버프런트(Harbour Front)역과 바로 연결. 홈페이지www.vivocity.com.sg

비보시티 추천 숍

1. 탕스(TANGS)

오차드에 있는 탕스몰의 분점이다. 1~2층에 걸쳐 들어서 있으며 의류와 신발, 리빙숍, 잡화숍 등까지 다양하다. 탕스에서는 독특한 패턴을 자랑하는 그릇이나 쿠션 등 눈에 띄는 디자인의 생활용품을 눈여겨보면 좋다. 방콕에서 온 정교한 그림이 그려진 코끼리숍도 이곳에서 만날 수 있다.

위치 #01-187&02-189 문의 (65)6303-8688

2. 테드베이커(Ted Baker)

독특하고 개성 넘치는 의류와 잡화를 판매하는 영국의 대표적인 패션브랜드. 다양한 컬러를 사용한 화려한 패턴과 디자인이 많지만 촌스럽지 않고 유머러스한 매력이 철철 넘쳐 마니아층이 많다. 남자들을 위한 슈트부터 여성의류, 신발, 액세서리, 시계, 가방 등 아이템이 다양하다.

위치 #01-132-133 문의 (65)6376-9498

바다를 향해 있는 기다란 산길 산책, 사우던리지(Southern Ridge)

가장 동쪽에 위치한 마운트페이버파크를 시작해 텔록블랑가힐파크, 호트파크, 켄트리지파크 그리고 라브라도르 자연보호구역으로 이어지는 10km의 기다란 산마루이다. 각각의 특색 있는 이 모든 공원의 산책로가 하나로 연결되어 있다. 싱가포르의 남쪽 바다를 바라보고 길게 늘어져 있는 공원들은 살아있는 야생을 만나는 자연학습장이자 아름다운 도시 풍광을 볼 수 있는 거대한 전망대이기도 하다. 숲길을 걷다 보면 근사한 다리를 만나고, 열대우림을 지나 걷다 보면 도시의 멋진 일몰을 볼 수도 있다. 야생동식물을 그대로 보존하고 있는 싱가포르의 자연을 만날 수 있는 시간인 동시에, 조깅과 산책을 습관처럼 즐기는 싱가포르의 일상을 가까이에서 들여다볼 수 있는 좋은 시간이다. 반드시 시작점에서 출발할 필요는 없다. 가까운 공원에서 시작해 원하는 만큼만 걸어도 싱가포르의 자연을 충분히 음미할 수 있다.

입장료 무료입장 운영시간 24시간 홈페이지 www.nparks.gov.sg

Special 09

유니버설스튜디오&센토사 놀거리 BEST

놀거리와 탈거리가 수두룩한 센토사에서 짧은 시간동안 최대의 즐거움을 누리기 위해서는 둘러볼 것들을 미리 정해놓은 뒤 돌아보는 것이 효율적이다. 유니버설스튜디오와 센토사 내에서 후회하지 않을 신나는 놀거리로만 쏙쏙 골라놓았다.

01. 유니버설스튜디오 놀이기구 BEST 3

트랜스포머더라이드(Transformers The Ride)

자리에 앉아 특수안경을 쓰고 나면 스크린에 영화가 상영됨과 동시에 놀라운 3D체험을 하게 된다. 큐브를 훔친 디셉티콘 무리를 소탕하기 위해 출격한 오토봇과 옵티머스프라임들이 도시를 활보하고 격렬한 전쟁을 벌일 때마다 그 자리에 함께 있는 듯 실감 나는 영상이 눈앞에 펼쳐진다. 유니버설스튜디오에서 가장 인기 있는 놀이기구 중 하나로 주말에는 최소 40분~1시간 정도 기다려야 겨우 탈 수 있지만 긴 기다림의 가치가 충분할 만큼 짜릿한 경험을 할 수 있다.

찾아가기 유니버셜스튜디오 사이파이시티(Sci-Fi City) 내 위치.

미라의 복수(Revenge of the Mummy)

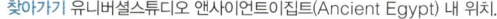

영화 〈미아라〉의 주인공이 된 듯 작은 보트를 타고 무시무시한 이집트의 미라 소굴로 들어간다. 여기저기서 튀어나오는 미라나 진짜 같은 소품들을 구경하는 것도 재밌지만 느닷없이 앞뒤로 방향이 바뀌며 갑작스럽게 빨라지는 스피드가 꽤 짜릿하다. 입장하기 전 보관함에 모든 소지품을 보관해야 한다. 조금씩 물이 튀기지만 옷이 완전히 젖을 정도는 아니다.

찾아가기 유니버셜스튜디오 앤사이언트이집트(Ancient Egypt) 내 위치.

배틀스타갤럭티카(Battlestar Galactica)

영화 〈배틀스타갤럭티카〉의 이야기를 그대로 따와 인간과 로봇의 전쟁을 콘셉트로 한 듀얼 롤러코스터. 두 개의 롤러코스터가 두 개의 레일 위를 동시에 달린다. 경주하듯 나란히 달리거나 서로 엇갈려서 달리는 독특한 구성이 흥미롭다. 빨간색 선로의 롤러코스터는 좌석에 앉아 즐기는 일반 롤러코스터이지만 파란색 선로는 롤러코스터 아래쪽에 매달려 있어 더욱 아찔하다.

찾아가기 유니버셜스튜디오 사이파이시티(Sci-Fi City) 내 위치.

02. 유니버설스튜디오 볼거리 BEST 3

할리우드드림퍼레이드(Hollywood Dream Parade)

유니버설스튜디오가 자랑하는 하이라이트로, 할리우드영화 속에 등장했던 캐릭터가 총출동한다. 〈마다가스카르〉, 〈미이라〉, 〈슈렉〉, 〈쥬라기파크〉 등 어린이들이 좋아하는 애니메이션 속 주인공들이 등장해 신나는 음악에 맞춰 공연을 펼치며 거리를 활보해 보고 있는 것만으로도 즐겁다. 토요일과 일요일, 공휴일에만 열리며 공연일정은 당일 안내데스크나 홈페이지를 통해 미리 확인해야 한다.

시간 매주 금~일요일, 공휴일 15:00/공연 일정이 매주 바뀌므로 홈페이지나 인포메이션센터에서 미리 확인해야 한다. 찾아가기 유니버설스튜디오 전체.

레이크할리우드스펙타큘라(Lake Hollywood Spectacular)

매주 주말 저녁 유니버설스튜디오에 있는 호수 위로 솟아오르는 거대한 불꽃쇼. 웅장한 음악과 함께 하늘 위를 수놓는 화려한 불꽃들이 유니버설스튜디오의 근사한 건물들과 어울려 멋지게 빛난다.

시간 매주 금~일요일, 공휴일 20:00/공연 일정이 매주 바뀌므로 홈페이지나 인포메이션 센터에서 미리 확인해야 한다. 찾아가기 유니버설스튜디오 중앙호수.

할리우드스트리트쇼(Hollywood Street Show)

유니버설스튜디오에 들어서면 가장 먼저 만나는 할리우드존에서 매일 수시로 펼쳐지는 공연이다. 마릴린먼로, 비치보이즈, 엘비스프레슬리 등으로 변신한 배우들이 신나는 로큰롤과 디스코음악에 맞춰 춤과 노래를 선보인다. 함께 어울리며 즐기고, 공연이 끝나면 배우들과 함께 사진을 찍을 수 있다.

시간 매일 수시로 공연 찾아가기 유니버설스튜디오 할리우드(Hollywood) 내 상설무대.

03. 센토사 놀이기구 BEST 4

아이플라이싱가포르(iFly Singapore)

실내 스카이다이빙체험 놀이기구이다. 아크릴유리로 만든 거대한 바람터널에 들어가 바람을 타고 날아올라 17m 상공에서 실로소비치와 남중국해를 감상할 수 있다. 탑승 전 트레이너와 교육을 받으며, 스카이다이빙을 즐길 때도 트레이너가 함께한다. 3살 이상이면 누구나 즐길 수 있을 만큼 쉽고 안전하다. 숙련된 트레이너들이 자유자재로 바람을 타는 모습을 구경하는 재미도 쏠쏠하다.

영업시간 09:00~22:00(월, 화, 목, 일요일), 10:30~22:00(수, 금~토요일)/연중무휴 가격 더챌랜지(2명) S$119, 더어드벤처(4명) S$199/온라인으로 미리 구매하면 저렴하며, 시즌에 따라 가격이 조금씩 달라진다. 문의 (65)6338-1766 찾아가기 센토사익스프레스(Sentosa Express)를 타고 비치스테이션(Beach Station)에서 하차. 홈페이지 www.iflysingapore.com

루지&스카이라이드(Luge&Skyride)

바퀴가 달린 작은 카트를 타고 신나는 질주를 경험할 수 있는 루지는 탑승 전 액셀과 브레이크, 핸들 조작법에 대한 짧은 교육을 받는데, 어린이들도 쉽게 탈 수 있을 만큼 간단해 누구나 즐길 수 있다. 코스는 출발점부터 실로소비치까지 이어지는 구불구불한 내리막길로 650m 길이의 정글트레일과 688m의 드래곤트레일의 2갈래 코스로 나뉜다. 특히 밤에는 시원한 바람과 센토사의 야경까지 함께 감상할 수 있어 더욱 짜릿하다. 한 번만 타기에는 아쉬운데 루지&스카이라이드 티켓을 함께 끊으면 리프트를 타고 여러 번 이용할 수 있다. 센토사 전체가 발밑으로 내려다보이는 스카이라이드(리프트)는 꽤 높아 움직이는 속도는 느리지만 짜릿하다.

영업시간 10:00~21:30/연중무휴 가격 루지 1회 S$11, 루지&스카이라이드 1회 S$17, 루지&스카이라이드 3회 S$25 문의 (65)6274-0472 찾아가기 센토사익스프레스(Sentosa Express)를 타고 임비아스테이션(Imbia Station)에서 하차. 홈페이지 www.skylineluge.com/luge-singapore/skyline-luge-sentosa

메가집어드벤처파크(Megazip Adventure Park)

로프를 이용한 짜릿하고 아찔한 액티비티를 경험할 수 있는 체험기구이다. 자신의 체력과 운동신경에 맞는 체험을 고르면 되는데, 바다 위 72m 높이에 설치된 450m 길이의 로프를 건너는 메가집Mega Zip과 나무꼭대기 사이에 설치해 놓은 공중장애물들을 건너는 클라임맥스Climb MAX, 줄에 의지한 채 15m 높이에서 스릴 있는 번지를 즐길 수 있는 파라점프Para Jump 등 다양하다. 최첨단 기구가 아닌 자연에서 직접 즐기는 놀이로 아웃도어스포츠를 좋아하는 사람들에게 제격이다.

영업시간 11:00~19:00/연중무휴 가격 메가집 S$39, 클라임멕스 S$39, 파라점프 S$19, 더드래곤티켓(메가집, 클라임맥스, 파라점프, 노스페이스 포함) S$85 문의 (65)6532-9922 찾아가기 센토사익스프레스(Sentosa Express)를 타고 임비아스테이션(Imbia Station)에서 하차. 홈페이지 www.megazip.com.sg

고그린세그웨이 에코어드벤처(Gogreen Segway Eco Adventure)

1인용 교통수단인 세그웨이는 2개의 바퀴가 달려있어 서 있는 상태에서 전기모터로 운전할 수 있다. 균형감각만 있으면 쉽게 조작법을 익힐 수 있는 안전한 기구로, 어린이와 어른 모두 쉽게 즐길 수 있다. 세그웨이 에코어드벤처는 30분과 1시간 단위로 세그웨이를 타고 센토사의 해변을 둘러보는 프로그램이다. 더운 날씨 속에서 세그웨이를 타고 돌아다니면 좀 더 상쾌한 기분으로 해변 전체를 구석구석 돌아볼 수 있다.

영업시간 10:00~20:00/연중무휴 가격 펀라이드 S$15, 세그웨이 에코어드벤처(30분) S$38 문의 (65)6532-9922 찾아가기 센토사익스프레스(Sentosa Express)를 타고 비치스테이션(Beach Station)에서 하차. 홈페이지 www.segwaytours.com.sg

Section 03

센토사&하버프런트에서 먹어봐야 할 것들

센토사 안에는 가볍게 즐길 수 있는 음식점과 수준급 요리를 즐길 수 있는 고급 레스토랑이 골고루 섞여 있다. 특히 실로소비치를 따라 늘어선 레스토랑은 멋진 풍경과 함께 여유로운 시간을 보내기에 좋다. 하버프런트의 비보시티는 식도락 장소로도 명성이 자자하다. 수많은 프랜차이즈 레스토랑부터 새롭게 입점한 인기 레스토랑까지 다양해 센토사로 가기 전 비보시티에서 든든하게 배를 채운 뒤 출발하는 것도 좋은 방법이다.

시원한 바람과 하버프런트의 풍광이 있는 곳

페이버비스트로 Faber Bistro ★★★☆☆

페이버산 정상에 자리하고 있는 페이버비스트로는 하버프런트와 센토사가 한눈에 내려다보이는 아름다운 전경을 선사한다. 케이블카와 기념품숍 등이 함께 있는 본관에서 조금 떨어진 곳에 자리하고 있어 더 운치 있고 아늑한 분위기를 느낄 수 있다. 입구에 들어서면 작은 바와 함께 마치 원형전망대 같은 작은 야외테라스에 몇 개의 테이블이 놓여있는데, 밤이 되면 모든 불이 꺼져 도시의 화려한 불빛들을 바라보며 느긋한 시간을 보낼 수 있다.

가벼운 샐러드와 샌드위치, 햄버거를 비롯해 스테이크와 해산물요리, 피자와 파스타 그리고 맥주나 칵테일과 함께 먹기 좋은 간단한 스낵류 등이 있다. 어디에 앉아도 잘 보이는 백만 불짜리 야경을 생각하면 음식과 술 가격이 그리 비싼 편이 아니라 부담없이 즐길 수 있다.

주소 101 Mount Faber Rd. 귀띔 한마디 매주 수요일은 오픈시간부터 끝날 때까지 30~40% 저렴한 가격으로 주류메뉴를 즐길 수 있다. 영업시간 15:00~23:00(월~목요일), 15:00~02:00(금요일), 11:00~02:00(토요일, 공휴일 전날), 11:00~23:00(일요일)/연중무휴 가격 샐러드 S$14~, 파스타 S$16~, 칵테일 S$14~, 맥주 S$10~ 문의 (65)6377- 9688 찾아가기 MRT 하버프런트(Harbour Front)역에서 택시로 5~7분 소요. 홈페이지 www.faberpeaksingapore.com

부담 없이 즐기는 최고의 야경

스푸드&에이프런 Spuds&Aprons ★★★★★ 추천

센토사로 가는 케이블카를 탈 수 있는 페이버산 정상에 있는 레스토랑이다. 쥬엘박스Jewel Box라는 이름으로 오랫동안 같은 자리에 있던 럭셔리레스토랑에서 변신을 단행했다. '감자와 앞치마'라는 레스토랑의 이름에서 짐작할 수 있듯 편안하고 부담 없는 캐주얼레스토랑으로 모습을 바꿨다.

패밀리레스토랑에 온 듯 편안한 테이블과 의자로 꾸민 인테리어에, 메뉴판을 채우고 있는 요리 역시 뜻 모를 고급요리 대신 친숙한 요리로 가득하다. 딥소스를 듬뿍 뿌린 감자튀김, 멕시칸 타코요리, 과일과 비스킷을 가득 담은 아이스크림 등 먹으면 곧장 기분이 좋아지는 고칼로리 요리가 많다. 달콤한 밀크셰이크와 스무디를 비롯해 시원한 맥주, 다양한 와인과 여러 가지 칵테일까지 음료 종류도 다양하다. 에어컨이 빵빵한 실내와 야외석 모두 널찍한데 어디에 앉든 센토사와 하버프런트를 배경으로 하는 근사한 야경을 바라볼 수 있다.

주소 109 Mount Faber Rd. 영업시간 11:00~23:00(일~목요일), 11:00~01:00(금~토요일, 공휴일 전날)/연중무휴 가격 파스타 S$15~, 샐러드 S$13~, 스테이크 S$36~, 맥주 S$11~, 밀크셰이크 S$9~ 문의 (65)6377-9688 찾아가기 MRT 하버프런트(Harbour Front)역에서 택시로 5~7분 소요. 홈페이지 www.faberpeaksingapore.com

모든 종류의 아시아요리

테이스트오브아시아 Taste of Asia ★★★★☆

센토사 내에서 부담 없이 한 끼를 즐길 수 있는 곳이다. 이름처럼 싱가포르는 물론 인도, 태국, 베트남 등 다양한 아시아 요리를 맛볼 수 있다. 롤요리, 태국식 피시케이크 등의 애피타이저부터 팟타이, 락사, 미고랭 등의 면요리, 고기와 고슬고슬한 밥이 함께 나오는 라이스요리, 곁들여 먹기에 좋은 채소요리까지 다양해 여럿이 가면 종류별로 시켜먹기에 좋다. 유리병 안에 얼음을 가득 채워 벌컥벌컥 마시면 한순간 더위를 날려버릴 시원한 아이스음료부터 싱가포르 스타일의 팥빙수와 아이스크림 등 디저트까지 해결할 수 있다. 아시안딜라이트 세트메뉴를 시키면 어떤 메인요리든 S$5.80을 추가하면 음료, 수프까지 더해 알찬 식사를 즐길 수 있다.

주소 60 Siloso Beach Walk 추천메뉴 태국식 볶음국수 팟타이 S$7.8, 에그오믈렛위드쉬림프(Egg Omelet with Shrimp) S$6.8 영업시간 11:00~22:00/연중무휴 가격 1인당 S$10~ 문의 (65)6273-1743 찾아가기 센토사익스프레스(Sentosa Express)를 타고 비치스테이션(Beach Station)에서 하차. 홈페이지 www.sentosa.com.sg

옛 말레이시아 거리를 재현한 푸드코트

말레이시안푸드스트리트

Malaysian Food Street ★★★★★ 추천

포리지

로박

리조트월드 센토사 1층에 위치한 말레이시안푸드스트리트는 센토사가 만든 곳답게 재미난 놀이공원에 온 듯 신선하다. 건물과 가로등까지 1950년대의 말레이시아 거리처럼 꾸며놓아 영화 속을 거니는 기분이 든다.

이곳에서는 온갖 종류의 전통 말레이요리를 비롯해 싱가포르 현지음식을 맛볼 수 있다. 과일과 채소를 섞은 전통샐러드 로작을 비롯해 락사 등의 각종 면요리, 우리나라의 돌솥비빔밥처럼 토기그릇에 쌀과 각종 재료를 얹어 푹 삶은 고소한 클레이팟라이스, 사테 그리고 전통디저트까지 없는 것이 없다. 주로 센토사에 머물 예정이라면 굳이 멀리까지 가지 않더라도 싱가포르의 거의 모든 로컬푸드를 이곳에서 맛볼 수 있다.

주소 Resorts World Sentosa, The Bull Ring®, Level 1 가격 S$5~30 문의 (65)6311-8188 찾아가기 센토사익스프레스(Sentosa Express)를 타고 워터프런트스테이션(Waterfront Station)에서 하차, 리조트월드 센토사 1층에 위치. 홈페이지 www.rwsentosa.com

실로소비치에서 즐기는 지중해 스타일 레스토랑

코스티즈 Coastes ★★★★☆

실로소비치를 마주하고 있는 레스토랑 겸 펍 코스티즈는 화이트와 블루가 어우러진 인테리어가 산뜻하고 시원한 느낌을 준다. 아늑한 나무바닥으로 꾸민 실내와, 하얀 모래사장 위에 편안한 선베드와 파라솔테이블을 놓아 마련한 야외석이 자연스럽게 이어져 있다. 기분 좋은 음악과 편안한 분위기 속에서 휴가를 만끽하는 사람들의 행복한 표정 덕분에 덩달아 여유로움을 느낄 수 있다.

이른 아침에는 푸짐한 블랙퍼스트메뉴가 준비되어 있고, 점심과 저녁식사로는 가벼운 샐러드, 버거, 피자, 샌드위치 등과 알찬 해산물요리까지 갖추고 있다. 맥주와 함께 즐길 안주가 필요하다면 치킨윙이나 새우요리, 감자튀김 등 가벼운 스낵만 시켜도 좋다. 주말에는 생일파티나 웨딩 등 프라이빗파티가 자주 열려 색다른 분위기를 느낄 수 있다.

주소 Siloso Beach 추천메뉴 코스터블랙퍼스트 S$22, 시저샐러드 S$22, 스파이시윙 S$18, 하와이안피자 S$20 영업시간 09:00~23:00(일~목요일), 09:00~01:00(금~토요일)/연중무휴 문의 (65)6631-8938 찾아가기 센토사익스프레스(Sentosa Express)를 타고 비치스테이션(Beach Station)에서 하차 후 도보 혹은 비치스테이션에서 비치트램(Beach Tram)으로 갈아탄 후 실로소비치역에서 하차. 홈페이지 www.coastes.com

코끝을 자극하는 바비큐 냄새가 가득한
플래임&샌드바 Flame&Sand Bar ★★★☆☆

플래임은 고기를 좋아하는 사람이라면 그냥 지나치기 힘든 로티세리Rotisserie레스토랑이다. 로티세리는 프랑스어로 꼬치구이 전문점을 뜻한다. 구운 치킨, 양고기케밥, 구운 소시지요리, 미트볼, 화덕에 구운 피자와 버거까지 모두 숯불에 노릇하게 구운 고기로 만들었다. 특히 실로소비치의 백사장에 오픈키친을 두고 고기를 구워, 색다른 야외 바비큐를 즐길 수 있다.

플래임은 따로 바메뉴를 갖추고 있지 않은데, 바로 옆에 있는 샌드바에서 시원한 맥주와 칵테일을 주문할 수 있기 때문이다. 하와이안셔츠를 입은 바텐더들이 야외 바에서 신나게 칵테일을 만드는 샌드바에서는 종종 작은 무대에서 신나는 음악을 연주하는 공연이 열려 밤을 더욱 뜨겁게 달군다.

주소 50 Siloso Beach Walk 영업시간 12:00~21:00(월~목요일), 12:00~22:00(금요일), 11:00~21:00(토요일), 11:00~22:00(일요일)/연중무휴 가격 런치 S$38~, 디너 S$180~ 문의 (65)6274-9668 찾아가기 센토사익스프레스(Sentosa Express)를 타고 비치스테이션(Beach Station)에서 하차 후 도보 혹은 비치스테이션에서 비치트램(Beach Tram)으로 갈아탄 후 실로소비치역에서 하차. 홈페이지 www.flame.sg

16개의 코스요리와 1,000여 종의 와인
조엘로부숑레스토랑 Joël Robuchon Restaurant ★★★★☆

치즈케이크

무려 26번의 미슐랭 스타를 받은 최고의 셰프 조엘로부숑의 최상급 프랑스요리를 맛볼 수 있는 레스토랑을 센토사 내에서도 만나볼 수 있다. 미식의 나라 싱가포르 내에서도 매년 최고의 레스토랑 톱 10에 어렵지 않게 이름을 올린다.

조엘로부숑레스토랑의 대표메뉴는 16개의 코스로 이루어진 최상의 미식코스요리이다. 조엘로부숑은 화려한 플레이팅으로 유명한데, 식재료의 탁월한 선택과 전통요리법에 근간을 둔 각각의 코스요리는 훌륭한 맛과 함께 아름다운 플레이팅으로 눈과 입이 호사를 누린다. 식전 빵 하나와 치즈 한 조각에도 감동이 있는 이곳은 1,000여 종의 와인을 보유하고 있어 와인 마니아에게도 천국 같은 시간이 될 것이다.

주소 697 North Bridge Rd. 영업시간 런치 12:00~14:30(매주 토요일), 18:00~23:00(화~토요일)/매주 일, 월요일 휴무 가격 런치 S$78~ 문의 (65)6577-6688 찾아가기 센토사익스프레스(Sentosa Express)를 타고 워터프런트스테이션(Waterfront Station)에서 하차, 리조트월드 센토사에 위치. 홈페이지 www.rwsentosa.com

저렴한 가격에 즐기는 질 좋은 고기요리

더촙하우스 The Chop House ★★★★☆

맛있고 질 좋은 스테이크를 부담 없는 가격에 먹을 수 있는 착한 스테이크레스토랑이다. 식전 메뉴는 고소한 호박수프와 조개수프, 시저샐러드 3개로 간단하다. 오징어튀김인 칼라마리Calamari나 밀가루 도우 안에 채소, 고기 등을 넣은 멕시코요리 퀘사디아Quesadillas 등의 핑거푸드와 파스타, 디저트 등 다양한 종류의 음식이 있다.

하지만 뭐니 뭐니 해도 더촙하우스의 메인은 품질 좋은 고기로 만든 바비큐요리와 스테이크이다. 최상급 USDA프라임립아이Prime Rib Eye를 비롯해 두꺼운 소고기페티를 치즈로 감싸고 아삭한 채소로 마무리한 패티멜트비프버거Patty Melt Beef Burger, 몽골리안소스로 만든 버크셔포크촙Berkshire Pork Chop 등이 인기메뉴이다. 일반적인 스테이크레스토랑에서라면 1인당 S$100가 훌쩍 넘을 만한 퀄리티와 양이지만 여기서는 둘이 실컷 먹어도 S$100를 넘지 않으니 부담 없이 고기를 썰어도 좋다.

주소 1 Harbour Front Walk, #01-161-162 영업시간 12:00~23:00(월~목요일), 12:00~24:00(금~토요일), 11:00~23:00(일요일)/연중무휴 가격 USDA프라임립아이(USDA Prime Rib Eye) S$36, 다양한 고기를 한 접시에 먹을 수 있는 믹스그릴플래터(Mixed Grill Platter) S$48, 멕시코요리 퀘사디아(Quesadillas) S$15 문의 (65)6376-9262 찾아가기 MRT 하버프런트(Habor Front)역에서 연결되는 비보시티 1층에 위치. 홈페이지 www.wooloo-mooloo.com

편하게 즐기는 수준급의 이탈리안 가정식

제이미스이탈리안 Jamie's Italian ★★★★☆

세계적으로 유명한 영국인 훈남 셰프 제이미올리버Jamie Oliver가 아시아에 처음으로 자신의 이름을 내걸고 오픈한 레스토랑이다. 2008년 영국 옥스퍼드에 처음 문 연 제이미스 이탈리안은 현재 전 세계에 30여 개의 매장을 보유하고 있다.

제이미올리버는 이탈리안 정통 요리법을 이용한 건강한 요리를 선보인다. 파스타와 피자 외에도 다양한 전채요리, 메인요리, 디저트를 선보인다. 오징어를 맛깔나게 튀긴 전채요리 크리스피스퀴드Crispy Squid, 인기 있는 파스타요리인 새우링귀니Prawn Linguine는 신선한 맛을 자랑한다. 송로버섯인 트뤼프를 넣어 만든 리소토 역시 부드럽게 넘어간다. 또한 뜨거운 초콜릿이 들어있는 에픽브라우니Epic Brownie는 싱가포르에 다시 오고 싶어질 만큼 치명적인 맛이다.

주소 1 Harbour Front Walk, #1-165-167 VivoCit 영업시간 11:30~23:00/연중무휴 가격 와일드트뤼프리소토(Wild Trffle Risotto) S$16, 새우링귀니(Prawn Linguine) S$17 문의 (65)6733-5500 찾아가기 MRT 하버프런트(Habor Front)역에서 연결되는 비보시티 쇼핑몰 1층에 위치. 홈페이지 www.jamieoliver.com/italian/singapore

Chapter 02

자연과 전통을 만나는 싱가포르 동부지역

East Area

★★★☆☆ (관광)
★★★☆☆ (음식)
★★☆☆☆ (쇼핑)

센트럴지역에서 벗어난 동부지역은 싱가포르의 속살을 볼 수 있는 곳이다. 에메랄드색 바다 위에 커다란 배들이 떠 있는 이국적인 풍경의 이스트코스트파크에는 차가운 도시 이미지가 강한 싱가포르의 평화로운 일상이 반전처럼 펼쳐져 있다. 말레이인과 중국인이 만든 화려한 페라나칸문화가 살아있는 카통지역은 외국인 거주지역으로 새롭게 떠올라, 전통과 이국문화가 뒤섞인 독특한 분위기를 형성한다. 공항과 가까운 창이지역은 잘 알려지지 않았지만 크고 작은 박물관과 갤러리, 한적한 바다 산책로가 자리하고 있다. 교통이 그리 편리한 편은 아니지만 인공물로 가득 찬 도시 풍광에서 벗어나 싱가포르의 자연과 전통을 만나고 싶다면 싱가포르 동부로 향하는 것을 추천한다.

동부지역을 이어주는 교통편

카통은 MRT 파야레바Paya Lebar역이나 유노스Eunos역에서 내려 카통의 중심 거리 중 하나인 주치앗로드Joo Chiat Rd.를 따라 레스토랑과 볼거리가 몰려있는 이스트코스트로드East Coast Rd.쪽으로 산책하듯 걸어가면 된다. MRT역에서 이스트코스트로드까지는 2km 정도로, 날씨가 너무 더울 때나 낮에 움직일 때는 역에서 택시를 이용하는 것이 좋다. 이스트코스트파크는 카통에서 택시를 타면 5분 정도 걸린다. 창이지역 역시 MRT를 타고 동쪽 끝에 있는 탬핀스Tampines역이나 타나메라Tanah Merah역에서 내려 택시를 타면 원하는 목적지까지 10분 이내에 도착한다.

동부지역에서 이것만은 꼭 해보자

1. 이스트코스트파크에서 여유롭게 산책하고 벤치에 앉아 한적한 시간 보내기
2. 카통 거리 곳곳에 있는 페라나칸가옥과 상점들 꼼꼼하게 둘러보기
3. 늦은 밤, 현지인들의 숨은 먹자골목 겔랑에서 개구리요리를 비롯한 다양한 현지음식 먹어보기
4. 자전거 타고 싱가포르의 오래된 마을 풀라우우빈 돌아보기

사진으로 미리 살펴보는 동부지역 베스트코스

싱가포르의 동부지역은 접근성은 떨어지지만 그동안 알지 못했던 싱가포르의 아름다운 자연과 오래된 거리를 만날 수 있는 장소가 많다. 싱가포르의 가장 오래된 마을 풀라우우빈에서 여정을 시작해 페라나칸문화가 깃들어 있는 카통, 여유로운 시간을 보낼 수 있는 이스트코스트까지 차례로 들여다보자.

1 싱가포르의 숨은 자연을 만나는 코스(예상 소요시간 7시간 이상)

Go!

창이포인트 페리터미널
→ 10분

풀라우우빈
3시간 이상 코스
→ 15분

주치앗로드
30분 코스
→ 10분

328카통락사 (점심)
30분 코스
→ 10분

카통앤티크하우스
30분 코스
→ 1분

친미친컨펙셔너리
30분 코스
→ 10분

이스트코스트파크
1시간 이상 코스
→ 5분

이스트코스트라군 푸드빌리지
1시간 코스

2 동부지역을 산책하는 여유 있는 코스(예상 소요시간 6시간 이상)

Go!

주치앗로드
30분 코스
→ 5분

이미그랜츠 (점심)
1시간 코스
→ 3분

루마베베
20분 코스
→ 5분

친미친컨펙셔너리
30분 코스
→ 10분

이스트코스트파크
1시간 코스
→ 15분

창이예배당
1시간 코스
→ 10분

창이푸드빌리지 (저녁)
30분 코스
→ 5분

창이코스탈워크
1시간 코스

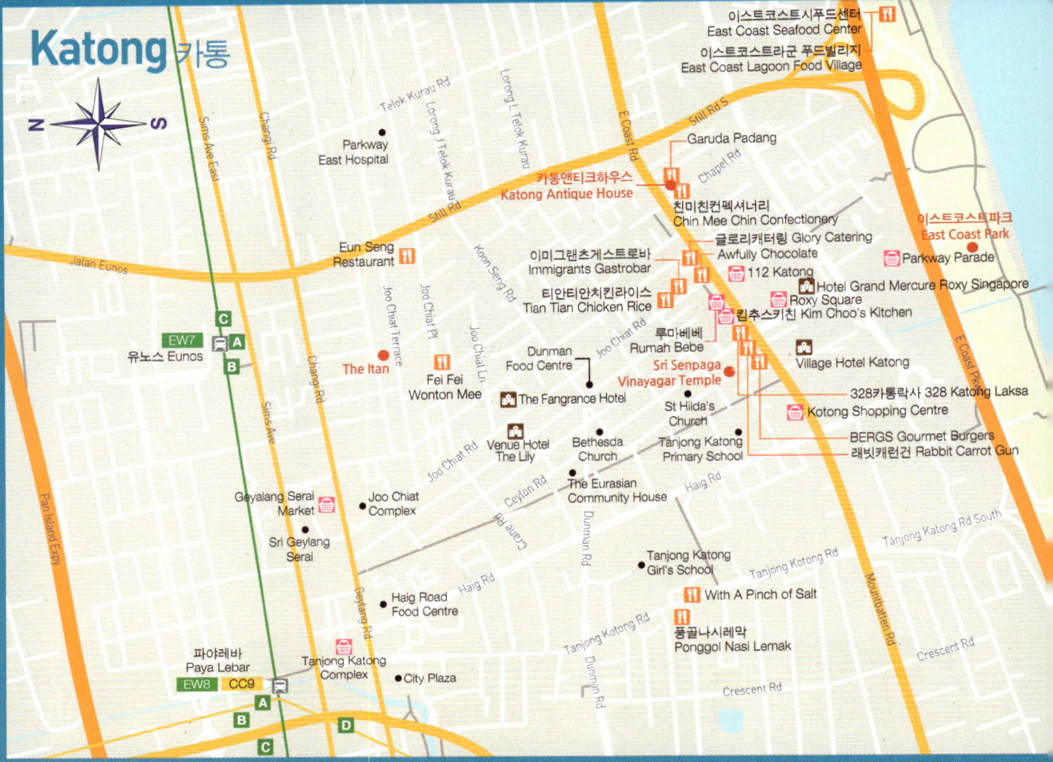
Katong 카통
N
S
이스트코스트시푸드센터
East Coast Seafood Center
이스트코스트라군 푸드빌리지
East Coast Lagoon Food Village
Telok Kurau Rd
Lorong J Telok Kurau
Lorong L Telok Kurau
E Coast Rd
Still Rd S
Garuda Padang
Chapel Rd
Sims Ave East
Changi Rd
Parkway East Hospital
카통앤티크하우스
Katong Antique House
친미친컨펙셔너리
Chin Mee Chin Confectionery
글로리캐터링 Glory Catering
Awfully Chocolate
이스트코스트파크
East Coast Park
Parkway Parade
Still Rd
Eun Seng Restaurant
Jalan Eunos
Koon Seng Rd
이미그랜츠게스트로바
Immigrants Gastrobar
112 Katong
Hotel Grand Mercure Roxy Singapore
티안티안치킨라이스
Tian Tian Chicken Rice
Roxy Square
킴추스키친 Kim Choo's Kitchen
Joo Chiat Terrace
Joo Chiat Pl
EW7
유노스 Eunos
The Itan
Fei Fei Wonton Mee
Joo Chiat Ln
Dunman Food Centre
Joo Chiat Rd
루마베베
Rumah Bebe
Sri Senpaga Vinayagar Temple
Village Hotel Katong
E Coast Pkwy
328카통락사 328 Katong Laksa
The Fangrance Hotel
St Hilda's Church
Kotong Shopping Centre
Venue Hotel The Lily
Bethesda Church
Tanjong Katong Primary School
BERGS Gourmet Burgers
래빗캐런건 Rabbit Carrot Gun
Sims Ave
Joo Chiat Rd
Ceylon Rd
The Eurasian Community House
Haig Rd
Geyalang Serai Market
Joo Chiat Complex
Crane Rd
Dunman Rd
Pan Island Expy
Sri Geylang Serai
Tanjong Katong Girl's School
Tanjong Katong Rd South
Tanjong Kotong Rd
With A Pinch of Salt
Haig Road Food Centre
Haig Rd
Geylang Rd
Mountbatten Rd
풍골나시레막
Ponggol Nasi Lemak
Tanjong Kotong Rd
Crescent Rd
파야레바
Paya Lebar
EW8
CC9
Tanjong Katong Complex
City Plaza
Dunman Rd
Crescent Rd

Changi 창이
N
S
Malaysia
Singapore
Serangoon Island
Ketam Mountain Bike Park
풀라우우빈 Pulau Ubin
Balai Quarry
Aquaculture Fram
체자와습지
Chek Jawa Wetland
Ubin Quarry
Pekan Quarry
Celestial Resort Pulau Ubin
풀라우우빈제티 입구
Pulau Ubin Jetty Entrance
Changi Ferry - Pulau Ubin
Changi Point Ferry Terminal(Singapore) - Tanjung Belungkor(Malaysia)
창이포인트코스탈워크
Changi point coastal walk
Aloha Changi Resort
Changi Beach Club
Changi Village Hotel
Nicoll Dr
Telok Paku Rd
Sree Ramar Temple
Changi Beach Park
창이빌리지푸드센터
Changi Village Food Centre
Changi Point Ferry Terminal
Changi Coast Rd
Tampines Rd
Tampines Expy
Pasir Ris Drive 3
Wild Wild Wet
IKEA Tampines
Pasir Ris Drive 1
Pasir Ris Town Park
Tampines Link
Loyang Ave
창이국제공항
Changi Airport
Paya Lebar Air Base
Tampines Eco Green
Tampines Expy
Tampines Avenue 1
Upper Changi Rd N
창이예배당&박물관
Changi Chapel&Museum

동부지역의 명소와 쇼핑

바다와 맞닿아 있는 싱가포르 동부지역은 화려한 랜드마크와 볼거리가 많은 센트럴에 비해 한적하고 여유롭다. 이스트코스트를 따라 길게 늘어선 이스트코스트파크는 싱가포르 사람들이 시끌벅적한 도시를 피해 작은 휴식을 찾으러 오는 곳이다. 공항과 가까운 창이지역도 박물관과 작은 갤러리, 산책로 등이 평화로운 풍경을 만든다. 그곳에서 배를 타고 바다를 건너면 싱가포르의 가장 오래된 마을 풀라우우빈에서 특별한 하루를 보낼 수 있다.

싱가포르의 아픈 기억

창이예배당&박물관 Changi Chapel&Museum ★★★★☆

싱가포르의 아픈 역사를 간직하고 있는 박물관이다. 2차 세계대전 당시 싱가포르는 일본이 휩쓸고 간 태평양전쟁 피해국 중 하나였다. 당시 일본군에 의해 투옥되고 고문당한 연합군과 전쟁포로들의 수감소를 이전해, 전쟁과 수감자들의 이야기를 담은 박물관을 지었다. 이곳은 크게 창이예배당과 당시의 사건 내용을 전시해놓은 박물관으로 나뉘어 있다.

창이교도소에 수감되었던 이들이 예배를 올렸던 창이예배당은 천장 없이 사각의 흰 벽으로 둘러싸여 있다. 박물관에는 전쟁 당시의 상황, 수감자와 교도관들에 대한 내용이 사진과 글을 통해 담담히 전시되어 있다. 또한 당시 고통스러운 삶 속에서도 자신의 이야기를 남겨놓은 수감자들의 글과 그림을 만날 수 있다.

주소 1000 Upper Changi Rd. North 입장료 무료입장 운영시간 09:30~17:00/연중무휴 문의 (65)6214-2451 찾아가기 MRT 타마메라(Tanah Merah)역에서 2번 버스를 타거나 MRT 탬핀스(Tampines)역에서 29번 버스로 갈아타 창이뮤지엄(Changi Museum)역에서 하차. 홈페이지 www.changimuseum.sg

여유롭고 한적한 바다 산책길, 창이포인트코스탈워크(changi point coastal walk)

싱가포르의 동쪽 바다를 따라 걸을 수 있는 느긋한 산책로로, 풀라우우빈으로 가는 배를 탈 수 있는 창이포인트페리터미널(Changi Point Ferry Terminal)과 연결되어 있다. 해변을 따라 나무로 만든 길이 1km 가까이 이어져 있는데, 끝까지 갔다 돌아오면 한 시간 가까이 걸린다. 해 질 무렵 청명한 공기와 함께 오른쪽에 펼쳐진 잔잔한 바다와 왼쪽에 서 있는 절벽을 바라다보며 걸을 수 있어 더없이 좋다.

평화로운 주말나들이
이스트코스트파크 East Coast Park ★★★★★

싱가포르 동쪽 바다를 끼고 조성된 평화로운 공원이다. 바깥쪽에는 푸른 바다가 길게 펼쳐져 있고 안쪽에는 키 큰 나무들이 시원스러운 산책로와 푸른 숲을 만들고 있다. 바다와 열대우림이 만든 15km의 긴 산책로를 따라 인라인스케이트나 자전거를 타는 싱가포르 사람들의 여유로운 일상을 볼 수 있다.
스케이트와 자전거대여소가 공원 곳곳에 있는데 특히 지붕이 있는 4인용 자전거는 가족들에게 인기가 많다. 산책로 중간중간에 조성된 벤치나 잔디밭이 많아 잠시 앉아 쉬거나 도시락을 먹는 것도 괜찮다. 주말에는 바비큐야영장에서 고기를 구워 먹는 사람들도 볼 수 있다. 파크 내에는 유명한 시푸드레스토랑이 모여 있는 푸드센터와 레스토랑, 매점 등이 있어 식사를 즐길 수 있다. 공항과 가까워 하늘 위에는 늘 커다란 비행기가 떠다니고, 밤이 되면 먼바다에 떠 있는 커다란 배들이 빛을 내 아름답고 이국적인 풍경을 만든다.

주소 East Coast Parkway and East Coast Park Service Rd. **입장료** 무료입장 **운영시간** 07:00~19:00 **문의** (65)1800-471-7300 **찾아가기** MRT 파야레바(Paya Lebar)역에서 택시로 10분 거리. **홈페이지** www.nparks.gov.sg

가장 오래된 페라나칸 가정집
카통앤티크하우스 Katong Antique House ★★★★☆

카통은 말레이인과 중국이민자들이 만든 독특한 문화인 페라나칸문화가 꽃을 피운 지역이다. 카통앤티크하우스는 화려한 페라나칸의 오랜 문화를 그대로 보존하고 있는 가옥으로, 페라나칸 4세인 피터위Peter Wee가 외할아버지에게 물려받은 숍하우스를 갤러리 겸 상점으로 만든 곳이다.
1920년대로 돌아간 듯한 좁은 문을 열고 들어가면 여느 평범한 집에서 흔히 볼 수 있는 크고 작은 가구부터 오래된 사진과 그릇, 전통의상과 신발 등 소소한 물건이 빼곡히 들어차 있다. 무엇보다 가장 좋은 것은 친절하게 집안을 소개해주는 피터위 아저씨의 열정이다. 페라나칸문화에 관심이 많은 사람에게는 다양한 사진집과 페라나칸 관련자료를 꺼내 자세하게 설명해 준다. 전화로 예약하고 방문하면 피터위 아저씨와 조금 더 심도 있게 이야기를 나누며 집안 곳곳을 소개받을 수 있다.

주소 208 East Coast Rd. **입장료** 무료입장 **영업시간** 11:00~16:30/연중무휴 **문의** (65)6345-8544 **찾아가기** 이스트코스트로드(East Coast Rd.)와 채플로드(Chapel Rd.)가 만나는 사거리에서 이스트코스트로드를 따라 조금만 올라가면 오른편에 위치.

페라나칸 가정식과 화려한 기념품

킴추스키친 Kim Choo's Kitchen ★★★★☆

킴추스키친은 1940년 이킴추Lee Kim Choo 여사가 만든 페라나칸스타일의 덤플링이 인기를 얻으면서 시작되었다. 그녀의 히트작인 논야라이스덤플링Nonya Rice Dumpling은 차진 밥 안에 다양한 고기와 채소를 넣어 만든 주먹밥으로, 각종 덤플링축제(소규모 지역축제)에서 가장 많이 팔리는 인기 상품이다. '카통에 있는 킴추스키친에서만 판매하니 유사품에 주의하라'는 경고문을 붙여두었을 정도이다.
2003년 그녀의 며느리가 가게를 이어받아 더 많은 종류의 페라나칸음식을 채워 넣었고, 2층에는 페라나칸문화를 엿볼 수 있는 가구와 의상, 소품 등으로 꾸며놓았다. 특히 킴추스키친은 싱가포르에서 페라나칸 도자기그릇을 가장 많이 보유하고 있는 곳으로, 화려한 패턴과 색깔로 무장한 아름다운 식기들을 구경하고 마음에 들면 구매할 수 있다. 앉아서 먹을 수 있는 테이블은 없으며 모든 음식과 쿠키는 포장만 가능하다.

주소 109/111 East Coast Rd. 가격 논야라이스덤플링 S$2.5, 논야쿠키 S$13~ 영업시간 10:00~22:00/연중무휴 문의 (65)6741-2125 찾아가기 이스트코스트로드(East Coast Rd.)와 주치앗로드(Joochiat Rd.)가 만나는 사거리 근처에 위치. 홈페이지 www.kimchoo.com

페라나칸 부티크하우스

루마베베 Rumah Bebe ★★★★★ 추천

1928년에 생긴 오래된 숍하우스에 있는 루마베베는 진한 블루컬러와 화려한 타일로 장식된 외관부터 시선을 사로잡는다. 보석과 구슬, 자기, 자수 등 다양한 페라나칸문화 중에서도 섬세한 공예문화를 지켜나가는 곳이다. 베베셋Bebe Seet이라는 페라나칸 여성이 직접 디자인하고 만드는 다양한 공예품을 비롯해 눈을 뗄 수 없을 만큼 아름다운 소품과 그릇으로 가득 차 있다.
특히 이곳에서 가장 눈에 띄는 것 중 하나는 알록달록한 슬리퍼와 구두인데 주문제작을 하고 있어 원하는 사이즈와 디자인으로 근사한 신발을 만들어준다. 이 밖에 다양한 페라나칸문화체험을 진행하고 있다. 예약하면 장인이 직접 선보이는 공예체험은 물론 결혼식, 요리 등 페라나칸문화를 가까이서 배울 수 있는 특별한 행사에 참여할 수 있다.

주소 113 East Coast Rd. 영업시간 09:30~18:30/매주 월요일 휴무 문의 (65)6247-8781 찾아가기 이스트코스트로드(East Coast Rd.)와 주치앗로드(Joochiat Rd.)가 만나는 사거리 근처(킴추스키친과 가깝다). 홈페이지 rumahbebe.com

Special 10

싱가포르의 가장 오래된 마을, 풀라우우빈(Pulau Ubin)

싱가포르 창이지역에서 작은 배를 타고 10분만 달려가면 평화로운 섬 풀라우우빈을 만난다. 싱가포르에서 가장 오래된 마을 중 하나로 정겨운 시골 모습과 열대지역의 신비한 야생이 어우러져 있어, 늘 알던 싱가포르와는 전혀 다른 모습을 발견할 수 있다.

싱가포르의 가장 오래된 마을 풀라우우빈은 화강암섬이라는 뜻이다. 싱가포르 창이공항과 가까운 북동부 연안에 있는 창이포인트페리터미널에서 작은 보트를 타고 10분 정도 달리면 도착한다. 배에서 내리면 1960년대에 시간이 멈춘 듯한 시골마을이 펼쳐진다. 300만 평의 섬 안에 현재 100여 개 미만의 가구가 모여 살고 있으며 한가롭게 뛰어다니는 커다란 개들과 나무로 만든 허름한 집들, 작고 낡은 식당 그리고 섬을 찾은 사람들이 이용할 수 있는 자전거대여소가 늘어서 있다.

섬을 둘러보는 방법은 자전거를 빌려 타거나 산책로를 따라 걷는 것이다. 섬이 꽤 큰 편인 데다 자전거도로가 잘되어 있어 바람을 가르며 자전거로 돌아보는 것을 추천한다. 여러 가지 종류의 열대나무와 야생화들로 우거진 숲길을 지나다 보면 지금도 주민이 살고 있는 오래된 가옥들을 만날 수 있다. 넓은 강과 호수가 드문드문 펼쳐져 있고 사람을 무서워하지 않는 살가운 원숭이들과 인사를 나눌 수도 있다.

특히 섬 동쪽에 자리하고 있는 첵자와Chek Jawa는 해양생물들을 위한 보호구역으로, 독특한 해변산림과 맹그로브 숲, 모래숲, 산호잔해와 해초라군 등을 간직하고 있는 해양자연의 보고이다. 산책로를 걸으면서 바다생물을 관찰할 수 있으며, 봄철 조수간만의 차가 낮을 때는 국립공원을 통해 투어를 예약하면 자세한 설명을 들으며 둘러볼 수 있다. 섬 내에서 하룻밤을 보내고 싶다면 우빈셀레스티얼비치리조트Ubin Celestial Beach Resort에서 묵을 수 있으며 리조트에서 제공하는 다양한 해양스포츠를 즐길 수 있다.

귀띔 한마디 범브보트(Bumboat)라고 불리는 풀라우우빈으로 가는 보트가 수시로 운행하며 12명 정원으로 일정 인원 이상이 차면 출발한다. 보트 요금은 편도 S$2.50이다. **입장료** 무료입장 **운영시간** 09:30~17:00/연중무휴 **문의** (65)6214-2451 **찾아가기** MRT 탬핀스(Tampines)역에서 택시를 타고 창이포인트페리터미널(Changi Point Ferry Terminal)로 가서 풀라우우빈으로 가는 보트 탑승. **홈페이지** www.wildsingapore.com/ubin

Special 11

싱가포르 야생테마공원(Wildlife Theme Park)

싱가포르는 자연과 인공물 분야에서 타의 추종을 불허한다. 자연을 대하는 태도와 그것을 관광상품으로 만드는 기발한 상상력이 언제나 놀라운 결과물을 만들기 때문이다. 울타리가 없는 동물원을 만드는 것은 기본이고, 한낮의 뜨거움을 피하고자 기획한 세계 최초의 야간동물원은 시시한 동물원을 최고의 관광상품으로 바꾸어놓았다. 전 세계의 강을 모티프로 하는 새로운 테마의 리버사파리를 선보이고, 다양한 생태계를 소개하기 위해서 거대한 인공 산 하나를 통째로 만들기도 한다. 싱가포르의 야생공원은 북서부지역에 몰려있다. 평소 동물원을 지루한 놀이공원쯤으로 생각한 사람들이라면 싱가포르의 야생공원 중 한 곳을 방문하기를 적극 추천한다. 새로운 세계를 접하는 즐거운 경험을 하게 될 것이다.

저렴하게 티켓구입하기

- 2곳 이상의 동물원을 둘러볼 생각이라면 패키지티켓을 사는 편이 훨씬 저렴하다. 주롱새공원, 나이트사파리, 리버사파리, 싱가포르동물원을 모두 다 볼 예정이라면 4-in-1티켓(어른 S$121, 어린이 S$78)을, 몇 군데를 골라서 방문할 생각이라면 3-in-1티켓(어른 S$98, 어린이 S$64)이나 2-in-1티켓(어른 S$71, 어린이 S$47)을 구입하자.
- 차이나타운의 피플스파크센터(People's Park Center) 3층에는 싱가포르의 주요 관광지 티켓을 저렴하게 살 수 있는 다양한 여행사가 모여 있다. 싱가포르동물원과 나이트사파리, 리버스파리, 주롱새공원 등의 티켓을 현장에서보다 더 저렴하게 살 수 있다.

부킷티마자연보호구역(Bukit Timah Nature Reservoir)

싱가포르에서 보기 드물게 개발되지 않은 청정한 야생지역으로, 싱가포르 최초의 보호수림구역 중 하나이다. 163m에 달하는 언덕을 비롯해 500종 이상의 동물과 840종이 넘는 식물이 있다. 등산로를 오르다 도마뱀이나 다람쥐, 긴꼬리원숭이를 만나는 일은 다반사이다. 하지만 야생동물들에게 먹이를 주는 것은 금지되어 있으니 주의가 필요하다.

숲 고유의 생물 다양성을 보존하기 위해 방문 전 반드시 예약해야 하며, 무단으로 한꺼번에 30명 이상 단체로 하이킹하는 것도 금지하고 있다. 6km에 이르는 자전거코스와 4가지의 도보코스가 있다. 싱가포르의 원시자연을 그대로 보존한 유일한 곳이라 인공적인 동물원이나 박물관보다 훨씬 많은 것을 보고 느낄 수 있다. 해가 쨍쨍한 대낮보다는 이른 아침이나 늦은 오후에 방문하는 것이 좋다.

주소 Hindhede Drive 입장료 무료입장 운영시간 06:00~19:00 문의 (65)1800-471-7300 찾아가기 MRT 클레멘티(Clementi)역에서 하차 후 52번 버스를 타고 10분 정도 소요. 또는 시내에서 택시를 타면 15~20분 소요. 홈페이지 www.nparks.gov.sg

Wildlife Theme Park
야생테마공원

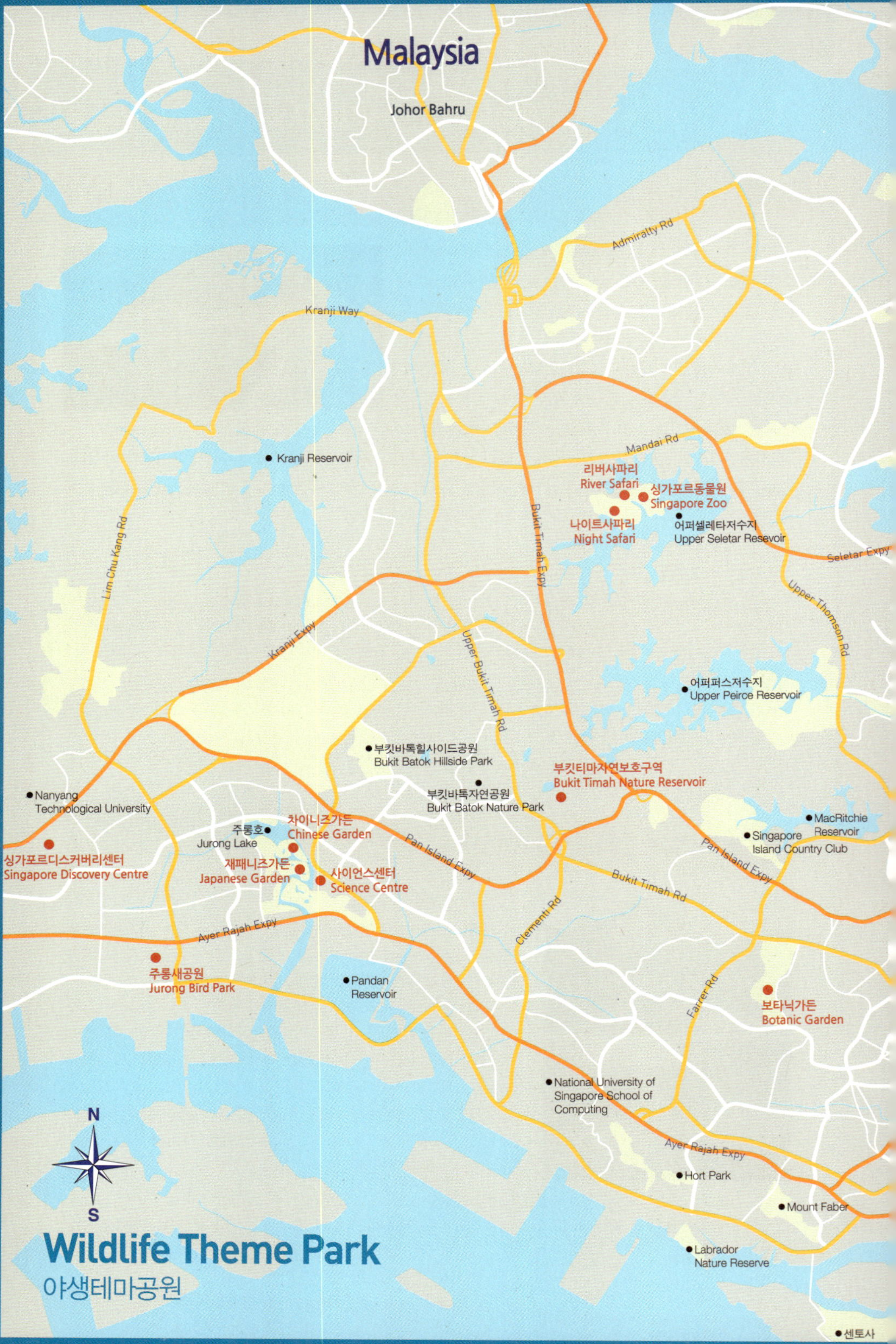
Malaysia
Johor Bahru
Admiralty Rd
Kranji Way
Kranji Reservoir
Mandai Rd
리버사파리
River Safari
싱가포르동물원
Singapore Zoo
나이트사파리
Night Safari
어퍼셀레타저수지
Upper Seletar Resevoir
Seletar Expy
Lim Chu Kang Rd
Bukit Timah Expy
Upper Thomson Rd
Kranji Expy
Upper Bukit Timah Rd
어퍼피어스저수지
Upper Peirce Reservoir
부킷바톡힐사이드공원
Bukit Batok Hillside Park
부킷티마자연보호구역
Bukit Timah Nature Reservoir
부킷바톡자연공원
Bukit Batok Nature Park
Nanyang Technological University
MacRitchie Reservoir
Singapore Island Country Club
주롱호
Jurong Lake
차이니즈가든
Chinese Garden
싱가포르디스커버리센터
Singapore Discovery Centre
재패니즈가든
Japanese Garden
사이언스센터
Science Centre
Pan Island Expy
Bukit Timah Rd
Ayer Rajah Expy
Clementi Rd
주롱새공원
Jurong Bird Park
Pandan Reservoir
Farrer Rd
보타닉가든
Botanic Garden
National University of Singapore School of Computing
Ayer Rajah Expy
Hort Park
Mount Faber
N
S
Labrador Nature Reserve
센토사

싱가포르동물원(Singapore Zoo)

울타리가 없는 동물원으로, 답답한 철조망과 나무로 쌓아올린 울타리 대신 나무와 해자 등으로 동물과 사람을 자연스럽게 이어준다. 야생에 가까운 이 동물원 안에는 300여 종, 2,800여 마리의 동물이 살고 있다. 도보산책로를 따라 걷거나 투어트램을 타고 가는 2가지 방법 중 고를 수 있다.

거대한 동물원은 테마에 따라 11개 구역으로 나뉘어 있다. 열대우림의 다양한 생태계를 관찰할 수 있는 프레즐포레스트Fragile Forest, 북금곰을 비롯한 극지방의 동물들을 만날 수 있는 프로즌툰드라Frozen Tundra, 거대한 거북이와 파충류가 있는 렙틸가든Reptile Garden 등 서식지와 동물의 종에 따라 다른 환경으로 꾸며져 있어 아이들에게도 좋은 체험활동이 될 수 있다.

주소 80 Mandai Lake Rd. **귀띔 한마디** 매일 13:00에 싱가포르동물원에서 주롱새공원으로 가는 셔틀버스가 출발한다. **입장료** 성인 S$32, 어린이(3~12세) S$21, 60세 이상 S$14 **운영시간** 08:30~18:00 **문의** (65)6269-3411 **찾아가기** ① MRT 앙모키오(Ang Mo Kio)역에서 하차 후 인터체인지에서 138번 버스를 타고 30분 정도 소요. ② 시내에서 택시를 타면 30분 정도 소요. 요금은 S$20~30이다. ③ 싱가포르 주요지역에서 출발하는 셔틀버스 이용. 매일 09:00~10:00, 12:00~13:00에 출발. 요금은 편도 어른 S$4 이상, 어린이 S$2 이상으로 루트에 따라 조금씩 다르다. 자세한 버스 스케줄은 홈페이지의 visitor's INFO에서 확인할 수 있다. **홈페이지** www.zoo.com.sg

싱가포르동물원 알차게 즐기기

1. 아멩레스토랑 조식뷔페

나무 사이를 오르내리는 오랑우탄과 함께 숲 속에서 즐기는 아멩레스토랑(Ah Meng Restaurant)의 조식뷔페는 싱가포르동물원의 최고 인기프로그램이다. 사람들에게 친근한 오랑우탄이 맞이해주는 레스토랑에서 로컬푸드와 열대과일을 즐기다 보면 진짜 정글에 와 있는 듯한 잊지 못할 추억을 만들 수 있다. 매일 오전 9시부터 10시 반까지 운영하며 어른은 S$33, 어린이(6~12세)는 S$23이다.

2. 어린이를 위한 다양한 동물쇼

물개 쇼 스플래시사파리(10:30/17:00)를 비롯해 강아지들이 주연이 되어 선보이는 애니멀프렌즈쇼(11:00/16:00), 귀여운 코끼리가 출현하는 앨리펀츠앳워크&플레이쇼(11:30/15:30) 등이 매일 2번씩 진행된다.

나이트사파리(Night Safari)

싱가포르가 야심차게 선보인 세계 최초의 야간동물원으로 색다른 분위기가 흥미로운 곳이다. 1994년 개장 이후 매년 싱가포르 최고의 관광지로 손꼽힌 만큼, 한 번쯤 꼭 들러봐야 할 곳이다. 115여 종, 총 1,000여 마리가 넘는 동물이 살고 있으며 이 중 30%는 아시아코끼리, 피싱캣 등 멸종위기에 처한 동물이다. 히말라야언덕, 아프리카의 적도, 인도-말레이지역, 네팔의 협곡 등 서식지에 따라 8개 구역으로 나뉘어 있다. 4개의 산책로를 걸어서 둘러보거나 트램을 타고 가이드의 설명을 들으며 한 바퀴 돌 수 있다.

어두운 하늘 아래 탁 트인 동물원은 울타리가 없는 데다 트램과 동물 사이가 무척 가까운 편이라 긴장을 늦출 수 없다. 시원한 여름 밤공기와 열대우림의 향기를 맡으며 동물들을 구경하다 보면 진짜 정글에 온 듯 실감 나는 체험을 할 수 있다. 동물원의 모든 조명은 동물들을 자극하지 않기 위해 달빛에 가까운 색으로 설치되었으며, 동물들이 놀라지 않도록 사진기의 플래시를 터트리는 것은 금지되어 있다.

주소 80 Mandai Lake Rd. **입장료** 성인 S$42, 어린이(3~12세) S$28, 60세 이상 S$18 **운영시간** 19:30~24:00 **문의** (65)6269-3411 **찾아가기** 싱가포르동물원과 동일 **홈페이지** www.nightsafari.com.sg

나이트사파리 알차게 즐기기

1. 화려하고 신나는 거대한 불쇼&애니멀쇼

화려하고 신나는 거대한 불쇼(Thumbuakar Performance)와 귀여운 야생동물들과 스텝들이 함께 꾸미는 애니멀쇼(Creatures of the Night Show)가 매일 열린다. 전사 복장을 한 건장한 원주민들이 펼치는 불쇼는 가히 압도적이다. 동물들과 함께 연기와 코미디까지 시도하는 애니멀쇼 역시 관객들과 함께해 무척 즐겁다.

관람시간 불쇼(18:45, 20:00, 21:00, 22:00), 애니멀쇼(19:30, 20:30, 21:30, 22:30)

2. 산책로 즐기기

산책로와 트램이 지나는 길이 다르다. 트램을 타고 가다가 중간 정착지에서 내려 나머지 반은 걷거나, 반대로 산책로를 따라 걷다가 중간부터 트램을 타면 동물원의 구석구석을 다채롭게 구경할 수 있다.

리버사파리(River Safari)

강 생태계를 주제로 하는 독특한 야생생태공원이다. 미시시피강, 메콩강, 양쯔강, 콩고강 등 세계 7대 주요 강의 생태계와 아마존의 수중 숲 등을 그대로 재현해 놓았다. 물속에 사는 수생동물뿐 아니라 강을 터전으로 살아가는 동물, 쉽게 볼 수 없는 희귀어종까지 총 300여 종, 5,000여 마리에 이르는 다양한 동물과 어류를 만나볼 수 있다.

인어로 불리는 아름다운 바다소 해우를 비롯해 피라니아, 자이언트수달, 세계에서 가장 큰 양서류인 중국도롱뇽과 2m가

훌쩍 넘는 거대한 중국메기 등 개성 넘치는 동물이 가득하다. 특히 세계 최대 규모의 담수수족관인 와일드아마조니아Wild Amazonia는 리버사파리의 백미로 불린다. 보트를 타고 와일드아마조니아를 유영하다보면 재규어나 늑대도 쉽게 만날 수 있다.

주소 80 Mandai Lake Rd. 입장료 성인 S$28, 어린이(3~12세) S$18, 60세 이상 S$14/아마존리버퀘스트 보트라이드 어른 S$5, 어린이(3~12세) S$3, 60세 이상 S$5 운영시간 09:00~18:00 문의 (65)6269-3411 찾아가기 싱가포르동물원과 동일 홈페이지 www.riversafari.com.sg

리버사파리 알차게 즐기기

1. 자이언트판다숲

리버사파리에서 가장 인기 있는 곳 중 하나로 귀여운 판다 커플이 살고 있다. 수컷 카이카이와 암컷 자자 1쌍이 살고 있는데 판다 커플과 기념사진을 찍기 위해 늘 북적인다. 여우를 닮은 레드판다도 아이들에게 인기가 많다.

2. 담수수족관 와일드아마조니아

강물 위에서 보트를 타고 유영하며 야생동물을 만나볼 수 있으며, 입장 전 따로 티켓을 예매해야 한다.

주롱새공원(Jurong Bird Park)

400여 종의 총 5,000마리 새가 6만여 평의 넓은 단지 안에 둥지를 틀고 있어, 전 세계 거의 모든 새가 이곳에 있다고 해도 과언이 아니다. 600여 마리의 새와 30m 높이의 거대한 폭포가 있는 실내 새장, 9층 건물 높이의 새장 안에 150여 종의 잉꼬가 살고 있는 잉꼬서식지, 날지 못하는 새들만 모아놓은 펭귄코스트 등 다양한 테마를 가진 25개의 공간으로 구성되어있다. 공원 전체를 다니는 트램 파노레일을 타면 공원 구석구석을 편하게 둘러볼 수 있다. 또한 주롱새공원은 새들을 위한 병원, 조류연구보존센터 등을 운영하고 있다.

주소 80 Mandai Lake Rd. 귀띔 한마디 시내로 나가는 셔틀버스는 하루에 2번 운행(14:30, 17:15)한다. 주롱새공원에서 싱가포르동물원과 나이트사파리 등으로 가는 셔틀버스를 이용할 수 있다. 싱가포르동물원으로 가는 셔틀버스는 13:30, 16:45에 출발한다. 입장료 성인 S$28, 어린이(3~12세) S$18, 60세 이상 S$12 운영시간 08:30~18:00 문의 (65)6265-0022 찾아가기 ① MRT 분레이(Boon Lay)역에서 하차하여 194 또는 251번 버스 탑승 후 1시간 소요. ② 시내에서 택시를 타면 30분 소요. 요금은 S$20~30. ③ 셔틀버스 이용. 매일 09:00~10:00, 12:00~13:00 출발. 요금(편도)은 어른 S$6, 어린이 S$3, 원데이패스는 어른 S$15, 어린이 S$7.50이며 자세한 스케줄은 홈페이지 visitor's INFO에서 확인할 수 있다. 홈페이지 www.birdpark.com.sg

주롱새공원 알차게 즐기기

1. 하이플라이어쇼&킹스오브더스카이쇼

주롱새공원의 하이라이트로 인기 새들이 총출동하는 하이플라이어쇼(11:00, 15:00)와 매, 독수리 등 맹금류가 출현해 조련사와 함께 놀라운 묘기를 펼치는 킹스오브더스카이쇼(10:00,16:00)가 있다.

2. 런치위드패롯

야외정원에서 아름다운 앵무새와 함께 점심을 즐길 수 있는 프로그램이다. 12:00~14:00에 송버드테라스(Song Bird Terrace)에서 진행되며 가격은 성인 S$22, 어린이 S$17이다.

Section 05

동부지역에서 먹어봐야 할 것들

페라나칸문화를 꽃 피운 동부지역에 외국인이 주거단지를 이루기 시작하면서 독특한 거리가 형성되었다. 덕분에 전통적인 레스토랑부터 개성 있는 인테리어와 테마로 주목받는 음식점들이 혼재해있다. '리틀말레이'로 불리는 겔랑에는 현지인들의 먹자골목이 형성되어 있다. 교통편이 좋진 않지만 맛집을 찾아 어디든 가는 사람들이라면 찾아가볼 만하다. 이스트코스트파크에는 평화로운 공원 안에서 바다가 바라다보이는 시푸드레스토랑이 많아 여유로운 식사를 즐기기에 좋다.

코코넛 국물의 진한 맛

328카통락사 328 Katong Laksa ★★★★☆

오타

국수요리인 락사는 대표적인 말레이요리로 코코넛밀크와 매운 양념장, 튀긴 두부, 새우와 숙주 등을 넣고 끓인 쌀국수이다. 특유의 향 때문에 꺼려하는 사람도 있지만 코코넛의 부드러운 맛과 매콤한 양념이 묘하게 어울려 모든 호커센터에 빠지지 않고 등장하는 메뉴이다.

진한 코코넛 국물로 유명한 328카통락사는 독특한 요리법으로 카통은 물론 싱가포르 전체에서 락사를 이야기할 때 빠지지 않는 곳이다. 메뉴는 대, 중, 소 크기에 따라 고를 수 있는 락사와 생선어묵인 오타Otah, 코코넛 향의 밥과 밑반찬이 함께 나오는 나시레막Nasi Lemak, 이렇게 3가지뿐이다. 328카통락사는 젓가락을 사용하지 않는 것으로 유명한데 통통한 면발이 짧게 끊겨 있어 숟가락을 이용해 국물과 함께 떠먹는다. 해물과 진한 코코넛 국물을 한 숟갈 떠먹으면 입안 가득 고수와 매콤한 양념 향이 퍼진다.

주소 216/218 East Coast Rd. 추천메뉴 락사 S$,6.50/5.50/4.50(대/중/소), 오타 S$1.20 영업시간 10:00~21:00/연중무휴 문의 (65)9021-2384 찾아가기 이스트코스트로드(East Coast Rd.)와 채플로드(Chapel Rd.)가 만나는 사거리에서 이스트코스트로드를 따라 조금만 올라가면 오른편에 위치. 홈페이지 328katonglaksa.com.sg

락사

그때 그 시절의 커피숍

친미친컨펙셔너리 Chin Mee Chin Confectionery ★★★★★ 추천

1960년대 문을 연 오래된 커피숍으로 50년의 세월 동안 거의 아무것도 바뀌지 않은 채 그 모습 그대로이다. 오래된 간판과 손때 묻은 타일과 벽, 낡은 테이블과 의자, 천장에 달린 선풍기와 허름한 달력, 계산대까지 옛날로 되돌아간 듯 푸근하고 정겨운 분위기가 아늑하게 느껴진다.

상점 안쪽에 있는 부엌에서는 전통 방식 그대로 코피Kopi를 만들고, 고소하고 달콤한 냄새를 풍기며 이곳의 최고 메뉴인 카야토스트와 카야번을 쉴 새 없이 굽는다. 겉은 바삭하지만 속은 솜처럼 부드러운 카야번과 카야토스트는 코피와 함께 먹으면 최고의 궁합을 자랑한다. 그 밖에 에그타르트, 초콜릿컵케이크 등 전통방식으로 만든 베이커리도 달지 않고 담백하다. 에그타르트와 빵 종류는 일찍 다 팔리는 경우가 많다. 모든 커피와 빵 가격 또한 50년 전 그 시간에서 멈춘 듯 저렴하다.

주소 204 East Coast Rd. 추천메뉴 카야토스트 S$1, 에그타르트 S$0.9 영업시간 08:00~16:00/매주 월요일 휴무 문의 (65)6345-0419 찾아가기 이스트코스트로드(East Coast Rd.)와 채플로드(Chapel Rd.)가 만나는 사거리에 위치.

초창기 이민자들의 요리

이미그랜츠게스트로바 Immigrants Gastrobar ★★★★☆

'100년 전 싱가포르에 처음 이민을 왔던 선조들은 어떤 음식을 먹고 즐겼을까'에 대한 궁금증에서 출발한 셰프 다미안Damian의 호기심이 레스토랑으로 이어졌다. 이민자의 나라 싱가포르의 특색을 살려 중국, 인도, 말레이, 유라시아, 페라나칸 등 싱가포르에 섞인 모든 아시아음식 중에서도 초창기 전통요리들을 선보인다. '어린 시절 어머니가 만들어 주신 음식 맛과 조리법을 그대로 살린다'는 소신으로 퓨전이나 새로운 요리법보다는 전통과 정성에만 집중했다.

각 메뉴는 흔히 호커센터에서 만날 수 있는 로컬푸드와 달리 낯선 이름이 많지만 추천메뉴나 요리에 관해 물어보면 이해하기 쉽게 자세히 설명해준다. 로컬푸드로는 드물게 적은 양을 조금씩 선보이는 타파스Tapas 형식으로 제공해 여러 종류의 요리를 시켜 다양하게 맛을 볼 수 있다. 메뉴는 전통적이지만 술 종류는 무척 현대적이다. 수제맥주와 와인, 희귀한 위스키 종류가 있으며 각 요리에 어울릴 만한 탁월한 주류를 추천해준다.

주소 467 Joo Chiat Rd. 추천메뉴 바나나 잎에 싼 해산물어묵 그릴드시푸드오탁(Grilled Seafood Otak) S$16, 페라나칸스타일의 닭고기요리 부아켈루악(Buah Keluak) S$20 영업시간 17:00~24:00/연중무휴 문의 (65)8511-7322 찾아가기 주치앗로드(Joochiat Rd.) 끝 이스트코스트로드(East Cosat Rd.)에 못 미쳐 왼쪽에 위치. 홈페이지 www.immigrants-gastrobar.com

재밌는 인테리어와 독특한 브런치메뉴

래빗캐럿건 Rabbit Carrot Gun ★★★★☆

이름부터 매력적인 래빗캐럿건은 이스트코스트로드에서도 단연 눈에 띄는 독특한 인테리어로 한 번쯤 들여다보게 되는 근사한 건물에 있다. 메뉴 역시 통통 튀는 이름으로 가득 채워져 있다. 점심시간에 제공되는 브런치는 이곳의 대표적인 브런치메뉴인 게임키퍼스 슈팅블랙퍼스트Gamekeeper's Shooting Breakfast와 오믈렛요리 2가지를 비롯해, 계란을 넣어 만든 다양한 메뉴와 샐러드, 팬케이크, 뮤즐리 등이 있다.

저녁에는 버섯수프와 닭의 간으로 만든 파르페 등 독특한 스타터메뉴부터, 레드와인소스와 채소를 곁들인 소고기요리 래빗캐럿건스 시그니처비프웰링턴Rabbit Carrot Gun's Signature Beef Wellington 등 푸짐한 양으로 준비한 메인메뉴까지 다양하다. 래빗캐럿건과 이어지는 바로 옆 상점에 맛있는 수제맥주를 비롯해 다양한 칵테일을 즐길 수 있는 더트렌차드암스The Trenchard Arms를 운영하며, 3층에는 레스토랑만큼 개성 넘치는 호텔이 있다.

주소 47 East Coast Rd. 가격 1인당 S$30~ 영업시간 09:00~16:30, 18:00~22:30/연중무휴 문의 (65)6348-8568 찾아가기 이스트코스트로드(East Coast Rd.)와 세이론로드(Ceylon Rd.)가 만나는 사거리 근처에 위치. 홈페이지 www.rabbit-carrot-gun.com

바다를 보며 즐기는 칠리크랩

이스트코스트시푸드센터 East Coast Seafood Center ★★★★☆

바다를 보며 칠리크랩을 먹고 싶다면 당장 향해야 할 곳. 롱비치시푸드레스토랑Long Beach Seafood Restaurant, 레드하우스시푸드레스토랑Redhouse Seafood Restaurant, 점보시푸드레스토랑Jumbo Seafood Restaurant 등 싱가포르에서 내로라하는 대표 칠리크랩레스토랑이 한곳에 모여 있다. 시내에 있는 레스토랑에 비해 호젓하고 조용한 것도 좋지만, 야외에 앉으면 석양이 지는 푸른 바다와 한가롭게 산책을 즐기는 사람들을 배경으로 음식을 즐길 수 있다.

칠리크랩만 먹으러 찾아가기에는 교통이 불편한 감이 있지만, 낮에는 이스트코스트파크에서 산책을 즐기고 저녁을 먹으러 가면 완벽한 코스가 된다. 바다를 바로 마주하고 있는 레스토랑은 롱비치와 점보 2곳으로, 좋은 자리에 앉고 싶다면 해가 지기 직전인 5~6시에 가는 것이 좋다.

주소 1206 East Coast Parkway #01-07/08 영업시간 17:00~23:00(매장마다 상이)/연중휴무 찾아가기 MRT 파야레바(Paya Lebar)역에서 택시로 10분 거리.

바다를 끼고 있는 호커센터
이스트코스트라군푸드빌리지
East Coast Lagoon Food Village ★★★★☆

이스트코스트파크 내에 있는 호커센터로 바다 옆에 자리해 해산물이 다양하다. 이미 칠리크랩을 맛봤다면 이스트코스트시푸드센터보다는 다양한 로컬푸드가 많은 푸드빌리지가 훨씬 현명한 선택이다.

카통이 자랑하는 말레이 국수요리 락사와 1960년대부터 만들어온 볶은 새우 면요리 호키엔미Hokkien Mee, 고소한 꼬치요리 사테, 시푸드센터에서 보다 저렴하게 즐길 수 있는 칠리크랩과 블랙페퍼크랩, 도자기그릇에 푹 고아 먹는 오리요리인 클레이팟Claypot까지 선택의 폭이 넓다. 대부분의 상점은 베테랑 주방장이 조리하기 때문에 어떤 음식을 시켜도 실패할 확률이 낮으며, 야외에서 바닷바람을 맞으며 음식을 즐길 수도 있다.

주소 1220 East Coast Parkway 가격 1인당 S$10~ 영업시간 12:00~24:00(상점마다 상이)/연중무휴(상점마다 휴일 상이) 찾아가기 MRT 파야레바(Paya Lebar)역에서 택시로 10분 거리.

겔랑의 명물 개구리요리
G7신마라이브 시푸드레스토랑
G7 Sinma Live Seafood Restaurant ★★★★☆

리틀말레이로 불리는 겔랑지역에서 가장 유명한 것 중 하나는 바로 개구리요리이다. 특히 개구리뒷다리를 진한 양념으로 조리해 푹 끓인 흰색 죽과 함께 먹는 개구리죽Frog Porridge이 인기가 많다. 개구리뒷다리라는 말에 눈살이 찌푸려질 수도 있지만, 형태가 크게 눈에 띄지 않는 데다 일단 한입 먹고 나면 쫄깃한 식감에 거부감도 금세 사라진다.

개구리요리 외에도 다양한 해산물요리와 국수, 고기요리 등으로도 유명한 맛집으로, 저녁시간에는 식사를 해결하러 온 현지인으로 늘 시끌벅적하다. 큰 냄비에 푹 삶은 돼지갈비 마마이트포크립Marmite Pork Rib과 넓은 야자수 잎에 얇은 국수와 해산물 등을 넣어 요리한 비훈Bee Hoon도 일품이다. 매일 새벽 4시까지 영업해 늦은 시간에도 출출한 배를 채울 수 있다.

주소 161 Geylang Rd. 추천메뉴 개구리뒷다리(Frog Leg) S$30/4인 영업시간 16:00~04:00/연중무휴 문의 (65)6743-2201 찾아가기 MRT 칼랑(Kallang)역에서 내려 겔랑로드(Geylang Rd.)를 따라 걸으면 첫 번째 사거리가 나오기 직전 왼쪽에 위치. 도보 7분 거리. 홈페이지 www.g7sinma.com

Special 12

인도네시아에서 즐기는 한 조각의 휴식, 빈탄(Bintan)

싱가포르에서 페리를 타면 40분 만에 당도하는 인도네시아의 작은 섬 빈탄. 빈탄은 3,000여 개의 크고 작은 섬으로 구성되어 있으며 믈라카해협과 남중국해에 걸쳐 넓고 길게 펼쳐져 있다. 섬은 꽤 큰 편이지만 여행객들에게 인기 있는 지역은 섬 북쪽에 있는 빈탄 리조트단지이다. 백사장이 넓게 펼쳐진 바다를 따라 럭셔리리조트가 들어서 있고, 각 리조트에서는 서핑, 스노클링 등 다양한 해양액티비티 프로그램을 운영한다. 화려한 휴양지와는 사뭇 다르지만 조용하고 한적한 바닷가에서 마음 편히 쉬기에 더할 나위 없이 좋은 곳이다. 또한 세계적으로 유명한 골프장과 럭셔리스파가 있어 취향에 따라 여행 계획을 세울 수 있다.

무엇보다 싱가포르와 가까워 부담 없고, 리조트도 저렴한 곳부터 최고급까지 다양해 예산이 넉넉하지 않아도 일정만 가능하다면 하루쯤 시간을 내서 둘러볼 만하다. 2~3일 정도 머무를 생각이라면 리조트단지에서 1시간 반 정도 떨어진 곳에 있는 탄중피낭Tanjung Pinang에 다녀오는 것도 좋다. 300년이 넘은 사원을 비롯해 빈탄 사람들의 소박한 삶과 일상을 만날 수 있다.

Bintan 빈탄

01. 싱가포르에서 빈탄으로 들어가기

창이공항에서 가까운 타나메라페리터미널Tanah Merah Ferry Terminal에서 싱가포르와 빈탄 반다르벤탄텔라니 페리터미널Bandar Bentan Telani Ferry Terminal 사이를 운행하는 빈탄리조트페리를 탈 수 있다. 약 55분 정도 소요되며, 터미널에는 최소한 출발 1시간 반 전에 도착해야 한다.

STEP 1. 타나메라페리터미널로 이동하기

페리를 타기 위해서 우선 싱가포르 타나메라페리터미널로 가야 한다. MRT 타나메라Tanah Merah역에서 내려 택시를 타면 타나메라페리터미널까지 5분 정도 소요된다. 주말에는 MRT 시티홀City Hall역에서 MRT 타나메라역까지 운행하는 TMFT 익스프레스셔틀버스를 저렴한 가격에 이용할 수 있다. 버스에서 내리면 터미널까지 다시 택시를 이용하면 된다.

주소 Tanah Merah Ferry Terminal 50 Tanah Merah Ferry Rd. #01-21 **TMFT 셔틀버스 요금** 타나메라역 – 시티홀역 S$5(어른), S$2.5(어린이), 시티홀역 – 타나메라역 S$3(어른), S$1.50(어린이) **TMFT 셔틀버스 운영시간** 16:00~19:00(금요일), 14:00~20:00(토~일요일) **문의** (65)6542-4369

STEP 2. 싱가포르에서 빈탄으로 출국하기

빈탄으로 출국하려면 여러 수속을 거쳐야 하므로 페리 출발시간보다 1시간 반이나 2시간 전에는 터미널에 도착하는 것이 좋다. 또한 빈탄에서 싱가포르로 돌아올 때도 마찬가지로 미리 페리터미널에 도착해야 한다. 티켓은 현장 구매도 가능하지만 성수기나 주말에는 예약을 해두는 것이 안전하다.
페리는 일반석과 특별석인 에메랄드클래스Emerald Class의 2가지 종류가 있다. 에메랄드클래스는 출입국 시 전용창구를 이용할

수 있으며 지정좌석, 라운지 이용 등의 혜택이 있지만, 배를 타는 시간이 짧고 일반석도 넓은 편이라 두 좌석의 큰 차이는 없는 편이다.

체크인카운터에서 여권을 보여준 후 출국수속을 마치고, 부칠 수하물이 있을 경우에는 따로 수하물을 체크해야 한다. 출국심사를 마치고 들어가면 페리에 승선하기 전 작은 라운지에 술과 초콜릿 등 간단한 기념품을 파는 면세점과 카페가 마련되어 있다. 페리에서 내리기 전, 체크인카운터에서 받은 출입국신고서를 작성해두어야 한다.

싱가포르-빈탄 페리 시간표

		싱가포르 타나메라페리터미널에서 출발 (싱가포르 시간)	인도네시아 빈탄페리터미널 출발 (빈탄 시간)
월~목요일		09:10/11:10/14:00/17:00/20:00	09:35/11:35/14:35/17:35/20:15
토~일요일, 공휴일		08:10/09:10/11:10/12:10(토요일만)/14:00/17:00/20:00	08:35/09:35(토요일만)/11:35/14:35/15:35/17:35/20:15
2층	일반석	편도 어른 S$45, 어린이 S$40 왕복 어른 S$58~70, 어린이 S$50~58(시즌에 따라 상이)	
	에메랄드 클래스	편도 어른 S$67, 어린이 S$58 왕복 어른 S$102~114, 어린이 S$86~94(시즌에 따라 상이)	

페리 타기 전 알아두기

1. 빈탄은 싱가포르보다 1시간 늦다.
2. 빈탄의 리조트에서만 머물 계획이라면, 리조트 내에서는 싱가포르달러와 신용카드를 사용할 수 있어 따로 환전하지 않아도 된다. 하지만 셔틀을 타고 근처 마을을 둘러보거나 쇼핑할 계획이라면 인도네시아 화폐 루피가 필요하다. 타나메라페리터미널 체크인카운터 옆에 환전소가 있으니 필요하다면 환전하면 된다.

STEP 3. 빈탄으로 입국하기

빈탄에 도착하면 비자카운터에서 비자를 받아야 한다. 비자요금은 체류 7일 이내인 경우 S$17(US$10)이며, 체류 8~30일인 경우 S$42(US$25)이다. 비자를 수령하면 입국심사를 받은 뒤 수하물을 찾으면 된다. 터미널 내에는 식당과 작은 기념품숍들이 있어 간단하게 둘러볼 수 있다. 터미널 밖으로 나가면 여러 리조트에서 나온 셔틀버스가 대기하고 있다. 본인이 예약한 리조트의 셔틀버스를 찾아 예약자 이름을 확인하고 올라타면 된다.

02. 빈탄 리조트 BEST 3

빈탄 페리터미널에서 10분 거리에 있는 빈탄 리조트단지에는 7개의 럭셔리리조트와 골프클럽이 바다를 따라 길게 늘어서 있다. 반얀트리, 클럽메드 등의 럭셔리 체인리조트를 비롯해 오랜 전통과 역사를 자랑하는 로컬리조트 등이 섞여 있다. 망망대해를 바라보며 근사한 식사를 즐길 수 있는 레스토랑, 다양한 해양프로그램, 럭셔리스파시설 등 리조트마다 주력하는 분야가 조금씩 다르다. 객실 역시 빌라형식이나 호텔룸형식 등으로 스타일이 다른 편이다. 빈탄에서는 리조트에 머물며 시간을 보내는 경우가 많으니 각자의 취향과 여행목적에 따라 리조트를 고르는 것이 좋다. 빈탄 리조트 홈페이지(bintan-resorts.com)에서는 리조트단지에 있는 리조트와 빈탄 전체에서 즐길 수 있는 다양한 프로그램을 확인할 수 있다.

니르와나가든빈탄리조트(Nirwana Gardens Bintan Resort)

빈탄에 있는 리조트 가운데서도 오랜 역사와 전통을 자랑하는 곳으로, 니르와나가든이라는 이름 아래 5개의 느낌이 다른 리조트를 가지고 있다. 주로 가족단위 여행객들에게 인기가 많은 니르와나리조트호텔Nirwana Resort Hotel, 편히 쉬고 싶은 커플들에게 딱 좋은 마양사리비치리조트Mayang Sari Beach Resort, 50개의 방갈로로 이루어져 있으며 해양스포츠를 즐기는 사람들에게 좋은 니르와나비치클럽Nirwana Beach Club, 2층 빌라 콘도로 이루어져 여러 그룹과 가족들이 왔을 때 좋은 반야비루빌라Banya Biru Villas, 럭셔리 콘셉트로 높은 언덕에 지어 발 아래로 남중국해의 바다가 한눈에 보이는 인드라마야풀빌라스Indra Maya Pool Villas까지 각각의 콘셉트와 분위기가 모두 다르다. 5개의 리조트 중 어디에 묵더라도 니르와나가든의 각 리조트에서 운영하는 레스토랑, 해양스포츠 프로그램, 시설 등을 자유롭게 이용할 수 있다. 이 중에서도 니르와나리조트 호텔에는 커다란 야외수영장과 풀바가 있어 늦은 밤까지 수영을 즐기기에 좋다.

주소 Jalan Panglima Pantar, Logoi 29155 **가격** S$150~ **문의** (62)770-692505 **홈페이지** www.nirwanagardens.com

니르와나가든빈탄리조트 알차게 즐기기

1. 더켈롱시푸드레스토랑(The Kelong Seafood Restaurant)

바다 위에 있는 해산물레스토랑이다. 나무다리로 연결된 좁은 통로를 연결하여 바다 한가운데 만들어 놓은 로맨틱한 레스토랑으로, 근사한 저녁식사를 즐기기에 제격이다.

2. 칼립소플로팅바(Calypso Floating Bar)

인드라마야풀빌라스에 있는 칼립소플로팅바는 아름다운 일몰을 감상하며 분위기 있는 시간을 보낼 수 있는 빈탄의 최고의 바이다. 레게음악이 낮게 깔리는 여유롭고 한적한 바닷가의 바에서 세상에서 가장 느긋한 저녁을 보내보자.

반얀트리빈탄(Banyantree Bintan)

빈탄 리조트 가운데서도 높은 언덕 위에 늠름하게 자리하고 있는 반얀트리빈탄은 64개의 럭셔리 빌라를 자랑하는 곳이다. 이 중 52개의 객실은 개인풀장을 갖춘 풀빌라룸이다. 2013년 리노베이션을 마치고 더욱 근사하게 변신한 반얀트리빈탄은 완벽하게 독립된 구조로 신혼여행을 온 커플이나 가족단위 여행객에게 더없이 좋다. 각 빌라 안에는 개인 수영장 외에도 자쿠지를 갖추고 있어 물거품 마사지를 즐기며 푸른 바다를 바라보는 호사를 누릴 수 있다.

인도네시아 최고의 리조트인 만큼 바다에서 즐기는 해양스포츠 프로그램도 다양하다. 윈드서핑, 워터스키, 낚시, 바나나보트 등 골라 즐길 수 있다. 무엇보다 반얀트리를 세계적인 리조트 반열에 올린 스파도 빼놓을 수 없다. 한낮의 바다놀이가 끝나면 화학요법을 완전히 배제한 전통방식으로 진행하는 반얀트리의 웰빙스파를 즐겨보자.

주소 Jalan Teluk Berembang, Laguna Bintan, Lagoi 29155 **가격** S$450~ **문의** (62)770-693111
홈페이지 www.banyantree.com

빈탄라군리조트(Bintan Lagoon Resort)

빈탄에서 규모가 가장 큰 리조트로 호텔룸과 단독 빌라룸을 모두 갖추고 있다. 400여 개의 객실로 규모도 크지만, 세계 각국의 음식을 맛볼 수 있는 13개의 레스토랑까지 갖추고 있다.

빈탄라군리조트의 가장 큰 장점 중 하나는 다양한 스포츠 프로그램이다. 스노클링, 카약, 수상스키, 스쿠버다이빙은 기본이고 크로켓이나 양궁, 테니스와 포켓볼까지 각종 스포츠를 즐길 수 있는 시설이 완벽하게 갖춰져 있다. 빈탄이 자랑하는 세계적인 수준의 골프코스 또한 리조트 내에 있는데 아름다운 바다를 바라보며 라운딩을 즐길 수 있는 시뷰코스는 아시아 5대 챔피언십 코스로 선정되기도 했다. 매주 금요일부터 주말 밤에는 천등행사를 진행해 수많은 천등이 새까만 인도네시아 하늘을 수놓는 아름다운 광경을 즐길 수 있다.

주소 Jalan Indera Segara Site A12, Bintan Utara, Lagoi, Kepri 29155 **가격** S$100~ **문의** (62)770-691388
홈페이지 www.bintanlagoon.com

03. 둘러볼 만한 곳

귀여운 기념품숍이 많은

파사르올레올레(Pasar Oleh Oleh)

페리터미널에서 20여 분 떨어져 있는 곳에 위치한 마켓이다. 30여 개의 상점이 한자리에 모여 있는 이곳에서는 인도네시아와 관련한 다양한 기념품과 공예품, 인도네시아 전통문양인 바틱Batic으로 만든 화려한 옷을 판매한다. 그 밖에 현지음식과 서양음식을 즐길 수 있는 레스토랑 몇 곳과 스파시설이 있으며 생필품을 파는 작은 마트도 있어 빈탄에 머무르는 동안 필요한 간단한 물건을 살 수 있다. 리조트마다 시간대별로 파사르올레올레를 왕복하는 셔틀을 운영하고 있으니 컨시어지를 통해 시간을 확인해두자.

빈탄 사람들이 사는 곳

탄중피낭(Tanjung Pinang)

탄중피낭은 빈탄 리조트와 1시간 반 정도 떨어져 있다. 버스나 렌터카를 타고 탄중피낭까지 가는 길은 빈탄의 시골풍경과 현지인들의 일상적인 삶을 들여다 볼 수 있어 또 다른 여행을 떠나는 기분이 든다.

작은 어촌마을인 탄중피낭은 현지인들의 삶과 문화가 그대로 느껴져 인도네시아에 왔다는 사실을 실감하게 한다. 수십 개의 작은 상점에서 건어물류나 전통음식, 수공예품 등을 구경하고 살 수 있다. 길거리에는 행상들이 보석이나 손으로 만든 투박한 장난감, 핸드메이드 전통의상 등을 판매한다. 또한 거리마다 재미있는 벽화가 있어 기억에 남는 사진을 남길 수 있다. 이곳에서는 인도네시아 화폐 루피가 꼭 필요하니 미리 작은 단위로 환전해두는 것이 좋다. 각 리조트에서 운영하는 셔틀을 이용하거나 렌터카를 빌려 갈 수 있다.

인도네시아의 농촌체험

사와라당 빈탄(SawahLadang Bintan)

빈탄의 농촌에서 반나절 동안 다양한 경험을 할 수 있는 색다른 프로그램이다. 한 마디로 빈탄의 농촌체험이다. 빈탄의 실제 농가에 가서 직접 모를 심어보거나 농작물을 수확하는 등 농가에서 하는 일들을 직접 체험해볼 수 있다. 닭이나 소 등 농촌에서 쉽게 만날 수 있는 동물들과 시간을 보내고 농가에서 직접 만든 음식으로 점심을 먹는 등 약 3시간에 걸쳐 진행된다. 우리나라 농촌과 다르면서도 비슷한 빈탄 사람들의 소박한 삶을 함께 체험해보고 이를 통해 지역 사람들에게도 보탬이 되는 의미 있는 프로그램으로, 특히 아이들과 함께 온 여행객들에게는 귀중한 추억이 될 것이다. 블로그를 통해 직접 예약하거나 호텔 컨시어지를 통해 예약할 수 있다.

블로그 bintansawahladang.blogspot.kr

Part
05

싱가포르 숙소 선택하기

Chapter01 숙소를 선택하기 전에 알아둬야 할 것들

Section01 나에게 맞는 스타일의 숙소 예약하기

Section02 호텔과 게스트하우스 제대로 이용하기

Chapter02 싱가포르 숙소 추천

Section03 싱가포르에서 근사한 하룻밤, 럭셔리호텔

Section04 평범한 숙소를 거부하는 사람을 위한 부티크호텔

Section05 실용적인 여행객을 위한 비스니스&레지던스호텔

Section06 주머니가 가벼운 여행객을 위한 호스텔&인

Special13 센토사에서 숙박하기

Chapter 01

숙소를 선택하기 전에 알아둬야 할 것들

보다 즐거운 여행을 위해서는 무엇보다 잠자리가 중요하다. 숙소를 결정할 때는 여행자의 예산, 취향, 동행하는 사람의 수 등을 고려해 세심하게 선택하는 것이 좋다. 호텔부터 게스트하우스까지 다양한 숙소 종류와 예약 방법, 숙소 이용법 등을 미리 숙지한 후에 여행에 맞는 최상의 숙소를 결정하자.

Section 01

나에게 맞는 스타일의 숙소 예약하기

숙박시설 선택은 여행의 목적과 취향 그리고 예산에 따라 달라질 수 있다. 호텔 자체를 여행의 일부로 생각하는 사람이라면 경비를 조금 더 들여 부대시설을 잘 갖춘 럭셔리호텔이나 인테리어에 힘쓴 부티크호텔을 선택하는 것이 좋다.

싱가포르의 다양한 숙소

숙소를 잠만 자는 곳이라고 생각한다면 비즈니스호텔이 합리적이다. 현지인이나 여행객들과 친구가 되고 싶다면 게스트하우스나 현지인의 집에서 머물 수 있는 다양한 커뮤니티 사이트를 이용해보자.

호사스러운 하루를 원한다면 럭셔리호텔

대형 리조트 또는 하룻밤에 40~50만 원 이상을 호가하는 특급호텔을 말한다. 주로 아름다운 풍광을 자랑하는 마리나베이와 비즈니스센트럴지역, 쇼핑 거리 오차드로드, 센토사 등 주요 관광지역에 세계적인 체인이나 싱가포르의 유서 깊은 럭셔리호텔이 몰려있다. 넓은 욕실과 침대 등을 갖춘 화려한 객실은 물론 스파, 피트니스센터, 야외수영장, 고급레스토랑 등 부대시설이 잘 갖춰져 있다. 또한 일명 개인집사서비스로 불리는 버틀러서비스 등 극진한 서비스를 제공한다.

디자인과 인테리어에 관심이 많다면 부티크호텔

예술, 영화, 자연 등 독특한 콘셉트로 한 개성 있는 인테리어를 자랑하는 호텔이다. 체인호텔 보다는 사설호텔이 많으며 디자인이나 인테리어에 관심이 많은 사람들에게 인기가 많다. 예술과 디자인에 관심이 많은 싱가포르에는 수준급의 인테리어를 자랑하는 부티크호텔이 많다. 특히 오래된 숍하우스나 유서 깊은 건물의 뼈대는 그대로 살리고 실내에 현대적인 디자인을 더해 무척 근사한 부티크호텔도 어렵지 않게 찾아볼 수 있다. 보통 20만 원대 이상으로 비즈니스호텔과 럭셔리호텔 중간등급으로 볼 수 있다.

합리적인 숙소를 찾는다면 비즈니스호텔

주로 3성급 호텔에 해당한다. 숙박을 위한 최소한의 것을 갖추고 합리적인 가격을 제시해, 출장을 다니는 비즈니스맨이나 적은 예산을 가진 여행객에게 적당하다. 싱가포르에 있는 비즈니스호텔은 대부분 시내 중심이나 역과 가까운 곳에 위치한 경우가 많으며, 특별한 서비스나 부대시설은 많지 않지만 숙박에 필요한 필수적인 요소를 갖추고 있어 실패할 확률이 낮다.

저렴한 가격으로 많은 사람을 만나고 싶다면 게스트하우스

저렴한 가격에 묵을 수 있는 숙박시설로 보통 여러 사람이 함께 묵는 도미토리 형식이다. 남녀가 분리된 곳도 있지만 혼숙을 하는 경우도 있으며, 1인실이나 2인실 등의 객실을 따로 운영하기도 한다. 화장실과 주방, 거실 등을 함께 사용하기 때문에 다소 불편할 수 있지만 그만큼 다양한 사람과 쉽게 친해질 수 있는 장점이 있다. 보통 빵과 우유, 시리얼 등을 갖춘 간단한 아침식사를 제공한다.

저렴한 가격으로 현지인의 집에 묵고 싶다면

1. 카우치서핑(Couchsurfing)

카우치서핑은 여행자들을 위한 비영리 커뮤니티이다. '소파를 전전한다'라는 뜻의 커뮤니티 이름처럼 나라별로 호스트를 자처하는 사람들의 집에서 무료로 숙박할 수 있다. 안전이나 문화적인 차이 등 몇몇 주의할 점이 있긴 하지만, 서로 배려하고 마음을 열 준비가 되어 있다면 기억에 남는 여행을 즐길 수 있다. 싱가포르의 경우 현지인에게 무료로 잠자리를 제공할 만큼 외국문화에 관대하고 친절한 편이라 가이드 역할을 해주거나 싱가포르문화에 대해 알려주는 호스트도 많다.

홈페이지 www.couchsurfing.com

2. 에어비앤비(airbnb)

전 세계 사람들이 이용하고 있는 숙박공유사이트로, 현지인의 집에 머무는 개념은 같지만 카우치서핑과는 다르게 소정의 숙박비를 내야 한다. 그만큼 에어비앤비에서 제공하는 객실은 1인용 방부터 주택 하나를 통째로 쓰는 것까지 무척 다양하며 객실 상태도 꽤 좋은 편이다. 에어비앤비 어플을 이용하면 지역과 기간, 가격에 따라 다양한 옵션을 보기 쉽게 검색할 수 있으며 각 방에 대한 리뷰를 확인할 수 있다. 근처에 있다면 가능한 직접 방문해서 확인하고 예약하는 편이 좋다.

홈페이지 www.airbnb.co.kr

호텔 예약하기

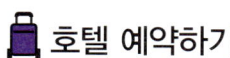

최근 호텔 예약사이트의 종류와 서비스가 무척 다양해졌다. 대표적인 예약사이트들이 소개하는 도시와 숙박업체의 수는 크게 다르지 않지만 각 숙소에 대한 리뷰의 숫자에서 차이가 난다. 단, 예약사이트의 여행객들이 남겨 놓은 별점을 참고하는 것은 좋지만 맹신하지는 말 것. 기대했던 것보다 형편없는 곳도 많으며 반대로 낮은 별점에 비해 의외로 깔끔하고 좋은 곳도 많다. 사이트를 통해 숙소의 위치와 가격을 파악한 후 직접 홈페이지에 들어가 보거나, 다양한 블로그를 통해 확인한 후 최종 결정하는 것이 좋다.

아고다(Agoda)

전 세계 3만 7천여 개 도시에 있는 호텔을 소개한다. 비회원도 예약이 가능하며 비자, 마스터, 아멕스 등 해외 신용카드로 결제할 수 있다. 결제확인 후에는 바우처를 이메일로 발행한다.

홈페이지 www.agoda.com

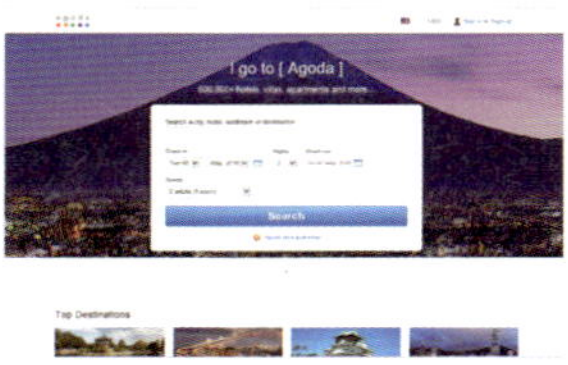

부킹닷컴(Booking.com)

180개국 29만 2천여 개의 숙박시설을 소개하며 전 세계 4만여 개 호텔의 최저 가격을 보장한다. 호텔 예약 외에 8개 렌터카업체 예약서비스를 함께 제공한다.

홈페이지 www.booking.com

호텔스닷컴(Hotels.com)

전 세계 16만 5천여 개의 숙박시설을 소개하며 실시간 예약이 가능하다. 스마트폰 앱으로도 이용할 수 있으며, 매년 2회 전 세계 주요 도시 호텔 가격 및 동향을 조사한 호텔가격지수를 발표한다.

홈페이지 kr.hotels.com

예약할 때 알아두면 좋은 호텔 객실 종류

싱글베드룸(Single Bed Room)	1인용 객실 또는 싱글침대가 있는 1인실을 말한다.
더블베드룸(Double Bed Room)	더블침대가 있는 객실로 두 사람이 사용할 수 있는 넓이의 침대가 있다. 2개의 싱글침대가 있는 트윈베드룸과 헷갈리기 쉽다.
트윈베드룸(Twin Bed Room)	1인용 싱글침대 2개가 따로 있는 객실을 말한다.
트리플베드(Triple Bed Room)	3개의 싱글침대가 있는 객실. 트리플베드를 갖추는 호텔이 점차 늘어나는 추세이다. 단, 더블베드룸이나 트윈베드룸에 추가로 침대를 추가해 3인이 사용할 수도 있다.
스위트(Suite)	보통 2개 이상의 방과 욕실, 거실이 있는 객실이다. 요금상한선이 없을 만큼 대부분 가격이 비싼 편이다.

Section 02

호텔과 게스트하우스 제대로 이용하기

숙박도 여행의 일부분이다. 그만큼 다음날 즐거운 여행을 위해서는 푹 쉬는 것이 중요하다. 호텔과 게스트하우스 이용법과 숙박업소에서 제공하는 서비스 등을 잘 체크해 여유로운 휴식을 즐기고, 즐거운 추억을 만들어보자.

호텔 이용하기

호텔마다 객실의 종류와 부대시설 등은 조금씩 다르지만 기본적으로 지켜야 할 약속과 서비스는 동일하다. 호텔의 기본적인 사용 방법을 알아보고, 기분 좋은 하룻밤을 보내자.

호텔 이용의 시작과 끝
체크인과 체크아웃 Check in&Check out

호텔에서 체크인할 때는 예약확인증인 바우처나, 여권, 신용카드를 준비하자. 호텔에 따라 체크인을 할 때 예약 보증금인 디파짓Deposit을 요구하는 경우도 있는데, 객실 안의 물건을 파손하지 않았거나 호텔 내 유료시설을 사용하지 않은 경우에는 체크아웃할 때 돌려주니 안심하고 지불하면 된다.

보통 체크인 시간은 14:00 이후지만 호텔에 따라 객실이 있을 경우 미리 체크인을 처리해 주기도 한다. 체크인 시간보다 일찍 호텔에 도착했다면 리셉션에 짐을 맡긴 후 시내에 나갔다가 오후나 저녁에 들어오는 것도 좋은 방법이다. 체크아웃 시간은 보통 11:00~12:00 전후로, 다음 손님을 위한 객실정리를 위해 시간에 맞춰 나오는 것이 좋다. 체크아웃 시간에 늦을 경우 비용을 청구하는 곳도 있으니 주의하자. 보통은 미니바 사용 여부 등을 묻고 디파짓을 돌려주는데, 간혹 사용한 방의 파손이나 기물 분실 등을 확인한 후에 체크아웃을 진행하기도 한다.

여행의 가장 여유로운 순간
아침식사 Breakfast

조식은 숙소에 따라 숙박비에 포함되는 경우도 있지만 그렇지 않은 경우도 있으므로 체크인할 때 미리 확인해두는 것이 좋다. 조식을 포함한 경우 체크인할 때 다음 날 식사하는 장소와 시간을 미리 알아두자.

호텔 조식은 대부분 과일과 시리얼, 빵과 계란 등의 간단한 메뉴지만 푸짐한 조식뷔페를 제공하는 곳도 많다. 아침식사는 여행에서 가장 여유로운 시간을 보낼 수 있는 순간이니 부지런히 일어나 평화로운 순간을 만끽해보자.

객실에서 즐기는 소소한 즐거움

미니바와 어메니티 Mini Bar&Amenity

호텔에서 무료로 제공하는 웰컴드링크가 아니라면 대부분의 미니바에 있는 주류나 음료수는 유료로, 체크아웃 시 따로 계산된다. 하지만 올인클루시브All Inclusive 호텔일 경우 미니바를 무제한으로 이용할 수 있는 경우도 있으니 예약 시 미리 확인해보자.

어메니티란 샴푸, 로션, 면도기, 빗 등 객실에 비치된 비품을 말한다. 호텔의 독자적인 상품을 사용하기도 하지만 최근 럭셔리호텔 등에서는 록시땅L'occitane, 에이솝Aesop, 몰튼브라운Molton Brown 등 인기 있는 다양한 코스메틱브랜드의 제품을 비치해 샤워 시간이 더욱 즐거워진다. 샴푸, 로션 등의 간단한 어메니티는 가져와도 무방하지만 살림을 차릴 정도로 너무 많은 비품을 챙기는 행동은 자제하도록 하자.

안전한 귀중품 보관을 위한

금고 이용 Safety Deposit Box

모든 객실에는 귀중품을 넣어둘 수 있는 작은 안전금고가 있다. 방을 비우고 여행을 나설 땐 여권이나 현금 등을 비롯한 중요한 물건은 가능한 안전금고에 넣어두도록 하자. 금고 안쪽이나 근처에 비밀번호를 설정하는 방법이 설명되어 있는데, 보통은 비밀번호를 누른 후 같은 번호를 다시 누르면 비밀번호가 설정되며 사용할 때마다 번호를 바꿀 수 있다.

호텔의 의무

컨시어지서비스 Concierge

컨시어지란 호텔의 관리인 또는 안내인을 말한다. 호텔 로비나 입구 근처에 있는 호텔 직원이라면 누구나 투숙객들에게 컨시어지서비스를 제공할 의무가 있다. 여행을 나서기 전 주변지역에 관해 물으면 지도 등을 통해 주변지역을 소개해주거나 다양한 현지 정보를 알려준다. 또한 대부분의 호텔은 비가 오면 우산을 대여해주기도 한다. 호텔이 시내와 멀리 떨어져 있는 경우 주요 관광지와 호텔을 오가는 무료셔틀버스를 제공하는데 이때에도 컨시어지를 통해 버스시간표 등을 요청할 수 있다.

방해하지 마세요! or 청소해주세요!

청소서비스

매일 호텔 체크아웃 시간 이후에는 룸메이드가 모든 객실을 청소한다. 이틀 이상 같은 호텔에 묵는다면 두 번째 날 아침에 청소서비스를 받을 수 있다. 방 안에 누군가 들어오는 것이 싫거나 방해받고 싶지 않다면 'do not disturb'가 쓰인 종이를 문 앞에 걸어두면 된다. 단, 수건이나 어메니티가 더 필요하다면 룸서비스나 프런트를 통해 따로 신청해야 한다. 매일 깔끔하게 방을 정리해주길 원한다면 문 앞에 'do not disturb' 표지를 걸어두지 않으면 된다. 방을 나설 땐 청소해주는 룸메이드를 위해 소정의 팁을 놓아두는 것이 예의이다.

게스트하우스 이용하기

도미토리에서 여러 사람과 함께 생활하는 게스트하우스에서는 다양한 외국 친구를 만나거나 즐거운 추억을 만들 기회가 많다. 단, 그만큼 개인 소지품 관리에 주의하고 다른 사람에게 피해가 가지 않도록 신경 쓰자.

공동생활의 필수

매너 지키기

게스트하우스의 핵심은 공동생활이다. 같은 공간에서 자고 같은 욕실과 주방, 거실을 사용하므로 배려가 미덕이다. 공동주방에서 요리나 식사를 했을 때는 식기와 남은 음식을 잘 정리하고, 욕실도 혼자서 너무 오랫동안 사용하지 않도록 신경 쓰자. 특히 늦은 시간까지 시끄럽게 떠들어 주변 사람들의 잠을 설치게 하는 일은 삼가자.

자기 물건은 자기가
개인 짐 챙기기

다양한 국적의 여러 사람이 함께 묵는 곳이니만큼 안전에 유의해야 한다. 종종 돈이나 물건이 없어지는 경우가 발생하는데 잃어버린 물건에 대해 책임지는 숙소는 없다. 가장 좋은 방법은 본인이 귀중품을 잘 챙기는 것이다. 여권이나 현금은 가능한 몸에 지니고 다니고, 나머지 짐도 개인사물함 등에 잘 넣어두도록 한다.

아침은 든든하게
조식 챙겨먹기

대부분의 게스트하우스에서는 공동주방에서 매일 아침 간단한 조식을 제공한다. 빵과 시리얼, 우유, 커피 등 가짓수는 많지 않지만 조금이라도 챙겨 먹고 여행을 나서면 든든하다. 싱가포르의 게스트하우스 중에는 중국식 스낵이나 인도식 난 등 아시아음식을 제공하는 경우도 있다. 특히 아침식사 시간은 게스트하우스에 묵고 있는 다른 여행객들을 만나고 인사를 나눌 수 있는 좋은 기회가 되기도 한다.

소통의 시작
보디랭귀지 적극 사용하기

적극적으로 대화하고 많은 해외 친구를 만들자. 호스텔을 찾는 사람들은 대부분 낯선 여행객과의 대화와 만남에 개방적이다. 말이 통하지 않는다고 숨어있기보다는 만국의 공통어 보디랭귀지와 학창시절 공부했던 영어실력을 십분 발휘해 다양한 시도를 하다 보면 어느새 외국 친구들과 소통하고 있는 자신을 발견하게 될 것이다.

한곳에서 오래 묵는다면
장기투숙객 할인받기

게스트하우스는 5~7일 이상 장기로 투숙하는 여행자들에게 일반요금보다 저렴한 가격으로 할인해주는 경우가 많다. 한곳에 오래 머물 계획이라면 예약하기 전 장기투숙자임을 이야기하고 숙박료에 대해 상의해보는 것이 좋다. 작은 규모의 게스트하우스는 장기투숙객 숙박료가 일정하게 정해져 있지 않아 일반 호텔보다 큰 폭의 할인을 해주기도 한다.

Chapter 0 2

싱가포르 추천 숙소

도시 전체가 관광지인 싱가포르에는 작은 규모에 비해 다양한 숙소가 있다. 초호화 럭셔리호텔부터 기발하고 아름다운 디자인으로 꾸민 부티크호텔, 경제적이고 합리적인 비즈니스호텔, 장기 투숙자들을 위한 레지던스호텔, 저렴하지만 깔끔한 시설을 갖춘 호스텔까지. 선택의 폭이 무궁무진한 싱가포르의 호텔을 둘러보고 여행자의 취향과 동선, 경비에 따라 알맞은 숙소를 골라보자.

Section 03
싱가포르에서 근사한 하룻밤, 럭셔리호텔

최고의 시설과 객실을 자랑하는 럭셔리호텔은 주로 마리나베이와 센트럴비즈니스지역, 오차드로드에 집중되어 있다. 이들의 공통점은 지리적인 편리함과 화려한 객실, 지극한 서비스 그리고 풀장에서 바라보는 눈부신 도시의 풍광이다. 단순히 잠만 자는 숙박업소를 찾는 것이 아니라, 정성 어린 서비스와 도시의 지평선을 마음껏 누리고 싶다면 럭셔리호텔에 투자하는 것도 좋은 방법이다. 럭셔리호텔은 성수기와 비수기에 따라 가격 차이가 나는 편이니 예약사이트나 홈페이지 가격을 확인하도록 하자.

싱가포르의 위대한 유산
풀러턴호텔 Fullerton Hotel

1928년 우체국이었던 건물이 2001년 고상한 호텔로 다시 태어났다. 영국식민지시대의 건축양식과 우아한 분위기를 그대로 간직한 건물 자체만으로도 훌륭하지만, 밤낮으로 아름다운 마리나베이의 풍광을 한눈에 담을 수 있는 최고의 위치적 장점까지 가지고 있다. 또한 풀러턴은 근사한 야외풀장, 호텔 밖으로 나가지 않아도 만날 수 있는 수준급 레스토랑과 바까지 모두 갖추고 있다.

오래된 건물을 개조한 객실은 차분하고 격조 있는 분위기가 바닥부터 침대, 가구 곳곳에서 느껴져 유럽의 오래된 저택에서 머무는 기분이 든다. 5개 종류의 일반객실과 6개의 스위트룸이 있다. 그 중에서도 복층으로 이루어진 로프트스위트Loft Suite와 호텔의 가장 꼭대기에 위치한 풀러턴스위트Fullerton Suite는 잊지 못할 밤을 보내고 싶은 신혼부부에게 인기가 좋다. 1930년대 풀러턴호텔이 있던 건물의 역사와 당시의 모습을 생생하게 보여주는 사진 등을 전시해 놓은 풀러턴헤리티지갤러리에서는 1800년대에 실제로 사용하던 우체통도 직접 볼 수 있다.

주소 1 Fullerton Square **가격** 코트야드룸 S$300~, 헤리티지룸 S$370~ **체크인/아웃** 14:00/12:00 **문의** (65)6733-8388 **찾아가기** MRT 래플스플레이스(Raffles Place)역 B출구로 나와 마리나베이 쪽으로 직진한 후 강변을 따라 걸으면 왼쪽에 위치. 도보 5분 거리. **홈페이지** www.fullertonhotel.com

유서 깊은 영국식민지 스타일
래플스호텔 Raffles Hotel

단순한 호텔이 아닌 싱가포르를 대표하는 아이콘이자, 싱가포르의 대표 칵테일인 싱가포르슬링을 탄생시킨 세계적인 호텔이다. 호텔이 가지는 상징만으로도 하루쯤 래플스에 머무는 것은 그만한 가치가 있다. 식민지시대의 우아한 분위기가 흘러넘치는 건물외관과 열대우림으로 꾸며놓은 이국적인 정원, 멋지게 제복을 갖춰 입고 그 옛날 그때처럼 늠름하게 호텔 입구를 지키고 있는 호텔리어까지. 호텔 곳곳에 전통과 기품이 흘러넘친다.
66개의 코트야드&팜코트스위트룸을 비롯해 5개 종류의 스위트룸이 있다. 고풍스럽고 차분한 객실은 크기가 다른 호텔에 비해 무척 넓은 편이다. 래플스호텔의 가장 큰 장점은 세심하고 친절한 버틀러서비스Butler Service로, 이곳에 머무는 동안에는 개인집사가 되어 아주 작은 부분까지 기억하고 신경 써준다. 관광객이 많이 찾는 곳이지만 투숙객이 머무는 공간은 철저하게 통제된다. 체크인을 하면 웰컴드링크로 싱가포르슬링을 제공하며 아침은 애프터눈티로 유명한 티핀룸Tiffin Room에서 우아하고 여유롭게 즐길 수 있다.

주소 1 Beach Rd. **귀띔 한마디** 관광객에게 유명한 롱바는 저녁시간에는 대부분 줄을 서는 경우가 많은데 투숙객은 언제든 기다리지 않고 가장 먼저 입장할 수 있다. **가격** 래플스INC스테이트룸 S$600~, 코트야드&팜코트스위트 S$630~ **체크인/아웃** 15:00/12:00 **문의** 1-800-768-9009 **찾아가기** MRT 시티홀역에서 C출구로 나와 비치로드(Beach Rd.)를 따라 걸으면 사거리를 지나 왼편에 위치. 도보 5분 거리. **홈페이지** www.raffles.com/singapore/

싱가포르에서 가장 핫한 호텔
마리나베이샌즈호텔 Marina Bay Sands Hotel

마리나베이샌즈호텔에 가기 위해 싱가포르를 찾는 여행객이 늘었을 만큼 두말이 필요 없는 핫한 호텔이다. 싱가포르는 물론 아시아 최고의 랜드마크로 손꼽히는 곳에서의 하룻밤과 호텔의 명성만큼 사랑받는 인피니트풀에서 마리나베이를 배경으로 인증샷을 남기는 것만으로도 싱가포르여행의 큰 목적을 이룰 수 있다.

55층에 이르는 건물 안에 총 2,500여 개의 객실과 스위트룸을 갖추고 있으며 모든 객실에서 마리나베이와 가든스바이더베이 또는 싱가포르의 멋진 스카이라인을 한눈에 내려다볼 수 있다. 객실 인테리어는 특별하지 않지만 깔끔한 침구와 넓고 깨끗한 욕실이 자리해 럭셔리한 하루를 보내기에 흠 잡을 데 없다.
카지노, 쇼핑몰, 대형극장과 박물관, 세계적인 레스토랑, 가장 핫한 루프톱바까지 건물 안에 모여 있어 건물 전체가 거대한 엔터테인먼트 관광지이다. 또한 가든스바이더베이, 올드시티 등 주요 관광지가 걸어서 갈 수 있는 거리에 있어 동선을 짜기에도 편리하다.

주소 10 Bayfront Ave. **가격** 디럭스룸 S$419~, 프리미어룸 S$449~, 오키드스위트 S$700~ **체크인/아웃** 15:00/11:00 **문의** (65)6579-2026**찾아가기** MRT 베이프런트(Bayfont)역에서 내려 B, C, D, E출구로 나오면 호텔과 바로 연결. **홈페이지** www.marinabaysands.com

동양의 차분함과 환상적인 전망을 자랑하는

만다린오리엔탈 Mandarin Oriental

신비함이 물씬 풍기는 세련된 동양풍의 인테리어와 서비스로 유명한 만다린오리엔탈의 명성은 싱가포르에서도 어김이 없다. 특히 하버뷰 객실을 선택하면 왼쪽으로는 랜드마크 마리나베이샌즈호텔이, 오른쪽으로는 풀러턴헤리티지와 에스플러네이드 그리고 센트럴비즈니스지역의 마천루까지 아우르는 환상적인 전망을 자랑한다. 좋은 위치에 자리하고 있는 만큼 객실의 종류도 시티뷰, 오션뷰, 하버뷰 등으로 나뉘며 객실 전망에 따라 가격이 다르다. 동양적인 패턴과 깔끔한 원목으로 꾸민 객실은 샤워실과 욕조가 따로 있는 널찍한 욕실까지 갖추고 있어 여유롭다.
만다린오리엔탈 5층에 있는 야외수영장은 밤에 펼쳐지는 마리나베이의 레이저쇼를 감상할 수 있는 숨은 명당이다. 선베드 외에도 투숙객이라면 누구나 무료로 이용할 수 있는 넓은 그늘막 카라반이 있어 책을 읽거나 칵테일 한 잔을 시켜놓고 여유를 부릴 수 있다. 싱싱한 과일과 다양한 동서양요리가 알차게 준비된 조식은 매일 아침 멜트Melt카페에서 즐길 수 있다.

주소 5 Raffles Ave. **가격** 오션뷰룸 S$399~, 시티스위트룸 S$560~ **체크인/아웃** 14:00/12:00 **문의** (65)6338-0066 **찾아가기** MRT 에스플러네이드(Esplacade)역 지하링크를 따라 연결. **홈페이지** www.mandarinoriental.com/Singapore

남아시아에서 가장 높은 곳에 위치한 호텔
스위소텔 더스탬퍼드 Swissotel the Stamford

싱가포르에서 가장 높은 곳에 있는 호텔로, 날씨가 좋은 날에는 멀리 말레이시아와 인도네시아까지 볼 수 있다. 스위소텔 더스탬퍼드의 가장 큰 이점은 지리적인 편리함이다. MRT 시티홀Cityhall역과 연결되어 있는데, 1층에는 래플스시티 마켓플레이스와 푸드코트가 있으며 같은 건물에 에퀴녹스Equinox Complex와 잔Jann 등 싱가포르에서 손꼽히는 레스토랑이 있다. 래플스호텔과 차임스를 비롯해 올드시티지역 대부분이 도보 5분 거리 안에 있으며, 마리나베이도 도보 10분 거리 내에 있어 싱가포르를 둘러보는 데에 최적의 조건을 갖추고 있다.

스위트룸을 비롯해 클래식, 하버뷰, 그랜드룸 등 6개 종류의 객실이 있다. 야자수로 둘러싸인 원 모양의 야외수영장은 아침 6시 반부터 밤 9시까지 이용할 수 있으며, 테니스 코트와 조깅트랙이 있어 아침저녁으로 가볍게 운동을 즐기기에도 좋다.

주소 2 Stamford Rd. **가격** 클래식더블룸 S$200~, 스위스이그제큐티브더블룸 S$370~ **체크인/아웃** 15:00/13:00 **문의** (65)6338-8585 **찾아가기** MRT 시티홀역에서 A출구로 나와 래플스시티 건물 73층에 위치. **홈페이지** www.swissotel.com

6성급의 진가를 보여주는 화려한 호텔
풀러턴베이호텔 Fullerton Bay Hotel

풀러턴에서 2011년 새롭게 문을 연 호텔로, 80여 개의 객실로 이루어진 작은 규모이지만 럭셔리 부티크호텔에 어울리는 인테리어와 서비스, 시설을 자랑한다. 로비에 들어서면 높은 천장과 화려한 샹들리에, 반짝이는 바닥과 감각적인 가구까지 6성급 호텔의 위엄이 그대로 느껴진다. 풀러턴베이의 모든 객실은 마리나베이의 아름다운 풍광을 볼 수 있는 베이뷰Bay View이다. 객실 창문이 통유리로 되어 있어 탁 트인 전망을 아침저녁으로 감상할 수 있으며, 욕실도 전면이 유리로 되어 있어 마리나베이의 풍경을 볼 수 있다.

로비층에 있는 더랜딩포인트The Landing Point에서는 애프터눈티를, 클리포드피어Clifford Pier에서는 유럽식 뷔페와 특별한 로컬푸드를 맛볼 수 있다. 인기 있는 루프톱바 랜턴Lantern에서는 360도 파노라믹뷰로 마리나베이의 풍경을 감상할 수 있다. 또한 호텔 7층에 있는 인피니티풀에서는 마리나베이샌즈의 레이저쇼까지 감상할 수 있다.

주소 80 Collyer Quay **가격** 디럭스더블룸 S$530~ **체크인/아웃** 14:00/12:00 **문의** (65)6579-2026 **찾아가기** MRT 래플스플레이스(Raffles Place)역 B출구로 나와 마리나베이 쪽으로 직진한 후 강변을 따라 걸으면 오른쪽에 위치. 도보 5분 거리. **홈페이지** www.fullertonbayhotel.com

감각적인 실내 인테리어가 인상적인

세인트레지스싱가포르 The St. Regis Singapore

호텔 체인그룹 스타우드의 최상급 브랜드이다. 젊은 감각의 인테리어와 시설로 방문 고객만족도가 높다. 우아한 침대와 소파 등의 가구가 방 안을 깔끔하게 채우고 있으며, 객실 크기만큼 넓은 화장실에는 두 개의 세면대와 욕조가 가지런히 놓여있다. 욕조 앞에는 TV가 있어 따뜻한 물에 몸을 담그고 영화를 보며 여행의 피로를 풀 수 있다.

투숙객들의 편의를 위한 버틀러서비스가 24시간 무료로 제공되는데, 레스토랑 및 항공, 투어 예약은 물론 커피나 티 서비스 등 크고 작은 요청 사항을 친절하게 처리해준다. 시내와 조금 떨어진 오차드로드의 끝자락 탕린로드Tanglin Rd.에 위치하여 조용하고 아늑한 분위기에서 편안한 휴식을 취할 수 있다.

주소 29 Tanglin Rd. **가격** 이그제큐티브디럭스룸 S$380~, 그랜드디럭스트윈룸 S$400~ **체크인/아웃** 15:00/12:00 **문의** (65)6506-6888 **찾아가기** MRT 오차드(Orchard)역 E출구로 나와 오차드로드를 따라 15분 정도 걸으면 탕린쇼핑센터(Tanglin Shoppint Center)를 지나 왼쪽에 위치. 또는 오차드역에서 택시를 타면 기본요금. **홈페이지** www.starwoodhotels.com

오차드로드에서 만나는 클래식한 호텔

굿우드파크호텔 Goodwood Park Hotel

1900년대 초반에 지은 유서 깊은 호텔이다. 1900년 엘리트 독일인의 커뮤니티 클럽으로 사용되었다가 이후 개인 저택과 카페, 레스토랑을 거쳐 1929년에 처음으로 호텔 이름을 달았다. 오차드로드에서 조금만 벗어나 스콧로드Scott Rd.를 따라 올라가면 작은 숲에 둘러싸인 이국적인 건물의 호텔을 만날 수 있다. 화려한 외관은 아니지만 100년이 넘는 시간을 오롯이 간직한 기품이 느껴진다.

오래된 호텔인 만큼 최신식 디자인과 시설을 기대하기는 어렵지만 12개 종류의 객실은 원목과 따뜻한 조명, 부드러운 카펫 등으로 클래식한 분위기를 물씬 풍긴다. 야자수로 둘러싸인 수심 3m의 풀장에서는 숲 속의 정원을 닮은 굿우드파크의 분위기를 한껏 즐기며 수영할 수 있다. 굿우드파크는 호텔 내에 있는 애프터눈티카페와 두리안을 재료로 하는 디저트메뉴로도 무척 유명하다. 두리안케이크를 비롯해 두리안월병, 두리안아이스크림 등 싱가포르의 특별한 맛을 만나볼 수 있다.

주소 22 Scotts Rd. **가격** 디럭스룸 S$240~, 풀사이드스위트룸 S$350~ **체크인/아웃** 14:00/12:00 **문의** (65)6737-7411 **찾아가기** MRT 오차드(Orchard)역 A출구로 나와 스콧로드(Scott Rd.)를 따라 걸으면 파이스트플라자(Far East Plaza)를 지나 오른쪽에 위치. 도보 10분 **홈페이지** www.goodwoodparkhotel.com

아늑한 숲 속의 정원 같은

호텔포트캐닝 Hotel Fort Canning

시내 한가운데의 포트캐닝파크 내에 자리한 고풍스럽고 낭만적인 숲 속의 럭셔리 부티크호텔이다. 1926년 영국군의 건물로 처음 지은 후 100년에 가까운 시간 동안 일본과 영국, 싱가포르정부의 주요 업무를 보는 곳으로 사용되었다가 지난 2010년 호텔로 새롭게 태어났다.

총 86개의 객실을 갖추고 있으며 콜로니얼Colonial스타일의 클래식한 분위기를 풍기면서도 현대적인 시설과 디자인이 조화롭게 섞여 있어 우아하고 아늑하다. 특히 스위트룸에는 자쿠지가 객실 안에 있어 편안하게 휴식을 즐길 수 있다. 호텔 내에서 아시아음식을 선보이는 글래스하우스Glass House는 로맨틱한 저녁을 즐기기 위해 많은 커플이 찾는 유명한 레스토랑 중 하나이다. 화려한 싱가포르의 도시를 즐긴 후, 평화롭고 오붓한 휴식을 원하는 사람들에게 딱 맞는 곳이다.

주소 11 Canning Walk **가격** 디럭스룸 S$240~, 스튜디오스위트 S$480~ **체크인/아웃** 14:00/12:00 **문의** (65)6559-6770 **찾아가기** MRT 도비갓(Dhoby Ghaut)역 A출구로 나와 포트캐닝파크 쪽으로 향한 포트캐닝로드(Fort Canning Rd.)를 따라 걷다 공원 입구로 들어서면 바로 보인다. 또는 도비갓역에서 택시로 기본요금. **홈페이지** www.hfcsingapore.com

시설과 서비스, 위치 모두 만족스러운

팬퍼시픽 Pan Pacific

세계적인 호텔 체인 중 하나인 팬퍼시픽은 시설과 위치, 서비스 모두 수준급을 자랑하는 합리적인 럭셔리호텔 중 하나이다. 마리나베이와 센트럴비즈니스지역인 CBD가 한눈에 바라다보이며, MRT 프로메네이드Promenade역과 연결된 선텍시티, 마리나스퀘어 쇼핑몰이 아래층에 위치한다.

2012년 대대적인 리노베이션을 마쳐 팬퍼시픽 체인 중 가장 최신식의 인테리어와 시설을 자랑한다. 특히 로비에서 건물의 최고층까지 삼각형구조로 훤히 뚫린 세련된 라운지가 장관인데, 이곳에서 애프터눈티와 칵테일을 즐길 수 있다. 객실은 다른 호텔에 비해 넓은 편이며 깔끔하고 도시적인 느낌으로 꾸며져 있다. 거대한 건물 앞에 반원형으로 펼쳐진 야외수영장은 밤이 되면 호텔의 조명을 받아 더 아름답다. 호텔 내에는 손꼽히는 6개의 파인레스토랑이 입점해 있어 멋진 저녁식사를 위해 따로 다른 곳을 찾을 이유가 없다.

주소 7 Raffles Boulevard **가격** 디럭스룸 S$260~, 스카이라인스위트 S$450~ **체크인/아웃** 15:00/12:00 **문의** (65)6336-8111 **찾아가기** MRT 프로메네이드(Promenade)역 C출구로 나오면 바로 연결. **홈페이지** www.panpacific.com

Section 04

평범한 숙소를 거부하는 사람을 위한 부티크호텔

관광은 물론 디자인과 예술에 관심이 지대한 싱가포르는 부티크호텔의 천국이다. 차이나타운, 티옹바루, 아랍스트리트, 리틀인디아 등 젊은 여행객이 많이 찾는 지역을 중심으로 독특한 콘셉트와 디자인, 서비스로 무장한 부티크호텔이 속속들이 등장했다. 디자인에 관심이 많거나 숙소 역시 또 다른 여행지 중 하나로 생각하는 사람이라면, 평범한 호텔에서의 하룻밤 대신 재미있고 설레는 분위기로 가득한 부티크호텔을 눈여겨보자.

방랑벽을 자극하는 객실
원더러스트 Wanderlust

지난 2010년 리틀인디아에 문 연 부티크호텔 원더러스트는 언제나 어디로든 떠나고 싶어 하는 여행자에게 영감을 주는 하룻밤을 선사한다. 4곳의 싱가포르 디자인 회사가 의기투합해 학교건물을 개조한 뒤, 4개 층을 하나씩 맡아 그들만의 개성으로 객실을 꾸몄다. 덕분에 29개의 객실 하나하나가 각기 다른 테마로 채워져 있다. 위트 넘치는 팝아트 요소가 가득한 객실부터 팬톤컬러Pantone Color에서 영감을 받아 과감하게 원색으로만 꾸민 팬턴디럭스룸, 그 밖에 거울, 우주, 종이접기 등 온갖 상상력으로 꾸민 방들이 여행을 더욱 설레게 한다. 특히 복층으로 꾸며진 윔지컬룸Whimsical Room은 공간을 더욱 넓게 사용할 수 있어 인기가 좋다.
근사한 야외풀장은 없지만 대신 아담하고 아늑한 자쿠지가 있어 가족이나 친구들과 오붓한 시간을 보내기에 좋다. 원더러스트 로비에 있는 코코떼Cocotte는 수준 높은 프랑스가정식을 선보이는 곳으로, 입소문이 자자한 곳이라 주말에는 줄을 서야 하는 인기 레스토랑이다. 호텔 근처에 작은 호커센터가 있고, 볼거리가 많은 리틀인디아와도 가깝다.

주소 2 Dickson Rd. **가격** 팬톤더블룸 S$160~, 윔지컬더블룸 S$260~ **체크인/아웃** 14:00/12:00 **문의** (65)6396-3322 **찾아가기** MRT 리틀인디아(Little India)역에서 세랑군로드(Serangoon Rd.)를 따라 걷다가 코마빌라스(Koma Villas) 레스토랑을 끼고 오른쪽 어퍼딕슨로드(Upper Dickson Rd.)로 진입한 후 딕슨로드(Dickson Rd.) 끝까지 가면 왼쪽에 위치. **홈페이지** wanderlusthotel.com

과거와 현재가 조화를 이룬 디자인호텔
왕즈호텔 Wangz Hotel

볼거리 많은 차이나타운과 젊은이들의 휴식처 티옹바루 사이에 있는 왕즈호텔은 MRT 아우트램파크Outram Park역에서 가깝다. 과거와 현재가 어우러진 독특한 부티크호텔인 왕즈호텔은 1920년대 파리에서 유행했던 아르데코와 식민지 시대의 예술이 혼합되어 있다.

41개의 객실은 슈퍼리어, 디럭스, 캐노피 등 6개 종류로 나뉘어 있으며, 객실 안에는 깔끔한 침대와 개인수집용으로 모은 예술작품이 하나씩 전시되어 있다. 욕실에 특히 신경을 썼는데 시티뷰를 감상할 수 있는 커다란 창문이 한쪽을 차지하고 있으며, 여행의 피로를 말끔하게 씻어줄 레인샤워기가 설치되어 있다. 또한 샤워용품은 영국왕실에서 사용하는 화장품브랜드인 몰튼브라운Molton Brown 제품으로 채워져 있다. 뿐만 아니라 대형 평면TV와 아이팟도킹스테이션 등 기본시설도 부족함이 없다.

주소 231 Outram Rd. **가격** 슈피리어룸 S$200~, 캐노피룸 S$280~ **체크인/아웃** 14:00/12:00 **문의** (65)6595-1388 **찾아가기** MRT 아우트램파크(Outram Park)역에서 나와 아우트램로드를 따라 걷다 교차로를 지나 오른쪽 모퉁이에 위치. **홈페이지** www.wangzhotel.com

싱가포르의 첫 번째 부티크호텔
뉴마제스틱 New Majestic

싱가포르에 부티크호텔의 시대를 연 곳이다. 호텔 로비와 객실 인테리어는 9명의 로컬디자이너가 도맡았다. 개인 정원을 갖춘 스위트룸을 비롯해 객실 한가운데 유리로 둘러싸인 욕조가 있는 아쿠아룸, 곳곳을 거울로 꾸며놓은 미러룸 등 취향에 따라 고를 수 있다. 총 30개의 방 중 5개의 방은 디자이너와 방 이름이 적혀있다.

방 안을 채우고 있는 소품 하나에도 신경을 썼는데 모든 방의 침구류는 폭신한 플로Ploh 제품이며, 샤워용품 역시 키엘Kiehls 제품이다. 빌딩 사이에 다소곳이 숨어 있는 야외 풀장은 밤이 되면 은은한 조명과 달빛 덕분에 운치 있다. 케옹색로드Keong Sack Rd.와 가까워 밤에는 근처에 있는 바 등에서 시간을 보내고 호텔까지 걸어올 수 있다.

주소 31-37 Bukit Pasoh Rd. **귀띔 한마디** 아쿠아룸을 비롯한 몇몇 객실은 욕실이 모두 유리로 되어 있다. **가격** 프리미어룸 S$230~, 애틱스위트 S$380~ **체크인/아웃** 15:00/12:00 **문의** (65)6579-2026 **찾아가기** MRT 아우트램파크(Outtram Park)역 H출구로 나와 오른쪽 테오홍로드(Teo Hong Rd.)로 진입하면 길 끝 맞은편에 위치. **홈페이지** www.newmajestichotel.com

케옹색로드의 빈티지 부티크호텔

호텔1929 Hotel 1929

핫플레이스로 떠오르는 케옹색로드에 있는 호텔1929는 동네 분위기처럼 근사한 부티크호텔이다. 이름처럼 1929년에 지은 오래된 건물은 문화유산으로 지정되어 있을 만큼 당시의 건축양식과 분위기를 온전하게 보전하고 있다. 32개의 객실은 조명과 가구, 욕실 등에 변화를 시도해 모두 각기 다른 인테리어로 꾸며져 있다. 특히 호텔1929의 꼭대기 층에 있는 2개의 스위트룸에는 열대우림으로 꾸민 작은 정원에 욕조가 있어, 야외 욕조 속에 몸을 담그고 반짝거리는 차이나타운과 싱가포르의 야경을 한눈에 내려다보는 특별한 경험을 할 수 있다.
건물과 객실 곳곳에서 의자수집광이었던 오너의 의자컬렉션을 감상할 수 있다. 1910년대부터 1950년대까지 당대를 풍미했던 유명한 디자이너의 빈티지의자로 가득해 가구에 관심이 있는 사람들에게는 최고의 박물관이 될 것이다.

주소 50 Keong Sack Rd. **가격** S$129~ **체크인/아웃** 15:00/12:00 **문의** (65)6347-1929 **찾아가기** MRT 차이나타운(Chinatown)역 A출구로 나와 뉴브리지로드(New Bridge Rd.)를 따라 내려가다 왼쪽 케옹색로드(Keong Saik Rd.)로 진입, 10분 정도 걸으면 포테이토헤드포크(Potato Head Folk)를 지나 길 끝에 위치. **홈페이지** www.hotel1929.com

비즈니스맨과 신혼여행객에게 합리적인

더퀸시호텔 The Quincy Hotel

오차드로드와 가까운 더퀸시호텔은 날씬하면서도 독특한 건물외관이 멀리서부터 눈에 띈다. 부티크호텔이지만 합리적이고 효율적인 패키지상품으로 무장했다. 올인클루시브서비스All Inclusive Service 프로그램인 프리빌리지Privilege는 깔끔한 객실은 기본, 공항라운지 무료이용, 이른 체크인(또는 늦은 체크아웃), 홉앤호프버스의 시내투어 그리고 미니바와 세탁서비스까지 포함한다. 짧게 싱가포르를 경유하는 여행자들에게는 더할 나위 없이 유용한 구성이다.
또한 7일 이상 머무는 사람을 위한 롱스테이슈퍼세이브Long Stay Super Save는 가격을 할인해주며 조식, 레스토랑 딘앤델루카Dean&Deluca와 모데스토Modesto의 음식, 칵테일과 카나페, 세탁서비스, 전화(현지에 한함) 등을 일주일 내내 무료로 제공한다. 오차드로드가 한눈에 내려다보이는 유리로 둘러싸인 풀장 역시 누구나 이용할 수 있다.

주소 22 Mount Elizabeth **가격** 스튜디오 S$200~ **체크인/아웃** 14:00/12:00 **문의** (65)6738-5888 **찾아가기** MRT 오차드(Orchard)역 A출구로 나와 오차드로드를 따라 걷다 럭키플라자(Lucky Plaza)를 지나면 왼쪽 마운트엘리자베스로드(Mount Elizabeth Rd.)로 진입해 10분 정도 길을 따라 걸으면 길 끝에 위치. **홈페이지** www.quincy.com.sg

조용하고 아늑한 별장 같은 호텔
로이드인 Lloyd's Inn

편안한 공간을 추구하는 부티크호텔이다. 오차드로드에 있는 MRT 서머셋Somerset역 뒤쪽에 위치해 도심과 가까우면서도 시내와는 완전하게 분리된 고요함이 있다. 2014년 리모델링을 마친 후 더욱 깔끔해진 모습으로 다시 문을 열었는데, 노출 콘크리트와 미색과 흰색으로 꾸민 전체 분위기가 세련되면서도 멋스럽다. 객실은 더리딩, 더가든, 더스카이의 3가지의 콘셉트에 따라 구성이 조금씩 다르지만 커다란 통유리로 푸른 나무와 파란 하늘이 보이는 것은 모두 동일하다.

더가든과 더스카이 객실에는 야외 샤워시설이 준비되어 있어 자연 속에서 기분 좋은 목욕을 즐길 수 있다. 야외에도 얕은 실내풀장이 있는데 수영을 하기에는 좁고 얕은 편이지만 푸른 나무에 둘러싸여 평화로운 휴식을 취하기에는 더할 나위 없이 좋다. 매일 아침에는 로이드인과 제휴한 카페에서 무료로 식사를 즐길 수 있다. 오차드로드와 걸어서 10분 거리이며, 3분 거리에 있는 킬리니로드Killiney Rd.는 오래된 현지음식점들이 길을 따라 늘어서 있는 숨은 맛집 거리이다.

주소 2 Lloyd Rd. **가격** 도미토리 S$42~60, 트윈룸 S$130~, 트리플룸 S$170~ **체크인/아웃** 15:00/12:00 **문의** (65)6737-7309 **찾아가기** MRT 서머셋(Somerset)역 A출구로 나와 서머셋로드(Somerset Rd.)를 따라 걷다가 킬리니로드(Killiney Rd.)로 진입. 직진하다 오차드그랜드코트호텔(Orchard Grand Court Hotel)이 보이면 왼쪽에 있는 로이드로드(Lloyd Rd)로 진입, 그 길 끝 왼쪽에 위치. 도보 10분 거리. **홈페이지** lloydsinn.com

서비스와 시설이 모두 훌륭한
나우미호텔 Naumi Hotel

우아한 인테리어와 버틀러서비스를 능가하는 극진한 대우까지, 부티크호텔 중에서도 만족도가 높은 곳으로 입소문이 자자하다. 열대국가에 있는 호텔답게 야자넝쿨로 꾸민 외관이 이국적인 나우미호텔은 2007년 오픈 이후 부티크호텔로서의 명성을 차곡차곡 쌓아왔다.

객실마다 엄선해 고른 아름다운 미술작품과 꽃을 테마로 하는 우아한 디자인, 넓고 폭신한 침대, 욕실과 따로 마련한 세면공간, 유명 코스메틱브랜드

멜린앤게츠의 욕실용품까지 곳곳에 세심함이 넘쳐흐른다. 미니바에 구비된 물과 맥주, 스낵 등은 모두 무료이다. 호텔의 루프톱바에서는 멋진 야경과 함께 맛있는 싱가포르슬링을 선보인다. 싱가포르의 비즈니스지역인 CBD에 있어 마리나베이, 차이나타운이 모두 가까우며 늦은 시간에 귀가해도 안전한 편이다.

주소 41 Seah St. **가격** 하비타트 S$270~, 오아시스 S$340~ **체크인/아웃** 14:00/12:00 **문의** (65)6403-6000 **찾아가기** MRT 시티홀역에서 B출구로 나와 노스브리지로드(North Bridge Rd.)를 따라 걷다 오른쪽에 있는 시아스트리트(Seah St.)로 들어서서 조금만 걸으면 민트토이박물관을 지나 왼편에 위치. 도보 6분 거리. **홈페이지** www.naumihotel.com

모던한 분위기의 부티크호텔
클랩스 Klapsons

17개의 개성 넘치는 객실로 이루어진 클랩스은 감각적인 조명과 인테리어로 무장한 로비부터 남다르다. 현대적인 디자인으로 꾸민 객실에는 평소 즐겨듣던 노래를 감상할 수 있는 아이팟독과 깃털처럼 가볍고 푹신한 구스다운베개, 매일 아침저녁으로 맛있는 커피를 마실 수 있는 네스프레소커피머신을 갖추고 있다. 미니바를 무료로 이용할 수 있으며 현지로 거는 전화도 무료로 사용할 수 있다. 무엇보다 가장 좋은 것은 모든 방마다 자쿠지가 따로 마련되어 있어 여유로운 휴식을 즐길 수 있다는 점이다.

굳이 좋은 레스토랑을 찾아 나서지 않아도 마음껏 분위기를 낼 수 있는 더슬리핑리노The Sleeping Rhino가 매일 밤늦게까지 문을 열어 스테이크와 연어요리, 근사한 디저트까지 모두 즐길 수 있다. 또 건물의 17층에는 화려한 중동 느낌이 물씬 풍기는 테라스바가 있는데 멀리 싱가포르 항구가 눈에 들어와 색다른 야경을 감상할 수 있다.

주소 15 Hoe Chiang Rd. **가격** 이그제큐티브룸 S$190~ **체크인/아웃** 14:00/12:00 **문의** (65)6521-9000 **찾아가기** MRT 탄종파가(Tangjong Pagar)역 A출구로 나와 춘구안스트리트(Choon Guan St.)를 따라 탄종파가로드를 만날 때까지 직진, 탄종파가로드에서 왼쪽으로 길을 따라 내려가다 사거리를 지나 만나는 첫 번째 림테크킴로드(Lim Teck Kim Rd.)에서 오른쪽으로 진입하여 조금만 걸으면 오른쪽에 위치. **홈페이지** www.klapsons.com

파이스트스퀘어 내에 있는 빈티지 부티크호텔
아모이 Amoy

센트럴비즈니스지역인 CBD와 차이나타운의 중간에 위치한 복합아케이드 파이스트스퀘어Far East Square 내에 위치한 부티크호텔이다. 문화유산보전 프로젝트의 일환으로 오픈한 파이스트스퀘어의 콘셉트가 다양한 패턴과 고풍스러운 소품으로 객실 곳곳에 배어 있어 아시아 특유의 편안한 느낌을 준다. 또한 보기 드물게 1인실이 있어 혼자 여행하는 사람에게 무척 좋다.

나무바닥 욕실과 아모이의 로고가 새겨진 깔끔한 욕실용품, 네스프레소커피머신, 싱가포르의 오래된 모습을 담은 사진집 등 작은 방 안에 여행에 필요한 것을 꼼꼼하게 챙겨 넣었다. 공항픽업과 조식이 무료이며 늦은 시간에도 공항픽업이 가능하다. 조식은 건물 1층에 있는 일식 레스토랑에서 즐길 수 있는데, 간단한 서양식 메뉴와 일본식 볶음국수가 있어 든든하게 배를 채우기에 부족함이 없다.

주소 76 Telok Ayer St. **가격** 코지싱글룸 S$210~, 디럭스더블룸 S$250~ **체크인/아웃** 14:00/12:00 **문의** (65)6580-2888 **찾아가기** MRT 텔록에이어(Telok Ayer)역 B출구로 나오면 바로 앞에 있는 파이스트스퀘어(Far East Square) 내에 위치. **홈페이지** www.stayfareast.com/en/hotels/amoy.aspx

클럽스트리트에 있는 고혹적인 호텔
더스칼렛호텔 The Scarlet Hotel

클럽 거리 끝자락에 있는 더스칼렛의 고풍스러운 건물은 거리 분위기와도 잘 어울린다. 드라마 '케세라세라'에 등장해 화제가 되기도 한 이곳은 1800년대 상점 건물이었던 곳을 개조해 이름처럼 고혹적이고 우아하다. 붉은색 융단이 깔린 침대와 의자로 채운 객실은 각각 다르게 꾸며져 있으며 스탠더드룸에서 스위트로 올라갈수록 훨씬 화려하다.

오래된 건물 외관은 그대로 두고 내부만 고쳤기 때문에 복도가 구불구불하고 객실 크기도 작은 편이지만 블랙과 레드의 강렬한 대비, 욕실의 세면대까지 신경을 쓴 독특한 콘셉트 덕분에 답답하게 느껴지지는 않는다. 무엇보다 밤마다 싱가포르 최고의 나이트라이프를 경험할 수 있는 클럽 거리에 있다는 장점이 있다. 또한 레드닷디자인뮤지엄, 차이나타운 등 가까운 곳에 볼거리가 넘쳐나 지루할 틈이 없다.

주소 33 Erskine Rd. **가격** 디럭스룸 S$150~, 스위트 S$400~ **체크인/아웃** 14:00/12:00 **문의** (65)6511-3333 **찾아가기** MRT 탄종파가(Tanjong Pagar)역 B출구로 나와 차이나타운 방향으로 맥스웰로드(Maxwell Rd.)를 따라 걷다가 오른편에 싱가포르시티갤러리가 보이면 오른쪽으로 진입, 카다야날루스트리트(Kadayanallur St.)를 따라 올라가면 왼쪽에 위치. 도보 7분 거리. **홈페이지** www.thescarlethotels.com

Section 05

실용적인 여행객을 위한 비즈니스& 레지던스호텔

장기간 싱가포르로 출장을 온 비즈니스맨이나 숙소에 크게 투자를 하고 싶지 않은 사람들에게는 화려하고 럭셔리한 호텔보다는 실용적인 숙소가 적합하다. 불필요한 서비스는 걷어내고 꼭 필요한 시설을 갖춘 깔끔한 비즈니스호텔 혹은 장기투숙자를 위해 주방시설과 세탁시설을 잘 갖춰놓은 아파트형식의 레지던스호텔을 추천한다.

합리적인 비즈니스호텔
이비스@벤쿨렌 ibis@Bencoolen

전 세계 곳곳에 체인을 두고 있는 이비스호텔은 저렴하고 합리적인 비즈니스호텔로 정평이 나 있다. 싱가포르에는 노베나Novena와 벤쿨렌 두 곳에 지점이 있다. 특히 벤쿨렌은 싱가포르 센트럴에서도 가장 중심에 위치하여 시티홀, 오차드로드, 마리나베이, 리틀인디아 등 어느 곳으로든 이동이 편리하다.

여느 럭셔리호텔에 있는 자쿠지나 스파시설 등은 없지만 깔끔한 객실 안에 하룻밤 잠자리에 필요한 것들을 알차게 갖추고 있다. 오히려 스마트기능에 중점을 두고 있는데, 로비에 공동으로 사용할 수 있는 아이맥과 아이패드를 비롯해 터치스크린까지 준비해두었다. 특히 터치스크린을 통해 비행정보와 꼭 먹어야 할 현지음식, 관광지 등을 파악할 수 있어 편리하다. 또한 보딩패스 등 필요한 서류를 프린트할 수 있는 편의시설도 마련해두었다. 룸서비스는 24시간 풀가동되며, 조식은 따로 신청하면 건강하고 다양한 메뉴로 구성된 뷔페를 즐길 수 있다.

주소 170 Bencoolen St. 가격 스탠더드트윈룸 S$150~ 체크인/아웃 14:00/12:00 문의 (65)6593-2888 찾아가기 MRT 부기스(Bugis)역 C출구로 나와 빅토리아스트리트(Victoria St.) 건너편에 있는 부기스스트리트마켓을 가로지른 후 퀸스트리트(Queen St.)에 있는 빨간색 건물 앞에 있는 벤쿨렌링크(Bencoolen Link)를 따라 직진하면 왼쪽에 위치. 도보 10분 거리. 홈페이지 www.accorhotels.com

가족을 위한 쾌적하고 편안한 호텔
오아시아호텔 Oasia Hotel

집에서 쉬는 것 같은 편안함을 강조하는 호텔이다. 중심가와는 조금 거리가 있는 MRT 노베나Novena역에 위치하지만 역과 가까워 오히려 교통이 편리하다. 노베나역에는 쇼핑센터가 연결되어 있고 근처에 레스토랑과 슈퍼마켓이 있어 간단한 음식과 물건을 사기에도 편리하다.

오아시아는 2011년 오픈해 대부분의 시설이 깨끗하고 깔끔하다. 나무로 꾸민 아늑한 객실은 널찍한 침대와 카펫, 의자 등으로 심플하게 구성되어 있다. 베개는 단단한 극세사와 폭신한 구스다운 타입 중에서 고를 수 있다. 8층에는 야외수영장과 피트니스센터가 있고, 운동이 끝나면 이용할 수 있는 작은 사우나도 있다. 수영장은 1.2m 수심의 풀과 어린이를 위한 0.5m의 풀장이 따로 있다. 심플한 인테리어의 레스토랑에서는 매일 다양한 조식뷔페를 선보인다.

주소 8 Sinaran Drive **가격** 슈피리어룸 S$170~ **체크인/아웃** 14:00/12:00 **문의** (65)6664-0333 **찾아가기** MRT 노베나(Novena)역 A출구로 나와 시나란드라이브(Sinaran Drive)를 따라 오른쪽으로 조금만 걸으면 오른쪽에 위치. 도보 3분 거리. **홈페이지** www.stayfareast.com

모든 방을 복층으로 꾸민
스튜디오엠호텔 Studio M Hotel

낭만적이고 여유로운 로버슨키Robertson Quay에 위치한 스튜디오엠은 모든 객실을 복층으로 선보인다. 공간효율성을 중시하는 피에로리소니Piero Lissoni가 진두지휘를 맡아 군더더기 없는 깔끔한 인테리어를 자랑한다. 복층으로 이루어진 객실은 높은 천장 아래 침실과 거실, 사무공간이 깔끔하게 나뉘어 있어 무척 실용적이다.

4개 종류의 객실로 구성되어 있으며, 가장 상위 등급의 파티오로프트룸에는 싱가포르의 리버사이드와 그 뒤를 둘러싼 산업지구를 전망할 수 있는 넓은 테라스가 딸려있다. 2층에는 보기 드문 25m 길이의 수영장이 있어 수영을 좋아하는 사람들에게도 제격이다. 나이트라이프를 즐기기에 좋은 리버사이드가 걸어서 10분 거리이며, 차이나타운과 오차드로드와도 무척 가깝다.

주소 No. 3 Nanson Rd. **가격** 스튜디오로프트 S$150~, 프리미어로프트 S$ 170~ **체크인/아웃** 14:00/12:00 **귀띔 한마디** 숙박 14일 이전에 홈페이지를 통해 예약하면 15% 이상 할인해준다. **문의** (65)6808-8888 **찾아가기** MRT 클락키(Clark Quay)역에서 나와 다리를 건너 클락키 방향으로 강을 따라 걷다가 알카프브리지(Alcaff Bridge)가 나오면 오른쪽 난손로드(Nanson Rd.)로 진입, 조금만 걸으면 왼쪽에 위치. 도보 15분 혹은 클락키역에서 택시를 타면 5분 소요. **홈페이지** www.millenniumhotels.com.sg/studiomhotelsingapore

창이공항과 가까운 레지던스호텔
카프리바이프레이저 Capri by Fraser

창이공항에서 5분 거리에 위치한 창이비즈니스파크에 있는 레지던스호텔로, 깔끔한 시설을 자랑한다. 시내와 조금 멀다는 단점이 있지만 늦은 시간 싱가포르에 도착하거나 공항 근처에 있는 컨벤션센터 등에서 업무를 보는 일이 많은 비즈니스맨들에게 적합하다.
313개의 스튜디오룸은 모두 주방과 넓은 욕실, 대형 옷장, 최신 홈시스템, 무료와이파이 등 장기 숙박을 위한 편의시설을 완벽하게 갖추고 있다. 각 층에는 24시간 이용가능한 코인세탁시설이 있으며, 호텔에서 제공하는 드라이클리닝서비스를 이용할 수도 있다. 실용적인 시설과 서비스 덕분에 장기간 머무는 숙박객의 재방문 횟수가 무척 높은 편이다. 호텔과 공항 사이를 연결하는 무료셔틀이 자주 운행된다.

주소 3 Changi Business Park Central 1 **가격** 슈피리어스튜디오 S$180~, 프리미어스튜디오 S$230~ **체크인/아웃** 14:00/12:00 **문의** (65)6933-9833 **찾아가기** 공항에서 출발하는 전용 셔틀버스 이용. **홈페이지** singapore.capribyfraser.com

센트럴비즈니스지역에 있는 럭셔리 레지던스호텔
애스코트 래플스플레이스 Ascott Raffles Place

잘 알려져 있지 않지만 머문 사람들은 높은 만족도를 보이는 호텔이다. 1950년대의 고풍스러운 건물에 자리하고 있는 애스코트 래플스플레이스의 객실은 독특한 구조의 레지던스이다. 오븐과 각종 주방용품을 갖추고 있는 주방과 통유리로 시원하게 뚫려있는 넓은 욕실, 고급 침구류로 꾸민 침대와 소파, 테이블이 놓인 거실 등으로 이루어져 있다. 같은 가격으로 화려한 인테리어보다는 다양한 시설을 갖춘 실용적인 공간을 원한다면 이곳의 아파트먼트룸이 제격이다.
일정 시간 베이비시팅서비스를 제공하며, 호텔 내의 미팅룸에서 업무를 볼 수 있다. 야외수영장은 크지는 않지만 독특한 수조 모양으로, 수영하는 모습을 바깥에서 볼 수 있어 흥미롭다. 센트럴비즈니스지역에 위치하여 마리나베이나 차이나타운 모두 도보로 이동할 수 있다.

주소 No. 2 Finlayson Gree **가격** 스위트 S$310~ **체크인/아웃** 15:00/12:00 **문의** (65)6577-1688 **찾아가기** MRT 래플스플레이스(Raffles Place)역 1출구로 나오면 맞은편에 바로 보인다. **홈페이지** www.the-ascott.com

올드시티의 중심에 위치한 깔끔한 호텔

그랜드파크시티홀 Grand Park City Hall

MRT 시티홀City Hall역과 래플스시티 쇼핑몰에서 도보로 5분 거리에 있어, 올드시티나 마리나베이 관광지와의 뛰어난 접근성을 자랑한다. 높은 천장과 웅장한 입구의 로비가 럭셔리호텔에 들어온 듯한 기분을 느끼게 한다.

객실에서는 래플스호텔, 포트캐닝파크, 클락키 등 올드시티의 아름다운 풍광을 볼 수 있다. 깔끔한 객실은 넓은 침대와 깨끗한 욕실을 갖추고 있으며 가족단위의 손님에게는 어린이용 침대를 제공한다. 야외수영장은 수심이 깊지 않고 아담하지만 열대 조경으로 아름답게 꾸며놓았다. 특히 체크인과 체크아웃, 조식과 간단한 스낵까지 즐길 수 있는 클럽룸이 있어 유용하다. 저녁에는 클럽룸에서 칵테일파티가 열리는데 투숙객들은 누구나 입장이 가능하다.

주소 10 Coleman St. **가격** 슈피리어룸 S$150~, 클럽슈피리어룸 S$230~ **체크인/아웃** 14:00/12:00 **문의** (65)6336-3456 **찾아가기** MRT 시티홀역 B출구로 나와 노스브리지로드(North Bridge Rd.)를 따라가다 사거리의 페닌슐라플라자(Peninsula Plaza)에서 오른쪽으로 조금만 걸으면 왼쪽에 위치. 도보 3분 거리. **홈페이지** www.parkhotelgroup.com

스카이가든으로 둘러싸인 독특한 호텔

파크로얄온피커링 Parkroyal on Pickering

그린시티 싱가포르의 독특한 스카이가든을 만날 수 있는 파크로얄온피커링은 지붕과 외벽, 내부 곳곳이 초록의 싱그러움으로 뒤덮여 있다. 아시아의 계단식 논에서 영감을 받은 이 특이한 건축물은 계단식 건물에 심은 나무와 꽃으로 장관을 이룬다. 뿐만 아니라 태양열시스템, 빗물저장탱크 등 획기적인 아이디어로 그린에너지 관련 기구로부터 극찬을 받기도 했다.

건물 자체의 명성만으로도 호텔을 찾는 의미가 있지만 차이나타운과 클락키 사이에 위치한 지리적 이점과 깔끔한 객실, 서비스 덕분에 더욱 인기가 많다. 특히 객실에서는 스카이가든의 초목을 가까이서 바라볼 수 있는데, 도시와 자연이 어우러진 독특한 경치를 연출한다. 야외수영장은 탁 트인 전망과 새장을 닮은 독특한 휴식공간 등이 있어 환상적인 분위기를 자아낸다.

주소 3 Upper Pickering St. **가격** 슈피리어룸 S$270~ **체크인/아웃** 15:00/12:00 **문의** (65)6809-8888 **찾아가기** MRT 차이나타운(Chinatown)역 E출구로 나와 뉴브리지로드(New Bridge Rd.)를 따라 조금만 걷다 오른쪽의 스카이가든으로 꾸민 건물을 지나 오른쪽으로 진입, 직진하면 오른쪽에 입구가 보인다. 도보 3분 거리. **홈페이지** www.parkroyalhotels.com

곰돌이인형이 맞아주는

콘래드센테니얼 싱가포르호텔
Conrad Centennial Singapore Hotel

마리나베이에 자리한 콘래드센테니얼은 MRT 프로메네이드 Promenade역과 도보로 3분 거리에 있다. 걸어서 5분 거리에 6개의 쇼핑몰과 싱가포르의 랜드마크가 몰려있어 무척 편리하다. 객실은 원목 테이블과 침구류 등이 밝고 아늑한 느낌을 주며 욕실이 무척 큰 편이다. 웰컴 곰돌이인형을 제공해 어린이 손님들에게 인기가 좋다. 단, 침대가 다소 높은 편이라 아이들은 주의해야 한다. 빼어난 풍광을 자랑하지는 않지만 객실에 따라 마리나베이와 가든스바이더베이의 구석구석을 엿볼 수 있다. 밤에는 야외수영장에서 천천히 원을 그리며 돌아가는 싱가포르플라이어의 아름다운 모습을 감상할 수 있다.

주소 Two Temasek Boulevard **가격** 클래식룸 S$220~ **체크인/아웃** 15:00/12:00 **문의** (65)6334-8888 **찾아가기** MRT 프로메네이드(Promenade)역 B출구로 나와 직진하면 왼쪽에 위치. 도보 2분 거리. **홈페이지** conradhotels3.hilton.com

한식당과 슈퍼마켓이 가까운 깔끔하고 저렴한 비즈니스호텔

아마라호텔 Amara Hotel

센트럴비즈니스지역과 차이나타운이 모두 가까운 MRT 탄종파가 Tanjong Pagar역에 위치한 깔끔한 비즈니스 호텔이다. 싱가포르 센토사와 방콕, 상해 등에도 체인을 두고 있다. '10:00AM'이라는 작은 쇼핑몰이 같은 건물에 있으며, 건물 바로 앞에 호커센터와 슈퍼마켓, 작은 시장이 있고 근처에 한식당도 많아 편리하다. 독특한 펍과 바가 몰려있는 케옹색로드 Keong Saik Rd.나 차이나타운과 가까워 걸어서 호텔로 돌아올 수 있다.

전체적으로 깔끔한 객실은 널찍한 침대와 TV, 냉장고 등 꼭 필요한 것들로 알차게 채워져 있다. 야외수영장은 같은 등급의 호텔에 비해 아름다운 조경을 자랑하며, 테니스코트와 피트니스센터도 이용할 수 있다. 조식은 종류가 많지는 않지만 반가운 김치가 제공되어 한식의 그리움을 조금이나마 달랠 수 있다.

주소 165 Tg Pagar Rd. **가격** 디럭스룸 S$150~, 이규제큐티브룸 S$170~ **체크인/아웃** 14:00/12:00 **문의** (65)6879-2555 **찾아가기** MRT 탄종파가(Tangjong Pagar)역 A출구로 나와 춘구안스트리트(Choon Guan St.)를 따라 직진하다 삼거리에서 왼쪽으로 진입, 막다른 길에서 다시 오른쪽 고펑스트리트(Gopeng St.)를 따라 걷다 칼튼시티호텔이 보이는 사거리에서 왼쪽으로 진입해 조금만 걸으면 오른쪽에 위치. 도보 5분 거리. **홈페이지** singapore.amarahotels.com

Section 06

주머니 가벼운 여행객을 위한 호스텔&인

최근 싱가포르의 호스텔은 개인공간과 쾌적함을 내세운 깔끔한 곳이 많다. 일명 팟Pod으로 불리는 개인공간이 철저하게 보장된 도미토리 덕분에 적은 비용으로 아늑한 잠자리에서 잘 수 있다. 호스텔의 가장 큰 장점 중 하나는 세계에서 온 여행객들을 만날 수 있다는 것. 마음을 열면 합리적인 비용으로 좋은 여행 친구까지 덤으로 얻을 수도 있다. 또 인Inn이라고 불리는 숙소는 호텔의 깨끗한 객실과 호스텔의 아늑한 분위기를 절충해 오붓하고 편안한 잠자리를 제공한다. 화려하진 않지만 정성 들여 차린 아침을 먹을 수 있고, 싱가포르여행에 대한 자세하고 정성스러운 팁을 얻을 수 있어 더욱 좋다.

호스텔과 호텔 사이
블랑인 Blanc Inn

2013년에 문 연 블랑인은 복잡한 리틀인디아에서 조금 떨어진 곳에 위치한 부티크호스텔이다. 15년 동안 전 세계를 여행한 블랑인의 주인은 5성급 호텔부터 허름한 호스텔까지 모든 숙소를 섭렵한 뒤, 여행자들을 위한 새로운 개념의 숙소를 만들기로 했다. 결론은 호스텔처럼 저렴하지만 대신 불편하고 좁은 침대 위에서 낯선 사람들과 자지 않도록 하는 것.

블랑인은 호스텔을 표방하지만 편안하고 푹신한 침대를 갖춘 싱글룸부터, 최대 6명이 함께 묵을 수 있는 객실을 갖추고 있다. 혼자 여행하는 여성 여행자나 저렴한 방을 찾는 배낭여행객은 물론 가족단위의 여행객들 모두에게 적합하다. 흰색을 뜻하는 블랑이라는 이름에서 알 수 있듯 흰색을 테마로 하는 객실과 로비 등 전체적인 분위기가 아늑하다. 여행에 일가견이 있는 주인에게 싱가포르에 대해 물으면 유용한 여행 팁도 얻을 수 있으니 궁금한 점이 있다면 적극적으로 물어보자.

주소 151 Tyrwhitt Rd. **가격** 싱글베드룸(1인용) S$55, 퀸베드룸(2인용) S$80, 6인용룸 S$216 **체크인/아웃** 14:00/11:00 **문의** (65)6297-9764 **찾아가기** MRT 라벤더(Lavender)역 B출구로 나와 혼로드(Horne Rd.)를 따라 직진 후 세븐일레븐이 보이는 길 끝에서 오른쪽으로 진입 후 조금만 걸으면 왼쪽에 위치. 도보로 5분 거리. **홈페이지** www.inn.com.sg

티옹바루의 깔끔하고 조용한 호스텔
더플롯호스텔 The Plot Hostel

티옹바루의 조용한 거리에 있는 더플롯호스텔은 오픈한지 오래되지 않아 전체적으로 깔끔하고 쾌적한 시설을 자랑한다. 여성전용 4인용 도미토리와 남녀혼성 4, 6, 8인용 도미토리가 있으며, 각각 내부 혹은 외부에 있는 화장실 옵션 중에서 고를 수 있다. 더플롯에는 마치 냉장고를 연상시키는 여닫이 엘리베이터나 고무팔찌로 만든 객실 키 등 재미있는 요소가 많다.
1층 로비에는 넓은 소파와 TV가 있는 라운지가 있어, 음식을 사와 먹거나 무료 PC로 인터넷을 이용할 수 있다. 아침에는 빵과 우유, 알새우칩 맛이 나는 중국식 튀김요리와 직접 요리해 먹을 수 있는 계란 등 푸짐한 식사가 준비되어 있어 든든하게 여행에 나설 수 있다. 장기체류자들을 위해 준비해둔 세탁시설도 깔끔하다. 근처 여행지나 싱가포르에 대해 스태프들에게 물으면 언제나 성심성의껏 대답해준다.

주소 259 Outram Rd. **가격** 여성전용 도미토리(4인용) S$45, 남녀혼성 도미토리(6인용) S$42 **체크인/아웃** 15:00/12:00 **문의** (65)6298-8889 **찾아가기** MRT 아우트램파크(Outram Park)역 A출구로 나와 아우트램로드를 따라 걸으면 왼쪽에 위치. 도보 10분 거리. **홈페이지** theplothostels.com

아랍스트리트의 감각적인 캡슐호스텔
더팟 The Pod

흡사 근사한 부티크호텔 같은 모던한 디자인과 군더더기 하나 없는 인테리어 덕분에 배낭여행객들에게 최고의 인기를 누리고 있는 캡슐호스텔. 싱가포르의 젊은 층에게 인기가 많은 부기스, 하지래인 등과도 무척 가까워 늦은 밤까지 시간을 보내고 귀가하기에도 편리하다. 단단한 원목으로 깔끔하게 만든 일명 캡슐침대는 앞쪽의 오픈된 공간을 블라인드로 내리면 완벽한 개인공간으로 변신한다.
개인 전등과 충전소켓은 기본, 각각의 침대 밑이나 옆에는 짐을 보관할 수 있는 수납공간이 있고 카드키로 쉽게 잠그고 열 수 있다. 리셉션과 조식을 위한 주방, 화장실, 세탁실 모두 세련된 인테리어로 꾸며져 있어 호텔에 온 듯한 기분이 든다. 안전과 인테리어 모두 만족스러운 특별한 호스텔인 만큼 도미토리룸이지만 가격은 다른 호스텔에 비해 살짝 높은 편이다. 그러나 여전히 호텔에 비해 저렴한 가격으로, 혼자 여행하는 여성에게 무척 매력적이다.

주소 289 Beach Rd. L3 **가격** 여성전용 싱글팟 S$44~, 퀸베드팟(2인용) S$75~ **체크인/아웃** 15:00/11:00 **문의** (65)6298-8505 **찾아가기** MRT 부기스(Bugis)역 B출구로 나와 래플스병원(Raffles Hospital) 사거리에서 오른쪽으로 진입 후 비치로드(Beach Rd.)를 만날 때까지 직진, 비치로드에서 왼쪽으로 진입해 조금만 걸으면 육교를 지나 왼쪽에 위치. 도보 10분 거리. **홈페이지** www.thepod.sg

차이나타운을 대표하는 저렴한 숙소

윙크호스텔 Wink Hostel

깔끔한 시설과 안전한 관리 덕분에 많은 한국인은 물론 배낭여행객들에게 사랑받는 호스텔 중 하나이다. 차이나타운의 중심 거리인 파고다스트리트와 두 블록 떨어진 모스크스트리트에 자리하고 있어 지리적으로도 무척 훌륭하다. 3층 숍하우스 건물의 2, 3층을 사용하고 있어 전체적으로 아늑한 분위기이다.

여러 명이 방을 함께 사용하는 도미토리이지만 일명 팟Pod으로 불리는 넉넉한 개인공간으로 구분되어 있다. 각각의 팟에는 개인 조명과 충전콘센트가 있어 밤에도 각자 할 일을 할 수 있어 좋다. 여성전용 싱글팟, 남녀혼성 싱글팟 그리고 2명이 함께 잘 수 있는 더블팟 중에서 고를 수 있다. 개인사물함이 따로 있으며, 방마다 화장대가 있어 유용하다. 아침마다 과일과 시리얼, 빵, 우유, 차와 커피 등이 제공되는 공동부엌에는 조리기구와 냉장고가 있어 개인 음식을 가져와 간단하게 요리를 해먹을 수도 있다. 리셉션은 24시간 열려있으며 일찍 도착한 여행객을 위해 짐을 보관해주는 것은 물론, 체크인 전에도 샤워실을 이용하거나 조식을 먹을 수 있다.

주소 8A Mosque St. **가격** 여성전용 및 혼성 도미토리 S$50~ **체크인/아웃** 15:00/12:00 **문의** (65)6222-2940 **찾아가기** MRT 차이나타운(Chinatown)역 A출구로 나와 파고다스트리트(Pagoda St.) 왼쪽에 있는 모스크스트리트(Mosque St.)로 진입해 직진하면 오른쪽에 위치. 도보 5분 거리. **홈페이지** winkhostel.com

도미토리와 프라이빗룸, 모두 다양한

행아웃호스텔 Hangout Hostel

화려한 오차드로드에서 몇 블록 떨어진 마운트에밀리파크Mount Emily Park 옆에 자리하고 있는 행아웃호스텔은 한 번 다녀간 사람들에게 더욱 인기가 좋은 곳이다. 조용한 주택가와 공원에 둘러싸여 있어 아침에 눈을 뜨면 새소리와 함께 울창한 나무가 보이는 평화로운 풍경이 맞이한다. 근

처에 있는 MRT 도비갓Dhoby Ghaut역까지는 걸어서 10분 정도로, 3개 노선이 만나는 환승선이라 이동이 무척 편리하다.

행아웃은 25명이 함께 사용하는 도미토리룸부터 5명이 함께 사용할 수 있는 객실까지 갖추고 있다. 모든 객실은 미니바, TV, 룸서비스 등 불필요한 것들은 걷어내고 무료와이파이, 에어컨, 아담한 욕실, 헤어드라이어, 안전금고 등 필요한 것들로만 알차게 채워 넣었다. 그만큼 객실의 요금은 합리적이다. 1층에서 제공되는 조식은 다른 호스텔과 비교해 무척 훌륭한 편이며, PC와 TV를 이용할 수 있는 라운지도 깔끔하다. 행아웃호스텔의 하이라이트는 바로 운치 있는 옥상정원이다. 늦은 밤 옥상에 올라가면 삼삼오오 모여 맥주 한 잔을 즐길 수 있는 테이블과 선베드, 발 담그기 좋은 얕은 풀장이 있다. 배낭여행객이 많은 시기에는 이곳에서 파티가 열리기도 한다.

주소 22 Martin Rd. #03-01 **가격** 도미토리 S$42~60, 트윈룸 S$130~, 트리플룸 S$170~ **체크인/아웃** 24시간/11:00 **문의** (65)6337-8181 **찾아가기** MRT 도비갓(Dhoby Ghaut)역에서 택시로 5분. **홈페이지** www.hangouthotels.com

아기자기한 디자인을 자랑하는
파이브스톤즈호스텔 Five Stones Hostel

우리나라의 공기놀이와 비슷한 싱가포르 전통놀이에서 이름을 딴 파이브스톤즈는 싱가포르문화가 곳곳에 녹아있는 부티크호스텔을 표방한다. 단순히 저렴한 숙소를 제공하는 호스텔이 아닌 디자인철학과 테마가 있는 객실이 이를 증명한다.

덕분에 일반 호스텔보다는 도미토리 가격이 조금 비싼 편이지만, 그만큼 편안한 침대와 서비스를 제공한다. 여성전용 도미토리와 남녀혼성 도미토리(각각 6, 8, 10인실), 2인용 객실(2층 침대와 트윈침대)을 갖추고 있다. 부기스, 하지래인 등을 걸어서 이동할 수 있는 가까운 거리에 있어 편리하다. 이국적인 느낌이 물씬 풍기는 아랍스트리트와도 무척 가깝다.

주소 285 Beach Rd. **가격** 여성전용 도미토리(4, 6, 8인실) S$38/33/30, 2인용 객실(2층 침대/더블침대) S$95/110 **체크인/아웃** 15:00/12:00 **문의** (65)6535-5607 **찾아가기** MRT 부기스(Bugis)역 B출구로 나와 래플스병원(Raffles Hospital) 사거리에서 오른쪽으로 진입 후 비치로드(Beach Rd.)를 만날 때까지 직진, 비치로드에서 왼쪽으로 진입해 조금만 걸으면 왼쪽에 위치. 도보 10분 거리. **홈페이지** www.fivestoneshostel.com

외국인 배낭여행객이 많은 곳

5풋웨이인@차이나타운 5Foot Way.Inn

싱가포르 내에만 5개의 체인을 운영하는 5풋웨이인 중에서도 최고의 위치를 자랑하는 지점으로 차이나타운 파고다스트리트에 자리한다. 5풋웨이는 싱가포르 전통건축물인 숍하우스와 인도 사이의 좁은 공간을 의미한다. 보행자들이 뜨거운 햇볕과 비를 피하기 위한 곳이자 거리 상인들이 장사를 하기도 했던 길로, 싱가포르 사람들의 삶과 밀접한 곳이다.

5풋웨이인은 저렴한 숙박비로 최고의 입지조건에서 안전하고 개인공간이 보장되는 숙박시설을 제공한다. 흰색의 깨끗하고 튼튼한 이층침대가 나란히 놓인 도미토리룸은 청결하고 깔끔하다. 4인실 혼성 도미토리와 2인 여성전용 도미토리룸을 갖추고 있으며, 외국인 배낭여행객이 많아 활기차고 북적거리는 편이다.

주소 63 Pagoda St. **가격** 남녀혼성 도미토리 S$22, 2인 여성전용 도미토리 S$34 **체크인/아웃** 15:00/12:00 **문의** (65)6223-5866 **찾아가기** MRT 차이나타운(Chinatown)역 A출구로 나와 파고다스트리트(Pagoda St.)를 따라 걷다 보면 오른쪽에 위치. **홈페이지** www.5footwayinn.com

리틀인디아에 있는 부티크스타일

번크@래디우스 Bunc@Radius

배낭여행객들에게 사랑받는 리틀인디아에 위치한 번크@래디우스는 유명한 부티크호스텔 중 하나이다. 오래된 숍하우스에 자리한 이곳은 클래식한 건물 외관부터 남다른 분위기를 풍긴다. 흰색 테이블과 의자로 꾸민 라운지와 공동주방 역시 깔끔하다. 특히 호텔의 고급 침실을 연상케 하는 푹신한 침구와 2개의 베개, 개인 독서등과 충전소켓, 커다란 개인 사물함 등 그저 그런 도미토리와는 확연히 다른 편안함을 느낄 수 있다.

6인용 여성전용 도미토리와 12, 16인용 혼성 도미토리가 준비되어 있다. 도미토리룸은 1인용 침대와 2인용 더블베드 중에서 고를 수 있으며, 2인용 프라이빗객실도 이용할 수 있다. 센토사의 어드벤처코브 또는 아쿠아리움과 도미토리룸을 묶은 패키지도 판매하고 있으니 센토사를 이용할 계획이라면 미리 이곳에서 저렴하게 표를 구매하는 것도 좋다.

주소 15 Upper Weld Rd. **가격** 여성전용 도미토리(6인용) S$33, 2인용 침대 도미토리(16인용) S$40, 2인용 프라이빗룸 S$120 **체크인/아웃** 15:00/11:00 **문의** (65)6262-2862 **찾아가기** MRT 리틀인디아(Little India)역에서 세랑군로드(Serangoon Rd)를 따라 걷다가 코마빌라스(Koma Villas) 레스토랑을 끼고 오른쪽 어퍼딕슨로드(Upper Dickson Rd.)로 진입, 처음 만나는 교차로에서 왼쪽 어퍼웰드로드(Upper Weld Rd.)로 진입해 길을 따라 끝까지 가면 오른쪽에 위치. **홈페이지** www.bunchostel.com

텔록에이어에 위치한 럭셔리호스텔

애들러럭셔리호스텔 Adler Luxury Hostel

2014년 12월에 오픈한 럭셔리호스텔로 전당포와 티하우스였던 숍하우스 건물을 개조해 고풍스러운 호스텔로 변신시켰다. 6인용 혼성 도미토리와 여성 전용 도미토리, 16, 18인용 혼성 도미토리, 12인용 럭셔리 도미토리룸으로 이루어져 있다. 고급 호텔처럼 딱딱한 베개와 푹신한 베개 중에서 고를 수 있으며, 캐빈Cabin으로 불리는 개인공간은 암막커튼으로 가리면 완벽한 개인공간을 확보할 수 있다. 뿐만 아니라 투숙객에게 수건과 귀마개를 제공한다.

건물에 문을 연 티&주스바는 매일 아침 투숙객들에게 신선한 아침식사를 제공하기 위한 레스토랑으로 이용된다. 무엇보다 좋은 것은 위치인데, 차이나타운과 비즈니스지역 사이에 위치하여 주요 관광지를 쉽게 오갈 수 있다. 특히 나이트라이프를 즐길 수 있는 클럽스트리트가 걸어서 5분 거리에 있다.

주소 259 S Bridge Rd. **가격** 여성전용 도미토리(6인용) S$100, 혼성 도미토리(18인용) S$55 **체크인/아웃** 15:00/11:00 **문의** (65)6226-0173 **찾아가기** MRT 차이나타운(Chinatown)역 A출구로 나와 파고다스트리트(Pagoda St.)를 따라 걷다가 사우스브리지로드(South Bridge Rd.)에서 오른쪽으로 진입해 조금만 걸으면 왼쪽 길 맞은편에 위치. **홈페이지** www.adlerhostel.com

리버사이드와 가까운 깔끔한 숙소

리버시티인 River City Inn

매일 밤 리버사이드를 산책하며 싱가포르의 낭만을 느끼고 싶다면 클락키와 인접한 리버시티인이 제격이다. 가족이 운영하는 곳으로 오픈한지 오래되지 않아 시설이 깨끗한 편이며, 깔끔한 라운지와 주방 등을 갖춘 아늑한 호스텔이다. 혼성 도미토리와 여성전용 도미토리, 4인용 프라이빗객실이 있다. 혼성 도미토리는 침대가 완전한 개방형이라 여성들은 불편할 수 있으니 가능한 여성전용 도미토리를 예약하도록 하자. 간단한 조식을 무료로 제공하고 있으며 세탁시설이 구비되어 있다. 클락키와 한 블록 떨어진 홍콩스트리트에 위치해, 리버사이드와 도보로 5분 거리이며 클락키역과도 무척 가깝다. 단, 가격이 저렴한 만큼 모든 숙박비는 현금으로만 받는다.

주소 33C Hongkong St. **가격** 혼성 도미토리 S$26, 여성전용 도미토리 S$29 **체크인/아웃** 14:00/12:00 **문의** (65)6532-6091 **찾아가기** MRT 클락키(Clarke Quay)역 E출구로 나와 길을 건넌 후 뉴브리지로드(New Bridge Rd.)를 따라 차이나타운 방향으로 내려가다 왼쪽의 홍콩스트리트(Hongkong St.)로 진입, 조금만 걸으면 오른쪽에 위치. **홈페이지** www.rivercityinn.com

Special 13

센토사에서 숙박하기

센토사를 하루 이상 둘러볼 계획이라면 하룻밤을 센토사 내에서 묵는 것도 좋은 방법이다. 시내로 이동할 수 있는 모노레일이 잘 연결되어 있고, 10분 이내에 MRT 하버프런트역으로 갈 수 있어 싱가포르의 다른 지역으로의 이동도 무척 편리하다. 센토사 내에 있는 호텔과 리조트는 열대우림과 바다 등을 조망할 수 있는 곳이 많아 휴양지에 놀러 온 듯 편안한 휴식을 즐길 수 있다.

센토사W싱가포르@센토사코브 (Sentosa W Singapore@Sentosa cove)

초호화 별장도시로 개발된 센토사코브에 자리한 W호텔은 럭셔리 호텔로 사랑받는 곳이다. 전 세계 W호텔에서 만날 수 있는 감각적인 조명과 디자인으로 가득한 로비와 라운지는 물론 원더풀룸, 스텍타큘라룸, 패블러스룸 등 이름도 화려한 다양한 객실이 총 240개로 구성되어 있다. 보기만 해도 마음이 여유로워지는 순백의 요트들이 정박해있는 마리나와 멀리 센토사섬이 보이는 창밖의 풍경은 해가 지고 밤이 되면 더욱 아름답다.

W호텔의 하이라이트는 일명 **웻풀**Wet Pool로 불리는 야외풀장과 풀장과 붙어있는 **웻바**Wet Bar로, 낮이든 밤이든 풀장에서 수영을 즐기며 간단한 칵테일과 맥주 등을 즐길 수 있다. 그 밖에 수준급의 스테이크와 해산물요리를 선보이는 레스토랑 스커트Skirt와 우바Woo Bar, 어웨이스파Away Spa 등 호텔 내에 즐길 거리가 많다. 하루는 센토사에서 시간을 보낸 후 다음 날은 센토사코브로 넘어와 온종일 호텔에 머물며 느긋한 하루를 보내는 것도 좋다.

주소 21 Ocean Way **가격** 원더풀룸(Wonderful) S$350~, 패블러스룸(Fabulous) S$408~ **체크인/아웃** 15:00/12:00 **문의** (65)6808-7288 **찾아가기** 센토사익스프레스(Sentosa Express)를 타고 비치스테이션(Beach Station)에서 센토사버스 3번으로 갈아탄 뒤 W호텔역에서 하차. **홈페이지** www.wsingaporesentosacove.com

카펠라싱가포르(capella Singapore)

럭셔리호텔을 거론할 때 빠지지 않는 카펠라싱가포르는 영국식민지시절의 오래된 건물을 개조해 영국식 건축양식과 현대적인 요소가 잘 어우러져 있다. 거대한 인공열대정원에 둘러싸여 고전과 현대, 자연이 묘한 조화를 이루는 카펠라는 총 121개의 객실을 보유하고 있으며, 일반 객실부터 스위트룸까지 다른 호텔 객실보다 넓은 편이다.

객실 전망은 가든뷰와 시뷰 중에서 고를 수 있는데, 전체 객실의 80%가 남중국해를 바라보고 있다. 카펠라싱가포르의 매력은 가든빌라에서 정점을 찍는다. 풀빌라 형태로 객실마다 작은 정원과 계단식수영장, 야외욕실이 딸려 있어 오붓한 시간을 보내고 싶은 신혼여행객들에게 인기가 많다. 수준급의 중국요리를 선보이는 레스토랑 캐시아Cassia, 지중해음식을 맛볼 수 있는 놀스Knolls, 파인다이닝과 100% 천연유기농 제품으로 편안한 휴식을 제공하는 아우리가스파Auriga Spa 등의 부대시설을 갖추고 있다.

주소 1 The Knolls **가격** 프리미엄더블룸 S$600~, 풀빌라 S$970~ 가든빌라 S$2000~ **체크인/아웃** 15:00/12:00 **문의** (65)6377-8888 **찾아가기** 센토사익스프레스(Sentosa Express)를 타고 임비아스테이션(Imbia Station)에서 하차 후 아틸러리애비뉴(Atillery Ave.)를 따라 걷다 오른쪽에 있는 놀스로드(Knolls Rd.)로 진입하면 바로 보인다. 도보 7분 거리. **홈페이지** www.capellahotels.com

뫼벤픽헤리티지호텔센토사 (Movenpick Heritage Hotel Sentosa)

다양한 명소가 모여 있는 임비아Imbia스테이션에서 가까운 모벤픽헤리티지호텔은 멀라이언상이 바로 앞에 있으며 유니버설스튜디오와 5분 거리에 있다. 모노레일을 타면 시내로 이어지는 MRT 하버프런트Harbour Front역까지도 10분 안에 도착해 센토사 내에서 최고의 위치를 자랑한다.

모벤픽헤리티지 건물은 1940년대 영국 군인이 사용했던 것으로 웅장한 외관이 눈에 띈다. 구관과 신관으로 나뉘어 있는데 신관은 주로 현대적이고 깔끔한 느낌의 객실이다. 구관은 클래식하면서도 고급스러운 분위기의 객실이며 스위트룸급 이상이다. 특히 헤리티지프리미엄멀라이언룸은 싱가포르에서 가장 큰 멀라이언상이 보이는 장대한 풍광을 선사한다. 센토사의 다양한 명소와 묶은 패키지나 장기투숙자 또는 출장을 온 여행객 등 여행목적에 따른 다양한 패키지상품을 상시 제공하고 있으니 홈페이지에서 미리 확인하자.

주소 23 Beach View **가격** 디럭스룸 S$250~, 헤리티지프리미엄멀라이언룸 S$330~ **체크인/아웃** 15:00/12:00 **문의** (65)6818-3388 **찾아가기** 센토사익스프레스(Sentosa Express)를 타고 임비아스테이션(Imbia Station)에서 하차 후 비치로드를 따라 조금만 내려가면 왼쪽에 위치. **홈페이지** www.moevenpick-hotels.com

샹그리라라사 센토사리조트&스파 (Shangri-La's Rasa Sentosa Resort&Spa)

센토사의 바다를 마음껏 즐기고 싶은 사람에게 추천하는 리조트로, 전 객실이 실로소비치를 바라보고 있는 비치프런트 리조트이다. 샹그릴라 특유의 오리엔탈 느낌이 물씬 풍기는 객실은 모두 열대우림과 바다가 한눈에 내려다보이는 발코니와 근사한 욕실을 갖추고 있다.

샹그릴라의 하이라이트는 바로 조식이다. 기본 조식메뉴는 물론 커리와 파스타 등 저녁식사가 부럽지 않은 다양한 음식을 선보인다. 또한 키즈 전용코너가 따로 마련되어 있으며 아이들의 이유식 전용냉장고까지 세심하게 갖추고 있어 아이와 함께하는 가족단위의 여행객에게 인기가 많다. 또한 어린이용 워터슬라이드와 키즈클럽, 야외놀이터까지 아이들을 위한 프로그램이 풍성하다. 또한 다양한 스포츠장비를 대여해 주고 있어 센토사의 바다를 탐험해볼 수 있다.

주소 101 Siloso Rd. **가격** 수페리얼더블룸 S$310~ **체크인/아웃** 15:00/12:00 **문의** (65)6275-0100 **찾아가기** 센토사익스프레스(Sentosa Express)를 타고 비치스테이션(Beach Station)에서 하차 후 도보 혹은 비치스테이션에서 비치트램(Beach Tram)으로 갈아탄 후 종점에서 하차. **홈페이지** www.shangri-la.com/singapore/rasasentosaresort

하드록호텔(Hard Rock Hotel)

하드록호텔은 하드록카페에서 만날 수 있는 로큰롤문화가 호텔 곳곳에 그대로 담겨 있다. 로비와 복도 구석구석에 전설적인 록가수들의 그림과 기념품 등이 장식되어 있고, 객실에도 기타모양으로 만든 세면도구함이나 록가수들의 사진 등 흥미로운 아이템이 가득하다.

객실은 침구와 테이블, 욕실이 청결하고 깔끔하게 정리되어 있어 센토사 내의 럭셔리호텔들에 비해 저렴한 가격임에도 좋은 컨디션을 자랑한다. 야외수영장에서도 언제나 신나는 음악이 흘러나와 흥겨운 분위기이다. 뭐니 뭐니 해도 하드록호텔의 가장 큰 장점은 유니버설스튜디오, SEA아쿠아리움, 어드벤처코브워터파크 등 굵직한 명소가 몇 발자국 내에 있다는 점이다. 센토사의 관광지를 꼼꼼하게 둘러볼 계획이라면 동선을 줄이고 효율적으로 이동하기에 더할 나위 없이 좋다.

주소 8 Sentosa Gateway **가격** 디럭스더블룸 S$180~, 디럭스스위트 S$360~ **체크인/아웃** 15:00/12:00 **문의** (65)6577-8888 **찾아가기** 센토사익스프레스(Sentosa Express)를 타고 워터프런트스테이션(Waterfront Station)에서 하차. **홈페이지** www.rwsentosa.com

INDEX

&Made 165
&메이드 165
G7신마라이브 시푸드레스토랑 309
S.E.A.아쿠아리움 280
TMFT 익스프레스셔틀버스 311
XD씨어터 126
1-Altitude 156
3days Museum Pass 104
5Foot Way.Inn 348
5풋웨이인@차이나타운 348
6D모션라이드 126
10:00AM 343
313@Somerset 177
313@서머셋 177
328 Katong Laksa 306
328카통락사 306
1872클리퍼 260
1983 Coffee&Toast 111
1983 커피&토스트 111

ㄱ

가네산빌라스 260
가든랩소디 120
가든스바이더베이 88, 120
가렛팝콘숍 115
가리발디 110
갈리시어패스츄리 228
갈리아노 176
개구리죽 309
갤러리 100, 185
게스트로노미아 187
게스트하우스 320, 324
겔랑로르9 프레시프로그포리지 207
고그린세그웨이 에코어드벤처 288
고푸람 256
골든마일콤플렉스 241
공용어 26
공차 245
공항리무진 49
공항버스 58
공항셔틀버스 59
공항철도 49
공화관 208
관광지 88
관광지 입장료 46
교통비 47
교통카드 62
교회 98
구글맵 64
국립기념물 97
국립도서관 98
국제신용카드 35
국제체크카드 36
굴라믈라카 250
굴랍자문 260
굴요리 106
굿우드파크호텔 331
그랑프리 프릭스 27
그랜드파크시티홀 342
그랜마 248
그로서란트 183
그린시티 99
극장 123
글래스하우스 332
금고 323
기내 반입 51
기내식 55
기념품 86, 96
기사부아 130
길먼배락스 284

ㄴ

나나&버드 225
나무점괘 237
나시고랭 239
나시레막 74, 239, 306
나시파당 78
나우미호텔 336
나이키 177
나이트라이더 버스 64
나이트사파리 88, 304
나이트클럽 143
난 259
남성의류 사이즈 83
노스사우스라인 62
노스이스트라인 62
논야 70, 214
놀이기구 279, 286
뉴마제스틱 334
뉴턴푸드센터 170
뉴튼호커센터 73
니나앤버드 136
니르와나가든빈탄리조트 313
니안시티 179

ㄷ

다미안 307
다민족국가 26, 68
다운타운라인 62
다카시마야백화점 179
대관람차 126
대한항공 32
더그레이트 싱가포르세일 81
더글래스하우스 99
더디스그런틀드셰프 182
더랜딩포인트 330
더로컬피플 86
더보일러룸 283
더브래이버리 266
더블베드룸 321
더숍스 85, 124
더숍스 앳마리나베이샌즈 135
더수프스푼유니온 107
더스칼렛호텔 338
더스피피 대퍼 150
더슬리핑리노 337
더촙하우스 293
더치즈앤초콜릿바 131
더켈롱시푸드레스토랑 313
더틴틴숍 222
더팟 345
더플롯호스텔 345
더하렘 277
덕투어 67
덤플링 299
데이지드림키친 231
뎀시힐 80, 181
도교사원 199
도미토리 324
도사이 259
도큐핸즈 175
독립기념일 27
돌체앤가바나 176
돌핀아일랜드 280
동문승 222
동부지역 294
동아시푸드레스토랑 77
동포 241
동흥 210
듀크베이커리 115
드래곤플라이 283
드래곤플라이호&킹피셔호 121
드링크&코 219
디굿카페 188
디스그런틀드셰프 80
디자인지도 201
디파발리 69
딘&델루카 205
딘앤델루카 335
딩동 218
똠양쿵푸 148

ㄹ

라까리용드안젤뤼스 219
라두 260
라마단 235
라벤더스트리트 265
라브라도르자연보호구역 283
라씨 261
라우파삿 사테스트리트 72
라우파삿 페스티벌마켓 129
라이트하우스 127
락사 74
랑군로드 265
래빗캐럿건 308
래플스시티 114
래플스시티 마켓플레이스 107
래플스코트야드 96
래플스플레이스 127
래플스호텔 95, 328
래플스호텔숍 96
랜턴 157, 330
럭셔리호텔 319, 327
런치위드패롯 305
레드닷디자인뮤지엄 201
레드닷디자인어워드 201
레드닷브루하우스 184
레드시갤러리 185
레드하우스 152, 308
레드힐비비큐시푸드 128
레몬제스트 191
레벨33 154
레이크할리우드스펙타큘라287
레인아큘러스 124
레지던스호텔 339
로렉스 135
로롱맘봉거리 186
로밍 51
로버슨워크 142
로버슨키 151
로버트갈레트 110
로빈슨 114, 177
로우즈 260
로이드인 336
로작 78
로즈시트론 223
로컬셰프 79
로컬숍 85
로티세리 292
로티존 129
로티프라타 74
롱바 96
롱비치시푸드레스토랑 308
롱산시사원 256
루마베베 299
루이뷔통아일랜드메종 124
루지&스카이라이드 288
루크망간 109, 164
루프 155

루프톱바 88, 154
룸메이드 324
르꽁뜨와 149
르비스트로 뒤소믈리에 107
르윈테라스 99, 108
리버사이드 138
리버사파리 304
리버시티인 349
리버크루즈 67, 89, 141
리버택시 141
리안클리프 215
리콴유총리 26, 72
리틀인디아 69, 89, 252
리틀인디아아케이드 263
린다갤러리 185
림지관 209

ㅁ
마리나바라지 125
마리나베이 116
마리나베이샌즈 122
마리나베이샌즈 다이닝 130
마리나베이샌즈호텔 328
마리나스퀘어 137
마리오바탈리 130
마스터카드 81
마시모듀티 137
마이어썸카페 211
마제스틱베이시푸드레스토랑 132
마칸수트라 128
마칸수트라글루턴베이 72, 128
마케스프로젝트 246
마크바이마크제이콥스 114
마크&스펜서 114, 137
만다린갤러리 176
만다린오리엔탈 329
말레이 69
말레이시안푸드스트리트 291
말레이헤리티지센터 236
맘보비치클럽 277
망고라씨 259
맥스웰호커센터 73, 204
먼데이오프 85, 248
멀라이언스테이션 275
멀라이언파크 125
메가집어드벤처파크 288
메이드바이 라우런자스민 220
메종이코쿠 240
면세점 53
모노 283
모노레일 275
모노클숍&카페 190
모데스토 335
모드퍼레이드 248
모벤픽헤리티지호텔센토사 351
모비다 283
모세샤프티 123
모슬렘 69, 235
무단횡단 71
무르타박 238
무스타파센터 84, 262
무지 137
무차초스 211
뮤지엄패스 104
미니바 323
미라의 복수 286
미레부스 74
미술관 101
미슐랭 79
미스터테타릭익스프레스 205
미시암 74
미@오유이 156
민트토이박물관 103
밀레니아워크 136
밀크스팀드에그 243

ㅂ
바나나리프아폴로 263
바바 70
바바블랙십 153
바바하우스 203
바&빌리어드룸 96
바쿠테 78
박과 209
박물관 89, 101
반다르벤탄텔라니페리터미널 311
반얀트리빈탄 314
반입금지 57
발권 50
배틀스타갤럭티카 286
버나다스황갤러리 185
버스 62
버스노선 64
버스노선표 65
버틀러서비스 319
번크@래디우스 348
벌금 71
법률 71
베스트덴키 179
벼룩시장 264
보라선 62
보잉737 시뮬레이터 126
보타닉가든 162
보트라이딩 281
보트키 148
복덕사뮤지엄 200
부기스 232
부기스스트리트 85, 245
부기스정션 244
부기스플러스 245
부소라스트리트 246
부엉이커피 87, 262
부의 분수 137
부킷티마자연보호구역 301
부티크호텔 319, 333
북스액추얼리 86, 225
분실 37
분자요리 79
불교사원 198, 257
불쇼 304
불아사 198
브라스바사 콤플렉스 115
브레드&헐스 212
브레드톡 115
브루웍스 146
블랑인 344
블로썸 226
블루진저 214
비리야니 238
비보시티 84, 285
비상구좌석 55
비어마켓 147
비자 31
비자카드 60
비즈니스호텔 320, 339
비첸향 209
비치스테이션 274
비치트램 275
빅토리아시크릿 177
빈초 229
빈탄 310
빈탄라군리조트 314
빈탄 리조트 313
빨강선 62

ㅅ
사고 243
사만사타바사 173
사바이파인타이 온더베이 133
사설환전소 35
사와라당 빈탄 315
사우던리지 285
사우스브리지 155
사우스아벤 115
사이즈 82
사전트 217
사카무니부다가야사원 257
사테 77
사테스트리트 129
산책로 99
샌즈스카이파크 123
샐러드숍 251
생활물가 70
샤넬 135
샹그리라라사 센토사리조트&스파 352
서브스테이션 100
서클라인 62
서핑 278
선게이로드도둑시장 264
선데이폴크 187
성공회교회 97
세금환급 82
세인트레지스싱가포르 331
세인트앤드류성당 97
세인트제임스파워스테이션 283
세일기간 81
세포라 245
센토사 59, 89, 270, 350
센토사W싱가포르@센토사코브 350
센토사멀라이언 279
센토사버스 275
센토사보드워크 274
센토사스테이션 274
센토사익스프레스 274, 275
센토사코브 278
센트럴 142
셀프체크인 50
소방서 104
소피텔소호텔 157
솔트그릴&스카이바 164
솔트타파스&바 109
송파바쿠테 148
쇼핑 81
쇼핑축제 81
숍하우스 163
수화물 55, 57
순리 247
술탄모스크 235
슈퍼로코 151
슈퍼마마 85, 178
슈퍼트리 120
슈퍼트리그로브 121
스리드배어&스퀘럴 249
스리마리암만사원 198
스리비라마칼리암만사원 255
스리스리니바사페루말사원 256
스미스스트리트 206
스사사 29
스위소텔 80
스위소텔 더스탬퍼드 330
스위트 321
스카이가든 203, 342
스카이룸 250
스카이온 57 80, 123

스카이웨이 121
스카이트레인 56
스커트 350
스콧스퀘어 167, 178
스쿠트항공 32
스크리닝룸 218
스키니피자 107
스타벅스 115
스타셰프 79
스타허브 52
스탠더드티켓 58, 61, 62
스튜디오엠호텔 340
스트레이츠키친 166
스포츠경기 106
스푸드&에이프런 290
시로키야 106
시미트리 243
시빌디펜스 헤리티지갤러리 104
시아홉온버스 65
시안혹켕사원 199
시저컷커리라이스 258
시차 26
시티링크몰 115
시티사이트싱투어 66
시티투어 57
신원기 239
실로소비치 276
실로소포인트스테이션 275
심야버스 64
싱가포르경영대학 111
싱가포르관광청 28
싱가포르국립갤러리 101
싱가포르국립박물관 101
싱가포르달러 26
싱가포르동물원 303
싱가포르슬링 75, 96, 328
싱가포르시티갤러리 202
싱가포르아트뮤지엄 102
싱가포르우표박물관 104
싱가포르플라이어 126
싱가포르항공 32
싱글리쉬 68
싱글베드룸 321
싱텔 52

ㅇ

아동복 135
아동의류 사이즈 83
아디다스 177
아르데코스타일 163
아르메니안교회 98
아마라호텔 343
아멜레스토랑 303
아모이 338
아시아나항공 32
아시아문명박물관 103
아시안푸드몰@럭키플라자 169
아우리가스파 351
아웃도어카페&바 171
아이린 226
아이엠 251
아이온갤러리 173
아이온스카이 173
아이플라이싱가포르 287
아주라비치클럽 277
아즈미 261
아츄디저트 243
아침식사 73, 322
아트사이언스뮤지엄 123
아트페스티벌 27, 126
아티카 143
안드레 79, 214
안시앙로드 216
알함브라파당사테 128
압둘가푸르사원 257
애니멀쇼 304
애니멀프렌즈쇼 303
애들러럭셔리호스텔 349
애스코트 래플스플레이스 341
앨리바 171
앨리펀츠앳워크&플레이쇼 303
야생테마공원 301
야쿤카야토스트 205
얌차 208
어드벤처코브워터파크 279
어메니티 323
어웨이스파 350
어퍼링로드 162
에디터스마켓 175
에디트라이프 142
에메랄드클래스 311
에메랄드힐 163
에브리씽 위드프라이 190
에스플러네이드 126
에씨드바 171
에어비앤비 29, 320
에이포알바이트 242
엘리펀트퍼레이드 174
엘메로메로 105
여권 31, 37
여성의류 사이즈 83
여행자보험 38
예배당 97
예산 46
예술센터 100
예술작품 101
예약사이트 321
옛콘 113
오고포고 240
오네오네 228
오데온타워 155
오메가 135
오아시아호텔 340
오이스터바&와인다이닝와프 106
오차드 ION 80
오차드게이트웨이 176
오차드로드 84, 158
오차드촙스틱 221
오키드정원 162
오타 306
오픈도어폴리시 228
옥스웰&코 217
온페데르 178
올고 156
올드시티 92
올드에어포트로드 사테비훈 &BBQ스팀보트 207
올드창키 244
올드헨커피바 267
올인클루시브 323, 335
와다북스 246
와록캔토니즈 108
와불상 257
와인커넥션 153
와일드로켓 79, 165
와일드아마조니아 305
와일드허니 178
와일드허니@만다린갤러리 167
와차이3-in-1 프라이드니안가오 170
와쿠긴 130
왈라왈라 189
왕즈호텔 334
외교통상부 영사 콜센터 38
요트 278
용타우푸 169, 229
우바 350
우빈셀레스티얼비치리조트 300
우즈인더북스 226
우체국 104
울프강퍽 130
워터프런트스테이션 274
원더랜드 250
원더러스트 333
원더풀두리안 209
원더풀쇼 124
원엘티듀드 156
원풀러턴 127
웨이브하우스 278
웻바 350
웻풀 350
윈도우실파이 266
윙스오브타임 282
윙크호스텔 346
유니버설스튜디오 282
유라시아인 70
유심칩 52
유화백화점 221
유화중국백화점 84
은행 38
음주 71
이미그랜츠게스트로바 307
이미지오브싱가포르 281
이비스@벤쿨렌 339
이스트웨스트라인 62
이스트코스트라군푸드빌리지 309
이스트코스트로드 74
이스트코스트시푸드센터 308
이스트코스트파크 298
이슬람사원 200, 257
이엠갤러리 185
이지링크카드 60, 62
이지티켓 58
이푸도@만다린갤러리 167
인 344
인굿컴퍼니 174
인도인 69
인천국제공항 48
인피니티풀 123
일본 슈퍼마켓 142
일정 39
임비아룩아웃스테이션 275
임비아스테이션 274

ㅈ

자동출입국심사 53
자마에모스크 200
자이언트판다숲 305
잔 80, 109
잠잠 238
장기투숙객 325
재패니즈레스토랑 105
저스틴켁 130
전압 26
전자세금환급제도 82
전통가옥 163, 203
점보시푸드 145, 308
제너럴컴퍼니 86
제이린드버그 176
제이미스이탈리안 293
제티 141
젠젠포리지 205
조식 322, 325
조엘로부숑레스토랑 292
존스더그로서 183

주롱새공원 305
주엘카페&바 267
주치앗 앙모누들하우스 207
주크 143
주크아웃 283
중국사원 236
중국인 69
중국 차 212
중앙소방서 104
쥬킷 168
지맥스리버스번지
&GX-5익스트림스윙 141
지볼 260
지안보츠위쿠이 231
지청펀 74
지하철 58, 62
진후아슬라이스피시비훈 205

ㅊ

차이나타운 194
차이나타운헤리티지센터 202
차임스 97, 105
차퀘이티아우 78
차터서비스 141
차파티 259, 261
찰스앤키스 87, 142, 244
창이국제공항 56
창이예배당&박물관 297
창이포인트코스탈워크 297
청소서비스 324
체리가든 133
체생헛하드웨어 86, 266
체크아웃 322
체크인 322
체크인카운터 50
첸돌 171
첫자와 300
초록선 62
출국 48
출입국카드 56
치킨라이스 78
치킨브리야니 259
칙피버 249
친미친컨펙셔너리 76, 307
친친이팅하우스 112
칠드런가든 121
칠리크랩 77
칩비가든 186

ㅋ

카르푸 137
카야잼 87
카야토스트 73
카우치서핑 320
카지노 123
카통 70
카통앤티크하우스 298
카통 퀴키프라이드오이스터 207
카페이구아나 146
카펠라싱가포르 351
카프리바이프레이저 341
칼립소플로팅바 313
캄퐁글램 232
캄퐁글램카페 239
캐롯 케이크 78
캔바스 143
캘빈클라인홈 177
캣소크라테스 115
커스텀하우스 127, 155
컨벤션센터 341
컨시어지서비스 323
컷바이울프강퍽 130
케세라세라 338
케이블카 274, 275
케이트스페이드 114, 247
켄트리지파크 283
코말라빌라스 259
코브라더스 피그올간수프 231
코스티즈 291
코코떼 333
코피 75, 76
코피소사이어티 151
코피티암 75
콘래드센테니얼
싱가포르호텔 343
콜드스토레지 179, 191
콴임사원 236
쿠데타 123, 154
퀘다르다르 228
크래이트&배럴 173, 176
크랩트리&애블린 244
크러스트 189
크레이지엘리펀트 147
크레인댄스 281
크리스탈제이드 골든팰리스@
파라곤 166
크리스탈제이드카페 245
클라우드포레스트 121
클락키 144
클랩슨 337
클럽스트리트 216
클레이팟 309
클리포드피어 330
클리포드 피어1933 132
키노쿠니야 244
키오스크 82
키퍼스 180
킥키.케이 173
킨키 155
킬리니코피티암 113
킴추스키친 299
킹스오브더스카이쇼 305

ㅌ

타나메라페리터미널 311
타이거밤 87
타이익스프레스 245
타이푸삼 256
타파스 307
탁포 206
탄종비치 276
탄종비치클럽 277
탄중피낭 310, 315
탑승수속 50
탕스 174, 285
탕스마켓 170
태평양전쟁 297
택시 30, 60, 65, 274
택시승강장 65
탬퍼&코 267
탱고스레스토랑&와인바 188
터미널 56
테드베이커 285
테이스트오브아시아 290
테카센터 263
테카센터푸드센터 259
테타릭 77
텍스리펀드 82
텔록블랑가힐파크 283, 284
토마스스탬퍼드래플스 95
토스트박스 106
토이저러스 136
투어리스트패스 61
투어리스트패스 플러스 61
투페이스 229
트랜스포머더라이드 286
트루블루 110
트리플베드 321
트윈베드룸 321
티안티안치킨라이스 205
티옹바루 85, 224
티옹바루리홍키 캔토니즈로스
티드 231
티옹바루 멍키로스트덕 207
티옹바루베이커리 107, 230
티옹바루클럽 227
티옹바루푸드마켓 73, 231
티옹바루하이나니즈 본리스치
킨라이스 231
티챕터 212
티켓오피스 60
티플링클럽 79, 215
티핀룸 96, 328
팀호완 168
팁문화 26

ㅍ

파당 100
파라곤 180
파랑선 62
파러파크 257
파사르디나 파인리빙 184
파사르올레올레 315
파워하우스 283
파이브스톤즈호스텔 347
파이스트스퀘어 205
파인다이닝 79, 80
파크로얄온피커링 342
판단 73
팔라완비치 276
팝퓰러 115
팩트 85, 175
팬퍼시픽 332
팻버드 242
퍼스트타이 112
펀비오픈톱버스 66
펀앤키위 146
페라나칸 70
페라나칸문화 298
페라나칸뮤지엄 102
페라나칸음식 214
페라나칸플레이스 163, 171
페라마칸 170
페이버비스트로 289
페이버피크 283
포리지 169
포에버21 177
포크립프론누들 231
포테이토헤드포크 210
포트캐닝부티크호텔 99
포트캐닝파크 99
폴리스리포트 37
푸드센터 72
푸드트레일@플라이어 134
푸드페스티벌 27
풀라우우빈 88, 297, 300
풀러턴베이호텔 330
풀러턴헤리티지 127
풀러턴헤리티지갤러리 327
풀러턴호텔 327
풍기커피숍 213
프라다 135
프라타 259
프랑스요리 80
프리맨틀 144
플라워돔 121
플라자싱가푸라 179
플래임&샌드바 292
플럭 217

플레인바닐라베이커리 227
플리마켓 86, 201
피나클전망대 203
피시비훈 239
피시헤드스팀보트 239
피시헤드커리 78
피에스카페 182
핍스튜디오 174

ㅎ

하드록호텔 352
하버프런트 270
하비노먼 136
하우스오브라이스롤&포리지 169
하이랜더 145
하이소 157
하이티 96
하이티딤섬뷔페 208
하이플라이어쇼 305
하자파티마모스크 237
하지래인 84, 85, 247
한국음식 106
할랄 238
할랄음식 260
할리우드드림퍼레이드 287
할리우드스트리트쇼 287
할증료 60
할증요금 65
핫팟킹덤 131
항공권 32
항공료 46
항공사라운지 54
해리스 106
해산물 309
핸더슨웨이브 89, 284
행아웃호스텔 346
헬릭스브리지 124
호스텔 344
호커센터 72, 88
호키엔 75
호키엔미 78, 309
호텔1929 335
호텔포트캐닝 332
호트파크 283
홀랜드로드쇼핑센터 191
홀랜드빌리지 186
홈브레칸티나 149
홍콩성키디저트 107
화이트래빗 183
화폐 35
환급 82
환전 34
히말라야수분크림 87
힌두교 69, 255
힌두사원 198, 256
힙성롱 76

A

Acid Bar 171
Adler Luxury Hostel 349
Adventure Cove Waterpark 279
A for Arbite 242
Ah Chew Dessert 243
Ah Meng Restaurant 303
airbnb 29, 320
Airline Lounge 54
Airport Shuttle Bus 59
Alhambra Padang Satay 128
Alley Bar 171
All Inclusive 323, 335
Amara Hotel 343
Amenity 323
Amoy 338
Andre 79, 214
Ann Siang Road 216
AREX 49
Armenian Church 98
Art Science Museum 123
Ascott Raffles Place 341
Asian Civilisations Museum103
Asian Food Mall@ Lucky Plaza 169
Attica 143
Auriga Spa 351
Away Spa 350
Azmi 261
Azzurra Beach Club 277

B

Baba 70
Baba House 203
Baggage Claim Tag 57
Bak Kut Teh 78
Bak Kwa 209
Banana Leaf Apolo 263
Bandar Bentan Telani Ferry Terminal 311
Banyantree Bintan 314
Bar Bar Black Sheep 153
Bar&Billiard Room 96
Barnadas Huang Gallery 185
Bath&Body Works 135
Battlestar Galactica 286
Beach Trams 275
Beer Market 147
Best Denk 179
Bincho 229
Bintan 310
Bintan Lagoon Resort 314
biryani 238
BK Eating House 150
BK이팅하우스 150
Blanc Inn 344
Bloesem 226
Blue Ginger 214
Books Actually 86, 136, 225
Botanic Gardens 162
Boutique Hotel 333
Bras Basah Complex 115
Bread&Hearth 212
Bread Talk 115
BreadTalk 244
Breakfast 322
Brewerkz 146
Buddha Tooth Relic Temple and Museum 198
Bugis 232
Bugis+ 245
Bugis Junction 244
Bugis Street 85, 245
Bukit Timah Nature Reservoir 301
Bunc@Radius 348
Bussorah St. 246

C

Cable Car 274, 275
Cafe iguana 146
Calvin Klein Home 177
Calypso Floating Bar 313
Canvas 143
Capella Singapore 351
Capri by Fraser 341
Carrot Cake 78
Casino 123
Cat Socrates 115
CC 62
Central 142
Cha Kway Teow 78
Changi Chapel&Museum 297
Changi point coastal walk 297
Chapatti 259
Charles&Keith 87, 114, 177
CHARLES&KEITH 135
Chater 141
Check in 322
Check out 322
Chee cheong fun 74
Chek Jawa 300
Chendol 171
Cherry Garden 133
Chey Seng Huat Hardward 86
Chey Seng Huat Hardware 266
Chic Fever 249
Chicken biryani 259
Chicken Rice 78
Chijmes 97, 105
Chilly Crab 77
Chinatown 194
Chinatown Heritage Centre 202
Chin Chin Eating House 112
Chin Mee Chin Confectionery 76, 307
Chip Bee Garden 186
Citylink Mall 115
City Sightseeing Tour 66
Civil Defence Heritage Gallery 104
Claypot 309
Clifford Pier 330
Clifford Pier 1933 132
Cloud Forest 121
Club Street 216
Coastes 291
Cocotte 333
Cold Storage 179, 191
Concierge 323
Conrad Centennial Singapore Hotel 343
Couchsurfing 320
Crabtree&Evelyn 244
Crane Dance 281
Crate&Barrel 173, 176
Crazy Elephant 147
Creatures of the Night Show 304
Crust 189
Crystal Jade Golden Palace@ Paragon 166
Crystal Jade Viet Café 245
Custom House 127
Cut by Wolfgang Puck 130

D

Daisy Dream Kitchen 231
Damian 307
Dean&Deluca 205, 335
Deepavali 69
Dempsey 181
D&G 176
D'Good Cafe 188
Dingdong 218
Dolphin Island 280
Dong Po Colonial Cafe 241
Dosai 259

Double Bed Room 321
Dragonfly 283
Dragonfly&Kingfisher Lakes121
Drinks&Co. 219
DT 62
Duck Tour 67
Duke Bakery 115
Dumpling 299

E

East Area 294
East Coast Lagoon Food Village 309
East Coast Park 298
East Coast Seafood Center 308
Edit life 142
Editor's Market 175
eGST 82
Elephant Parade 174
EL Mero Mero 105
Emerald Class 311
Emerald Hill 163
Emergency Seat 55
em Gallery 185
Esplanade 126
Everything with Fries 190
EW 62
EZ-Link Card 60, 62

F

Faber Bistro 289
Faber Peak 283
Far East Organization Children's Garden 121
Far East Square 205
Farrer Park 257
Fat Bird 242
Fern&Kiwi 146
First Thai 112
Fish Head Curry 78
Five Stones Hostel 347
Flame&Sand Bar 292
Flower Dome 121
Food Trail@Flyer 134
Foong Kee Coffee Shop 213
Forever21 177
Fort Canning Park 99
Fountain of Wealth 137
Fremantle 144
Fried Fish Beehoon 239
Frog Porridge 309
Fuk Tak Chi Museum 200
Fullerton Bay Hotel 330
Fullerton Heritage 127
Fullerton Hotel 327
Funvee Open Top Bus 66

G

G7 Sinma Live Seafood Restaurant 309
Galicier Pastry 228
Galliano 176
Ganesan Vilas 260
Garden Rhapsody 120
Gardens by the Bay 120
Garibaldi 110
Garrett Popcorn Shop 115
Gastronomia 187
Geylang Lor 9 Fresh Frog Porridge 207
Ghee ball 260
Gillman Barracks 284
Glass House 332
G-MAX Reverse Bungy&GX-5 Extreme Swing 141
G.O.D 142
Gogreen Segway Eco Adventure 288
Golden Mile Complex 241
Gong Cha Royal Cafe 245
Gong He Guan 208
Good and Service Tax 82
Goodwood Park Hotel 331
Gopuram 256
Grammah 248
Grand Park City Hall 342
Grand Prix 27
Green City 99
Grocerant 183
GSS 81
GST 82
Gulab jamun 260
Gula Malaka 250
Guy Savoy 130

H

Haji Lane 84, 247
Hajjah Fatimah Mosque 237
Hangout Hostel 346
Hard Rock Hotel 352
Harry's 106
Harvey Norman 136
Hawker Center 72
HDB 203
Heap Seng Long 76
Helix Bridge 124
Henderson Waves 284
Highlander 145
High-Tea 96
Hi-so 157
Hokkien Mee 78, 309
Holland Road Shopping Center 191
Holland Village 186
Hollywood Dream Parade 287
Hollywood Street Show 287
Hombre Cantina 149
Hong Kong Sheng Kee Dessert 107
HortPark 283
Hostel 344
Hotel 1929 335
Hotel Fort Canning 99, 332
Hot Pot Kingdom 131
House of Rice Roll&Porridge 169

I

I am 251
ibis@Bencoolen 339
iFly Singapore 287
Image of Singapore Live 281
Immigrants Gastrobar 307
In Good Company 174
Inn 344
ION Gallery 173
ION Orchard 172
ION SKY 173
ION오차드 172
Ippudo@Mandarin Gallery 167
Irene 226
IWC 135

J

Jaan 80, 109
Jamae Mosque 200
Jamie's Italian 293
Jetti 141
Jewel Cafe and Bar 267
JEW-KIT 168
Jian Bo Chwee Kueh 231
Jin Hua Sliced Fish Bee Hoon 205
J.Lindeberg 176
Joël Robuchon Restaurant 292
Jones the Grocer 183
Joo Chiat Ang Moh Noodle House 207
Jumbo Seafood 145
Jumbo Seafood Restaurant 308
Jurong Bird Park 305
Justine Quek 130

K

Kampong Glam 232
Kampong Glam Cafe 239
Kate Spade 114, 247
Katong 70
Katong Antique House 298
Katong Keah Kee Fried Oysters 207
Kaya Jam 87
Kaya toast 73
Keepers 180
Kent Ridge Park 283
kikki.K 173
Killiney Kopitiam 113
Kim Choo's Kitchen 299
Kinki 155
Kinokuniya 244
Kiosk 82
Klapsons 337
Koh Brothers Pig Organ Soup 231
Komala Villas 259
Kopi 76
Kopi Society 151
KTX 49
Ku De Ta 154
Kueh Dar Dar 228
Kwan Im Thong Hood Cho Temple 236

L

Labrador Nature Reserve 283
Ladoo 260
Lake Hollywood Spectacular 287
Laksa 74
Lantern 157, 330
Lassi 261
Lau Pa Sat Festival Market129
Lavender Street 265
Le Bistrot du Sommelier 107
Le Carillon De L'Angelus 219
Le Comptoir 149
Lemon Zest 191
Leong San See Temple 256
Level33 154
Lewin Terrace 99, 108
Light House 127
Lim Chee Guan 209
Linda Gallery 185
Little India 252
Little India Arcade 263
Lloyd's Inn 336

Imbia lookout Station 275
Lojak 78
Long Bar 96
Long Beach Seafood Restaurant 308
Loof 155
Lorong Mambong 186
Louis Vutton Island Mason 124
LRT 62
Luge&Skyride 288
Luke Mangan 109, 164

M

MAAD 86, 201
Made by Lauren Jasmine 220
Maison Ikkoku 240
Majestic Bay Seafood Restaurant 132
Makansutra 128
Makansutra Glutton's Bay 128
Maketh Project 246
Malay Heritage Centre 236
Malaysian Food Street 291
Mambo Beach Club 277
Mandarin Gallery 176
Mandarin Oriental 329
Mango Lassi 259
Marc by Marc Jacobs 114
Marina Barrage 125
Marina Bay 116
Marina Bay Sands 122
Marina Bay Sands Dinging 130
Marina Bay Sands Hotel 328
Marina Square 137
Mario Batali 130
Market of Artist and Designers 86, 201
Mark&Spencer 114
Masjid Abdul Gafoor 257
Master Card 81
Master Card Theater 123
Maxwell Hawker Centre 204
Mee Rebus 74
Mee Siam 74
MegaZip Adventure Park 288
ME@OUE 156
Merlion Park 125
Merlion Station 275
Milk Steamed Egg 243
Millenia Walk 136
Mini Bar 323
Mint Museum of Toy 103
Mochachos 211
Modesto 335
Modparade 248
Monday off 85
Monday Off 248
Mono 283
Monocle Shop and Cafe 190
Moslem 69
Movenpick Heritage Hotel Sentosa 351
Movida 283
MRT 58, 62
Mr. Teh Tarik Express 205
murtabak 238
Mustafa Centre 84, 262
My Awesome Cafe 211

N

Naan 259
Nana&Bird 225
Nasi Goreng 239
Nasi lemak 74
Nasi Lemak 306
Nasi Padang 78
Nasi Remak 239
National Day 27
National Gallery 101
National Library 98
Naumi Hote 336
NE 62
New Majestic 334
Newton Food Centre 170
Ngee Ann City 179
Night Safari 304
Nina&Bird 136
Nirwana Gardens Bintan Resort 313
Nonya 70, 214
NR 64
NS 62

O

Oasia Hotel 340
OCBC 121
Ogopogo 240
Old Airport Rd. Satay Bee Hoon&BBQ Steamboat 207
Old Chang Kee 244
Old City 92
Ondeh Ondeh 228
One Fullerton 127
On Pedder 178
Open Door Policy 228
Orchard Chopstick 221
Orchard Gateway 176
Orchard Road 84, 158
Orchid Garden 162
Orgo 156
Otah 306
OUE센터 156
Outdoor Cafe&Bar 171
Owl Coffee 262
OWL Coffee 87
OX well&CO 217
Oyster bar&Wine Dining Wharf 106

P

Pact 85, 175
Padang 100
Palawan Beach 276
Pandan 73
Pan Pacific 332
Paragon 180
Parkroyal on Pickering 342
Pasardina Fine Living 184
Pasar Oleh Oleh 315
Peramakan 170
Peranakan 70
Peranakan Museum 102
Peranakan Place 163, 171
Pip Studio 174
Plain Vanilla Bakery 227
Plaza Singapura 179
Pluck 217
Police Report 37
Poppular 115
Pork Ribs Prawn Noodle 231
Porridge 169
Potato Head Folk 210
Power House 283
Prata 259
PS. Cafe 182
P.S Cafe Petit 230
P.S카페쁘띠 230
Pulau Ubin 300

R

Rabbit Carrot Gun 308
Raffles City 114
Raffles City Market Place 107
Raffles Courtyard 96
Raffles Hotel 95, 328
Raffles Hotel Shop 96
Raffles Place 127
Rangoon Road 265
Red Dot Brew house 184
Red Dot Design Museum 201
Red Hill Rong Guang BBQ Seafood 128
Red House 152
Redhouse Seafood Restaurant 308
Redsea Gallery 185
Red Snapper Fish Head Steamboat 239
Residence Hotel 339
Revenge of the Mummy 286
River City Inn 349
River Cruise 67, 141
River Safari 304
Riverside 138
River Taxi 141
Roberto Galett 110
Robertson Walk 142
Robinsons 114, 177
Rose Citron 223
Roti John 129
Roti Prata 74
Rotisserie 292
Rouse 260
Rumah Bebe 299
Ryan Clift 215

S

Sabai Fine Thai on the Bay 133
Safety Deposit Box 323
Sago 243
Saint James Power Station 283
Sakya Muni Buddha Gaya Temple 257
Salad Shop 251
Salt Grill&Sky Bar 164
Salt Tapas&Bar 109
SAM@8Q 102
Samantha Thavasa 173
Sands Sky Park 123
Sargent 217
Satay 77
Satay Street 129
SawahLadang Bintan 315
Scissor-Cut Curry Rice 258
Scotts Square 178
Screening Room 218
S.E.A. Aquarium 280
Secret, Victoria's 135
Sentosa 270
Sentosa Boardwalk 274
Sentosa Bus 275
Sentosa Cove 278
Sentosa Express 274, 275
Sentosa Merlion 279
Sentosa W Singapore@ Sentosa Cove 350
Sephora 135, 245
Shangri-La's Rasa Sentosa

Resort&Spa 352
Shirokiya 106
SIA Hop-on Bus 65
Siloso Beach 276
Siloso Point Station 275
Singapore Art Museum 102
Singapore City Galley 202
Singapore Flyer 126
Singapore Food Festival 27
Singapore Management University 111
Singapore National Museum 101
Singapore Philatelic Museum 104
Singapore Sling 75, 96
Singapore Tourist Pass 61
Singapore Zoo 303
Single Bed Room 321
Singlish 68
Singtel 52
Skirt 350
Sky on 57 80
Skyroom 250
Skytrain 56
Smith Street 206
Song Fa Bak Kut Teh 148
Soon Lee 247
Southaven 115
South Bridge 155
Southern Ridge 285
Spuds&Aprons 290
Sri Mariamman Temple 198
Sri Srinivasa Perumal Temple 256
Sri Veeramakaliamman Temple 255
Standard Ticket 61
St Andrew's Cathedral 97
Starhub 52
Straits Kitchen 166
Studio M Hotel 340
Substation 100
Suite 321
Sultan Mosque 235
Sunday Folk 187
Sungei Road Thieves Market 264
Super Loco 151
Super Mama 85, 178
Super Tree Grove 121
Sustainable Singapore Gallery 125
Swissotel the Stamford 330
Symmetry 243

T

Tamper&Co. 267
Tanah Merah Ferry Terminal 311
Tango's Restaurant and Wine Bar 188
Tangs 174
TANGS 285
Tangs Market 170
Tanjong Beach 276
Tanjong Beach Club 277
Tanjung Pinang 310, 315
Tapas 307
Taste of Asia 290
Taxi 60, 274
Tea Chapter 212
Ted Baker 285
Teh Tarik 77
Tekka Centre 263
Tekka Centre Food Centre 259
Telok Blangah Hill Park 283
Thai Express 245
Thaipusam 256
The Boiler Room 283
The Bravery 266
The Cheese& Chocolate Bar 131
The Chop House 293
The design journey 201
The Disgrntled Chef 80
The Disgruntled Chef 182
The General Company 86
The Glass House 99
The Harem 277
The heeren 177
The Kelong Seafood Restaurant 313
The Landing Point 330
The local People 86
The Pinnacle@Duxton 203
The Plot Hostel 345
The Pod 345
The Scarlet Hotel 338
The Shoppes at Mrina Bay Sands 85, 135
The Skinny Pizza 107
The Sleeping Rhino 337
The Soup Spoon Union 107
The Spiffy Dapper 150
The St. Regis Singapore 331
The TinTin Shop 222
Thomas Stamford Raffles 95
Threadbare&Squirrel 249
Thumbuakar Performance 304
Tian Hock Keng Temple 199
Tian Tian Chicken Rice 205
Ticket Office 60
Tiffin Room 96, 328
Tiger Balm 87
Timhowan 168
Tiong Bahru 224
Tiong Bahru Bakery 107, 114, 230
Tiong Bahru Club 227
Tiong Bahru Food Market 231
Tiong Bahru Hainanese Boneless Chicken Rice 231
Tiong Bahru Lee Hong Kee Cantonese Roasted 231
Tiong Bahru Meng Kee Roast Duck 207
Tippling Club 79, 215
Toast Box 106
Tok Po 206
Tokyu Hands 175
Tom Yang Kung Fu 148
Tong Ah Seafood Restaurant 77
Tong Heng Confectionery 210
Tong Mern Sern 222
Tourist Pass Plus 61
Toys R us 136
Transformers The Ride 286
Triple Bed Room 321
True Blue 110
TWG 179
TWG Tea 87
TWG TEA on the Bridge 131
TWG티온더브리지 131
Twin Bed Room 321
Two Face 229

U

Ubin Celestial Beach Resort 300
Universal Studio 282
Upper Ring Road 162

V

Victoria Secret 177
Vivo City 84, 285

W

Wah Cai 3-in-1 Fried Nian Gao 170
Wah Lok Cantonese 108
WAKU GHIN 130
Wala Wala 189
Wanderlust 333
Wangz Hotel 334
Wardah books 246
Wave House 278
Wet Bar 350
Wet Pool 350
White Rabbit 183
Wild Honey 178
Wild Honey @Mandarin Gallery 167
Wildlife Theme Park 301
Wild Rocket 79, 165
Windowsill Pies 266
Wine Connection 153
Wings of Time 282
Wink Hostel 346
Wolfgang Puck 130
Wonderful Durian 209
Wonderland 250
Woo Bar 350
Woods in the Books 226

X, Y

Xin Yuan Ji 239
Yakun Kaya Toast 205
Ya Kun Kaya Toast 114
Yet Con 113
Yong Tau Foo 229
Yong Tau Fu 169
Yue Hwa 84
Yue Hwa Chinese Products 221
Yum Cha 208

Z

ZamZam 238
Zhen Zhen Porridge 205
Zouk 143
ZOUKOUT 283